AI辅助锂电池研发与应用
——数智时代的锂电池信息学

张浩 等 编著

化学工业出版社

·北京·

内容简介

在能源技术革命与人工智能深度融合的时代背景下,本书系统性地探讨了人工智能技术与锂电池全生命周期研发的交叉创新及应用,为新能源材料开发、电池工业智能化转型提供了前沿理论框架与实践指南。本书以"数据驱动—模型构建—场景应用"为主线,通过AI辅助锂电池材料设计开发、AI辅助电池先进表征技术、AI辅助电池器件开发平台、AI辅助电池状态感知与寿命预测技术等四个部分构建起完整的学科交叉体系,揭示人工智能重构能源技术创新的底层逻辑,为读者打开了面向碳中和目标的智能化研发新视野。

作为国内首部系统论述AI与锂电池交叉研究的学术专著,本书既可作为新能源、材料科学等领域研究者的理论参考,也可为电池制造企业智能化升级提供方法论指导,同时为政策制定者把握技术趋势提供决策依据。

图书在版编目(CIP)数据

AI 辅助锂电池研发与应用:数智时代的锂电池信息学 / 张浩等编著. -- 北京:化学工业出版社,2025.6. -- ISBN 978-7-122-47723-1

Ⅰ. TM911-39

中国国家版本馆 CIP 数据核字第 2025SG6734 号

责任编辑:于 水 郗向丽 王 筱　　装帧设计:韩 飞

责任校对:田睿涵

出版发行:化学工业出版社
　　　　　(北京市东城区青年湖南街 13 号　邮政编码 100011)
印　　装:中煤(北京)印务有限公司
787mm×1092mm　1/16　印张 22¾　字数 489 千字
2025 年 6 月北京第 1 版第 1 次印刷

购书咨询:010-64518888　　　　　售后服务:010-64518899
网　　址:http://www.cip.com.cn
凡购买本书,如有缺损质量问题,本社销售中心负责调换。

定　价:168.00 元　　　　　　　　　版权所有　违者必究

《AI 辅助锂电池研发与应用——数智时代的锂电池信息学》编委会

主　　　任：张　浩
副　主　任：邱景义　朱振威
委　　　员：（按姓氏拼音排序）
陈浩森　邓子岑　樊金保　管鸿盛　郭千黛
何智峰　焦君宇　李清波　刘　艳　刘　莹
苗嘉伟　钱　诚　孙丙香　万佳雨　王浩宇
王　珂　王晓旭　王雪锋　肖睿娟　肖　雄
谢莹莹　解晶莹　邢瑞鹤　许审镇　杨　勇
张珺玮　张林峰　张维戈　郑家新　钟　逸
周国兵　祝夏雨

前 言

锂电池已成为现代社会交通电动化与高效新能源利用的基石，其发展直接决定社会信息化、电动化、智能化的进程。然而，随着锂电池性能的提升，其正负极容量和电势差越来越高，无论是从材料晶格设计，还是界面设计，都已经几乎提升到极限。锂电池能量的提升带来了界面稳定性、器件安全性的显著下降，电池安全和能量之间的难以调和几乎成为制约先进锂电池体系走向应用的最大桎梏。

然而，锂电池内在参数的宏量性、相互关系的复杂性使得很难用简单的、传统的构效关系研究策略精准描述各参数之间的关系。尤其是，锂电池中即使最小尺度下的些许变化都会造成整个电池宏观电化学特性的巨大变化。正如人和黑猩猩的DNA序列的差别仅有1.23%，但宏观肢体和智力上却可谓天壤之别。对于锂电池，即使是正负极材料体系相同，在材料表面包覆一层纳米级的碳层就能促使电池循环性能提升10倍以上，且安全性显著提升。反之，即使电解液中有万分之一的水分，电池性能便会极度恶化。因此，锂电池研究需像生命科学一样，将各个尺度下的研究对象系统考虑，综合分析。

然而，同为复杂巨系统的锂电池，却远没有像生命科学那样积累起足够的数据，进而发展出各个尺度对象的"组学"。原因主要是锂电池只有30年的发展史，而其大发展是在2010年电动汽车兴起之后，只有10年左右的集中发展，且其一直采用传统材料学的研发策略：首先设计制备电池材料，再表征测试，研究构效关系，提升材料性能，再提升电池器件性能。

由于电池研究中能量与安全性难以调和的难题，促使研究者不单要从材料角度，更要像生命科学一样从系统角度看待电池的问题。生命科学的各个"组学"的建立对电池研究有很好的借鉴作用。电池研究者可更多地用数据驱动的方式来进行研究，包括更加注意所有电池表征数据的结构化，甚至发展结构化电池数据体系与方法，开发出更多好用的电池从材料到器件乃至系统各层级的数据驱动建模软件，甚至开发出极高精度、跨尺度的电池数字孪生系统，将电池本征的各种问题及工况环境之间的耦合关系尽数阐明，不但实现极高能量和功率特性锂电池的制备，同时实现高可靠可知可控。

人工智能的基本方法和应用从 2012 年有了突飞猛进的发展，目前已在语言信息、图片处理以及部分工业应用领域有很大贡献。人工智能的核心是深度学习，深度学习正是处理大量信息、寻找规律、建立模型、解决问题的有力工具。尤其是近期大语言模型（LLM）已经展示了深度学习在处理大量信息并生成有意义结论（生成式预训练模型，GPT）方面的有效性。目前，AI 的讨论几乎等同于大型语言模型的讨论。随着 GPT 在各行各业的爆发，将 AI 方法用于电池科研也成为了一个水到渠成的问题。

近五年，AI 辅助锂电池开发已经取得多项突破性进展，从基于数百万辆电动汽车的运行大数据中发掘电池组衰变规律，到直接从底层原子精度跨尺度建模全要素仿真锂电池状态，都有大量高水平研究工作，可谓"渐入佳境"。本书组稿、出版的初衷，就是将 AI 辅助锂电池开发的研究与实践成果集结，为整个锂电池、能源材料，乃至整个科技界、工业界感兴趣的工作者们提供 AI 辅助科研的新思路、新方法、新进展。

在本书章节的总体规划上，按照从理论方法到应用实践，从锂电池核心材料、电解液、电芯结构、单体与模组、管控系统，到电池可靠性理论架构及智能辅助科研的顺序设置四个部分，共 15 章内容。这 15 章内容均由国内 AI 辅助锂电池研发的资深从业者提供，如厦门大学杨勇教授、航天 811 所的谢晶莹研究员、深势科技张林峰博士和王晓旭博士、中国科学院物理研究所肖睿娟研究员和王雪锋研究员、北京大学许审镇研究员和郑家新教授、上海交通大学万佳雨教授、北京交通大学孙丙香教授、北京航空航天大学任羿研究员和钱诚研究员等专家。在此，编者对这些作者的贡献表示衷心的感谢。

由于 AI for Science（AI 辅助科研）刚刚兴起五年，其与锂电池的结合也是前沿热点，发展迅速，成果层出不穷。但由于编者水平有限，难免在论述中有所不足，敬请读者、专家批评指正。

编　者
2025 年元月

目录

第0章 绪论 —— 001

0.1 复杂巨系统锂电池研发的挑战 —— 003
0.2 从生物信息学的主要方法看锂电池信息学发展方向 —— 006
0.3 锂电池多尺度建模研究存在巨大挑战 —— 007
0.4 材料信息学与锂电池信息学的不同 —— 010
0.5 锂电池研究不同尺度的科学问题与主要研究方法 —— 014
0.6 电池信息学涉及的数据驱动的背景和概念 —— 015
0.7 小结与展望 —— 016
参考文献 —— 017

第一部分 AI辅助锂电池材料设计开发 —— 019

第1章 电池材料信息学概述 —— 021

1.1 锂电池材料的主要表征手段及信息学结合现状 —— 021
  1.1.1 X射线衍射（XRD）分析 —— 021
  1.1.2 扫描电子显微镜（SEM）与透射电子显微镜（TEM）—— 024
  1.1.3 原子吸收光谱（AAS）或电感耦合等离子体发射光谱（ICP-OES）—— 024
  1.1.4 氮吸附试验及孔径分布数据 —— 025
  1.1.5 电化学性能测试 —— 025

		1.1.6 热分析技术	026

1.2 锂电池正极材料信息学 026
  1.2.1 正极材料信息学基本研究思路 027
  1.2.2 基于高效描述符的锂电正极信息学 032

1.3 锂电池负极材料信息学 039
  1.3.1 负极材料信息学基本研究思路 040
  1.3.2 石墨结构与热力学特性计算 042

1.4 SEI 的研究进展、先进表征技术与数据科学应用 045

1.5 电极材料信息学挑战与展望 047

参考文献 048

第 2 章　深度势能方法及其在电化学储能材料中的应用 —— 049

2.1 深度势能 050
  2.1.1 深度势能基本理论 051
  2.1.2 深度势能的开发与应用 053
  2.1.3 深度势能相关软件与平台 055
  2.1.4 OpenLAM 057
  2.1.5 AIS square 057
  2.1.6 模型蒸馏 058

2.2 深度势能在电化学储能材料中的应用 058
  2.2.1 负极材料 058
  2.2.2 正极材料 061
  2.2.3 固态电解质 065
  2.2.4 电解液 070
  2.2.5 界面 073

2.3 小结与展望 074

参考文献 076

第 3 章　大数据驱动的电池新材料设计 —— 081

3.1　发展现状 —— 081
3.1.1　离子传输 —— 081
3.1.2　表面/界面现象 —— 082
3.1.3　微观结构动态演变 —— 083

3.2　基于大数据的电池材料模拟方法 —— 083
3.2.1　多精度传递的高通量计算流程 —— 084
3.2.2　机器学习方法加速 —— 085

3.3　电池新材料发现实例 —— 088
3.3.1　基于直接筛选和优化改性 —— 088
3.3.2　基于离子替换 —— 089
3.3.3　基于团簇搭建 —— 089
3.3.4　基于无序结构构建 —— 091

3.4　电池材料"大数据+人工智能"工具软件开发 —— 093

3.5　小结与展望 —— 094

参考文献 —— 094

第 4 章　锂电池负极固态电解质界面膜形成机理的理论研究进展与展望 —— 098

4.1　分子动力学方法在 SEI 中的研究进展 —— 099
4.1.1　经典力场分子动力学（CMD）—— 099
4.1.2　反应力场分子动力学（RxMD）—— 101
4.1.3　第一性原理分子动力学（AIMD）—— 103
4.1.4　机器学习力场分子动力学（MLMD）—— 104

4.2　动力学蒙特卡罗（KMC）在 SEI 膜中的研究进展 —— 105
4.2.1　二维晶格模型 —— 105
4.2.2　三维晶格模型 —— 106

4.3　小结与展望 —— 107

参考文献 —— 109

第二部分　AI 辅助电池先进表征技术　113

第 5 章　AI 赋能电池材料表征分析技术　115

5.1　AI 方法和表征手段概述　116
5.1.1　AI 方法概述　116
5.1.2　材料表征概述　120

5.2　AI 与谱学表征技术的结合　124
5.2.1　AI 辅助谱学数据收集　125
5.2.2　AI 结合特征提取　127
5.2.3　AI 结合表征数据的分析和预测　128

5.3　AI 与成像表征技术的结合　132
5.3.1　AI 辅助成像数据收集　133
5.3.2　AI 辅助图像分析　134

5.4　小结与展望　138
参考文献　139

第 6 章　机器学习强化的电化学阻抗谱技术及其应用　147

6.1　机器学习获取锂离子电池的 EIS　149
6.1.1　时域信息获取 EIS　150
6.1.2　频域信息获取 EIS　152

6.2　机器学习辅助 EIS 解耦 LIB 老化参数　153
6.2.1　动力学参数解耦　153
6.2.2　热力学参数解耦　155

6.3　机器学习下 EIS 在锂离子电池健康预测与老化评估的应用　156
6.3.1　EIS 实现锂离子电池健康预测　156
6.3.2　EIS 实现锂离子电池老化机理评估　160

6.4　EIS 与其他表征方法的数据融合　161

6.5　小结与展望　164

参考文献 165

第三部分　AI 辅助电池器件开发平台 171

第 7 章　大语言模型 RAG 架构加速电池研发：现状与展望 173

7.1　概述 173
- 7.1.1　电池研究现状 173
- 7.1.2　大语言模型的优势 173
- 7.1.3　用 RAG 架构解决大语言模型的幻觉问题 174

7.2　大语言模型 RAG 架构在电池领域的具体应用 176
- 7.2.1　电池材料设计 176
- 7.2.2　电池单元设计和制造 177
- 7.2.3　电动交通和电网的电池管理系统 178
- 7.2.4　RAG 架构在电池技术中应用的异同 179

7.3　小结与展望 181
- 7.3.1　多模态 RAG 在电池领域的应用 181
- 7.3.2　RAG 技术在电池研究中的其他应用展望 182

参考文献 183

第 8 章　AI for Science 时代下的电池平台化智能研发 187

8.1　AI for Science 时代下的 BDA 平台加速各环节电池研发 188
- 8.1.1　电池研发的五个关键阶段 188
- 8.1.2　BDA 平台助力电池研发"设计理性化""开发平台化""制造智能化" 189

8.2　AI for Science 时代下的电池知识"大脑"构建 190
- 8.2.1　电池文献信息量巨大，高效收集和获取信息是瓶颈 190
- 8.2.2　多模态模型发展助力科学文献解析 190

    8.2.3 电池研发文献解析工具，助力快速洞察行业动态，提升研发效率 ————————————————— 192
  8.3 AI for Science 时代下的电池设计 ————————————————— 192
    8.3.1 AI for Science 驱动的多尺度算法和预训练模型为电池设计研发带来新的突破 ————————————————— 193
    8.3.2 AI for Science 依托工程实践，加速研发智能化，率先进行落地探索 ————— 198
  8.4 AI for Science 时代下的电池材料合成与制备 ————————————————— 200
  8.5 AI for Science 时代下的电池材料表征与性能测试 ————————————————— 201
  8.6 AI for Science 时代下的电池研发结果分析优化 ————————————————— 202
  8.7 小结与展望 ————————————————— 203
参考文献 ————————————————— 205

第 9 章 AI 驱动的电池性能预测与分析 ————————————————— 210

  9.1 软件功能介绍 ————————————————— 211
    9.1.1 数据预处理与标准化 ————————————————— 211
    9.1.2 数据可视化 ————————————————— 212
    9.1.3 高级数据分析 ————————————————— 213
  9.2 指标提取与特征挖掘 ————————————————— 214
  9.3 电池一致性分析 ————————————————— 218
  9.4 电池健康状态估计 ————————————————— 221
  9.5 电池寿命预测 ————————————————— 223
  9.6 小结与展望 ————————————————— 226
参考文献 ————————————————— 227

第四部分 AI 辅助电池状态感知与寿命预测技术 ————————————————— 231

第 10 章 储能电池单体层级数字孪生技术 ————————————————— 233

  10.1 能源电池单体层级数字孪生技术的内涵 ————————————————— 234

10.2 能源电池单体层级数字孪生的关键技术 ————————— 235
    10.2.1 电池单体层级的植入传感技术 ——————————— 235
    10.2.2 电池单体层级高效保真的物理模型 ————————— 239
    10.2.3 基于机器学习驱动的电池单体层级数字孪生 —————— 243
10.3 小结与展望 ————————————————————————— 251
参考文献 —————————————————————————————— 253

第 11 章　贫数据应用场景下的锂离子电池容量退化轨迹预测方法研究 ———— 261

11.1 锂离子电池容量退化轨迹预测方法 ————————————————— 262
    11.1.1 容量退化曲线增广 —————————————————— 262
    11.1.2 神经网络模型 ———————————————————— 264
    11.1.3 模型训练与验证 ——————————————————— 265
11.2 结果与分析 ————————————————————————— 266
    11.2.1 锂离子电池老化试验数据 ——————————————— 266
    11.2.2 容量退化轨迹预测结果 ———————————————— 267
    11.2.3 虚拟容量退化曲线增广敏感性分析 ——————————— 268
    11.2.4 虚拟容量退化曲线筛选方法的消融实验 ————————— 269
    11.2.5 模型训练方案的消融实验 ——————————————— 270
11.3 小结与展望 ————————————————————————— 272
参考文献 —————————————————————————————— 273

第 12 章　宽温域条件下锂离子电池 SOC/SOP 智能估计方法 —— 275

12.1 锂离子电池电热耦合模型 ————————————————————— 276
    12.1.1 等效电路模型 ———————————————————— 276
    12.1.2 热模型 ——————————————————————— 277
12.2 改进 MIUKF 与安时积分法结合的 SOC 估计 ————————————— 278
    12.2.1 改进 MIUKF 算法 —————————————————— 278

####### 12.2.2 MIUKF 结合安时积分法的切换算法 —— 279

12.3 考虑多约束条件的 SOP 估计 —— 281
####### 12.3.1 基于电压约束条件的 SOP 估计 —— 281
####### 12.3.2 基于 SOC 约束条件的 SOP 估计 —— 282
####### 12.3.3 基于温度约束条件的 SOP 估计 —— 282
####### 12.3.4 基于多约束条件的 SOP 估计 —— 282

12.4 仿真及精度验证 —— 282
####### 12.4.1 电路模型精度验证 —— 283
####### 12.4.2 热模型精度验证 —— 284
####### 12.4.3 SOC 估计仿真分析 —— 284
####### 12.4.4 SOP 估计仿真分析 —— 289

12.5 小结 —— 290

参考文献 —— 290

第 13 章 锂离子电池电化学模型参数智能辨识方法 —— 292

13.1 锂离子电池的三电极阻抗模型 —— 293
####### 13.1.1 电池阻抗模型介绍 —— 293
####### 13.1.2 用于辨识的参数 —— 297

13.2 锂离子电池参数辨识方法 —— 297
####### 13.2.1 阻抗模型辨识框架 —— 297
####### 13.2.2 目标函数 —— 298
####### 13.2.3 实验设计 —— 299

13.3 结果分析 —— 300
####### 13.3.1 准确性分析 —— 300
####### 13.3.2 迭代速度分析 —— 302
####### 13.3.3 鲁棒性分析 —— 304
####### 13.3.4 多维度分析 —— 304
####### 13.3.5 电化学模型验证 —— 305

13.4 小结 —— 307

参考文献 —— 307

第 14 章　AI 辅助锂电池剩余寿命预测研究进展　309

14.1　老化轨迹预测建模和仿真　310
14.1.1　RUL 预测常用的机器学习算法　311
14.1.2　RUL 预测的一般流程　312
14.1.3　RUL 预测中的信号预处理技术　313
14.1.4　机器学习方法　314

14.2　RUL 预测方法的比较　320
14.3　电池延寿　321
14.4　前景和挑战　322
14.5　小结　323
参考文献　324

第 15 章　基于电化学原理改进的等效电路模型用于锂离子电池状态估计　331

15.1　电池建模与参数辨识　332
15.1.1　融合电化学原理的等效电路模型　332
15.1.2　电池模型参数辨识　335

15.2　电池荷电状态估算　338
15.2.1　无迹卡尔曼滤波　338
15.2.2　基于加权滑动窗口的算法改进　339
15.2.3　基于解耦参数及加权滑动窗口的荷电状态估算　340

15.3　实验验证及分析　342
15.3.1　测试实验　342
15.3.2　模型参数精度验证　342
15.3.3　模型精度对比　343
15.3.4　SOC 估计效果　345

15.4　小结　348
参考文献　348

第 0 章 绪论

电池技术已成为当今全球最重要的能源技术之一,其发展直接决定社会信息化、电动化、智能化的进程。

电池在当今世界的重要性体现在多个方面。在新能源汽车的发展方面,电池技术的进步是新能源汽车(如电动汽车)发展的核心驱动力。随着电池能量密度的提高和成本的降低,电动汽车的续航里程得到显著提升,使得电动汽车成为传统燃油车的重要替代品,有助于减少温室气体的排放,推动全球向低碳经济转型。在可再生能源的整合方面,随着风能和太阳能等可再生能源的快速发展,电池储能系统成为平衡供需、提高电网稳定性的重要工具。电池能够存储过剩的可再生能源,并在需求高峰时释放能量,从而提高可再生能源的利用率。在移动设备和电子产品方面,电池是移动设备(如智能手机、笔记本电脑)和各种便携式电子产品不可或缺的组成部分。随着技术的发展,电子设备耗能功率越来越大,电池性能的提升使得这些设备更加轻便、高效和持久。在国家能源安全和独立性方面,电池技术的发展有助于提高能源安全和减少对化石燃料的依赖。通过电池储能,国家和个人可以在能源供应中断或价格波动时保持能源供应的稳定性。在科技创新和经济增长方面,电池产业的发展推动了相关材料科学、化学和工程技术的进步,为经济增长创造了新的增长点。同时,电池技术的创新也为其他行业,如医疗设备、航空航天等领域带来了新的应用可能。在环境保护和气候变化应对方面,电池技术在减少化石燃料使用和降低碳排放方面发挥着重要作用,有助于应对全球气候变化。电池储能系统可以支持更多的清洁能源并入电网,减少对环境的污染。在社会和生活方式的变革方面,电池技术的进步正在改变人们的生活方式,从家庭能源使用到交通出行方式,都在向更加清洁、高效和智能化的方向发展。总之,电池技术在推动能源转型、促进可持续发展和科技创新等领域发挥着关键作用,是当今世界实现可持续发展的关键技术之一。

电池的种类,按照材料体系,可以分为铅酸蓄电池、一次碱性电池、镍镉电池、镍氢电池、锂离子电池等。这些电池类型各有优势和局限性，适用于不同的应用场景，也将在未来一段较长的时间里长期共存。

在这些电池技术中，无疑锂离子电池综合性能最优，其能量与功率密度最高，循环寿命可达万次以上，无记忆效应，电压高，环境相对友好，低温性能好，几乎成为电动交通工具、可移动电子设备的唯一电源。之所以具备这种优势，主要归因于锂作为质量最轻的金属元素，位于元素周期表的左上端，这使得它拥有最高的比容量（3860mAh/g）。同时，锂的极强还原性赋予了它最低的电势（$-3.04V\ vs.H/H^+$），从而使其理论比能量达到最高。

展望未来10～20年，锂离子电池会长期在国民经济中起到至关重要的作用。因此本书将研讨重点聚焦于锂离子电池。

随着电动车、无人机等对锂电池能量、功率特性要求的不断提高，锂电池技术一直持续迅速发展，新型电池材料和电池设计不断涌现。锂电池相关技术的研究主要聚集在以下方面。首先是电极材料的设计改进，正极材料的研究包括高镍、高锰、硫系或无钴的正极材料，以提高电池的能量密度和降低成本，负极材料包括硅基、金属锂基负极材料以及高功率硬碳材料。电解液号称是电池的"血液"，电解质的研究包括高安全宽温域电解液、固态电解质、促进界面稳定的添加剂等。电池结构设计对保证材料储能特性的实现十分重要，包括通过薄极板提升功率特性、双极性设计提升电压和能量密度以及先进离子、电子输运增强设计技术等。锂电池的安全隐患与热失控紧密相关，电池热管理技术是发展重点，包括研究高效的热管理方案，如相变材料、液冷系统等，以控制电池温度，提高其工作稳定性和安全性。电动车对锂电池的快速充电技术提出了要求，此方面主要包括开发能够支持快速充电的电池技术，如高功率密度的电池设计和快充电解液的开发等。电池管理系统（BMS）是电池单体到模组管理以及可靠服役的重要技术，主要包括研究更先进的BMS算法和硬件设计，以实现对电池状态的精确监控和优化管理，延长电池使用寿命。对于经济和环境可持续发展，电池回收与再利用技术非常重要，这方面包括探索电池的有效回收和再利用方法，减少废弃电池对环境的影响，并回收有价值的材料。以上这些研究的目标都是推动锂电池性能进一步提升，满足未来电动汽车、便携式电子设备、大规模储能等领域对高性能电池的需求。

然而，随着锂电池性能的提升，其正负极容量和电势差越来越高，无论是材料晶格设计，还是界面设计，都已经几乎提升到了极限，锂电池能量的提升带来了界面稳定性、器件安全性的显著下降，电池安全和能量之间的难以调和几乎成为制约先进锂电池体系走向应用的最大桎梏。

针对高能量锂电池体系的安全性难题，采用传统"材料设计合成—组装电池表征—机制分析改进"的研究闭环已经很难推进，其根本原因是难以处理数以百计的参数变量之间的相互关系。在下文中，笔者将逐一阐述先进锂电池系统研究的复杂性、传统材料试错改进研究的不足以及采用信息学的方法体系研究电池复杂系统问题的思路与可行性。

需在此指出的是，本书将尝试用信息学的成熟方法研究电池复杂参数变量之间关系的问题。为了避免喧宾夺主，关于锂电池体系的各类基本知识，包括发展史、典型材料体系、最近研究进展等内容,本书将不再赘述。这些内容在近年来数十本专业著作中都已被反复介绍,可谓汗牛充栋。感兴趣的读者可以翻阅相关著作。

0.1 复杂巨系统锂电池研发的挑战

锂电池研究的核心,是瞄准高能量、高功率、安全、长寿命等应用需求,开展材料、界面、电解液、电极、器件各个尺度下的设计和验证研究。虽然逻辑看似简单,但由于研究设计的同时变化参量过多,导致研究极其难以同步推进。

举个例子,针对某锂电池体系的衰变特性进行研究改进的工作,即使在固定正负极材料和电解液的前提下(已是最简单的情况),仍需要至少研究温度/过充放等工况、力学和化学等各种衰变机制、电压平台降低和电阻增大等各种衰变表现,三个层次至少数十种各类变量之间复杂的耦合关系(图0.1)。若考虑各类新化学体系,则材料元素/晶格/缺陷/掺杂等本征特性、包覆/梯度表面/复合结构等颗粒特性、孔隙率/导离子增强/导电增强/厚度/面载量等各种极片参数,以及包含数百种添加剂的电解液的各种物化参数、隔膜物化特性等均需要被考虑进来。更难的是,电池是一个典型的"黑箱"系统,其外部电学信号测试和原位谱学测试能获得的参数极其有限,由于材料活泼性强、对氧气水分极其敏感,非原位的先进表征手段得到的信息失真较为严重。研究手段的局限性、真实数据的稀缺和锂电池问题本身的高度复杂性制约了先进锂电池相关技术的研发进程。

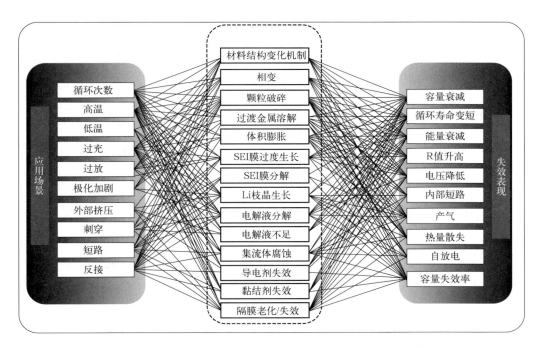

图 0.1 锂电池性能衰变研究需重点关注的工况、机制、性能特征三个层次各种变量之间耦合关系示意图

根据以上阐述，可知先进锂电池属于典型的复杂系统。如图 0.2 所示[1, 2]，单个物体之间的相互作用构成了不同系统，从简单的物理体系到复杂的生命体，乃至一个社会。钱学森在其著作《创建系统学》中指出，生命体和社会都属于复杂巨系统。相信基于上文的阐述，读者一定会同我一样，认定锂电池系统同样属于复杂巨系统。

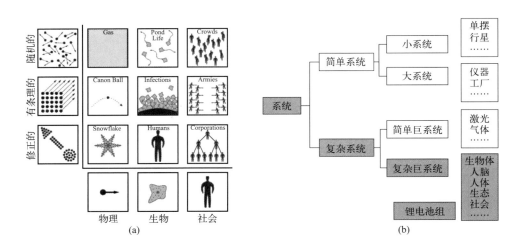

图 0.2 （a）物理系统、生物系统和社会系统被认为是三大类典型的复杂系统[1]；（b）钱学森定义分类的简单系统与复杂系统[2]

如同生命体或社会，锂电池内在参数的宏量性、相互关系的复杂性使其很难用简单的构效关系研究策略精准描述各参数之间的关系。况且，如同生命体，锂电池同样是个多尺度的系统，且不同尺度的科学问题之间差异性较大，需要用完全不同的科学手段去研究。如图 0.3 所示，笔者按照研究体系内研究对象由微观到宏观，将电池系统和生命体进行对比。正如一个生命体的研究，按照微观到宏观可以分为 DNA 研究、RNA 研究、蛋白质研究直到器官以及人体研究，电池研究对象从微观 1 埃到宏观米级，可以分为元素原子、晶格与缺陷、晶界与晶隙、界面层、电极颗粒、电解液本体与集流体、电极片、电池单体、电池模组、电池簇与系统。示意图中每个研究对象的右下方是对其进行研究的理论建模与试验研究方法。理论建模方面，从微观到宏观包括密度泛函理论、第一性原理分子动力学、粗颗粒分子动力学、电化学仿真、有限元仿真；试验研究方面，从微观到宏观包括核磁共振、球差电镜、XRD、透射电镜、原子力显微镜、红外光谱、拉曼光谱、扫描电镜、各种电化学测试方法等。

尤其需要指出的是，和生命系统一样，锂电池中即使最小尺度下的些许变化都会造成整个电池宏观电化学特性的巨大变化。正如人和黑猩猩的 DNA 序列的差别仅有 1.23%，但宏观肢体和智力上却可谓天壤之别。对于锂电池，即使是正负极材料体系相同，在材料表面包覆一层纳米级的碳层就能促使电池循环性能提升 10 倍以上，且安全性显著提升。反之，即使电解液中有万分之一的水分，电池性能也会极度恶化。因此，锂电池研究必须像生命科学一样，将各个尺度下的研究对象系统考虑，综合分析。

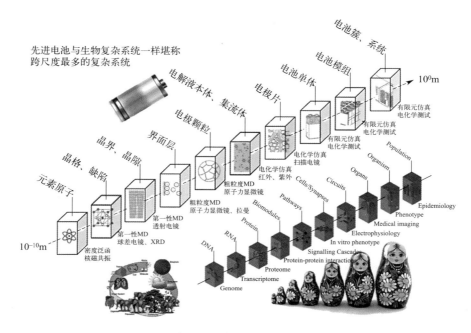

图 0.3　电池是一个典型的复杂跨尺度系统示意图

值得一提的是，对于生命科学的研究，各个尺度下都已产生宏量的数据积累，并发展出了各自专业系统的信息学方法，从微观到宏观有基因组学、转录组学、蛋白组学、代谢组学、免疫组学、影像组学等。读者可能已经发觉，这些领域的研究系统都称为组学。组学英文为omics，是生物和医药前沿研究领域的一个流行后缀，指的是将与研究目标相关的所有因素综合在一起作为一个"系统"来进行研究。这些组学领域共同构成了一个多层次、多维度的研究体系，旨在从整体上理解和分析生物系统的复杂性和相互作用。组学体现了特定领域研究从"点"到"面"再到"系统"理念发展的大趋势。

然而，同为复杂巨系统的电池，却远没有像生命科学那样积累起足够的数据，进而发展出各个尺度对象的"组学"。原因主要是锂电池只有30年的发展史，而其大发展是在2010年电动汽车兴起之后，只有10年左右的集中发展。此外，锂电池的发展一直采用传统材料学的研发策略。首先设计制备材料，再表征测试，研究构效关系，提升材料性能，再提升电池器件性能。这缘于21世纪纳米科技大发展，材料微观表征手段与能力都飞速进步，研究者可以对材料进行原子级别的精准调控制备和性能研究。这点与生命科学研究截然不同，其难以实现对微观分子的精准实时表征，且多因素显著耦合，表征其中部分材料难以有效支撑整体构效关系的研究，这反而加速了生命科学通过海量数据驱动寻找多因素间关系的研发策略。

随着电池研究撞上能量与安全性难以调和的难题，促使研究者不仅要从某种材料出发，更要像生命科学一样从系统角度看待电池的问题。生命科学各个组学的建立对电池研究有很好的借鉴作用。电池研究者会更多地用数据驱动的方式来进行研究,包括更加注意所有电池表征数据的结构化,甚至发展结构化电池数据体系与方法,研究者会开发出更多好用的从电池材料到器件和系统各层级的数据驱动的建模软件,甚至开发出极高精度跨尺度的电池数字孪生系统,将电池本征的各种问题及工况环境之间的耦合关系尽数阐明,不但实现极高能量和功率特性锂离子电池的制备,同时实现高可靠可知可控。

0.2 从生物信息学的主要方法看锂电池信息学发展方向

期待锂电池信息学的发展能够通过各个尺度下的数据驱动获得系统层级上的跨尺度知识、模型,直到数字孪生。首先来看生物信息学跨尺度方面的主要方法与内涵,再逐一分析锂电池信息学与之相关的主要挑战。

生物信息学善于在不同生物学尺度(从分子、细胞到组织、器官、个体等)上进行数据整合和分析,其可通过多尺度的数据融合和模型构建,来揭示生物系统的复杂性和动态性。以下是一些跨尺度生物信息学的主要研究方法[3]。

① 多尺度成像技术。生物信息学需结合不同尺度的成像技术,如原子力显微镜(AFM)、扫描电子显微镜(SEM)、共聚焦显微镜、磁共振成像(MRI)等,可以获得从分子到整体的多层次结构信息。借鉴这些,锂电池信息学首先应能够具有广泛、多维度获取电池内部各个尺度下关键物化信息的能力。好消息是,锂电池是全球的研究热点,对其从材料到电极、器件方面的试验研究,无论是大学、研究院所还是行业领军企业,从表征手段的多样性、先进性,到数据的积累速度,堪称宏量和高速。然而,需要指出的是,数据多与数据好用是两个概念,目前电池表征数据结构化较差、不同的仪器设备或研究小组得出的数据从结构到标注难言规范统一,限制了数据的有效性和对建立大模型的贡献能力。

② 多模态数据分析。生物信息学利用多种生物信息学工具和数据库,如基因组学、转录组学、蛋白质组学和代谢组学数据库,进行综合分析,以揭示生物过程的多尺度特征。锂电池信息学应借鉴生物信息学的方法,利用多种信息学工具和数据库,比如电化学数据库、材料基因组数据库、电池性能数据库和失效分析数据库,进行多尺度、多维度的综合分析,以揭示电池的材料特性、电化学行为、寿命衰减机制及安全性等关键特征,从而加速新型电池材料的发现、优化电池设计,并提升电池性能与可靠性。如上一点所述,锂电池在各个尺度上的表征数据较为丰富,但要将各个尺度下各个类型的数据融并到一个体系,需要预先深度策划合适的模型与数据结构。

③ 系统生物学建模。生物信息学构建数学模型来模拟和分析生物系统的动态行为,这些模型可以是确定性的或随机的,如微分方程、代理模型和网络模型等。借鉴这些,锂电池信息学应重视各个尺度下的建模及模型在不同尺度之间的数据交互。具体来说,在原子尺度上基于密度泛函的第一性原理分子动力学,与介观尺度上经典分子动力学以及宏观的

电化学仿真模型之间如何交互数据，是需要研究的重点。

④ 整合组学分析。生物信息学通过整合不同组学数据，如基因表达、蛋白质相互作用、代谢途径等，来揭示生物系统的全局特性和功能联系。借鉴这些，锂电池信息学应更系统深入地构筑从电极材料、电解液分子、晶格特性到综合电化学性能之间的关系模型。

⑤ 计算生物学方法。生物信息学使用计算方法来预测和解释生物分子的结构和功能，如蛋白质折叠预测、基因调控网络推断等。借鉴这些，锂电池信息学应发展各个尺度下适用的新型计算模型，比如对电解液分子三维结构高效描述的电解液工程方法等。

⑥ 高通量筛选和数据分析。生物信息学利用高通量技术（如下一代测序）生成大量数据，并使用生物信息学工具进行数据挖掘和分析，以识别生物标记物和潜在的药物靶点。借鉴这些，锂电池信息学应开发独有的知识图谱建立工具，如通过对来自科研文献、技术报告、试验报告数据的高效挖掘和梳理技术，建立电池知识图谱大模型。

⑦ 生物信息学框架和工具。生物信息学使用生物信息学框架（如 Galaxy、Bioconductor）和工具（如 BLAST、GO、KEGG）来分析和解释生物数据。借鉴这些，锂电池信息学应开发或适配相应的分析框架（如基于机器学习的电池数据分析平台）和工具（如材料筛选工具、电化学模拟工具、电池寿命预测模型等），以系统化地分析和解释锂电池的多源数据。此外，生物信息学构建和分析生物网络，如基因网络、蛋白质相互作用网络和代谢网络，以研究生物系统的组织原理和功能模块。借鉴这些，锂电池信息学应注重开发针对电解液、电池正负极材料、黏结剂和导电剂选材、电极片参数控制等专用计算仿真软件，并形成各个尺度、工步的应用仿真网络，促进电池从材料到工业生产的自动化进程。

⑧ 多尺度模拟。生物信息学结合不同尺度的生物过程和物理过程，进行多尺度模拟，如分子动力学模拟和细胞自动化模型。借鉴这些，锂电池信息学应发展适应自身特色的多尺度建模仿真体系，如上文提到的原子尺度上基于密度泛函的第一性原理分子动力学、介观尺度上经典分子动力学以及宏观的电化学仿真模型等。

⑨ 人工智能和机器学习。生物信息学应用人工智能和机器学习算法来分析复杂的生物数据，如深度学习用于图像识别，自然语言处理用于文献挖掘。借鉴这些，锂电池信息学应更多地采用深度学习方法建立各个尺度下的代理模型，加速各个尺度下建模仿真的精确度和效率。

总的来说，生物信息学典型方法的特点是需要跨学科的知识和技能，包括生物学、计算机科学、数学、物理学和统计学等。生物信息学通过这些方法能够在不同尺度上理解生物系统的结构和功能，从而推动生物医学研究的发展。与之相似，锂电池信息学也需要广泛采用化学、材料学、计算科学、数学等学科的典型方法，协助建立从 0.1 nm 到宏观各个尺度的高精度、高效率计算模型，推进电池同时实现高能量密度和状态可知可控。

0.3　锂电池多尺度建模研究存在巨大挑战

电池技术的迭代开发一直都以实验验证为主。近年来，理论模拟在电池技术开发过程中起到了越来越重要的作用，主要体现在两方面：一是包括算法平台、超级算力等计算机科学的高速发展使得研究者有能力对电池内部的科学问题进行不同尺度下的模拟研究；二是这些计算模拟研究能够帮助研究者从机制层面更深刻地认识电池中不同的实验现象，从而有效地促进了电池技术的进步。

电池领域的建模研究，通常是用由数学方程组成的模型对不同尺度下的科学问题进行描述、揭示机制，并进一步实现预测某种设计改进的性能提升效果。与试验研究相比，建模研究的优势是成本较小，设计验证周期更短（若方程收敛得好）。建模研究在锂离子电池商业化后的30年里发展迅速，应用更为方便、快速、准确，并能预测不同空间和时间尺度下的材料行为机制和工艺改进效果。按照研究对象从小到大，典型电池建模研究可分为（图0.4）[4]：①模拟原子结构和特性的电子模型，其加深了调控电解质局部特性与活性物质稳定性方面的认识；②模拟离子输运、材料缺陷的形成和活性物质颗粒演化的原子模型，如用于模拟电解质和活性物质的结构与动力学的分子动力学（MD）方法，或基于随机和动力学蒙特卡罗（KMC）方法模拟活性材料/电解质界面电化学反应的模型；③基于KMC、离散元法（DEM）和粗粒度分子动力学（CGMD）的介观模型，模拟复合电极制备过程中混浆过程；④连续介质模型，例如研究多孔电极润湿性的玻尔兹曼方法，模拟活性材料中相分离的相场方法，基于耦合偏微分方程的全电池模型，处理浓度、温度和应力/应变时空变化的模型等[1]。

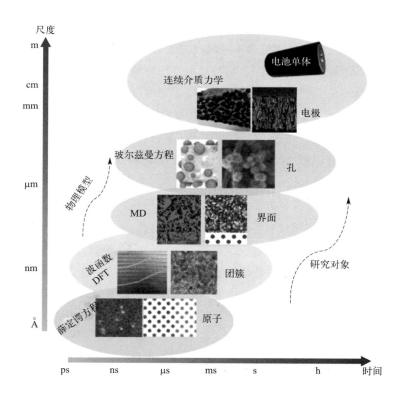

图0.4 锂离子电池内部不同时间、空间尺度研究对象及其适用的物理模型[4]

锂离子电池由正负极、电解液、隔膜、集流体和封装材料等组成。在锂离子电池内部，无论是正极的晶格衰变，还是负极的 SEI 膜生成与演化，抑或是离子在正负极内或电解液本体中的输运等科学问题，均涉及从微观原子到介观微孔跨尺度空间下的研究对象。对于不同空间尺度下的研究对象，需采用最为适用的建模算法，而这些算法的适用尺度有很强的局限性。因此，对锂离子电池的科学问题进行建模研究，需考虑至少两种算法组合建模，即多尺度建模（MSM）方法。

在此，我们用一个建模的难点问题阐述锂电池建模目前的技术状态。负极界面与固体电解质界面（SEI）膜对锂离子电池的比功率特性、循环寿命，尤其是热安全性有着极其重要的影响（图 0.5）。然而，SEI 因其尺度为纳米量级，成分复杂，在充放电过程中时刻处于动态变化中，尤其对气氛极其敏感，容易发生变质，因而极难研究。况且电池是一个"黑箱"，原位表征手段得到的测试结果较差。采用数学的方法对 SEI 进行建模研究，有望将复杂的物理场的共同影响进行解耦，进而描述 SEI 形成与演化的机制与过程，是近年来电池领域的研究热点（图 0.5）。

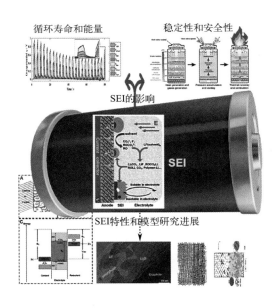

图 0.5　锂离子电池内 SEI 的重要意义及在表征与建模方面研究进展示意图[4]

总的来说，无论是石墨、硅，还是金属锂负极，其表面 SEI 的形成主要可分为形成和电化学生长两个阶段[4]。当电解液与金属锂负极接触时，或石墨/硅负极充电化成时，负极和电解质之间的化学反应在表面发生，形成不溶性产物，构成钝化层。在形成初始 SEI 后，电化学反应会持续促使 SEI 生长，进一步改变 SEI 的组成和结构。这两个阶段特点不同，前者反应多为化学反应，其驱动力在于负极的高还原性，即热力学上几乎所有有机电解液都可以与负极发生不可逆的化学反应。该反应阶段的特点是反应速度较快，可以在较短时间内形成"初始 SEI"。对于后者，反应主要以电化学反应为主，其驱动力在于充放电过程中的电势差，这个阶段的特点是反应较慢，且对充/放电电压存在显著依赖。需要注意的是，在实际情况中，以上两个阶段时常耦合在一起，即化学还原与电化学还原同时发生，且很难利用表征技术与模拟技术对两者进行区分。先进表征技术促进了 SEI 研究的深入，尤其近年来在冷冻电镜技术的辅助下，研究者可以清晰地观察到 SEI 中无机纳米颗粒的位置，也促使 SEI 模型从早期的多层模型、马赛克模型过渡到现在的梅子布丁模型，但是距离深入理解 SEI 的机制还有差距。例如，为什么无机颗粒会随机地分散于无定形的 SEI 中，而不是生长成完整的晶体？有机成分的组成和结构是什么？为解决上述问题，需要发展包含更多分子、原子层面的信息以及结构上更精准的 SEI 模型。若能用精准的数学模型辅助解读实验现象，势必能促进 SEI 机制的解读，进而协助攻克锂离子电池寿命衰减、安全性不好的问题。然而，由于在 1～10 nm 典型尺度上的数学模型还存在精度差、难以反映电化学过程等瓶颈，导致目前难以对 SEI 的机制进行深入的解读。

由上面的分析可知，对于锂电池这种复杂系统，多尺度建模是了解各个尺度下以及整体过程的有效工具。本书后面章节将着重介绍多尺度模拟方法概况及其在锂离子电池研究中的总体应用情况，总结针对锂离子电池包括 SEI 膜的 MSM 方法的最新研究进展，按从原子到介观尺度逐渐增大的顺序逐一总结相应的理论方法在 SEI 建模研究中的应用，介绍其在指导电极材料开发及电解液改性方面的成功案例，并尝试讨论建模与试验之间的相关性与不足，展望 MSM 方法在研究 SEI 膜方面的机遇和挑战。

0.4 材料信息学与锂电池信息学的不同

尽管电池的性能主要由电池材料的性能决定，电池材料同时也是电池研究的重中之重。但是，锂电池信息学与近年来已经初步成熟的材料信息学有很大不同。在本节中，作者首先简介材料信息学的主要内涵，再归纳锂电池信息学与其相比的不同之处。

材料信息学（materials informatics）是一个将信息学原理应用于材料科学和工程学的研究领域，以增进对材料的理解、发现、选择和使用。这是一个新兴领域，其目标是实现各种材料数据高速强大的采集、管理、分析和发现，以期大大减少开发、生产和部署新材料所需的时间和风险。这一领域不局限于对材料和信息之间关系的一些传统理解，一些更狭义的解释包括组合化学、过程建模、材料特性数据库、材料数据管理和产品生命周期管理等。材料信息学既处于这些概念的融合之中，又超越它们，并且有可能将从一种类型材料收集的数据中学到的经验应用到另一种材料中，从而获得更多的见解和更深刻的理解。通过收集适当的元数据，可以大大扩展每个单独数据点的价值。

材料信息学是为了加速材料研发速度而生的。新材料开发周期漫长，需要走过从发现到开发再到产业化的过程。无论是材料信息学，还是其中包含的材料基因组计划，都是希望缩短材料从研发到应用的时间。以储能材料为例,基本上时间跨度从几年到几十年不等。材料信息学发展面临的主要挑战有 4 点:一是材料科学的常规研究模式一直是从揭示结构与性能的关系入手,然而它们之间的关系一般都是非线性的,如何从大量的数据和信息中提取和发现这些关系对材料科学家来说是一大挑战;二是新材料设计不管采用实验方法还是模拟技术都是一项费力的工作,而且包含了许多不确定因素,如何充分利用过去的研究经验和数据高效设计新材料是材料科学家需要解决的又一问题;三是随着新材料、新技术、新工艺和新方法层出不穷以及因特网材料信息的激增,材料信息的数据量和复杂性大大提高,如何高效管理、存储不同类型的材料科学数据,最大限度地从中挖掘有价值的信息,最大限度地实现材料信息的资源共享和知识创新等,都是摆在材料研究工作者面前的一大难题;四是材料科学研究的开展通常都是以前人的研究结果和实验数据为基础的,材料科学家在开展研究之前,必须花费大量的时间来浏览各类出版物和检索各类材料数据库,如期刊数据库、论文数据库和专利数据库等,随着时间的推进,这些信息数量将变得更加庞大和分散,如何缩短这个时间段是材料科学家面临的第四大难题。

读者可能感觉到,材料科学面临的上述挑战,其他学科同样遇到过,比如上面介绍的生物学和化学,生物学家和化学家分别发展了生物信息学和化学信息学以应对庞大复杂的数据。生物信息学上文有了介绍,其是 20 世纪 80 年代末随着人类基因组计划(human genome project,HGP)的研究发展应运而生的,其目的在于阐明人类基因组全部序列,从整体上破译人类遗传信息。随后研究产生的 DNA 序列数据呈指数增长,基因序列数据正以前所未有的速度迅速增长。如何管理和分析利用这些巨量的基因组信息成为当务之急,对这些原始数据进行收集、整理、管理以便检索使用,需要利用现代计算机技术。而为了解释和理解这些数据,还需要对数据进行对比、分析,建立计算模型,进行仿真、预测与验证。在揭示这些巨量数据所蕴含的信息时,就必须要运用到大量的数学和统计学方法,并且要用计算机来辅助进行,因而,生物信息学逐渐产生并发展起来。化学信息学的产生与发展是基于化学信息量呈指数增长,特别是组合化学及高通量筛选的迅速发展。组合化学方法能像搭积木块一样快速合成及制备大量的化合物,一个组合化学库包括数百个,乃至数十万个化合物,为药物开发提供丰富的化合物源。组合化学及高通量筛选为药物研制提供新的技术支柱,同时也为化学信息学的产生与发展提供了良好的机遇。

面对材料科学遇到的问题,国内外学者提出发展材料信息学。信息技术和计算机网络技术的飞速发展为问题的解决提供了可能性,将材料科学和信息技术结合起来服务于材料科学研究,一门新兴的学科——材料信息学正在蓬勃发展。材料信息学是材料科学和信息科学与技术相互交叉渗透而形成的交叉学科。目前其研究领域主要有以下三个方面。首先是数据标准,目前存在大量数据形式不同的数据库,数据库之间的数据传输和信息共享十分困难。统一的数据标准是数据库之间实现数据共享的基础。因此材料信息学首要的任务是材料信息标准化的制定,以便整合这些数据库为一体。二是材料数据库,为了满足材料工作人员的不同需求,适应材料生产和研究开发,经过良好的组织和管理汇总后的材料数据库是非常必要的。按信息内容可以将材料数据库划分为材料基础性能数据库和材料信息数据库：材料基础性能数据库的数据主要包括材料的力学性能、晶体结构、热力学动力学数据和物理性能（弹性常数、热导率、磁学性能等），为材料设计提供基础数据；材料信息数据库则利用先进的信息技术，从文献、互联网等各个渠道中提取和管理材料数据，包括材料的生产工艺数据、性能数据和服役性能等。三是材料数据挖掘。在大量数据和良好结构数据库基础上，需要对数据内在规律进行分析和发掘。数据挖掘（knowledge-discovery in database，KDD）是使用特定的算法对大数据集进行搜索，提取数据库中知识的过程。该过程主要包括数据输入、数据预处理（数据汇合、数据清洗、特征选择等）、数据发现和后处理（模式过滤、可视化等），最终得到有用的信息（知识）。服务于材料科学研究的数据挖掘主要是建立在对材料性能和服役的理解基础之上的模式识别和模式预测。模式识别是从分散的数据中发现相关性、趋势、簇类、轨迹和异常现象的基础；模式预测的本质则是对材料物理与化学性质的理解，在很多情况下数据挖掘与在工程材料研究中的以"结构 - 性能"关系为中心的研究类似。

尽管材料信息学发展刚刚起步，一些挑战却已经涌现[5]，包括：①材料丰富的内部结构涉及多长度尺度、多时间尺度、丰富的细节（包括噪声和信息损失），造成材料数据的多样化。②缺乏数据格式的标准。③自成体系的数据库间缺乏共享，大量的材料数据都分散在各个单位，甚至个人手中，且往往密切关系到技术秘密、经济利益。在数据、资源、研究力量等各个环节尚缺乏共享与深度合作，给数据的采集和统一管理带来很大的难度。④材料数据之间的关联性是极强的，影响因素复杂。不同的材料体系变化规律多样，材料的结构与性能、使用效能等数据可能会受到材料的成分、工艺、结构等其他多种因素的影响。材料结构与性能之间的关系一般都是复杂的非线性关系，因此在解析材料的构效关系时，所用到的机器学习、数据挖掘等技术需要覆盖多种多样的材料类型进行共同设计。因此，材料信息学在研究的过程中，需要充分考虑材料数据的特点，与现有先进的数据处理方法相结合，实现材料数据的高效信息化管理。⑤使用大数据资源时的经验积累。虽然大量数据库和可用的数据不断产生，但能够处理大数据资源，并从中提取出有用信息的用户仍然较少。而且，当无法从某个数据库中获得所需数据时，向其他数据库请求数据和从不同数据库中整合信息也很困难。计算数据和实验数据吻合性也是个难点，因为实验进行时所引用的晶体结构数据或其他数据已经无迹可寻。而使用计算数据也相当棘手：研究人员必须充分理解分析方法的误差，在某些情况下误差可能相当大，并且即使相当有经验的专家可能也无法准确估计。⑥为晶体学等建立材料描述符。在过去几年这方面取得了一定的成果，但目前仍没有关于描述晶体的描述符的算法。这类描述符包括材料性质、限定条件、量化的结构评价等。目前研究人员通过构图法向机器学习算法描述晶体结构是非常困难的。⑦对机器模型适当性和转移性的评估。这些评估以性能导向为指标，如交叉验证。但是，产生具有误导性的性能指标的原因是多方面的。交叉验证错误会受到交叉验证类型、设计模型的选择和数据如何分解并拟合的影响。掌握机器学习模型的精确度也是非常重要的，因为具有最小交叉验证误差的模型同时也最复杂（如神经网络和随机森林），并且无法做出科学的预测。当与传统的、可解释的模型和方法中提取的知识冲突时，材料学家是否应该相信由机器学习模型做出的预测，还需进一步实践。

与材料信息学相比，锂电池信息学在收集大量数据、建立数据库、发掘知识的总体思路上是相似的。其主要不同有三点。

首先是电池的电化学场的影响。电池内部的电场对材料的反应特性有着显著的影响，电场的存在可以改变电池内部的离子传输特性、溶剂化结构、电极表面的化学反应动力学以及电池的整体性能。电场会影响电解液中离子的迁移行为。在电场作用下，正离子和负离子会分别向相反的电极移动，这种迁移过程称为离子的漂移。电场强度的增加会导致离子输运速度的提高，从而增加电池的离子电导率。电场还会影响电解液中离子的溶剂化结构，即离子周围的溶剂分子的排列方式。这种结构的变化会影响离子的迁移速率和电池的电导率。例如，在张强的研究中，通过模拟，发现电场会影响电解液中 Li^+/EC 的第一溶剂化壳层的分布概率，进而影响电池的性能。以上的离子输运和溶剂壳层的情况直接影响电极表面化学反应的速率。电场可以促进或抑制特定反应的发生，从而影响电池的充放电效率和循环寿命。例如，电场可以影响锂枝晶的形成和生长，这对于锂金属电池的安全性至关重要。通过优化电场的分布和强度，可以提高电池的能量密度、功率密度和循环稳定性。此外，电场还可以用于电池的健康监测和状态评估，帮助及时发现和解决电池运行中的问题。这些都是普通材料研究不会涉及的情况。

第二点是多相界面的存在。多相界面是指在电池内部不同相（如固-固、固-液、固-气）之间的交界区域。在锂电池中，主要的多相界面包括以下几种：①负极/电解质界面：这是锂电池中最关键的多相界面之一，其直接影响电池的充放电效率、循环稳定性和安全性。特别是在锂金属电池中，负极（锂金属）与电解质之间的界面稳定性是影响电池安全性和循环寿命的关键因素。金属锂与电解质的相互作用可能导致锂枝晶的形成，增加短路和热失控的风险。②正极/电解质界面：在高电压高能锂电池中，正极材料与电解质之间的界面稳定性对电池性能有显著影响，尤其是界面电阻起决定性作用。③电解质/电解质界面：在多层或复合固态电解质结构中，不同电解质层之间的界面也会影响离子的传输路径和电池的整体性能。总之，深入研究和优化锂电池中的多相界面对于提高电池的整体性能和安全性具有重要意义。通过引入稳定的导电缓冲层、改善界面相容性、抑制界面层生成等方法，可以有效降低界面电阻，提高电池的性能和稳定性。锂电池的多相界面是其安全性、稳定性最关键的一个因素，其本质便是由百种以上有机、无机材料组成，材料颗粒都为典型纳米量级，非常复杂地耦合在一起。况且，这些材料在持续发生着上百种复杂的化学反应，致使界面层的组分与结构仍在持续变化。这些复杂的界面过程在材料学研究中较为罕见，其需要的处理方法也将与材料信息学不同。

第三是锂电池信息学需要系统关注多尺度下的材料学过程。锂电池作为一种复杂的电化学系统，其性能受到多尺度下材料学问题的影响。如上文所述，在设计和优化锂电池时，需要关注以下几个多尺度下的材料学问题。①微观尺度（原子和分子层面）：电极材料的结构和组成方面，电极材料的晶体结构、缺陷、掺杂和表面涂层等因素都会影响其电化学性能；电解质的离子传导机制，电解质中的离子迁移率、溶剂化结构以及与电极材料的相互作用对电池的充放电效率和循环稳定性至关重要；界面化学方面，电极与电解质之间的界面反应会导致固体电解质界面（SEI）膜的形成，其结构和稳定性对电池性能有显著影响。②介观尺度（微米和纳米层面）：电极材料的形貌和孔结构方面，电极的微观形貌、孔隙率和孔径分布影响离子和电子的传输路径，进而影响电池的功率密度和能量密度；颗粒大小和分布方面，电极材料的颗粒大小和分布会影响电池的循环稳定性和倍率性能；界面相的厚度和均匀性以及 SEI 膜的厚度和均匀性对电池的内阻和循环寿命有重要影响。③宏观尺度（毫米和厘米层面）：电池组件的几何设计，电池的整体设计，包括电极的厚度、电池的尺寸和形状以及电极与集流体的接触面积等，都会影响电池的整体性能；热管理方面，电池在充放电过程中会产生热量，有效的热管理对于维持电池性能和安全性至关重要；电池组装和集成方面，电池单元的组装方式、模块化设计以及与电池管理系统（BMS）的集成对电池包的整体性能和可靠性有重要影响，也同样会对材料的稳定性和变化有影响。在研究和解决这些多尺度问题时，通常需要采用多尺度模拟和材料实验相结合的方法。例如，利用量子化学计算来研究微观尺度的界面化学反应，通过电子显微镜和 X 射线衍射等技术来表征介观尺度的电极结构，以及通过电化学测试和热分析来评估宏观尺度的电池性能。此外，多尺度数值模型的应用也是研究锂电池的重要手段，它可以帮助科学家和工程师全面理解和预测电池在不同工作条件下的行为，从而为电池设计和性能优化提供理论支持。这些模型通常涵盖质量传递、电荷传递、热量传递以及多种电化学反应等物理化学过程，能够为锂电池的多尺度材料学问题提供深入的认识。

由以上分析可知，锂电池信息学与材料信息学有相近之处，也有多个不同的特点。总的来说，锂电池信息学更为复杂，需要关注更多尺度上系统的电化学变化与化学反应，并与整体电池器件的可靠性相关联。处理这类极多参数深度耦合的关系梳理问题，数据科学非常重要，深度学习则是有效地找到收敛代理模型的工具。本书将重点就这些问题进行阐述。

0.5 锂电池研究不同尺度的科学问题与主要研究方法

电池研究涉及多个尺度的科学问题，从原子级别的材料结构到整个电池系统的热管理和安全性。针对不同尺度下的科学问题，研究者们采用了多种实验和计算方法来进行深入研究。作者在此将不同尺度的科学问题及其主要研究方法进行概述。为后面各章分类分尺度展开论述做铺垫。

① 材料尺度。科学问题包括：材料的热稳定性和电化学稳定性；材料在不同温度和状态下的化学反应机制；材料微观结构与电化学性能之间的关系。研究方法主要有：热分析方面，包括热重分析（TG）、差示扫描量热法（DSC）、同步热分析（STA）等，用于研究材料的热行为和热分解特性；结构分析方面，包括使用 X 射线衍射（XRD）、透射电子显微镜（TEM）、扫描电子显微镜（SEM）等技术来研究材料的微观结构和形貌；计算方面，主要是计算材料学，多通过第一性原理计算和分子动力学模拟来预测材料的稳定性和反应

路径。

② 电芯尺度。科学问题包括：电芯在各种滥用条件下的热行为和热失控机制；电芯内部的电化学过程和离子传输特性；电芯老化和性能衰减的原因和规律。研究方法包括：电化学测试方面，如循环伏安法（CV）、恒电流充放电测试等，用于评估电芯的电化学性能；建模仿真方面，电-热耦合模型主要是构建电化学与热传递过程的耦合模型，研究电池在非等温条件下的电化学性能和热失效表现，尤其是使用有限元分析（FEA）等工具进行电芯级别的热失控模拟和分析。

③ 系统尺度。科学问题包括：电池系统在热失控情况下的热扩展规律和抑制策略；电池系统的安全性和火灾危险性；电池系统的热管理和预警方案设计。研究方法包括：热失控扩展测试方面，通过加热、过充、针刺等方式诱发电芯热失控，研究热失控在系统中的传播和影响；火灾危险性测试方面，全尺寸电池火灾危险性测试平台用于评估大型电池系统的燃烧特性和安全性；系统安全性模拟仿真方面，基于电芯热失控模型，研究整个电池系统的温度场和热失控扩散规律。

④ 多尺度模拟与高智能计算技术。科学问题包括：锂电池中基本物理原理的揭示；电池本质属性和储能机制的物理形态；仿真与实践的物理关系。研究方法包括：多尺度模拟方面：结合不同尺度的物理模型和计算方法，进行跨尺度的模拟和分析；机器学习与高通量计算方面，利用机器学习算法和高通量计算方法来优化电池设计和预测电池性能；五维一体化分析体系方面，构建计算方法尺度、科学基础理论、储能机制与系统的物理形态、仿真与实践的物理关系、科学基础与工程应用构造的一体化分析体系等。

通过上述方法，研究者们能够在不同尺度上深入理解电池的工作原理和性能限制因素，从而为电池的设计优化和安全性提升提供科学依据。

0.6 电池信息学涉及的数据驱动的背景和概念

从生物信息学到材料信息学，一些数据驱动的基本方法是相通的。这些数据发掘方法也将用到，这些方法在其他深度学习或相关著作中已有较多深入阐述，在此简要介绍一些传统的主要方法。传统方法包括线性和非线性分析、回归分析、因素分析和聚类分析。随着数据挖掘技术的飞速发展，决策树理论（decision trees）、人工神经网络（artificial neural network，ANN）等新的技术不断应用于材料研究中。

① 决策树。决策树是通过概率论的直观运用建立的树形结构，其中每个内部节点代表一个属性上的测试，每个分支代表一个测试输出，每个叶节点代表一种类别。决策树是分类模型的非参数方法，不需要昂贵的计算，非常容易理解。常用的决策树算法有 ID3、C45、CART 等。Georgilakis 等利用决策树方法为能源电力变压器的缠绕材料选材，准确度达到 94% 并且十分迅速。

② 人工神经网络。人工神经网络（ANN）是模拟生物神经系统，由一组相互连接的节点和有向链组成的网络。每个节点代表一种特定的输出函数，也就是激励函数（activation function），每两个节点间的连接代表一个对于通过该连接信号的加权值，称之为权重。ANN 的特点为：可以用来近似任何复杂的非线性目标函数，但需要选择合适的网络拓扑结构，以防止模型的过拟合；可以处理冗余特征，冗余特征对应的权重值通常会变得非常小；对训练数据中的噪声非常敏感，噪声可能导致模型性能下降；当隐藏节点数量较多时，ANN 的训练过程会非常耗时，但一旦训练完成，其测试和分类速度通常非常快。Liu 等通过人工神经网络方法成功预测了热轧 C-Mn 钢的力学性能以及常规热轧和 TMCP 工艺下 C-Mn 钢和 HSLA 钢的组织演变。Wu 等对 C-Mn 钢的工业生产大数据进行数据清洗后，采用贝叶斯正则神经网络建立了性能预测模型，屈服强度和抗拉强度的预测准确度分别达到 96.64% 和 99.16%，预测值和测试值的绝对误差在 ±30MPa 范围内，85.71% 的样本延伸率预测值和测试值之间的绝对误差不超过 ±4%。

③ 遗传算法。遗传算法（genetic algorithms，GA）是一种受自然选择和生物进化规律启发的优化算法。它通过模拟生物进化过程中的"适者生存"机制以及遗传学原理（如选择、交叉、变异等操作）来搜索问题的最优解。作为计算机科学和人工智能领域中的一种启发式搜索算法，遗传算法属于进化算法的范畴，广泛应用于解决复杂的优化问题。遗传算法和传统搜索算法的不同点在于：a. 遗传算法搜寻全局最优多峰函数的群体解，而非单个解；b. 遗传算法可以处理无导数信息的非连续目标函数；c. 遗传算法处理参数集的编码而非参数本身；d. 遗传算法使用诸如选择、交叉和变异概率型算子，而不是那些确定型算子。遗传算法常用于确定满足所需性能的化合物和内部结构以及确定化合物结构设计中的堆垛顺序。

④ 主成分分析法。当系统中存在多种描述符描述的各种变量时，采用统计方法对每一个描述符进行计算是非常昂贵费时且无效率的，可以采用主成分分析法（principal component analysis，PCA）解决这个问题。PCA 采用因素分析和主坐标分析等技术，将具有高维属性的复杂数据集投影至易于可视化的低维空间，使数据集中的描述符大幅减少，从而使数据易于可视化、分类和预测。PCA 的运用须建立在相关数据库的基础上，例如已知化合物的计算能量或理论化合物的晶体结构。

⑤ PLS（偏最小二乘法）回归。在常规多元法受限的情况下，例如观测值少于预测变量时，可以使用 PLS 回归。PLS 回归可以用于选择合适的预测变量和在经典线性回归前识别异常点。

0.7 小结与展望

基于上文阐述的锂电池复杂性问题和基本数据驱动方法，本节首先介绍智能辅助科研的基本思路，再对本书后续章节的主要内容进行介绍。

当前，人工智能的核心技术聚焦于深度学习领域。作为处理海量信息、挖掘潜在规律、构建预测模型并解决复杂问题的强大工具，深度学习正推动着 AI 技术的快速发展。特别是，以大语言模型（LLM）为代表的突破性进展，充分展现了深度学习在处理大规模数据并生成高质量输出（如 GPT 系列）方面的卓越能力。在当下的人工智能领域，LLM 已成为最受关注的研究热点和应用方向。随着 GPT 等大模型在各行业的广泛应用和深入渗透，"如何将 LLM 有效应用于科研场景"这一议题自然成为学术界和产业界共同关注的焦点。本书也将围绕这一前沿课题，深入探讨 LLM 在科研领域的应用潜力和实践路径。

然而，对智能辅助的讨论远不止步于 LLM 在科学领域的应用。究其根本，LLM 面向的是一维的字符串数据结构，而科学领域的数据类型纷繁多样，既有一维的基因序列，也有二维的分子图、三维的分子坐标、N 维的波函数。因此，在具体的科学领域中，使用专门的模型架构很可能比使用基于 LLM 的迁移模型更为直接和有效。在过去的十年中，科学领域的大部分进步都源于针对特定问题的模型。以 McMaster 和 MIT 的科研团队为例，他们成功运用 AI 模型筛选出一种新型抗生素，该药物对被世界卫生组织列为对住院患者有重大威胁的耐药性超级细菌展现出显著疗效。此外，谷歌 DeepMind 开发的智能控制系统在核聚变反应堆的等离子体约束方面取得突破性进展，这一成果为人类实现清洁能源革命迈出了关键一步。

这些令人兴奋的研究，并不是无源之水，更不是"拿着锤子找钉子"的 AI 万能论。首先，将复杂的科学问题表述为 0101 的计算机语言本身就是极难的任务，需要能融合"基本原理与数据驱动的算法模型和软件系统"；其次，为了给 AI 提供高质量的训练数据，我们也需要"高效率、高精度的实验表征系统"；再次，我们需要最大化利用 LLM 给科研效率带来的提升，建立"替代文献的数据库与知识库系统"；最后，以上的智能系统都需要运行在"高度整合的算力平台系统"之上。以上的考量，可以将其概括称为智能辅助科研的"四梁"，而将智能辅助科研落地于各个学科和交叉学科领域的系统性工程，可将其统称为"N 柱"。

后续的章节，会围绕电池信息学的"四梁"进行详尽的讨论。而完成"四梁"的系统建设，一来要面临高度抽象化的领域知识门槛，二来要摆脱"作坊模式"推动科研向"平台模式"转变，其中科学问题与工程问题相互交织，相互影响，推动科学家与工程师的充分协作是高效实现智能辅助科研时代科研基础设施建设的关键因素。

在本书后续章节的总体规划上，按照从数据建设到深度学习辅助发掘，从锂电池核心材料、电解液、电芯结构、单体与模组、管控系统，到电池可靠性理论架构及智能辅助科研的顺序设置章节。

参考文献

[1] Siegenfeld a f，Bar-Yam Y. An introduction to complex systems science and its applications[J]. Complexity，2020，

6105872.

[2] 钱学森. 创建系统学 [M]. 上海：上海交通大学出版社，2007：154.

[3] 陈铭. 生物信息学 [M]. 北京：科学出版社，2022.

[4] 张慧敏，王京，王一博，等. 锂离子电池 SEI 多尺度建模研究展望 [J]. 储能科学与技术，2023，12（2）：43-59.

[5] Kalidindi S R，Graef M D. Materials data science：Current status and future outlook[J]. Materials Research，2015，45（45）：171-193.

第一部分

AI 辅助锂电池材料设计开发

　　无疑，电极材料是影响锂电池电化学性能最关键的要素。数据驱动的方法已经在材料筛选开发方面积累了大量实践经验，也自然而然地在 21 世纪第二个十年的后半段被应用在辅助锂电池材料的开发上，尤其是被广泛应用到电解液配方寻优和电极设计上。然而，由于电池属于多材料、多界面的复杂系统，单一的基于数据的信息学方法在解答锂电池整体复杂材料体系寻优的实践中遇到了困难。2020 年之后，研究者开始考虑基于底层的第一性原理直接求解电池内部电极材料、电解液、界面中的物理化学反应，进而通过跨尺度建模研究机制、反向设计电池。本篇聚焦锂电池信息学在锂电池材料开发中的具体应用展开论述。

　　本篇由 4 章组成，第 1 章是军事科学院朱振威等人就锂电池正负极活性材料的信息学应用展开的总览性介绍；第 2 章由来自深势科技的王晓旭等人撰写，介绍 AI 辅助分子动力学方法开发锂电池材料；第 3 章由中国科学院物理研究所的肖睿娟等人撰写，介绍大数据驱动电池新材料设计；第 4 章由北京大学材料学院许审镇等人撰写，聚焦 AI 辅助跨尺度计算研究锂电池中最为关键但最不可知的成分——负极表面的界面膜展开论述。

第 1 章

电池材料信息学概述

电极材料在锂电池中扮演着至关重要的角色，是影响锂电池电化学性能、循环寿命、安全性的关键因素。锂电池电极材料主要分为正负极活性物质材料、电解液、导电剂、黏结剂、隔膜、集流体，封装材料等。其中正负极活性物质与电解液属于活性材料，直接通过电化学反应完成储能的过程，也是直接决定锂电池特性的核心材料。本章重点介绍正负极活性材料的信息学。其他的材料属于保障电池性能发挥的辅助材料，其性质简单，本书不涉及其内容。

本章首先介绍主流表征方法的结果数据特点、物理化学意义，再分正负极介绍各类材料信息学研究特点，最后介绍目前模拟仿真方法的整体现状与不足。

1.1 锂电池材料的主要表征手段及信息学结合现状

1.1.1 X 射线衍射（XRD）分析

X 射线衍射（XRD）技术作为材料晶体结构分析的核心表征手段，通过测定材料的衍射图谱，可精确解析材料的物相组成、晶格常数以及晶体结构等关键参数。在锂离子电池正极材料研究中，XRD 具有独特的优势：它不仅能够准确识别材料的晶体结构类型，还可用于追踪材料在充放电过程中的相变行为，评估其结构稳定性。特别是在过渡金属氧化物正极材料的研究中，XRD 已成为不可或缺的表征工具，其提供的晶格参数、物相纯度、结构缺陷等关键信息，为深入理解材料的结构 - 性能关系、优化电池电化学性能以及评估电池循环稳定性等提供了重要的实验依据。

XRD 技术能够为材料研究提供多维度的结构信息：首先，它可以准确鉴定材料的晶体结构类型（如层状结构、尖晶石结构等），并精确测定晶胞参数（a、b、c 轴长度及晶胞体积），这些基础参数直接影响材料的离子传输特性；其次，通过空间群解析和 Rietveld 精修，XRD 能够揭示材料的对称性特征，并定量分析关键原子在晶格中的占位情况，为理解材料的电化学性能和离子传输机制提供关键信息；再次，XRD 技术还能够实时追踪材料在充放电过程中的相变行为，定量分析各相含量变化，同时精确测定晶格畸变和应变，这对评估材料的结构稳定性和循环性能至关重要；最后，对于材料改性研究，XRD 可以通过对比改性前后的图谱，系统评估掺杂、包覆等改性手段对材料晶体结构的影响。此外，在高镍三元等正极材料研究中，XRD 精修可精确计算 Li/ 过渡金属反位占比，这一参数对材料的锂离子扩散动力学和循环稳定性具有决定性影响。这些多维度的结构信息为建立材料"结构 - 性能"关系、指导材料设计和优化提供了坚实的实验基础。

在探讨理论计算如何建立 X 射线衍射（XRD）与材料理论晶格特征之间的联系前，我们必须认识到材料的多种跨尺度非理想特性可能对 XRD 数据产生显著影响，特别是在锂电池正极材料的研究中。这些非晶格特性包括：①晶粒尺寸。晶粒尺寸较小的材料会导致 XRD 图谱中的衍射峰变宽，这是因为小晶粒导致 X 射线散射强度减弱，峰形变宽。这种现象可以通过 Scherrer 公式来估算晶粒尺寸。②择优取向。如果样品中晶粒的取向不是随机的，而是倾向于某一特定方向，这会导致 XRD 图谱中某些衍射峰的强度增强，而其他峰的强度减弱。择优取向会影响 XRD 数据的解释和材料结构的准确分析。③非晶区域的存在。它会在晶态与非晶态材料混合体系中提高 XRD 图谱的背景噪声，并降低衍射峰的清晰度。④微观应力。它会引起晶格畸变，导致衍射峰位置和宽度的变化。⑤晶体缺陷。晶体结构中的缺陷，如位错、空位等，也可能导致衍射峰的强度降低和峰形变化。⑥表面粗糙度。样品表面的粗糙度会影响 X 射线的反射和散射，从而影响 XRD 图谱的背景和衍射峰的清晰度。⑦样品制备方法和质量。压实程度、研磨过程和加载方式，也可能对 XRD 结果产生不可忽视的影响。

理论计算可以用来模拟锂离子电池材料的 XRD 数据。随着计算物理和计算材料科学的发展，使用第一性原理计算（如密度泛函理论，DFT）和分子动力学模拟已经成为研究和预测材料性质的重要手段。这些计算方法可以用来模拟和预测材料的电子结构、晶格参数、原子占位以及由这些因素决定的 XRD 图谱。

如果能够完美地构建起 XRD 数据与锂电正极材料晶格特征及其不同尺度下晶粒、缺陷等之间的关系，便能通过理论计算打通从物化数据到电化学储能特性之间的连接，跨出用计算仿真设计先进电池材料的一大步。但是，如上文所述，很多非理想的晶粒特征会影响 XRD 结果。对于这种复杂影响关系，AI 能够有效地寻找规律并建立关联。近年来，人工智能在图像生成领域的显著进展引发了对扩散模型等方法的广泛关注。通过学习大量图像数据，这些先进的模型能够从随机噪声中生成高度逼真的图像。近期的研究将这一概念应用于晶体结构的预测上，从 XRD 数据中"扩散"出材料的精确晶体结构。

在传统方法中，从 XRD 到晶体结构的确定通常涉及几个步骤：首先是将实验得到的 XRD 图谱与数据库中已知物质的图谱进行对比，以找到可能的结构候选；接着，使用 Rietveld 精修等技术对候选结构进行调整和优化，以更好地匹配实验数据。这一过程依赖于大量的人工干预和数据库。与传统依赖于化学组成的预测方法不同，近期报道的"XtalNet"是一种基于等变深度生成模型的端到端的预测方法，能够直接从 XRD 数据中预测晶体结构。这一方法显著降低了对数据库的依赖和对人工干预的需求，大幅提升了从 XRD 数据到晶体结构确定的效率。同时，XtalNet 通过将 XRD 数据作为额外约束条件，有效减少了预测过程中的歧义性，从而使得复杂有机晶体结构的预测成为可能。它由两大核心模块组成：对比 XRD-晶体预训练模块和条件晶体结构生成模块。其中，对比 XRD-晶体预训练模块负责将 XRD 空间与晶体结构空间对齐，而条件晶体结构生成模块则基于 XRD 模式生成候选晶体结构。这两个模块的协同工作，使 XtalNet 能够在无需依赖外部数据库或人工干预的情况下，直接从实验测量值中预测晶体结构，大大提高了晶体结构预测的准确性和效率。在实际应用中，XtalNet 在条件晶体结构预测任务上的 top10 匹配率分别达到了 90.2% 和 79%。这一结果充分证明了 XtalNet 在晶体结构预测方面的卓越性能。更重要的是，XtalNet 还成功应用于真实实验的 XRD 数据（图 1.1），其生成的晶体结构与实验数据具有高度的一致性，这进一步验证了 XtalNet 的实用性和有效性。

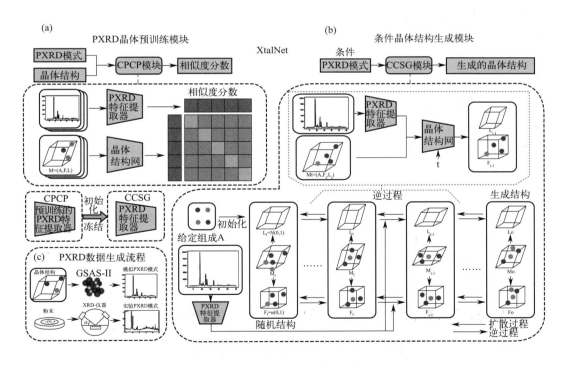

图 1.1 一种基于等变深度生成模型的端到端的预测方法

这一类 AI 辅助 XRD 仿真算法的成功开发，不仅为晶体结构预测提供了一种全新的高效途径，也为材料科学研究的其他领域带来了启示。随着技术的不断完善和应用的拓展，XtalNet 有望推动新材料的发现和开发，加速材料科学领域的进步。未来，XtalNet 团队将致力于提高模型对实验数据的适应能力,探索与其他实验技术的结合[1]。

1.1.2 扫描电子显微镜(SEM)与透射电子显微镜(TEM)

SEM 能够提供材料的微观形貌和粒径大小分布信息。通过 SEM 图像,可以观察到电极材料的表面形貌、颗粒大小和形状,这些因素都会影响材料的电化学性能。TEM 能够提供材料的原子尺度结构信息。通过 TEM,可以观察到电极材料的晶界、缺陷以及不同元素的分布情况,对于理解材料的电化学性能和稳定性具有重要意义。SEM 与 TEM 都属于对材料某个局域而不是泛在的结构特征进行分析的研究手段。因此,在用其进行研究时,要格外注意取样区域的代表性。

然而,锂电池材料属于典型的非均匀、多组分复杂材料体系,即使是同一片电极中的正极或负极活性物质,不同颗粒之间的粒径尺寸、形状、表面粗糙度也会有显著差别,同一晶粒内不同位置的晶格缺陷、元素分布均匀度也不完全相同。因此,这种不均匀性,为如何找到"典型"的形貌与晶格特征带来了挑战。显然,数据科学方法因为能同时处理分析大量的图片并归纳特性,是辅助 SEM、TEM 图片分析的潜在有力工具。

应用信息学的方法,基于 SEM、TEM 照片数据,可以参照以下步骤进行照片处理。首先是预处理,包括去噪、对比度增强、二值化等,以提高图像质量,并为后续分析做准备。之后是特征选取,从预处理后的图像中选取有用的特征,如颗粒大小、形状、分布、晶界、裂纹等。随后是识别特征,利用机器学习算法,如支持向量机(SVM)、神经网络等,对提取的特征进行分类,以识别不同的材料结构和缺陷。然后进行数据汇总与分析,根据提取的特征,确定电池材料的微观结构,如晶粒大小、孔隙率、界面结构等。下面比较重要的是性能关联,也就是建立构效关系,将电镜图像分析得到的结构信息与电池的电化学性能数据进行关联,发现潜在的规律和知识,以理解结构对性能的影响,此过程需要研究者更多地参与。

除了建立已发现的电池材料结构特征参数与电化学性能间的构效关系,还可结合模拟仿真的数据结果构建特性关联,或者在电镜统计结果的基础上进行多尺度模拟,进而预测电池材料在不同条件下的行为。

1.1.3 原子吸收光谱(AAS)或电感耦合等离子体发射光谱(ICP-OES)

此类技术用于测定电极材料中的主元素和杂质元素的含量。AAS 和 ICP-OES 能够提供准确的元素定量分析,对于控制材料的化学组成和提高电池性能至关重要。

尽管与 XRD 和形貌表征相比,吸收光谱和发射光谱的表征结果不那么关键,但也可以用机器学习的方法辅助进行科研,一方面可以通过算法自动识别和提取光谱中的关键特征,从而简化分析过程,提高定性和定量分析的自动化水平与精度,且可以逆向通过理论计算预测光谱。另一方面,同样可以用机器学习辅助处理复杂的非线性关系,帮助理解光谱（XAS）与局部原子和电子结构之间的关系，为结构参数提取提供了快速工具，并建立与其他材料特性及表征结果之间的特征关系。

1.1.4 氮吸附试验及孔径分布数据

通过气体吸附和脱附实验（如BET和BJH方法），可以测定材料的比表面积和孔隙度。这些参数对于电极材料的电化学性能有显著影响，因为它们决定了电极与电解液的接触面积和锂离子的扩散路径。

相比于上文介绍的XRD和形貌表征技术，氮吸附可以给出电极材料或者整体电极的孔径分布情况，数据相对简单，信息量小，但也有使用信息学方法的空间。

首先来看氮吸附对电池研究的有效数据种类及其对材料与储能性能的重要性方面。首先是比表面积，其不但是衡量材料表面活性的重要参数，而且还直接影响到电极反应的速率和电池的整体性能。实际上是孔容和孔径分布，其会影响电解液的浸润、保持以及锂离子的扩散速率，进而影响电池的充放电、倍率等性能。利用深度学习的方法对这些孔特性与电化学储能特性关键因素建模，可实现逆向利用氮吸附数据来预测和优化电池材料的性能，对合适的优质电极材料进行筛选，或通过模型来设计某些高倍率特性的电极材料或电池器件。

1.1.5 电化学性能测试

包括循环伏安法（CV）、恒流充放电测试（galvanostatic charge-discharge）、电化学阻抗谱（EIS）等。这些测试可以评估电极材料的电化学活性、比容量、循环稳定性和电荷传输特性。需特别指出的是，无论是充放电曲线、循环伏安还是EIS谱图，都蕴含着大量电池从材料、电极到整体器件的宏量信息，对这些信息的发掘需要一些微分等技术手段，这些处理方式在数年前还是烦琐且复杂的，普及率并不高。但近几年，随着数据处理软件自动化水平的提高，再加上人工智能方法的赋能，使得越来越多的信息被越来越方便地发掘出来，并与其他特性建立联系。

电池充放电曲线包含了丰富的电池性能信息，通过对这些曲线进行深入分析，可以发掘电池的工作状态、健康状态（SOH）、剩余使用寿命（RUL）以及老化机制等细节信息。最有效的是对充放电曲线进行微分，从电压变化的斜率可以了解电池内阻、电池极化（包括活化极化和浓差极化）、电池的健康状态（异常的斜率增加可能指示电池过热或存在其他问题）、温度效应、负载特性等。此外，通过比较分析多周的充放电曲线，可以预测电池的健康状态和剩余使用寿命。较精准地描述老化轨迹和性能衰退过程，此方面在后面关于电池应用的章节会再以专题加以介绍。

循环伏安方法历来是研究电池特性的重要电化学方法，通过在电极表面施加线性变化的电位并监测相应的电流响应，可以研究电化学反应的动力学和热力学特性。对于电池和材料，循环伏安曲线可以提供多方面信息。首先是电极反应的可逆性，通过比较阳极峰电流（I_{pa}）和阴极峰电流（I_{pc}），可以判断电极反应是否可逆。若 $I_{pa} \approx I_{pc}$，表明反应是可逆的。其次是电极反应的动力学参数，通过分析峰电位与扫描速率的关系，可以计算电极过程的活化能。还有电极反应的平衡电位、电极材料的电化学稳定性、相变情况等电池的充放电机制、扩散参数与电子转移数等。最后，深入分析电化学阻抗谱（EIS）曲线也可以为电池和材料研究提供丰富的信息，包括几乎所有循环伏安法能了解的信息，且在研究电极/电解液界面反应、传质特征方面更为强大。

电化学性能是电池面向应用的核心特性，将上述电化学表征手段得到的宏量电化学表征数据及其微分等处理得到的信息，与结构、成分、谱学的信息相关联，建立多维度的仿真模型，一方面能更迅速准确了解电池材料的改性策略和思路，另一方面可以更好地了解电池材料的健康状况、预测衰减情况。

1.1.6　热分析技术

电池的储能特性和安全性对实际应用至关重要，然而，这两者之间的调和难度极大。电池的安全性研究主要聚焦在热安全性上，通过如差示扫描量热法（DSC）和热重分析（TGA）、绝热量热（ARC）等评估材料、电池的本征和动态热稳定性和安全性。

DSC 和 TGA 能够给出电池材料本征及其材料/电解液耦合的热稳定性、放热峰和吸热峰、放热焓值、热失控初期行为等。ARC 实验可给出材料和电池体系初始分解温度（综合热稳定性）、放热反应的反应速率和总热量等。这些热特性的丰富数据理论上应能很好地与电池材料和器件的其他海量信息共同构筑参数体系和模型，支撑热稳定性和安全性的深入研究。然而，由于热安全性实验的信息与每一次实验材料、电池的具体个性化参数（比如材料的粒度、与电解液的相对比例、电池从极片到器件的具体参数设置等）关系很大，而很多这种参数在相关文献中提供得并不充足，导致热特性与其他物化特性和电池结构的强关联模型仍未得到深入系统的研究，每次热特性研究大多只对当次实验设置有效，横向比较关联性不强。

展望未来，为了更好地将各种宝贵的热特性数据融合到电池信息学的大模型体系中，急需加强热特性测试的实验设置描述，使数据维度更好，更有利于全面通过深度学习等方法进行学习。

1.2　锂电池正极材料信息学

锂电池正极材料主要分为层状氧化物、尖晶石氧化物、聚阴离子氧化物和有机电极材料四类，主要特点如下。

① 层状氧化物。这类材料具有层状结构，其中 $LiCoO_2$ 是最早商业化的正极材料之一，其理论容量为270mAh/g，工作电压约为3.6V。此外，还有高镍层状氧化物如 $LiNi_{0.8}Co_{0.1}Mn_{0.1}O_2$（NCM811）和 $LiNi_{0.8}Co_{0.15}Al_{0.05}O_2$（NCA），它们提供了更高的能量密度和较好的循环稳定性。

② 尖晶石氧化物。$LiMn_2O_4$ 是这类材料的代表，具有无毒、低成本、良好的循环稳定性和倍率性能。

③ 聚阴离子氧化物。这类材料具有三维骨架结构，如 $LiFePO_4$，提供了较高的热稳定性和安全性，其循环寿命达到 5000～10000 周，在储能方面应用广泛。

④ 有机电极材料。有机电极材料因其可再生、绿色环保、低成本和高容量等优点受到关注。这些材料包括羰基化合物、导电聚合物、有机硫化物等，它们可以通过不同的氧化还原反应在电池中发挥作用。现在长循环寿命和可靠性仍有问题。

1.2.1　正极材料信息学基本研究思路

锂电池的正极材料主要是各种金属氧化物，其主要的研究方法及其与信息学结合的态势在上一节已经详细介绍。归纳来说，就是通过各类表征方法获得电池元素、晶格、缺陷、掺杂、表界面状态、晶粒形状、比表面、内孔分布等不同尺度下的物化特征及其氧化还原活性、储能稳定性、锂离子扩散系数、活化能垒、容量、电压平台、放热等一系列的电化学储能特性，再用统计数学的方法对这些信息参数进行关系的建立，一方面促使传统的晶格、电化学建模仿真更加强大、精准、高效，另一方面有望给出新的规律性总结，促使科学家发现新规律和新认识。

尤其是，锂电池信息学有望通过计算模拟、数据挖掘和机器学习，在结构预测与稳定性分析、电化学性能模拟、材料设计、缺陷工程、界面研究、热稳定性与安全性分析、多尺度模拟、数据库构建与数据挖掘、高通量筛选、寿命预测与退化机制、环境与经济影响评估方面，支撑正极材料的机制理解及合成设计、迭代开发。

例如，可用机器学习（ML）模型来筛选和预测锂离子电池正极材料最重要的应用特性之一的电压，而无需明确要求锂化（lithiation）结构的信息。以往的模型通常需要锂化和非锂化形式的结构来进行训练，尤其是使用密度泛函理论（DFT）计算来预测正极材料的开路电压在计算上是昂贵的。为突破这一效率瓶颈，典型的方法是开发基于原子中心对称函数的机器学习势能，与神经网络模型结合使用，从而提升效率。典型的建模步骤是，可使用数据库或自产生的材料样本训练一个图神经网络（GNN），模型的预测能力通过添加新计算的数据点来提升，并通过与随机选择的材料进行比较，能更有效地识别高电压材料。比如多伦多大学的 Voznyy 等人基于 Materials Project 开发的模型，在考虑稳定性和导电性约束的情况下，预测了 572 种电压大于 3.5V 的材料。其中一些材料并不基于传统的过渡金属，显示了无偏搜索的强大能力。他们通过 Materials Project 的 61000 种材料训练了一个电压预测模型［图1.2(c)］。模型使用了 crystal graph convolution neural network（CGCNN）

的架构，将在如钠（Na）、镁（Mg）或钙（Ca）离子电池中有潜在的应用，展示了信息学在材料科学领域的应用，特别是在加速新材料发现和优化方面的巨大潜力。表1.1为模型预测的12种高电压材料。

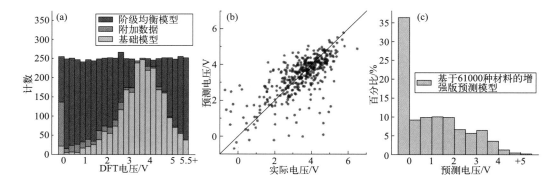

图1.2　增强模型的训练数据分布与性能表现

（a）基础模型的训练集分布、额外材料的使用以及类别平衡后的效果；（b）测试集上的预测结果散点图；
（c）增强模型在整个数据集（61000个数据点）上的预测电压分布

表1.1　12种预测的高电压材料[2]

	DFT电压/V	预测电压/V	能量差/（eV atom）	带隙/eV	实验观察	MP-Id
Sb_2F_{13}	6.7	4.3	0.00	0.0	Yes	mp-1104255
$CuClF_{10}$	5.8	5.0	0.00	0.0	Yes	mp-557055
$AgBi_2F_{12}$	5.2	4.2	0.00	0.4	Yes	mp-28965
ScP_2O_7	5.0	4.5	0.06	0.0	No	mp-773030
$AgSb_2F_{12}$	4.8	2.8	0.00	0.5	Yes	mp-14653
$CuAsF_7$	3.9	2.9	0.00	0.0	Yes	mp-31237
$NbCu_3(PO_4)_4$	3.8	3.5	0.07	0.0	No	mp-772046
$CrCu_3(PO_4)_4$	3.8	3.9	0.06	0.0	No	mp-756462
$Mn_3(OF_3)_2$	4.5	4.5	0.07	0.6	No	mp-1569263
$MoPCl_9$	3.5	3.6	0.00	0.0	Yes	mp-23397
MnP_2O_7	4.6	4.3	0.01	0.8	Yes	mp-26982
$ZrCuF_6$	3.2	3.6	0.01	0.0	Yes	mp-8096

除了电压，信息学的方法可以拓展到对材料的比容量（比能量）和循环稳定性（充放电晶格稳定性）的直接判断，辅助寻找、设计先进正极材料。Peralta团队利用Materials Project和AFLOW数据库中的晶体材料数据，开发了一种高效的协议来挖掘和筛选当前数据库中的原始数据，并对这些电极的主要属性（平均电压、体积变化百分比、比容量和比能量）进行评估，新数据库包含超过190000个实例，与原始电池数据库中的约5000个实例相比有了显著增加。在此基础上，他们使用新的电池数据库构建了基于回归的深度神经网络模型，用于预测充放电时的平均电压和体积变化百分比。这些模型在目标属性上比以

往的模型至少提高了 28% 的预测性能。同样，研究者通过将数据集的一部分用于训练，另一部分用于测试，评估了模型的性能。测试集包括从未包含在训练中的新生成的扩展电池数据库的随机样本，以及原始的 Materials Project 电池数据库。通过扩展的数据库筛选出具有良好性能指标的新型插层电极材料（表 1.2）。选择了具有至少 1000 Wh/kg 的比能量，并且在充放电时体积变化小于 20% 的材料。这篇文章展示了机器学习在电池材料优化中的潜力，特别是在提高计算效率和准确性方面。

表 1.2 在以下条件下筛选新的数据库生成的全新电极

S/No.	放电	值	充电	值	离子	V_{av}/V	ΔV/%	C/(mAh/g)	SE/(Wh/kg)
1	Li_5MnO_4	31	MnO_4	141	Li	3.5	17.2	872.3	3055.5
2	$Li_7Fe(O_2F)_2$	1	$Fe(O_2F)_2$	29	Li	3.3	18.5	908.9	3002.1
3	Li_3TiS_3	15	TiS_3	160	Li	2.5	11.4	487.7	1208.0
4	Li_3RhF_6	225	RhF_6	229	Li	4.4	10.0	338.2	1491.5
5	$Li_6Cr_2O_7$	15	$Li_2Cr_2O_7$	14	Li	2.8	10.5	416.1	1174.7
6	$Li_2Fe_3O_{10}$	2	$Li_2Fe_3O_{10}$	2	Li	3.6	3.1	356.3	1266.5
7	$K_8Li_{13}(FeO_4)_4$	1	K_2FeO_4	62	Li	2.6	11.8	394.9	1027.1
8	$Li_4Mn_3NiO_8$	8	Mn_3OF_8	9	Li	3.8	9.1	297.3	1144.7
9	Li_4CuF_5	87	Li_2CuF_5	14	Li	3.9	3.4	287.7	1129.8
10	$Li_2Si_2NiO_6$	7	Si_2NiO_6	1	Li	4.7	2.7	238.5	1124.7
11	Li_5IO_6	151	Li_2IO_6	169	Li	4.8	11.8	312.1	1500.7
12	Li_2CuSiO_4	14	$CuSiO_4$	148	Li	4.3	7.6	316.2	1360.4
13	Li_7OsO_6	1	Li_2OsO_6	15	Li	3.0	11.5	400.3	1208.2
14	Li_3CuPO_5	33	$CuPO_5$	19	Li	5.3	17.1	411.6	2198.3
15	$LiCrSiO_4$	95	$CrSiO_4$	230	Li	6.0	10.8	177.5	1070.8
16	$LiSiNiO_4$	74	$SiNiO_4$	230	Li	6.5	0.1	169.9	1106.7
17	$Li_3Cu_2F_7$	14	$LiCu_2F_7$	14	Li	5.4	10.0	190.8	1030.2
18	Li_2FeF_5	63	$LiFeF_5$	88	Li	6.4	11.2	162.7	1036.4
19	$Li_5Ti_6FeO_{16}$	4	Ti_6FeO_{16}	1	Li	5.1	11.3	211.5	1081.9
20	Na_3RhF_6	225	RhF_6	229	Na	4.6	8.3	281.3	1282.7
21	Na_2FePO_4F	60	$FePO_4F$	52	Na	4.8	0.8	248.4	1192.4
22	$MgZrN_2$	141	ZrN_2	164	Mg	2.8	6.9	373.4	1063.6
23	$MgMoO_4$	12	MoO_4	2	Mg	4.6	1.2	290.9	1326.5
24	$MgRhF_6$	148	RhF_6	62	Mg	4.7	3.3	222.2	1038.1
25	$Mg_3Mo_2O_7$	36	Mo_2O_7	11	Mg	2.8	0.7	426.8	1181.8
26	$Mg_3Fe_2O_5$	12	$MgFe_2O_5$	63	Mg	2.6	7.5	405.2	1042.4
27	$MgCrSiO_5$	15	$CrSiO_5$	9	Mg	3.6	10.5	290.7	1033.3
28	$MgFeF_6$	148	FeF_6	15	Mg	5.4	15.1	276.1	1486.2
29	$Ca_3Cu_2(ClO_2)_2$	139	$CuClO_2$	5	Ca	3.2	9.2	420.7	1347.6
30	$LiCaVF_6$	163	$LiVF_6$	4	Ca	4.4	10.2	252.9	1101.0
31	Ca_4PtO_6	167	$CaPtO_6$	15	Ca	3.3	6.3	356.3	1159.1
32	Ca_2MgWO_6	14	$MgWO_6$	14	Ca	3.6	7.2	279.0	1013.6
33	$CaFeF_6$	148	FeF_6	15	Ca	6.1	4.7	255.4	1551.4
34	$CaCrF_6$	148	CrF_6	148	Ca	5.9	10.6	260.1	1546.0
35	$AlVO_3$	148	VO_3	74	Al	2.7	0.9	638.5	1710.3

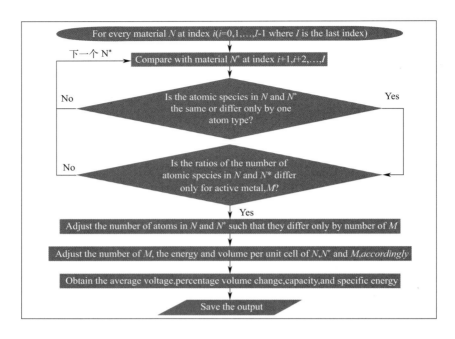

图1.3 用于搜索潜在电极的算法方案[3]

关于锂电池，每年全球会发表超过5万篇各类文献，这些文献中的数据也可用于对关键材料的特性进行预测分析。Pervov等探索了使用信息学方法筛选具有增强特性的富锂层状氧化物正极材料。富锂层状氧化物（LRLO）因其高能量密度和大容量而成为比能量500Wh/kg的安全锂电池正极材料的潜在优势材料。然而，结构稳定性的局限性阻碍了它们的商业化。研究者聚焦筛选出具有高能量和功率密度、循环稳定性、倍率能力、材料丰富性、环境安全性和可接受的储锂特性的LRLO正极材料，通过机器学习辅助分析收集的文献实验数据，评估了晶格掺杂、化合物组成、合成方法和合成细节对电化学特性的贡献。他们收集的实验数据是50篇文献提供的初始放电容量和库仑效率以及循环后的放电容量。

研究者使用支持向量回归（SVM）对初始放电容量和库仑效率进行了建模，并对模型的预测性能进行了评估，对影响电化学特性的参数进行了分析，包括合成条件（煅烧和烧结的温度和时间）、锂和过渡金属前驱体、合成方法、锂过量、Ni/Mn比率、Li/TM比率以及一些原子属性。基于实验数据分析和电化学特性建模，提出了影响初始放电容量和库仑效率的参数，并讨论了可能影响富锂氧化物结构类型形成的参数。统计研究表明，合成路线严重影响了初始放电容量值，不同的加工条件导致了不同的材料形貌和结构稳定性。文章讨论了富锂层状氧化物可能遇到的不同结构类型，包括三斜相和单斜相结构以及如何通过不同的表征技术来阐明这些结构。

Natalia等展示了材料信息学在基于宏量文献加速新材料筛选和优化LIBs正极材料特性方面的潜力。通过机器学习模型，研究人员能够识别出对材料性能有重要影响的参数，这对于设计和开发新型高性能电池材料具有重要意义。

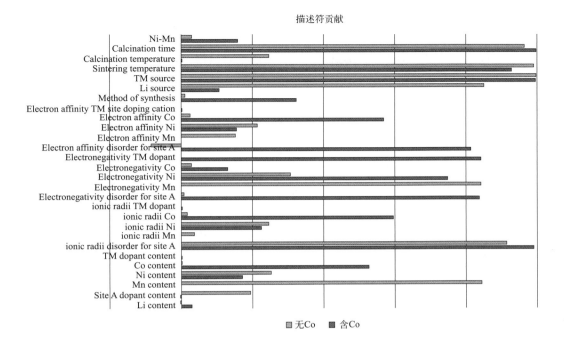

图1.4 相对描述符（参数）对无钴和含钴的富锂层状氧化物材料初始放电容量值的影响
（定义所考虑化合物组中电化学行为的参数）

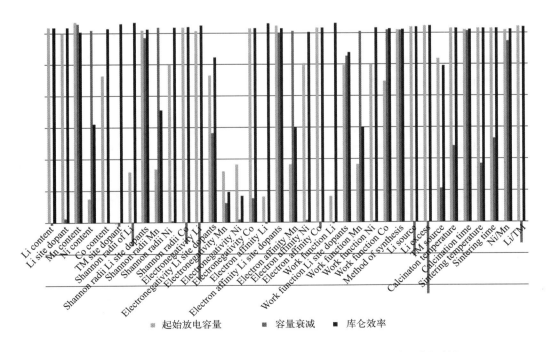

图1.5 相对描述符对考虑的属性的影响：初始放电容量、库仑效率和容量衰退

1.2.2 基于高效描述符的锂电正极信息学

目前锂电正极信息学的愿景不只是通过大量的已有数据得到材料晶格与其电化学储能特性之间的关系,更是能够基于第一性原理的方法直接得到未知晶格结构的电化学储能特性,这需要更高效的分子动力学力场和描述符。

密度泛函理论(DFT)计算已被证明在计算层状正极基本特性方面具有有效性,可精准计算开路电压等特性,并实现对这些特性的预测。但是,直接用 DFT 计算复杂元素正极材料(比如三元正极,含有至少 5 种元素)在计算上是难以处理的。因此,遵守基本对称性(例如平移、旋转、排列)的 DFT 模型可以预测给定成分的能量和力,可以极大地改进设计和优化工作。

机器学习与 DFT 结合近年来取得了较大进展,并且正在以极低的计算成本迅速接近从头计算方法的准确性。存在许多具有不同复杂程度的特征化和回归方法,具有不同的数据集大小需求和不断提高的可解释性水平。这些特征化对于材料分类和推理中的无监督学习也是必要和有效的。此外,这些技术已被证明可以准确有效地扩展到许多不同系统,完成以前无法进行的最优设计搜索。在这类工作中,使用以原子为中心的对称函数和神经网络作为回归器,这些回归器基于对正极材料的 DFT 数据进行训练,能够以较高的精度预测能量和力,其误差分别为 3.7meV/atom 和 0.13eV/Å。原子中心对称函数中的参数通过 Dragonfly 包,使用贝叶斯优化方法进行超参数优化。对于大多数热力学性质,包括晶格常数、吉布斯自由能和熵的预测,该方法与基准 DFT 计算结果表现出很好的一致性,这表明了该方法是比较可靠的。此外,通过结合大正则蒙特卡罗模拟对 Li 空位排序进行模拟,研究人员利用该方法计算了 Li 嵌入过程中的开路电压。预测的电压分布与实验结果高度吻合。这为开源、易于共享的机器学习 DFT 代理模型显著加速电池材料的优化与开发带来了福音。

下面介绍这类方法的核心思路,以三元正极材料为例。

首先从数据生成的角度进行说明。通过对层状 O3(也称为 H1)结构以及 O1 结构中的 NMC 相空间进行采样,生成了密度泛函理论计算的训练集。该数据的生成方式与之前通过使用簇扩展探索完全锂化 NMC 空间的工作类似,同时还包括具有锂空位的结构,这是通过扫过组成空间并随机排列过渡金属和锂原子来实现的。为了确保结构的唯一性,通过比较这些结构在最大长度为 6Å 范围内的 n- 体团簇相互作用(最多包含 4 个体相互作用)来排除重复数据。在确定原子排列的唯一性后,对原子坐标进行晶格常数搜索和内部弛豫,以获得相同组成和原子排列下的原子位置及相互作用长度集合。所有数据均使用基于投影增强波(PAW)方法的 GPAW 软件包的真实空间实现生成,并在广义梯度近似(GGA)水平上采用贝叶斯误差估计函数处理交换相关势。最终,将包含 12962 个数据点的总数据集按 80∶10∶10 的比例划分为训练集、测试集和验证集。

在对称关系方面。利用了原子中心对称函数[原子机器学习包(AMP)]。在这个方案中,材料的总能量被分解为每个原子贡献的总和。

$$E(\mathbf{r}) = \sum_i E_i(\mathbf{r}_i) \tag{1.1}$$

使用一组传递给全连接前馈神经网络的高斯描述函数来计算每个原子对总能量的贡献。然而，这些函数对原子位置和每个原子的局部邻域进行编码，必须对转换和平移保持不变。此外，总能量必须对原子标记的排列保持不变，因此同一物种的每个原子的神经网络权重必须相同。这里使用的满足这些要求的所谓 Behler-Parrinello 对称函数是

$$G_i^2 = \sum_{j \neq i} e^{-\eta(r_{ij}-r_s)^2/r_c^2} f_c(r_{ij}) \tag{1.2}$$

$$G_i^4 = 2^{1-\zeta} \sum_{j \neq i} \sum_{k \neq j} (1 + \lambda \cos\theta_{ijk})^\zeta e^{-\eta(r_{ij}^2 + r_{jk}^2 + r_{ik}^2)/r_c^2} \times f_c(r_{ij}) f_c(r_{jk}) f_c(r_{ik}) \tag{1.3}$$

其中，$f(r_{ij}) = \begin{cases} 0.5\left[\cos\left(\dfrac{\pi r_{ij}}{r_c}\right) + 1\right] & r_{ij} \leqslant r_c \\ 0 \end{cases}$。

第一高斯对称函数 G_i^2 捕获原子 i 与截止距离 r_c 内的所有原子 j 的相互作用，而 G_i^4 对称函数捕获 i 与所有 j 和 k 的三体相互作用，使得所有原子间隔 r_{ij}、r_{ik} 和 r_{jk} 小于截止距离，其中 θ_{ijk} 是由 r_{ij} 和 r_{ik} 形成的角度。为了编码材料的化学特性，对于可能相互作用的原子特性，每个独特的组合都存在一个单独的对称函数。在这些对称函数中，存在一系列可调参数，这些参数控制每个对称函数捕获哪些特定的键长和键角相互作用。此外，这些对称函数的许多版本可以结合使用，以提供数据的鲁棒性。为了确保计算效率高的模型，本研究中的总对称函数的数量被限制为两种形式的 G_i^2 和两种类型的 G_i^4，因此在化学恒等式组合数学中，每个原子物种总共有 40 个对称函数。每组对称函数被馈送到一个具有两个隐藏层的神经网络中，每个隐藏层每层有 30 个节点，以最终预测各个原子的总能量。每个原子上的力也可以使用这些指纹相对于原子位置的分析梯度来预测。

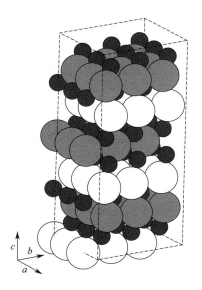

图1.6　NMC 的层状 R3m 结构（氧气显示为深灰色，过渡金属位点显示为浅灰色。白色显示的是锂嵌入的位置。在这种结构中，a 和 b 晶格矢量的大小是相同的[4]）

在进一步超参数优化方面。为了确定精细的理想参数，使用 Dragonfly 软件包，采用贝叶斯优化方法。所使用的 40 个精细参数对应于两个不同的 G^2 精细特征，$r_s=0$，两个不同 η 值有待优化，以及两个 G^4 精细特征类型，$\zeta=4$，$\gamma=-1$ 和 1，以及一个单一 η 参数有待学习。Dragonfly 算法搜索了这个三维参数空间，试图将测试集上的预测误差降至最低。此外，Dragonfly 架构使用一系列采集功能，以确保有效搜索到最佳值，因为某些采集功能在某些任务中会比其他功能表现得更好。这些采集函数包括高斯过程置信上限（GP-UCB）、Thompson 采样、预期改进和前两个预期改进。优化过程如图 1.7 所示，其中采集算法用于每个评估。采集功能平衡了探索和利用策略，Dragonfly 根据学习到的高斯过程响应面决定这一点。一般来说，探索策略（GP-UCB）往往具有更高的 RMSE，但能够学习更丰富的响应面。对于每个评估，神经网络仅在能量上训练到 1meV/atom 训练误差的水平。优化的目标函数是测试集上的均方根误差。使用该算法找到的最佳模型在测试集上的 RMSE 误差为 3.81meV/atom。

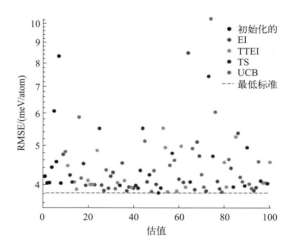

图 1.7　贝叶斯优化评估给出了 100 个评估的预算，并标记了用于每次评估的采集函数，其中包括置信上限（UCB）、通子抽样（TS）、预期改善（EI）和前两个预期改善（TTEI）（黑色显示的是使用贝叶斯优化算法发现的最小误差）

下面的步骤是力场训练。虽然这些提供给神经网络的以原子为中心的对称函数在预测材料的能量作为原子的身份和位置的函数方面已经证明是成功的，但为了接近基本 DFT 的效用，还需要预测力。不幸的是，对于多组分系统来说，这仍然是很难的事。力场训练的过程包括为能量损失和力损失的相对权重设置比例参数。

损失函数为：

$$\Psi = \frac{1}{2} \sum_{j=1}^{M} \left[\left(\frac{\hat{E}_j}{N_j} - \frac{E_j}{N_j} \right)^2 + \frac{\alpha}{3N_j} \sum_{k=1}^{3} \sum_{i=1}^{N_j} (\hat{F}_{ik} - F_{ik})^2 \right] \tag{1.4}$$

其中，$\hat{E}_j$ 和 E_j 分别表示第 j 个数据点的预测能量和参考能量，$\hat{F}_{ik}$ 和 F_{ik} 分别表示第 j 个数据点中第 i 个原子在 k 方向上的预测力和基准力，α 是设置力和能量平方误差和的权重的力系数。力误差的较大权重将以牺牲能量精度为代价确保更准确的力预测。因此，对于一组固定的精细特征，力和能量拟合的质量在很大程度上取决于该力参数的选择。此外，由于所选函数形式的平滑性及其解析积分特性，从机器学习模型预测的力比未经过推导的数据更准确。因此，考虑到 DFT 有限差分实现中与力预测相关的可能误差，过度精确地匹配 DFT 预测的力可能会损害势函数的准确性。

为了找到最佳的力参数，使用四个不同的力参数训练模型，目标是找到能够使模型在保持与纯能量模型相当的能量精度的同时，具有最大力参数的设置。在神经网络训练过程中，评估了不同力参数下保持集的损失，并在每 10 个训练周期后对模型进行比较。最终，测试结果表明，最佳力参数为 $\alpha=0.001$，此时能量和力的测试误差分别为 2.15 meV/atom 和 0.142 eV/Å。神经网络训练的结果如图 1.8 所示。为了验证最终选择的模型的可靠性，使用了第三个验证集，给出了能量和力的均方根误差分别为 3.69meV/atom 和 0.129eV/Å。

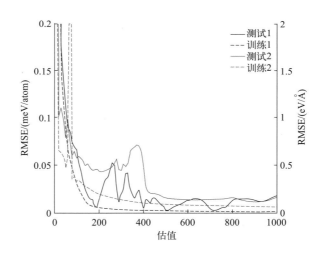

图 1.8　训练集和测试集上的力和能量 RMSE 图，作为力系数 $\alpha=0.001$ 的训练时期的函数。力系数的这个值在力和能量精度之间达成了很好的折中

在建立力场之后便可进行性质预测。现在介绍如何使用这种计算高效和准确的方法来快速有效地预测这些材料的性质和性能。此外，我们将看到该模型能够再现 DFT 预测的精度，并以相对良好的可信度预测电压。

（1）热力学特征预测

首先介绍振动特性的预测。通过将材料近似为具有线型声子色散的弹性连续体，Debye-Grüneisen 模型可以在计算上完全有效地预测材料的振动和热力学性质。在此使用能量与体积的数据和 Poirier-Tarantola 状态拟合方程以及 Debye 框架中的 Debye-Gurüneison

模型，将机器学习与密度泛函理论结合，预测了 LiNiO$_2$ 的性质，包括熵和吉布斯自由能。为了生成能量 - 体积曲线作为 DFT 和 BPNN 的输入，从实验晶格参数和原子位置开始，首先通过优化 c 晶格参数来优化晶格参数，然后优化 a 晶格参数，如图 1.9 中的晶体结构所示。通过拟合状态方程，计算材料的能量为原始晶格参数的 0.98、0.99、1.0、1.01 和 1.02 倍。然后将内部原子位置松弛到 DFT 和 BPNN 的最大力为 0.05 eV/Å 和 0.25eV/Å。预测的能量 - 体积曲线和 DFT 结果有良好的一致性，这表明机器学习有能力重新表达 DFT 方法。此外，在图 1.9（c）中，300K 时吉布斯自由能的预测差值为 0.05eV，这表明其与 DFT 的精度相当。

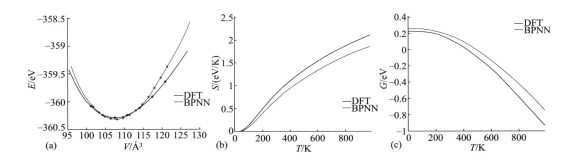

图 1.9　使用 Debye 模型对 LiNiO$_2$ 热力学预测的 BPNN 和 DFT 结果的比较
（a）E vs V，（b）熵（S）vs T 和（c）吉布斯自由能（G）vs T

现在讨论层状氧化物正极。这是通过理解锂插入或移除时的锂空位顺序来实现放电或充电。为了模拟不同组成 NMC 材料中 Li 空位的有序性，使用了巨正则蒙特卡罗方法模拟初始有序状态，再对晶格常数进行优化。利用机器学习电位将完全锂化正极的内部原子电位放宽到 0.25eV/Å 的最大力及最多 10 步。用此方法，使用状态拟合方程分别优化 c 和 a 晶格常数。为了确保最佳的晶格常数，对于完全锂化状态，再次重复拟合晶格常数并松弛到 0.25eV/Å 的最大力及 10 个步骤稳定。然后去除所有的锂，并再次重复该过程两次，最大力停止标准为 0.55eV/Å。松弛步骤的数量上限为 10，以节省计算成本，并确保力的预测不会有大的偏差。结果表明，在某些情况下，第一次原子位置弛豫会迅速接近并达到所选截止点的最大力，但随后显示出最大预测力的不断增加，而且并不总是达到所需的停止标准。在第二次晶格常数搜索后，力会继续成功地减小。这可以通过修改优化算法或使用用于位置更新的自适应步长来改进。因此，当完全充电的脱锂状态在放电状态下弛豫时，可看到它的弛豫得到了改善。此外，由于氧原子的位置和分离在两种放电状态中不同，弛豫到更高的最大力产生了更好的预测电压曲线。在完全脱锂态的最终弛豫之后，用机器学习势作为系统能量的估计器进行了巨正则蒙特卡罗模拟。

以上方法可对 Li 插入晶格的可能性进行研究。进行 N 次插入计算，每次包括交换锂和空位的 N 个试验步骤。接受 Li 插入或移除的概率由下式给出：

$$P_{插入} = \min\left[1, \frac{V}{\Lambda^3(N+1)}\exp(-\beta[E_2 - E_1 - \mu_{Li}])\right] \quad (1.5)$$

$$P_{移除} = \min\left[1, \frac{N\Lambda^3}{V}\exp(-\beta[E_2 - E_1 + \mu_{Li}])\right] \quad (1.6)$$

式中，Λ 是德布罗意热波长，N 是材料中已经存在的锂的数量，V 是锂可接近的体积，这里可接近距离我们使用锂的范德华半径 r_{Li}=182pm。然后对该扫描所得结构的晶格常数进行优化，以计算晶格常数随锂含量的变化。

通过计算单个 bcc 锂原子的能量得到锂的化学势。由于两种晶格类似材料的形成焓相似，因此，如果参考已知形成焓的材料，则可以提高形成焓计算的准确性。因此，通过参考 LiCl 来计算 Li 的化学势，LiCl 中 Li 具有 +1 价。因此，$\mu_{Li}=E_{LiCl}$DFT$-E_{Cl}$DFT$-\Delta H \exp f$，其中我们使用实验形成焓 $\Delta H \exp f$=-4.231eV。DFT 参考双原子 Cl_2 和结晶 LiCl 的气体状态。

一旦蒙特卡罗模拟运行了足够长的时间，并从脱锂起始点移动到最大锂放电状态，就可以分析锂空位序的稳定性。在图 1.10（a）中可以看到 $LiCoO_2$ 和 $LiNiO_2$ 的巨正则蒙特卡罗计算的结果以及由此产生的凸包。晶格常数与锂含量的函数关系证明机器学习可在很大程度上捕捉已知晶格常数随锂含量变化的能力。由图 1.10（c）中的 c 晶格参数确定的层分离随着更多的锂插入材料而扩展。对于 $LiCoO_2$，我们看到在 x_{Li}=0.4 附近的分离最大，并且随着锂的增加，层分离与实验测量值相匹配（略有下降）。对于平面内层尺寸，还看到 $LiCoO_2$ 和 $LiNiO_2$ 随着锂含量的增加而在 x_{Li}=0.04 以上正确膨胀。此外，如实验观察到的，预测 x_{Li}=0 的晶格参数大于 x_{Li}=1 的晶格参数。

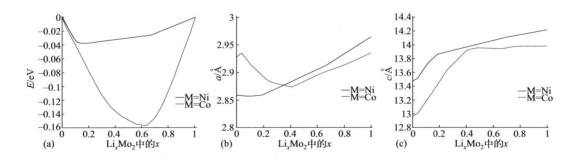

图 1.10 作为（a）Li 含量的函数和（b）a 晶格和（c）c 晶格常数的变化的凸包的预测，用于 $LiNiO_2$ 和 $LiCoO_2$ 的巨正则蒙特卡罗模拟

（2）电压的预测

通过已知稳定的锂空位序的凸包，可以很容易地确定这些正极材料相对于锂金属的开路电压。首先，整个放电的平均电势可以通过下式计算：

$$V_{\text{平均}} = -\frac{\left(G_{\text{LiMO}_2} - G_{\text{MO}_2} - G_{\text{Li(s)}}\right)}{e} \tag{1.7}$$

对于固定的过渡金属成分，M=$Ni_yMn_zCo_{1-y-z}$。将预测的平均电压与先前使用聚类展开的计算工作进行了比较，给出了良好的一致性。此外，两种不同的锂成分（电荷状态）x_1 到 x_2 之间的转变由下式给出：

$$Li_{x_1}MO_2 + (x_2 - x_1)(Li^+ + e^-) \Longleftrightarrow Li_{x_2}MO_2 \tag{1.8}$$

通过使用能斯特方程计算锂电极，可以预测这种转换的开路电压的详细计算：

$$V = -\frac{\left[G_{Li_{x_2}MO_2} - G_{Li_{x_1}MO_2} - (x_2 - x_1)G_{Li(s)}\right]}{e(x_2 - x_1)} \tag{1.9}$$

对 NMC 相的集合，重复上述预测给定过渡金属有序的锂含量凸包的巨正则蒙特卡罗方法，所得电压预测如图 1.11 所示，证明了这种方法比较多个过渡金属成分的能力。我们从图 1.11 中可以看到，$LiCoO_2$ 具有最高的电压，并且随着 Co 量的减少而普遍降低。Ni、Mn 和 Co 含量相等的 NMC111 相是研究的 Mn 含量最高的材料，并且在材料放电过程中电压值变化最大。随着 Ni 含量的增加，例如从 622 增加到 811，我们看到电压曲线变平。然而，尽管电压曲线的形状有些变化，但整个材料的平均电压保持相对恒定，这表明需要进行更复杂的计算。

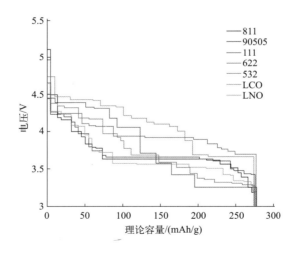

图 1.11　各种 NMC 成分的预测电压分布图

为了将这些预测与典型的实验电压曲线进行比较，我们在图 1.12 中显示了预测值与 $LiCoO_2$ 和 $LiNiO_2$ 实验值的比较，可看出二者有很好的一致性，误差不比使用 DFT 预测的差。我们预测中的主要误差之一是在 $LiNiO_2$ 曲线 $x=0.2$ 左右。在该 Li 含量下，已知层状结构处于所谓的 H2 相，对应用于巨正则蒙特卡罗模拟的 H1 相。虽然这些阶段只因层对齐的偏移而不同，但这项工作中的机器学习潜力尚未根据这些数据进行训练，因此在此不介绍。

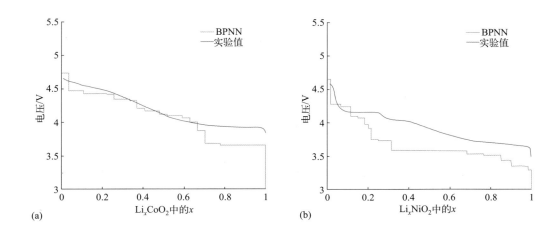

图1.12 （a）LiCoO$_2$ 和（b）LiNiO$_2$ 的预测电压曲线的比较

对于任意 NMC 成分，生成作为电荷状态（SOC）函数的电压分布和晶格结构动力学的能力，标志着朝着正极材料的相关性能特性的直接计算迈出了第一步。传统计算，每个预测均需使用 DFT 计算远超过 10000 个单元——这几乎是一项不可能完成的任务。在此介绍的方法不仅可以预测已知 NMC 材料的性质，而且可以探索以前从未合成过的新材料，极大地节省了开发下一代高能电池所需的高镍正极的成本和时间。机器学习潜力的挖掘使其能够预测晶格膨胀，已知晶格膨胀会导致富镍材料中的容量衰减，这是以前用于正极材料计算方法都不具备的能力。这代表了机器学习对电池材料优化有很大潜力。

除 NMC111 以外的所有 NMC 结构，对于总共 60 个可被占用或空置的 Li 位点，使用了 5×4×3 单元。对于 NMC11、LiNiO$_2$ 和 LiCoO$_2$，使用 3×3×3 单元。

在这项工作中，在提前生成的一个计算高效且准确的神经网络电位上以 LiNi$_x$Mn$_y$Co$_{(1-x-y)}$O$_2$ 正极材料为基础进行建模。使用保真度更高的算法，可以在数小时内对任何 NMC 成分进行由于锂插入和移除引起的结构效应的预测以及开路电压的预测。此外，本方法使用 Behler-Parrenello 方案的开源 AMP 实现，使得最终的机器学习计算器能够轻松迁移。这种机器学习的潜力能够准确地再现密度泛函理论的能量、力和结构预测，从而能够快速优化之前难以计算的正极材料。

1.3 锂电池负极材料信息学

锂电池负极材料主要包括石墨、硅基材料、锂金属三大类。由于各种合金或合金氧化物负极以及高分子材料或许难以在未来锂电池体系中有一席之地，因此本书不对其进行讨论。

石墨。天然石墨和人造石墨是目前最常用的负极材料，因其稳定的结构和较高的电化学性能而被广泛应用于锂离子电池。

硅基材料。硅具有高理论容量（约 4200 mAh/g），但由于体积膨胀和循环稳定性问题，其应用受到限制。研究者通过设计硅纳米结构、硅/碳复合材料等来改善其性能。

锂金属。锂金属负极具有最高的理论比容量（3860 mAh/g），但由于锂枝晶的生长和安全问题，其应用受到限制。研究者正在开发固态电解质和界面保护策略以提高其安全性。

1.3.1 负极材料信息学基本研究思路

信息学方法在锂电池负极材料的研究中同样发挥着重要作用，一方面利用计算模拟技术研究负极材料本征的储能机制，例如锂离子在石墨层间的扩散、与硅的反应以及金属锂的成核与沉积；另一方面研究副反应情况，如在各个负极界面上的副反应，固体电解质界面相（SEI）的形成机制、演化过程、放热特性。同样，也可以将大量的结构、物化特征数据与电化学性能数据进行关联，并建模分析，阐明储能、热安全性等核心性能机制，支撑负极材料的机制理解和合成设计以及迭代开发。典型的策略包括，应用机器学习算法，如支持向量机（SVM）和神经网络，来预测和设计新型负极材料以及通过化学或结构改性提高其性能；利用计算模拟进行高通量筛选，快速识别具有潜在应用价值的负极材料；构建包含大量负极材料数据的专有数据库，利用数据挖掘技术发现性能与组成以及结构之间的关系；结合微观和宏观尺度的模拟，全面理解各类负极材料在电池充放电过程中的行为；将计算模拟预测的结果与实验数据进行对比，验证模型的准确性，并根据实验结果对模型进行优化，完成深度数据融合。

例如，Viswanathan 等[5] 使用机器学习方法来开发一个锂-石墨系统的设计工具，该模型训练使用了 DFT 方法和超过 9000 种不同的锂-石墨构型数据集，这些数据集在应力和应变、锂浓度、锂-碳和锂-锂键距离以及堆叠顺序方面分布较大。通过贝叶斯优化来选择对称函数参数的最佳组合，最终得到的势能在新的测试数据上具有 8.24 meV/atom 的误差，与其他 DFT 交换相关泛函准确性相当，但效率更高。在开路电压计算方面，通过 grand canonical monte carlo（GCMC）模拟来确定锂-石墨相图中稳定的锂空位排序，计算结果与试验结果有良好的一致性。这项研究进一步证明了信息学的方法可以加速电池材料的设计和优化。这篇文章展示了机器学习在电池材料发现和特性预测中的潜力，特别是在锂离子电池负极材料的研究中。通过机器学习模型，研究人员能够以更低的成本和更快的速度预测材料的性能，这对于材料的快速筛选和优化具有重要意义。单击或点击此处输入文字。

下面具体介绍用上述深度学习方法辅助 DFT 计算预测负极材料特征的基本方法。在训练方面，使用由 9189 个结构 DFT 数据组成的数据集来计算电位，以 8∶1∶1 的比例分为训练、验证和测试数据。使用以下方法生成结构，以确保在应变和应力、锂浓度、Li-C 和 Li-Li 距离、超晶胞尺寸和缺陷方面的不同化学环境。首先用 1～8 个 Li 原子填充石墨结构，产生了 1290 个结构。原始结构由具有不同层间和层内晶格常数的石墨、具有点缺陷的结构以及从头算分子动力学计算的结构组成。之后，采用 6456 个不同超晶胞尺寸的结构，最大尺寸为 3×3×5，使用 6 个碳原子的晶胞。结构在层分离（在 2.5～5Å 之间）、平面内压缩和张力（BEEF vdW 晶格常数的 ±10%）以及堆叠（AA 或 AB）方面有所不同。在确保所有 Li-C 距离至少为 0.5Å 的同时，将 Li 原子插入层中的随机位置。使用 BFGS 优化对这些结构的一个子集进行弛豫，直到作用在任何原子上的力的大小为至多 $0.05eV/Å^{-2}$。在 6456 个结构中，4448 个包含 1～20 个 Li。在这 4448 个结构中 3043 个是 BFGS 弛豫的中间结构。剩余的 1648 个结构具有 25～45 个 Li，并且是来自 BFGS 弛豫的中间结构。最后，使用 1070AA 堆叠的 4×4×2 超晶胞，六角中心具有 1～48 个 Li 的 6 原子晶胞。这些结构在平面内和平面外方向上被压缩，并被专门包括在内，以便势可以学习在截面中的巨正则蒙特卡罗模拟。使用 GPAW DFT 代码中实现的真实空间投影增强波方法生成数据。我们使用 BEEF vdW 交换相关函数，之所以选择它，是因为它准确描述了共价力、离子力和范德华力，使用 0.16Å 的真实空间网格间距和（12，12，4）Monkhorst-Pack（莫霍斯特-派克）k 点网格作为传统石墨晶胞。对于较大的超单元，减少 k 点的数量以保持相同的 k 点密度。对于每个 DFT 计算，电子密度收敛到 10^{-4} 电子，能量收敛到 $5×10^{-4}eV$ 电子$^{-1}$。

模型架构方面。采用的方法与正极材料一致。在随后的超参数优化方面，为了实现神经网络潜力相对于测试数据的最佳性能，必须确定超参数 η、ζ、λ、r_c 和 r_s 的最佳值。假设 Li 和 C 对称函数的原子中心行为，从而保持 $r_s=0$。截止半径 r_c 也保持在其默认值 6.5Å，因为相邻的石墨烯层完全在这个范围内，并且假设与下一个最近的层的长程相互作用可以忽略不计，确定 η 是主参数控制两体和三体对称函数的径向分辨率。对于三体对称函数，我们在整数值（±1～±10）内调制 λ，以获得余弦最大值的不同位置，并保持 ζ 恒定，因为它对函数的影响与 η 相似。

结构特性方面。处理的过程与正极有所不同。使用 AMP 模型和少数 GGA 水平交换相关泛函计算了石墨和几种锂石墨的结构和弹性性能。AA 和 AB 堆叠石墨的晶格常数 a、d_{AA} 和 d_{AB}，其中 a 是平面内晶格常数，d_{AA} 和 d_{AB} 是层间距。为了拟合这个多项式，计算了 36 种结构的能量，这些结构的面内晶格常数在实验值 $a=2.461Å$ 的 0.8～1.2 倍之间，面外晶格常数在实验值的 0.8～1.4 倍之间（$d_{AB}=3.353Å$ 和 $d_{AA}=3.44Å$）。晶格常数的值对应于拟合多项式的最小能量。锂-石墨相 $Li_{0.13}C_6$、$Li_{0.33}C_6$、$Li_{0.5}C_6$ 和 LiC_6 的晶格常数也可使用该公式进行预测。

使用以下关于晶格常数的能量导数计算 AB 堆叠石墨的弹性常数：

$$C_{11}+C_{12}=\frac{1}{c_0\sqrt{3}}\times\frac{\partial^2 E}{\partial a^2} \tag{1.10}$$

$$C_{13}=\frac{1}{a_0\sqrt{3}}\times\frac{\partial^2 E}{\partial a\partial c} \tag{1.11}$$

$$C_{33} = \frac{2c_0}{a_0^2\sqrt{3}} \times \frac{\partial^2 E}{\partial c^2} \quad (1.12)$$

$$C_t = \frac{(C_{11}+C_{12})+2C_{33}-4C_{13}}{6} \quad (1.13)$$

$$B_0 = \frac{C_{33}(C_{11}+C_{12})-2C_{13}^2}{6C_t} \quad (1.14)$$

式中，C_t 是四方剪切模量，B_0 是平衡体积模量，a_0 和 $c_0=2d_{AB}$ 是平衡晶格常数。使用能量的中心有限差来计算导数，这需要在式（1.10）和式（1.12）中进行三次能量评估，在式（1.11）中进行四次能量评估。对于每个有限差分公式，在此使用了 0.01 倍平衡晶格常数的位移大小。

随后可以像正极材料一样，使用巨正则蒙特卡罗的方法计算、预测石墨负极在不同嵌锂状态下的电压。

1.3.2 石墨结构与热力学特性计算

表 1.3 总结了 AA 和 AB 堆叠石墨的结构和弹性性能。使用 BEEF vdW、Perdew-Burke-Ernzerhof（PBE）和 optPBE vdW 交换相关泛函以及 Mounet 和 Marzari 的 LDA 值，在 GGA 水平上将 AMP 预测与 DFT 预测进行比较。BEEF vdW 值报告的扩展对应于系综预测的标准偏差。一般来说，与 DFT 预测和实验值相比，AMP 电势的预测准确性很高。与实验相比，最准确的 DFT 预测来自 vdW 交换泛函和 LDA，尽管没有对 vdW 相互作用进行建模，但其表现良好。与实验相比，AMP 模型倾向于高估晶格常数而低估弹性常数。这一趋势在图 1.13（a）和（b）中可见，图 1.13 绘制了 d_{AB} 晶格常数和 $C_{11}+C_{12}$ 弹性常数的 DFT 和 AMP 预测。然而，所有 AMP 预测都落在 BEEF vdW 值的一个系综标准偏差内，这表明 AMP 计算的预测与系综中 GGA 水平交换相关泛函的大多数预测一致。

表 1.3 使用 AMP 势和一些 DFT 交换相关泛函预测石墨的结构和弹性性能。BEEF vdW 扩展对应于系综预测的一个标准偏差。性质包括平面内晶格参数 a_0；AB 和 AA 堆叠的石墨、d_{AB} 和 d_{AA} 的层分离；弹性常数 $C_{11}+C_{12}$、C_{13}、C_{33}；四方剪切模量 C_t 以及平衡体积模量 B_0。

表 1.3 使用 AMP 势和一些 DFT 交换相关泛函预测石墨的结构和弹性性能

项目	AMP	BEEF-vdW	PBE	optPBE-vdW	LDA	实验值
a_0（Å）	2.461	2.464±0.031	2.463	2.470	2.439	2.461±0.003
d_{AB}（Å）	3.769	3.633±0.382	4.48	3.447	3.341	3.353±0.001
d_{AA}（Å）	3.858	3.856±0.375	5.109	3.702	—	3.44
$C_{11}+C_{22}$（GPa）	1110	1144±47	934	1189	1283	1240±40
C_{13}（GPa）	2.3	−0.9±3.5	−0.5	−5.5	−2.8	15±5
C_{33}（GPa）	7.5	27±39	−0.7	36	29	36.5±1
C_t（GPa）	186	200±18	158	215	225	208.8
B_0（GPa）	7.5	25.9±36.3	−0.7	35.9	27.8	35.8

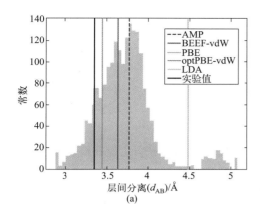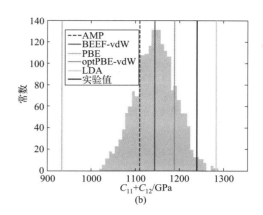

图 1.13　AMP 计算器和 DFT（包括 BEEF vdW 系综）对 AB 堆叠石墨的（a）层间分离和（b）$C_{11}+C_{12}$ 弹性常数的预测。实验值来自 Boettger[6]，LDA 值来自 Mounet 和 Marzari[7]

对应于 4 阶、3 阶、2 阶和 1 阶 $Li_{0.13}C_6$、$Li_{0.33}C_6$、$Li_{0.5}C_6$ 和 LiC_6 锂石墨相的结构性质结果如表 1.3 所示，作为锂化作用的函数。AMP 计算器和 DFT 交换相关泛函都预测了相似的平面内晶格常数，并且平面内晶格随着插入更多的 Li 而膨胀。计算器对层间分离的预测差异更大。原始 AB 石墨的分歧最大，PBE d 值与 BEEF vdW 值相差 2.36σ，其中 σ 是 BEEF vdW 系综的标准偏差。DFT 和 AMP 值往往随着锂化程度的增加而更加一致，这也通过较小的标准偏差反映在系综中。与高锂相的实验相比，层间分离的预测变得更加准确。随着锂化作用的增加，范德华相互作用被插入的锂原子屏蔽。结果，短距离的 Li-C 和 Li-Li 相互作用主导了晶格。GGA 级 DFT 和 AMP 计算器更容易对这种相互作用进行建模，从而为含锂量更多的结构带来更高的预测精度和更小的系综 σ。

GCMC 程序用于确定稳定的锂石墨相的凸包和相应的 OCV。凸包的曲率及其最小值分别指示了相的稳定性和锂的饱和分数。给定组成 x 的 OCV 是 Li_xC_6 中 Li 相对于锂块体的化学势。因此，凸包和 OCV 曲线代表了各种热力学变量对石墨中锂嵌入的综合影响。AMP 电位没有经过训练来预测力，因此结构弛豫作为 GCMC 程序的一部分是不可行的。然而，不包括这些弛豫的影响可以忽略不计。

在完成 GCMC 模拟后，使用凸包分析绘制了热力学空位序。通过在 −3V 过电位下运行模拟来捕获锂过饱和状态，从而插入额外的锂原子。除了来自 AMP 计算器的内能外，我们还考虑了单元上每个结构的振动自由能和构型熵，以获得吉布斯自由能，这些影响对少锂相来说是显著的。

图 1.14 显示了 GCMC 模拟产生的凸包。为了进行比较，图中显示了具有和不具有熵效应的凸包。虽然允许的总 Li 空位是石墨块中碳原子数的一半，但 GCMC 模拟饱和为每 6 个碳原子中近 1 个 Li 原子。这一结果与实验观察到的（Li_1C_6）全负载相匹配，这是由于相邻的 Li 原子之间的强相互作用导致的。我们将 $x>1$ 的相称为"过饱和"，因为需要额外的电压将锂离子推入超晶胞并形成这些相。从 $x=1$ 后形成能的急剧增加可以明显看出超饱和的影响，这意味着负 OCV 和不稳定的相互作用。可看出能量也急剧下降，表明初始

阶段的稳定性增加。晶格团簇膨胀获得的凸包显示，稀释相中的形成能下降得更陡，这导致相应的 OCV 接近垂直下降。

凸包中的直线表示稳定的相位区域。通过直线端点处的成分来识别相应的相域。通过对稳定相组成之间的总吉布斯自由能求导数，计算 OCV。嵌入过程中从一种成分到另一种成分的转变通过以下反应来描述：

$$Li_{x_1}C_6+(x_2-x_1)(Li^++e^-) \rightleftharpoons Li_{x_2}C_6 \tag{1.15}$$

平均电压可以从原始（$x=0$）和完全嵌入（$x=1$）结构的吉布斯自由能获得，如下：

$$V_{平均}=-\frac{G_{LiC_6}-G_{C_6}-G_{Li(s)}}{e} \tag{1.16}$$

给定组成（$x=x_1$）下的开路电压简单地与 $x=x_1$ 和 $x=x_2$ 下稳定次序的能量差有关：

$$V=-\frac{G_{Li_{x_2}C_6}-G_{Li_{x_1}C_6}-(x_2-x_1)G_{Li(s)}}{e(x_2-x_1)} \tag{1.17}$$

在此，图 1.14 显示了使用 AMP 电势作为 Li_xC_6 中成分 x 的函数计算的开路电压，包括和不包括熵效应。图中展示了 Pande 和 Viswanathan[8] 的簇扩展分析结果以及 Dahn 等[9] 和 Reynier 等[10] 的实验结果，这些结果是从以慢速 C/100 电流速率循环的平衡半电池中获得的。AMP 计算器与 Pande 和 Viswanathan[8] 的聚类扩展结果显示出良好的一致性，对于 $x \geq 0.0833$ 的相，差异小于 0.1V。$x < 0.0833$ 时的 OCV 要高得多，这可能是由于它们对稀锂相的不同处理。簇扩展模型是低维的，因此它不能正确地描述长程相互作用，如分散力或长程力的锂屏蔽。簇扩展结果中第 3 阶段和第 4 阶段化合物的形成焓也与第 2 阶段化合物近似，而我们对结构进行了明确的建模，并考虑了不同的可能堆积顺序。尽管如此，计算的电压仍在图 1.14 所示的簇扩展 OCV 的 BEEF vdW 系综偏差内。AMP OCV 也与 $0.3 \leq x \leq 1.0$ 的实验结果很好地一致，因为在这个范围内差异小于 0.1V。对于 $x < 0.3$ 的大多数相，AMP 结果与实验结果相差 0.3～0.5V。我们确定动力学效应和超晶格尺寸效应是导致这种差异的最可能因素。在 $x < 0.3$ 区域，实验和分析模型之间的 OCV 差异可以通过将系统视为固溶体来纠正，这允许考虑浓度梯度、扩散率和其他传输特性等的影响[11]。由于 GCMC 模型是一个纯热力学模型，因此这些动力学效应不能在此建模。此外，在区域 $x < 0.03$ 中，Dahn 等[4] 观察到稀释的 1L 固溶体结构，而不是 4 阶或更高的结构。该区域与实验 OCV 的最高下降以及与 AMP OCV 高达 0.5 V 的偏差相一致。同时，GCMC 模型假设由于有限的超晶胞尺寸，随着锂分数的增加，分级是均匀的，因此无法对 1L 结构进行建模。超晶胞尺寸也限制了当 $x < 0.1$ 时可以观察到的相，因为它限制了锂部分 x 的分辨率（在这种情况下，分辨率为 $1/45 \approx 0.022$）。这对于探测非常稀的锂情况（$x < 0.03$）是一个问题，在这种情况下，实验 OCV 随着 x 的增加而显著降低。与低 x 的实验相比，进一步复杂化的是与半电池测量中固体电解质界面（SEI）形成相关的动力学和其他实验效应。堆叠顺序是可变的，电流速率的大小已被证明会影响初始相的形成。

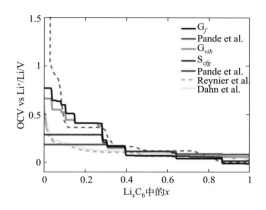

图1.14 从包括振动和熵效应的机器学习模型中获得的开路电压（OCV）曲线（G_f）。附加曲线显示了在凸包分析中仅包括振动效应（G_{vib}）、仅包括构型熵（S_{cfg}）或两者都不包括（H_f）对OCV的影响[12]

AMP计算器预测的稳定相与每个相的阶段、堆叠顺序和平面间晶格常数一起汇总在表1.4中。稳定阶的种类由OCV曲线中的平坦区确定。结果表明，平面间晶格常数随x单调增加，表明石墨主体为容纳锂而发生晶格膨胀。不同的堆叠顺序允许不同的阶在锂嵌入过程的不同时刻发生。表1.4显示了在$x=0.1$之前和之后的四种类型的阶以及混合的1阶和2阶的相。

表1.4 AMP计算预测的Li_xC_6的相位x，包括振动和熵效应以及每个相的阶、堆叠顺序和平面晶格常数（a）

x	阶	堆叠顺序	a/Å
0.022	5	ABC	2.466
0.044	1，4	ABC	2.466
0.066	2，3	ABC	2.467
0.088	2，3	AB	2.468
0.111	1，2	AB	2.469
0.133	1，2	AA	2.469
0.156	1，2	AA	2.470
0.177	1，2	AA	2.471
0.291	1，2	AA	2.474
0.312	1	AA	2.475
0.402	1	AA	2.478
0.645	1	AA	2.485
0.864	1	AA	2.491
1.000	1	AA	2.496

1.4　SEI的研究进展、先进表征技术与数据科学应用

SEI是锂电池负极表面从生成时便一直存在的一层固体电解液界面层，虽然厚度仅有

不足百纳米，但却是锂电池最重要的组成，其直接决定了电池能不能稳定放电以及安不安全。SEI层的形成对于提高电池的充放电效率、循环稳定性和整体性能至关重要。一个稳定的SEI层可以有效地阻止电解液的分解，从而维持电池的长期运行。安全性方面，在电池充放电过程中，特别是在过充或高温条件下，SEI可以防止电极材料与电解液之间的不良反应，从而提高电池的安全性能。在延寿方面，SEI层能够保护电极免受电解液的侵蚀，减少电池在充放电循环中的材料损失，延长电池的使用寿命。在电动车急需的快充能力方面，良好的SEI层可以促进锂离子的快速传输，有助于开发能够承受快速充电的电池技术。在理解电池老化机制方面，通过研究SEI层的形成和演变，科学家可以更好地理解电池老化的机制，从而设计出更耐用的电池。

尽管SEI研究与控制至关重要，但它却是电池中最难以研究、控制和最不可知的部分。首先是极端复杂。SEI层的形成是一个动态过程，涉及多种化学和电化学反应，这些反应在电池的充放电周期中不断发生和演变，且随着温度、充放电倍率的变化而会发生极端复杂的变化。其次是不均匀性，SEI层在电极表面可能形成不均匀的膜，这种不均匀性会影响电池性能，但很难通过实验或模拟方法完全捕捉和理解。再次是敏感性和难以研究，SEI层是电极材料和电解液之间的界面，其对空气中的水分、氧气极其敏感，只要暴露就会发生结构和成分变坏，且这个界面上发生的现象由于在典型纳米量级，且附着在活性物质颗粒之上，通常难以直接观察和分析。然后是多尺度多场模拟的难题，SEI层的形成和演变涉及多种物理和化学过程，这些过程在原子尺度上发生，使用传统的计算方法进行模拟非常困难。最后是多材料体系的难题，SEI富含各种金属、高分子、碳材料、有机电解液甚至气体，成分复杂，不同成分深度交融在一起，这些物质的成分、分布与界面都会导致不同的SEI层特性，这增加了研究的复杂性。另外，电池的"黑箱"特性加剧了研究难度，电池的金属外壳使得在电池运行过程中实时监测SEI层的形成和变化非常困难，因为这需要非侵入性的测量技术。

由于这些原因，SEI研究复杂性极高，通过试验进行研究难度极大。SEI历来被认为是锂离子电池中最不可知和最难研究的部分之一。然而，随着科学技术的进步，包括先进的表征技术、计算模拟和机器学习等工具的应用，研究人员正在逐步克服这些难题，以更好地理解和优化SEI层，从而提高电池性能和安全性。在这些新质的研究方法中，我们着重介绍冷冻电镜的研究方法，并对信息学在此领域存在的可能辅助加速的前景给出展望。

冷冻电子显微镜（Cryo-EM）通过快速冷冻样品来保持其在液态水或近生理条件下的天然状态，然后利用透射电子显微镜进行成像。其发明的初衷是允许科学家在接近生理条件下观察生物样品的三维结构，可以实现通过电镜直接解析蛋白质结构。其优势来源于极低温度下的观测环境确保敏感性材料、分子不易被电子束伤害。近年来，这项技术已经被扩展应用于材料科学领域，主要是电池材料的研究，一举突破了电池敏感性材料不易用电镜表征的难题，将SEI等电池关键材料的研究真正推进到动态原子精度。

应用冷冻电镜研究电池中的敏感SEI层，实现了电镜对普通无机材料研究的目标，可以保持原始状态高分辨率成像，避免因敏感性导致的结构变化，冷冻电镜可以提供SEI层接近真实的三维结构信息，有助于理解其在电池充放电过程中的稳定性和动态变化；可以揭示 SEI 层与电极材料之间的界面现象，包括界面处的化学键合、离子传输通道和可能的缺陷；可以观察 SEI 层在电池操作过程中的形成和演变过程；可以识别 SEI 层中的纳米尺度缺陷，如微孔和裂纹，以及金属锂的成核与枝晶的生长过程，这都可能影响电池的整体性能和寿命；结合能量筛选和光谱技术，冷冻电镜还可以提供 SEI 层的元素分布和化学状态信息；可以与原位实验相结合，实时观察电池充放电过程中 SEI 层的变化。

总之，冷冻电镜为研究电池 SEI 层提供了一个强大的工具，可以揭示 SEI 层的微观结构和化学特性，有助于理解其在电池性能中的作用。但是，冷冻电镜技术成本较为高昂，若能有工具辅助将冷冻电镜技术更为高效地利用，或对结果进行更为高效的分析，则能对锂电池研究有更大的推进作用。

信息学辅助普通 SEM 或 TEM 的基本方法，无论是建模辅助解读晶格还是统计分析得出规律，基本均可以用于辅助冷冻电镜方面的研究。例如，深度学习算法可以辅助冷冻电镜在高噪声和低对比度的图像中识别和重建 SEI 膜的复杂结构，尤其是在原子级别上；深度学习可以自动化 SEI 膜的图像分析过程，识别 SEI 膜中的锂金属、微观缺陷，如裂纹、孔洞和不均匀性，这些可能影响电池的性能和寿命；可以提高数据处理的效率和准确性，尤其是在处理大量图像数据时；可以实时监测 SEI 膜在电池充放电过程中的变化；可以辅助元素分析，可以确定 SEI 膜中的化学成分和元素分布，这对于理解 SEI 膜的化学稳定性和离子传导机制至关重要；可以预测 SEI 膜在不同电化学条件下的相变行为，帮助设计更稳定的 SEI 膜；可以提高理论计算模型对 SEI 膜特性的预测能力，包括其机械强度、离子传输特性和热稳定性；可以整合来自冷冻电镜的微观尺度信息和电池宏观性能数据，实现对 SEI 膜多尺度行为的模拟；可以快速筛选和优化 SEI 膜材料，加速新型 LIBs 正极材料的开发；可以用于开发智能诊断工具，以评估 SEI 膜的健康状况和预测电池的剩余使用寿命。

尽管深度学习辅助冷冻电镜技术在研究 SEI 膜方面展现出巨大潜力，但这一领域仍处于发展阶段，需要更多的研究来充分实现这些技术的潜力。此外，深度学习模型的开发和训练需要大量的标记数据，而冷冻电镜的图像获取相对耗时，这可能是当前面临的一个挑战。随着技术的进步和数据集的积累，预计未来将有更多的突破。

1.5 电极材料信息学挑战与展望

将信息学方法用于电极材料研究是一个跨学科领域，它结合了材料科学、信息学、数据科学和人工智能等技术，以加速电极材料的发现、设计和优化。尽管取得了显著进展，但该领域仍面临一些挑战，主要是数据方面，如目前除了 XRD 数据外，其他表征数据常常不完整、不准确或不可靠，会严重影响模型的预测能力；尽管已经有一些大型数据库，但对于电极材料的全面理解，仍需要更大规模的数据集，尤其是与生物学相比，电池方面数据的结构化目前仍较差；机器学习模型的预测需要通过实验来验证，但目前电池实验验证的过程耗时且成本高昂，尤其是单因素试验几乎难以进行。

面对这些挑战，一方面要发展更高效的增强学习方法，结合模拟和实验数据，提供更准确的预测和更快的优化路径；二是要注意发展高通量电极材料实验技术，尽管电池属于多材料复杂体系，对于电极材料自身，自动化和高通量实验技术的发展将加速电极材料的发现和验证；发展注意多学科融合，开源协作，融合材料科学、化学、物理学、计算机科学和工程学的发展；注重高通量自动化实验的应用，利用机器学习来指导实验设计，自动反馈结果、数据融合，以更有效地探索材料空间；注意将研究成果与更高尺度的电池器件寿命预测、安全管控工作进行结合，推进材料进步，使其更平顺地在电池器件及工业方面的应用。

总之，电极材料信息学是一个快速发展的领域，随着计算能力的提升、数据科学的进步和人工智能技术的发展，预计将在未来几年内取得更多突破。

参考文献

[1] Lai Q，Yao L，Gao Z，et al.End-to-end crystal structure prediction from powder X-ray diffraction[J].2024.

[2] Dinic F，Voznyy O，Dinic F，Voznyy O.Unconstrained machine learning screening for new Li-ion cathode materials enhanced by class balancing[J].Adv，Theory Simul.，2023，6（6）：2300081.https://doi.org/10.1002/ADTS.202300081.

[3] Moses I A，Barone V，Peralta J E.Accelerating the discovery of battery electrode materials through data mining and deep learning models[J].J.Power Sources 2022，546：231977.https://doi.org/10.1016/J.JPOWSOUR.2022.231977.

[4] Houchins G，Viswanathan V.An accurate machine-learning calculator for optimization of Li-ion battery cathodes[J].Journal of Chemical Physics 2020，153（5）.https://doi.org/10.1063/5.0015872/ 15577340/054124_1_ACCEPTED_MANUSCRIPT.PDF.

[5] Babar M，Parks H L，Houchins G，Viswanathan V.An accurate machine learning calculator for the lithium-graphite system[J].Journal of Physics：Energy，2020，3（1）：014005.https://doi.org/10.1088/2515-7655/ABC96F.

[6] Boettger J.All-electron full-potential calculation of the electronic band structure，elastic constants，and equation of state for graphite[J].Phys Rev B，1997，55（17）：11202-11211.https://doi.org/10.1103/PhysRevB.55.11202.

[7] Mounet N，Marzari N.First-principles determination of the structural，vibrational and thermodynamic properties of diamond，graphite，and derivatives[J].Physical Review B，2005，71（20）：205214（1-14）.https://doi.org/10.1103/PHYSREVB.71.205214/FIGURES/24/THUMBNAIL.

[8] Pande V，Viswanathan V.Robust high-fidelity dft study of the lithium-graphite phase diagram[J].Phys.Rev.Mater.，2018，2（12）.https://doi.org/10.1103/PHYSREVMATERIALS.2.125401/ FIGURES/7/THUMBNAIL.

[9] Dahn J R，Zheng T，Liu Y，Xue J S.Mechanisms for lithium insertion in carbonaceous materials[J].Science，1995，270（5236）：590-593.https://doi.org/10.1126/SCIENCE.270.5236.590.

[10] Reynier Y，Yazami R，Fultz B.The entropy and enthalpy of lithium intercalation into graphite[J].J Power Sources，2003，119/121：850-855.https://doi.org/10.1016/S0378-7753（03）00285-4.

[11] Smith R B，Khoo E，Bazant M Z.Intercalation kinetics in multiphase-layered materials[J].Journal of Physical Chemistry C，2017，121（23）：12505-12523.https://doi.org/10.1021/ACS.JPCC.7B00185/SUPPL_FILE/JP7B00185_SI_002.PDF.

[12] Reynier Y，Yazami R，Fultz B.Thermodynamics of lithium intercalation into graphites and disordered carbons[J].Proceedings-Electrochemical Society，2005，30（3）：281-290.https://doi.org/10.1149/1.1646152/XML.

第 2 章

深度势能方法及其在电化学储能材料中的应用

邓　斌，华海明，张与之，王晓旭，张林峰

在材料科学领域，分子模拟技术正逐渐成为研究和开发新材料的重要工具。分子模拟的核心挑战在于准确且高效地描述原子间的相互作用，这通常通过求解势能面来实现。传统的量子力学方法，如密度泛函理论（density functional theory，DFT），虽然在预测材料性质方面极为精确，但其计算成本随着系统规模的增加而急剧上升，限制了其在大规模和长时间模拟中的应用；基于经验参数的力场方法虽然效率足够，但精度不足。为了解决这一问题，研究者们一直在探索能够平衡计算精度和效率的新方法。近年来，随着机器学习技术的飞速发展，深度学习在多个领域展现出了巨大的潜力，特别是在图像识别、自然语言处理等方面取得了显著的成就。受此启发，研究者们开始尝试将深度学习技术应用于分子模拟中，以期开发出既准确又高效的新型势能面模型，即深度势能（deep potential，DP）模型[1]。与传统的经验势函数相比，深度势能模型能够通过学习大量的原子结构和相应的能量、受力数据，构建出更为精确的势能面，利用深度学习的强大非线性拟合能力，直接从数据中学习原子间复杂的相互作用。深度势能模型的发展可以追溯到早期的神经网络势函数（neural network potential，NNP），如 Behler 和 Parrinello 提出的 BP-NNP[2]。这些早期模型通过将原子的局部环境信息编码为神经网络的输入，成功预测了材料的力学和热力学性质。随着深度学习技术的进步，更多的深度势能模型被开发出来，如 Schütt 等[3] 提出的 SchNet 等，这些模型通过更为复杂的神经网络结构，进一步提高了预测的准确性。

DPA-1[4] 和 DPA-2[5] 是深度势能模型在大原子模型层面的两个重要里程碑。DPA-1 通过引入注意力机制，增强了模型对原子间相互作用的描述能力，实现了对元素周期表上大多数原子的覆盖。DPA-2 则进一步扩展了模型的适用范围，通过大型原子模型架构，进一步处理包含多种元素的复杂材料体系。不仅提升了深度势能模型的精度，还大大降低了训练过程的花费。深度势能模型的发展不仅在理论上取得了突破，而且在实际应用中也展现出了巨大的潜力。通过将物理建模、机器学习和高性能计算技术相结合，深度势能模型已经在最先进的超级计算机上成功应用于超过1亿原子的分子动力学模拟[6]。这种技术的进步，正在推动材料科学进入一个新的研究阶段，为材料设计和发现提供了新的工具和方法。

在电化学储能领域，正极、负极以及电解质等关键材料的性质，对电池的整体表现起着决定性作用。尽管基于密度泛函理论（DFT）、经典分子动力学（CMD）和从头算动力学（AIMD）的传统计算模拟方法已广泛用于这些材料的研究，但它们难以在确保模拟精度的同时，覆盖足够长的时间尺度，限制了对材料性质的深入理解和预测。引入深度势能模拟，能够有效克服传统方法的局限，不仅提供了对电池材料性质更深层次的洞察，而且有力推动了计算模拟在电池材料研发中的应用。机器学习算法已在新能源领域获得较多应用[7-9]，随着DP技术的不断发展和完善，预计其将在电池材料的设计和优化中扮演越来越重要的角色。通过更深入地理解材料在原子尺度下的行为，DP技术将有助于揭示电池充放电过程中的复杂机制，为开发具有更高能量密度、更长循环寿命和更安全性能的电池材料提供理论支持和指导。因此，DP技术的应用前景广阔，将为电池材料的创新研发开辟新的道路。下面主要介绍深度势能模型在电池材料领域的应用，并阐述了其问题和发展方向。

2.1 深度势能

分子动力学模拟需要用力场模型确定原子的能量和受力，进而模拟原子分子体系随时间的动态变化。构建力场有两种思路，一是基于量子化学方法获得当前体系结构下准确的势能和势能梯度（受力），并将其作为力场模型使用，该方法也被称为第一性原理分子动力学（*ab initio* molecular dynamics，AIMD；又称从头算分子动力学）。该方法足够准确，但计算量非常高，其时间复杂度在$O(N^3)$以上。巨大的计算开销使得AIMD的典型应用局限在了对几百个原子进行数十皮秒的模拟。另一种思路是使用一种近似的势函数，并使用实验或精确计算的结果来调节力场参数，这样得到的力场称为经验力场。一种经典的相互作用力场的函数形式见式（2.1）：

$$E = \sum_{\text{键长}} \frac{1}{2} k_b (b-b_0)^2 + \sum_{\text{键角}} \frac{1}{2} k_\theta (\theta - \theta_0)^2 + \\ \sum_{\text{二面角}} \frac{1}{2} k_\omega [1 + \cos(n\omega + \delta)] + \\ \sum_{i<j} 4\varepsilon_{ij} \left[\left(\frac{\sigma_{ij}}{r_{ij}}\right)^{12} - \left(\frac{\sigma_{ij}}{r_{ij}}\right)^6 \right] + \sum_{i<j} \frac{q_i q_j}{4\pi \varepsilon_{ij} r_{ij}} \quad (2.1)$$

分别用弹簧势描述分子内键长、键角、二面角等相互作用，用 Lennard-Jones 势描述原子间范德华相互作用，用点电荷库仑势描述原子间静电相互作用。简单的函数形式使得经验力场的计算效率非常高，其时间复杂度一般不超过 $O(N^2)$。但经验力场只是一个粗糙的物理模型，为了计算速度牺牲了一定的可靠性，不能胜任某些需要精确估计能量的场合。

因此，开发兼具精度和效率的力场具有重大意义。经验力场虽然精度不足，但其采用原子位置函数来近似表示真实势能面的思路仍具有很大潜力。真实的力场可看作一个非常复杂的高维函数，经验力场的函数形式过于简单而引入了很大误差，但若使用包含更多参数的更复杂函数形式，并用机器学习方法直接模拟真实的势能面，则有望在避免量子化学层层迭代的昂贵计算的同时，相比经验力场更好地拟合真实势能面。经过实践，用深度神经网络模型学习得到的深度势能力场是应对该问题的有效解决方案。下文将对其进行简要介绍。

2.1.1 深度势能基本理论

深度势能理论是一种利用深度学习方法来准确预测材料体系中原子受力和能量的方法。该方法的核心是构建神经网络实现原子能量、受力和原子局部环境的映射。使用深度神经网络的方式、通过机器学习拟合势能面得到的力场模型，能够在保持计算效率的同时逼近量子化学计算精度。

2.1.1.1 深度神经网络（DNN）

（1）可扩展性

如仅采用如图 2.1 所示的简单神经网络模型，输入变量的维度不可改变，即用 N 个原子训练的模型只能应用于 N 个原子的体系，若要其能用于其他原子数（如 $N+1$）体系，则需要两个方面的改进：一方面需要神经网络结构相比多层感知机更加灵活；另一方面需要将能量分解到每个原子上，将每个原子作为单元的能量贡献，再将其求和。

（2）平移和旋转对称性

分子动力学模拟中，体系性质只与盒子中原子间的相对位置有关，原子和坐标轴的设置不影响对体系结构的描述。另外，体系整体的平移和旋转也不对体系性质造成任何影响。即对于一组原子坐标 $(r_1 \cdots r_N)$，经过平移、旋转操作变换为 $(r'_1 \cdots r'_N)$ 时，应有 $\hat{E}(r_1 \cdots r_N) = \hat{E}(r'_1 \cdots r'_N)$。

（3）交换对称性

分子动力学模拟中，相同的原子交换位置时，不对体系造成任何影响。如一个水分子

坐标为 (r_1, r_2, r_3)，其中 r_1 为氧原子坐标，r_2 和 r_3 为氢原子坐标，(r_1, r_2, r_3) 和 (r_1, r_3, r_2) 描绘的是相同的分子。因此，深度势能模型既要区分不同原子类型，还要满足相同原子交换不变性。

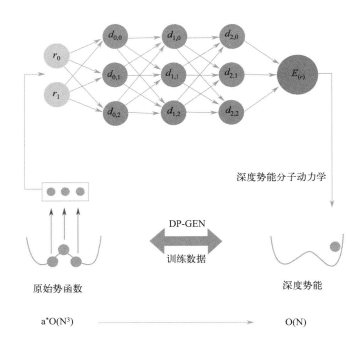

图 2.1　简单神经网络

在满足以上要求后，构建出数学形式如式（2.2）的深度学习势函数：

$$\hat{E}(r) = \sum_i E(i) = \sum_i N_{\alpha_i}[D_{\alpha_i}(r)] \quad (2.2)$$

首先，根据可拓展性的要求，体系总能量为各原子能量贡献 $E(i)$ 的加和，而每个原子能量贡献与其周围一定距离内的其他原子强相关，因此不仅需要原子本身的位置信息，还需要输入原子周围环境的信息 $D_{\alpha_i}(r)$。此处引入了一个假设，即原子能量贡献只与离该原子较近的其他原子有关，而与距离更远的原子无关，因此指定一个临界距离 r_c，对于原子 i，其邻居原子定义为 $n(i) = \{J : r_{ij} < r_c\}$。能量项 $N_{\alpha_i}[D_{\alpha_i}(r)]$ 输入为 $r_i, \{r_j : J \in n(i)\}$。该模型中忽略了距离较远原子之间的影响，这一假设已在金属、固态电解质、电解液体系中被证明是一个合理的近似[10-11]。

2.1.1.2　外层神经网络

$N_{\alpha_i}()$ 是一套神经网络，用于输入预处理后的原子坐标并输出能量。对于每个中心原子使用相同的网络构架，对于不同的中心原子类型使用不同的参数，从而能够区分不同的原子。这样的结构在保证了交换对称性的同时保障了模型的分辨能力（输入不等价坐标时能输出不同能量）。

2.1.1.3 描述子

描述子 $D_{\alpha_i}(r)$ 起到对原子坐标进行预处理的作用，使其满足平移、旋转对称性。它包含以下功能和特点：

① 确保平移、旋转对称性，即坐标 r 经历平移、旋转变化变为 r' 后，有 $D_{\alpha_i}(r)=D_{\alpha_i}(r')$。

② 确保模型的可拓展性，输入任意大小坐标 r 后，输出尺寸保持统一。

③ 保证模型的分辨能力，与外层神经网络类似，描述子内部也有一套神经网络，所有网络结构相同并固定，但不同的原子类型 α_i 具有不同的网络参数。

2.1.1.4 大原子模型

由于以上介绍的 DP 模型适用化学范围较小，面对一个新的复杂体系时，研究者需要获取大量数据从头训练一个深度势能模型。随着大量已标记数据的积累，构建"通用"的深度势能模型，并通过预训练＋微调的策略训练适合具体体系的模型能大大提高效率。DPA-1 模型引入了注意力机制，根据原子间距离和角度信息重新加权得到原子间相互作用，模型能根据原子局部结构和原子间相互作用调整其表示，从而更准确地表示系统的特征。同时发现覆盖大量元素类型的大模型中，模型元素信息在可视化后，在空间呈螺旋状分布，与元素周期表位置一一对应，表明预训练模型具有良好的可解释性[4]。

在此基础上，为进一步实现大原子模型目标，开发了 DPA-2 模型，其采用更为复杂的模型构架，包含单原子通道、双原子通道和螺旋双原子通道，三个通道具有不同的作用，协同提高了 DPA-2 模型的预测能力。单原子通道编码原子的物理特性，捕捉单个原子的特征；双原子通道含原子之间的距离、角度和键长等关系，用于捕捉原子间相互作用；旋转双原子通道在此基础上加入了旋转等变形，进一步提高了对晶体结构和对称性分子的描述能力。因此，DPA-2 能够更全面地捕捉体系的化学信息，从而大大提高了模型的表示能力。

普通 DP 模型，DPA-1 和 DPA-2 随样本数增加的模型精度变化趋势如图 2.2 所示（1 meV/Å=10 meV/nm），可见预训练模型＋微调的策略大大提升了训练效率，节约了标记样本的花费[5]。

2.1.2 深度势能的开发与应用

深度势能模型的开发和应用是实现材料设计和化学过程模拟自动化的关键步骤。这些模型通过学习大量的化学数据，能够预测分子和材料的物理化学性质。

2.1.2.1 数据集构建

DP 数据集的构建分为两个部分：①提供原子结构信息；②提供结构对应的能

量、原子受力和维里张量等信息。获取后者的方法也称为标记。实际计算中通常使用 DFT 方法计算体系能量、原子受力和维里张量。常用软件包括 VASP[12]、CP2K[13]、Gaussian[14]、QE[15] 和 ABACUS[74] 等。DFT 数据精度决定了 DP 模型精度的上限。提高 DFT 精度一方面可使用精度更高的理论方法，如杂化泛函甚至 Post-HF 方法；另一方面要使用更加完备的基组和更高的 K 点密度。但更高的 DFT 计算等级也带来了更多的计算开销，需要在精度和效率之间取舍。

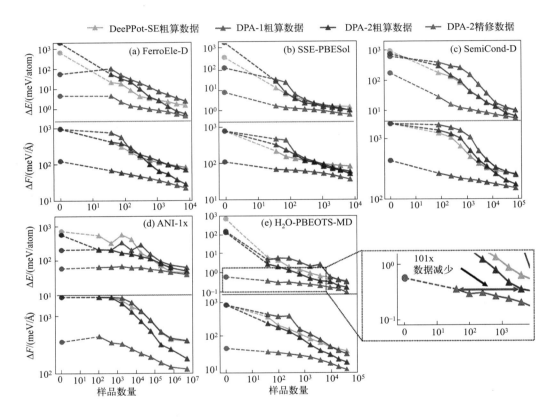

图 2.2　下游任务样本效率对比分析。横坐标表示所需的下游数据量，纵坐标表示 RMSE 能量或力预测的收敛性[5]

2.1.2.2　模型训练

模型训练使用 DeePMD-kit[16] 软件包，训练过程涉及能量、原子受力和维里张量等标签，其中最重要的是原子受力标签，一方面相比能量能提供更多信息（包含每个原子三个方向的力），另一方面梯度信息有助于避免训练时的过拟合。DeePMD-kit 中需要选择描述子和训练步数，共同决定了深度势能模型的质量。DeePMD-kit 中还提供了许多可调超参数，包括神经网络结构、损失函数因子等。一般深度势能模型质量对这些超参数不十分敏感，默认设置能满足一般训练的要求。

2.1.2.3 模型评估

模型训练后需要对获得模型进行评估以验证其精度。有两种基本方法：

① 构建一个不包含在训练集和验证集中的测试集，在该测试集上使用 DP test 功能计算深度势能模型和 DFT 的偏差，一般能量和受力偏差分别小于 10 meV/atom 和 100 meV/Å 时，说明 DP 预测结果良好。

② 通过深度势能分子动力学模拟得到一些物理性质与实验或 DFT 结果对比，包括径向分布函数、密度、扩散系数、电导率和黏度等。

2.1.2.4 模型推理

在得到势函数模型后，用此模型计算输入的体系结构信息而得到能量、受力、维里张量等输出信息的过程称为模型推理，DeePMD-kit 软件提供了 Python 和 C++ 等多种语言接口，与分子动力学模拟软件联用即可将模型推理获得的受力等信息用于分子动力学模拟中运动方程的计算。目前支持的软件主要有 LAMMPS[17]、ASE[18]、i-PI[19] 和 Gromacs[20] 等。

2.1.3 深度势能相关软件与平台

深度势能相关软件与平台的发展，为化学和材料科学的研究者提供了前所未有的计算能力和灵活性。这些工具不仅加速了科学研究的进程，还拓宽了研究的可能性。

2.1.3.1 DP data

DP data 是一个用于结构和标记数据格式转化的开源免费程序包，用 Python 语言写成，可将 VASP、Gaussian、CP2K、QE、ABACUS、SIESTA、FHI-aims、PWmat 等第一性原理程序的计算结果文件转化为 DeePMD-kit 可识别的格式，作为标注训练集。也可进行扩胞、移动原子、更改原子等结构操作和结构文件在不同软件间的转化。

2.1.3.2 DeePMD-kit

DeePMD-kit 是一个构建原子分子体系深度学习神经网络势函数并进行分子动力学模拟的开源免费程序包。DeePMD-kit 提供了一套完整的工具集，与 TensorFlow 接口或 PyTorch 接口结合实现了高速模型训练和推理，训练过程可通过 DP-GEN 实现自动化。模型推理使用 C++ 或 Python 接口，输入原子位置信息，即可返回当前结构下的能量和原子受力，使用 C、C++ 或 Python 语言编写的 MD 包可与 DeePMD-kit 联用进行分子动力学运动方程求解，与 LAMMPS 软件包联用时可实现 GPU 加速，因此这一组合应用最为广泛。目前，DeePMD-kit 推出了 3.0 版本，增加了对 DPA-2 大原子模型的支持。

2.1.3.3 DP-GEN

DP-GEN 是一个实现深度势能并发学习的开源免费程序包,由 Python 语言编写,能在超算集群上自动准备任务脚本并进行分布式计算,适用 Slurm、PBS、LSF 等多种任务队列,可实现深度势能模型的自动化采样与训练,自动化流程如图 2.3 所示,分为初始训练集构建、标记、训练、势能面探索几个步骤,以下将逐一介绍。

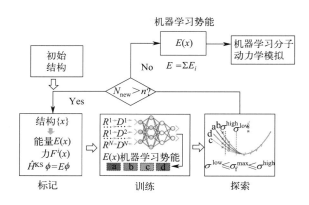

图 2.3 DP-GEN 自动化流程[21]

(1)初始训练集构建

并发学习训练流程中的首轮训练需要用户自己提供初始数据集,虽然最后收敛的模型结果对初始训练集并不敏感,但合理构建的初始训练集能有效提高训练效率。初始训练集一般需要含有几百个训练数据,并要尽可能充分覆盖所关心的势能面区域。初始训练集一般可采用 AIMD 生成。相比于固态材料体系,电解液体系构象空间更加复杂,对于初始训练集的要求也更高。可使用 AIMD 结合 CMD,配合适当的采样间隔获取初始结构,且需要包含不同浓度下的数据,以充分采集离子靠近或远离时的结构。

(2)标记

初始结构或每轮被挑选出的结构需做 DFT 单点能计算,以得到其对应的能量和原子受力信息。标记任务中除设置合适的 DFT 理论等级外,还需要设置每轮标记的数目,数目过多则采集过多重复结构而浪费标记算力,采集过少则新增样本不足而需要更多轮迭代,浪费探索和训练算力。标记数目一般设置为 100 个。

(3)训练

训练过程中调用 DeePMD-kit 对初始数据集(第一轮训练)或上一轮迭代后获得的所有数据集进行训练,通过将能量和原子受力的损失函数最小化来构建体系结构到能量和原子受力的映射。用户需要选择合适的深度势能模型和描述子，描述子截断半径一般设置为 0.6nm。训练步数一般为 $10^5 \sim 10^6$ 量级，训练过程中可使用较少步数，待 DP-GEN 收敛后再进行一轮 10^6 步的长训以增加模型精度。为了在 DP-GEN 并发学习中获知模型对势能面的描述情况，共训练了 4 个模型，4 个模型使用的训练集相同，仅神经网络中使用的激活函数不同，通过 4 个模型预测的原子受力的最大均方误差 σ_f^{max} 来衡量模型的预测效果。

（4）势能面探索

势能面探索过程使用上一步训练好的深度势能模型，对指定初始结构进行分子动力学模拟，使用 4 个模型预测的原子受力的最大均方误差 σ_f^{max} 衡量模型预测效果，用户置信区间的上下限分别被定义为 σ_{high} 和 σ_{low}，如某一结构的 $\sigma_f^{max} < \sigma_{low}$，则表明模型已充分学习了该结构；若 $\sigma_f^{max} > \sigma_{high}$，则表明结构超出已学习势能面过多，结构可能不合理而影响 DFT 收敛；如 σ_f^{max} 在 σ_{high} 和 σ_{low} 之间，则表明选定结构略微超出已学习势能面，是应当标记的结构。势能面探索过程应当使用多个温度、压力、物质组成（如浓度、配比等）条件，以充分学习模型需要覆盖的势能面区域。

2.1.4 OpenLAM

OpenLAM 为"大原子模型计划"，口号是"征服元素周期表"，旨在通过建立开源开放的围绕微尺度大模型的生态，为微观科学研究提供新的基础设施，并推动材料、能源、生物制药等领域微尺度工业设计的变革。最新发布的深度势能预训练大模型 DPA-2 已成为大原子模型的重要载体，其在模型架构显著更新的同时，最大的特点在于采用了多任务训练的策略，从而可以同时学习计算设置不同、标签类型不同的各类数据集。由此产生的模型在下游任务上显示出极强的 few-shot 乃至 zero-shot 迁移的能力，显著超越过去的方案。目前用于训练 DPA-2 模型的数据集已覆盖了半导体、钙钛矿、合金、表面催化、正极材料、固态电解质、有机分子等多类体系。

2.1.5 AIS square

AIS square 中文名称为科学智能广场，旨在打破传统的"作坊式"和"发散式"科研模式，提供一个跨学科的科研平台。用户可以在平台上上传和贡献科学计算数据集、模型及工作流，同时也可以一键下载和使用已经训练好的专用模型。此外，平台还支持应用预训练大模型，通过少量有针对性的数据进行微调，从而方便、快捷地获得下游任务所需的模型，降低计算代价和研究成本。目前，科学智能广场已经获取并向公众共享了总机时价值超 3 亿核时、覆盖各个应用领域的模拟仿真数据，并贡献了 50 多个特定场景专用模型。这些模型涵盖了从材料结构、力学、热力学性质计算到发动机喷雾燃烧过程模拟等广泛的

2.1.6 模型蒸馏

预训练模型为了追求模型泛化能力,模型参数规模较大,从而影响了模型推理的计算速度。为了提高其在真实场景中的计算速度,使用了模型蒸馏的方法。模型经预训练和少量下游体系数据微调后得到 Teacher 模型(如 DPA-2)。之后使用类似主动学习的策略,用 Teacher 模型探索势能面空间并标注(替代直接做 DFT),从而获得一个更加简单和轻量的 Student 模型(如 DPA-1、DeePPot-SE 等),蒸馏后的 Student 模型在精度接近 Teacher 模型的基础上,效率提升了两个数量级,实现了知识从高泛化能力的复杂模型到简单高效简化模型的知识蒸馏。

2.2 深度势能在电化学储能材料中的应用

2.2.1 负极材料

锂离子电池的成功商业化,起始于石油焦负极材料。负极作为锂离子电池必不可少的关键材料,目前主要集中在碳基、金属锂和硅基等,采用传统的石墨负极可以基本满足消费电子、动力电池、储能电池的要求,采用合金类负极材料有望进一步提高能量密度,全固态电池的研发则有望推动金属锂负极的应用。此外,在钠离子电池中,无序度较大的无定形碳基负极材料具有较高的储钠比容量、较低的储钠电位和优异的循环稳定性,是最有应用前景的钠离子电池负极材料。目前,深度势能分子动力学模拟方法已被应用于研究锂金属、硅负极、碳负极材料储锂或储钠过程的结构演变和扩散动力学等行为。由于这些负极材料主要是金属或无机晶体材料,其 DP 开发可以很自然地借鉴过去金属和合金领域 DP 开发的思路。

2.2.1.1 碳基负极材料

碳基材料在二次电池中应用非常广泛,根据碳原子中电子之间不同的轨道杂化形式,可以将碳材料主要分为 sp、sp^2 和 sp^3 碳材料。碳基负极材料以 sp^2 杂化为主,包括石墨、无定形碳和纳米碳材料。由于结晶度和碳层排列方式的不同,它们的物理性质、化学性质和电化学性质等都呈现不同的特点。王松有团队[22]开发了一个碳基材料的 DP 模型,训练范围覆盖碳的晶相和液相,其中晶相类结构包括 12 种不同的体相或低维碳结构(例如石墨、金刚石、碳纳米管、无定形碳),液相类结构则考虑了 4 种不同密度(1.7g/cm^3、1.9g/cm^3、2.6g/cm^3、3.2g/cm^3)的液态碳结构,总计约 29000 个数据点。他们使用 DP 模型研究了不同结构的碳材料的状态方程,单层石墨烯中各类缺陷的形成能[Stone-Wales(SW) defect，单空位、双空位、三空位和四空位]、不同密度的液态碳和非晶碳的结构。结果表明，DP 模型能够高精度地描述绝大多数碳材料的状态方程（除了 sc、fcc、bcc 等几类高能量不稳定的碳构型）、单层石墨烯中缺陷结构的热力学稳定性以及液态碳和非晶碳的结构和成键特征，并且在一些未纳入训练集中的碳结构也具有较好的迁移能力。同时，作者也指出 DP 模型目前还存在一个问题，即无法准确描述石墨烯层间的范德华作用。孙强团队[23]结合密度泛函理论计算和 CALPSO 结构搜索方法设计了一类热力学和动力学稳定的 3 维多孔的硫化碳材料 C_8S，因其具备高的克容量、低的迁移势垒、低的嵌钠电压和小的体积变化，可用于钠离子电池的负极材料。为研究 Na^+ 在 C_8S 中的扩散性质，他们开发了一个训练数据集中包含 20000 个结构的 DP 模型。如图 2.4 所示，结果表明，当钠离子浓度较低时，钠离子的扩散系数为 $3.23\times10^{-7}cm^2/s$，而当钠离子浓度较高时，钠离子的扩散系数降低为 $2.36\times10^{-8}cm^2/s$，两者相差一个数量级，这与高浓度时 Na^+ 之间强的排斥作用和 Na^+ 穿过六边形石墨环时较高的迁移势垒有关。

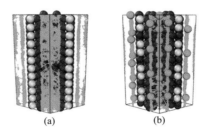

图 2.4 （a）低 Na 和（b）高 Na 含量 C_8S 材料中 Na^+ 的扩散轨迹[23]

2.2.1.2 硅基负极材料

硅由于其极高的理论容量被认为是下一代高比能锂电池最理想的负极材料之一。然而，硅负极充放电过程中存在巨大的体积膨胀和结构变化，活性材料颗粒容易粉化和失去电接触，最终导致容量快速衰减，严重阻碍了 Si 基负极的实际应用。为了更好地开发 Si 基负极，有必要了解其锂化/脱锂过程的反应机制、微观结构的演变规律和锂的扩散动力学行为。何奕团队[24]开发了一个 Li-Si 二元体系的 DP 模型，训练范围涵盖了从 Li/Si 比例为 0～4.2 的 9 种 Li-Si 体系（Si、$LiSi_3$、LiSi、$Li_{13}Si_4$、Li_7Si_2、$Li_{21}Si_5$、Li、$LiSi_{64}$ 和 $Li_{54}Si$），并且同时包含晶相、液相和非晶相等丰富的结构，通过使用主动学习策略来进一步提高数据集的质量和 DP 的预测能力。他们使用 DP 进行了分子动力学（MD）模拟，以研究 Li 在非晶态 Li-Si 系统中的扩散性。结果表明，DP 能够以接近量子力学计算的精度预测 Li-Si 体系的体积变化、径向分布函数和 Li 在非晶态 Li-Si 中的扩散性，同时模拟速度比从头算分子动力学模拟快 20 倍。傅方佳等[25]开发了一个高精度的 Li-Si 体系的 DP 模型，训练范围扩大到 Li/Si 比例为 0～4.5 的 15 种 Li-Si 体系（bcc，fcc 和 hcp Li；$F\bar{d}3m$

Si of diamond 和 I41/amd Si；LiSi$_3$, LiSi, Li$_{12}$Si$_7$, Li$_2$Si, Li$_7$Si$_3$, Li$_{13}$Si$_4$, Li$_7$Si$_2$, Li$_{15}$Si$_4$, Li$_{21}$Si$_5$ 和 Li$_{22}$Si$_5$），并且同时包含晶相、液相和非晶相等丰富的结构。如图 2.5 所示，他们结合 DeePMD（深度势能分子动力学）和 GCMC（grand canonical Monte Carlo，巨正则蒙特卡罗）方法，模拟了晶体硅（c-Si）和非晶硅（a-Si）在锂离子电池充放电过程中的嵌锂/脱锂电位、微观结构演化和应力分布。研究发现，c-Si 和 a-Si 锂化之间平台高度的差异机理是因为 c-Si 中初始 Li 嵌入的能量低于 a-Si 中初始 Li 嵌入的能量，而 c-Si 和 a-Si 都锂化反应到相似的 a-Li$_x$Si 相，有限电压滞后的机制来源于 c-Li$_{3.75}$Si 到 a-Li$_{3.75}$Si 相转变相关的潜热效应，a-Si 嵌锂时产生的应力要比 c-Si 更低，且锂的扩散有利于减少应力。

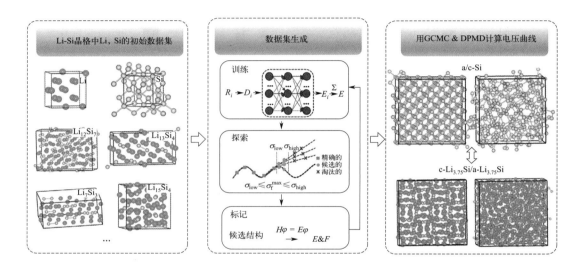

图 2.5　Li-S-Si 体系 DP 模型训练及检验过程[25]

2.2.1.3　锂金属负极

锂金属电池是实现高能量密度电池的理想路径，然而锂枝晶的生长及其带来的安全问题限制了锂金属电池的实际应用，理解锂原子沉积过程枝晶的生长机制有助于设计策略抑制枝晶生长。郑家新团队[26]开发了一个锂金属表面的 DP 模型，训练数据集包括近 10000 种体相结构（bcc Li）和 6000 种表面结构，包含 bcc Li 的三种低指数晶面 [100]、[110] 和 [111]。他们构建了超过 10 万原子数的锂金属表面结构模型，并使用 DPMD 进行了长达 3 ns 分子动力学模拟来模拟锂原子在锂金属表面的沉积过程。如图 2.6 所示，研究发现，锂金属在沉积过程中存在两种自愈合机制，第一种是表面愈合机制，指在锂原子均匀沉积的情况下，锂金属表面的缺陷（如凹坑或不规则性）会自动被填充，形成平滑表面的现象。第二种是体相愈合机制，指在锂金属的非均匀沉积过程中，由于电流密度不均匀导致的锂枝晶生长，当两个枝晶相遇时，它们会融合并愈合成一个更大的枝晶，同时消除了它们之间的空隙。考虑到锂金属的模量、弹性各向异性和表面扩散等性质对于抑制枝晶生长非常关键，而已有 DP 模型在应力和弹性常数的预测上仍然不够准确，Viswanathan 团队[27]独立开发了一个高精度的锂金属 DP 模型，训练集覆盖了体相（bcc Li，fcc Li，hcp Li）、熔融液相，表面 bcc [110]、[100]、[111]、[210]、[211]、[221] 和缺陷（间隙、空位和晶界）等多类结构，总计 5053 个构型。他们使用 DP 模型准确预测了锂金属的热力学性质、空位形成能、状态方程、声子谱、有限温度下的弹性常数、表面能和沃尔夫构造。结果表明，相较于低指数晶面，高指数晶面由于配位数少导致锂原子吸附能较大，且通常具有较大的锂原子表面扩散能垒。

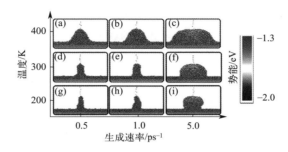

图 2.6 不同温度（T）和生成速率（R_g）下不均匀沉积快照。R_g=0.5ps^{-1}（a），（d），（g）；1.0ps^{-1}（b），（e），（h）和 5.0ps^{-1}（c），（f），（i）。T=400 K（a）～（c），300 K（d）～（f），200 K，（g）～（i）[26]

2.2.1.4 无负极体系

铜是锂离子电池行业中最常用的集流体材料，已有多项研究报道了使用多孔铜集流体来容纳锂的沉积并抑制枝晶生长。为理解 Li 在 Cu 表面的沉积行为，郑家新团队[28]开发了一个 Li-Cu 二元体系的 DP 模型，训练范围覆盖金属铜、金属锂、四种 Li-Cu 二元金属间化合物（I4/mmm-Li$_3$Cu，I4/mmm-LiCu$_3$，Pm3m-LiCu$_3$，Fm3m-LiCu$_3$）和四种 Li/Cu 界面结构 Cu［100］-Li、Cu［110］-Li、Cu［111］-Li 和 Cu［211］-Li。他们使用 DP 模型准确预测了 Li-Cu 二元金属间化合物的平衡体积、状态方程和弹性常数，并研究了 Li 原子在金属 Cu 表面的吸附能。这些结果证实了 DP 模型可用于模拟锂原子在金属 Cu 表面的吸附、扩散动力学行为，将为研究锂金属电池中 Li-Cu 界面问题提供一个有效的工具[29]。

2.2.2 正极材料

正极材料是锂离子电池中的重要组成部分，它们直接影响电池的能量密度、循环稳定性、成本和安全性，提高使用电压或者寻找新的高能量密度正极材料一直是学术界和产业界的重心。目前，锂离子电池中商用的正极材料有 LiCoO$_2$、LiFePO$_4$ 和 Li（Ni$_x$Co$_y$Mn$_{1-x-y}$）O$_2$；钠离子电池正极目前还未完全实现商用化，研究中关注的正极材料主要包括氧化物类、聚阴离子类、普鲁士蓝类等。由于正极材料一般都含有过渡金属，往往采取 DFT+U 的方法来研究，在构建 DP 训练集时可能存在一定困难，导致 DP 在正极材料中的应用还较少。

2.2.2.1 锂离子电池正极材料

高镍正极材料在高荷电状态下会发生结构相变和体积坍缩，严重影响电池性能。为理解体积坍缩和结构相变之间的关系，Hakim Iddir 团队[30]构造了 $LiNiO_2$ 材料处于高荷电状态下的两类分相结构模型（富 O3 和富 O1），并分别训练了这两类结构在多个浓度下（Li_xNiO_2，$x=0$，0.04，0.08，0.12，0.17）的 DP 模型。他们使用 DP 模型做长时间的分子动力学模拟，获得了两类分相结构模型在不同组成范围（Li_xNiO_2，$x=0$，0.04，0.08，0.12，0.17）和温度范围（298.15～350K）下的焓和 Gibbs 自由能，通过比较发现两类结构模型室温下的自由能差别非常小（可以忽略），由此推测实验中观察到的 NiO_2 层堆积方式的转变（由 O3 到 O1）可能来自动力学上的原因。

$LiCoO_2$ 正极材料在高电压下工作容易发生析氧和过渡金属溶出，显著加速电池老化。为理解过渡金属溶出和析氧之间的动态关联，许审镇团队[31]开发了 $LiCoO_2$ 体系的 DP 模型，训练数据集覆盖 O1、O3 和 Spinel 等三种结构的 $LiCoO_2$，并且考虑了锂浓度从 0 到 1 的变化范围。对于过渡金属离子，对局域环境的描述除了原子坐标，还需要考虑自旋状态，由于 DP 模型并没有显性地考虑自旋这一自由度，需要确保数据集中相同组成下的所有结构都处于相同自旋状态。然而常规的 DFT+U 计算可能会出现结构弛豫后收敛到自旋非基态的状态，为确保数据的有效性和一致性，他们发展了一套确定 $LiCoO_2$ 正极材料电子结构基态工作流。基于此工作流，成功构建了不同相下、不同 Li 浓度的 Li_xCoO_2 材料的 DP 模型。他们以 $O3-CoO_2$ 为模型，通过 DeePMD 模拟结合增强采样技术，获取了 Co^{4+} 离子迁移和氧二聚体产生的动力学关联，发现过渡金属层内 Co 空位团簇的形成是氧-氧二聚体形成的先决条件。基于 MD 过程获得的路径演化信息，揭示了 Ti 掺杂离子对上述过程的影响，如图 2.7 所示。

$LiFePO_4$ 正极材料在不同荷电状态下实测的扩散系数差数个量级，同时相比理论计算预测的锂离子迁移势垒，推导出的扩散系数低数个量级。为解释这一现象，陈胜利团队[32]开发了一个 $LiFePO_4$ 材料的 DP 模型，并基于此计算 $LiFePO_4$ 中不同荷电状态下的锂离子迁移势垒。进一步，结合动力学蒙特卡罗模拟来模拟恒流充电过程中的锂离子动态分布，发现 Li-Li 局域配位环境（数量和构型）会显著影响锂离子的迁移势垒，并且锂离子浓度沿扩散通道的梯度分布导致锂离子沿一维通道向前跳跃和向后跳跃的迁移势垒存在非常大的不对称，导致了锂离子非常慢的扩散和扩散系数随锂浓度变化表现出数量级的显著差异。

2.2.2.2 钠离子电池正极材料

层状氧化物是目前钠离子电池商业化应用中非常有前景的一类正极材料，制备方法简单、比容量和电压较高，成本低。其中，O3 相正极材料具有较高的初始 Na 含量，能够脱出更多的钠离子，具有较高的容量；P2 相正极材料具有较大的 Na 层间距，能够提升钠离子的传输速率和保持层状结构的完整性，具有优异的倍率性能和循环性能。对于 P2 相这类高倍率正极材料，需要深入理解材料结构和钠金属离子扩散动力学之间的关系。固态核磁共振（ssNMR）技术凭借对局部环境和动态信息的独特敏感性，在电池材料的研究中得到了广泛应用。然而，因过渡金属（TM）离子与被观测核的复杂相互作用，正极材料的 NMR 谱峰指认往往依赖密度泛函理论（DFT）计算。对于高倍率正极材料，碱金属离子局部结构和其动态信息耦合形成的动态 NMR 化学位移，目前仍缺乏合适计算方法。

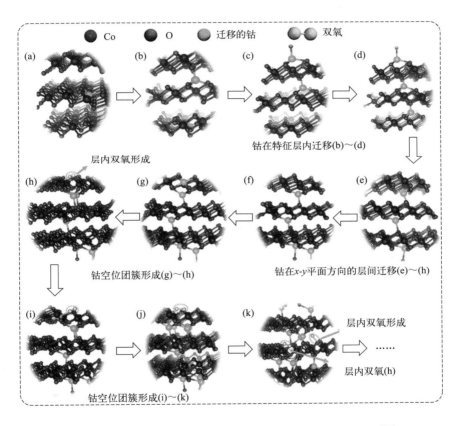

图 2.7　基于增强采样 DPMD 模拟的 CoO_2 模型产氧反应路径图[31]

程俊团队[33]发展了高倍率电池正极材料动态 NMR 化学位移的计算方法，应用于 P2 型钠离子电池正极材料，并结合 ssNMR、X 射线衍射（XRD）以揭示其精细结构，如 TM 离子超结构、TM 氧化物层的堆垛以及它们和 Na^+ 扩散动力学之间的关系。如图 2.8 所示，他们首次联用 DFT 计算局域位点化学位移和 200 ns 深度势能分子动力学（DPMD）模拟得到收敛的 Na^+ 分布，计算了 P2 型 $Na_{2/3}(Mg_{1/3}Mn_{2/3})O_2$ 动态 ^{23}Na 化学位移，并结合 ssNMR、XRD 谱的堆垛精修，指认 ^{23}Na NMR 谱中两个化学位移峰分别来源于两种层间堆垛方式，对应空间群 P63/*mcm* 和 P6322，并精确定量，修正了人们之前一直认为该类材料仅有单一堆垛（空间群 P63/*mcm*）的认知。不过该工作中应用优化结构（0 K）来计算局域位点化学位移，忽略了有限温度下的热力学涨落对化学位移的影响。

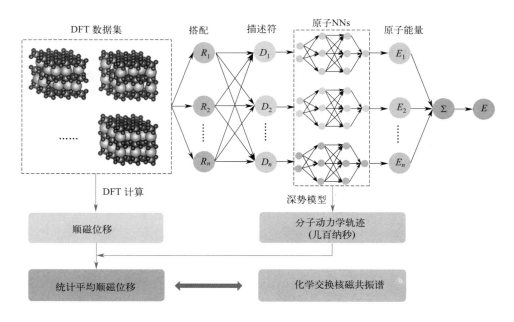

图 2.8　基于 DPMD 的固态核磁化学位移计算流程[33]

动态化学位移的直接精确计算依赖于对 DPMD 轨迹中大量结构做 DFT 计算，计算资源消耗较大，限制了方法的推广应用。为提升计算动态 NMR 化学位移方法的适用性，程俊团队[34]建立了一个动态化学位移的 DFT 数据集，并开发了一种机器学习（ML）方法，其不仅可以进行快速构象采样，还可以高效预测化学位移，这个方法在 GPU 卡上计算时间与 DFT 方法在 CPU 核上计算时间相比，缩短了几个数量级。他们使用该 ML 方法预测了 P2 型 $Na_{2/3}(Mg_{1/3}Mn_{2/3})O_2$ 200 ns DPMD 模拟中 50000 个结构的 ^{23}Na 位移，这基本消除了动态 NMR 位移计算值的统计误差，且与实验测量结果一致。此外，对 DPMD 轨迹动态结构 ^{23}Na 位移做不同时间段的平均，可直接反映出动态 NMR 化学位移的形成过程，即 Na^+ 在不同位点之间的跳跃快慢。进一步应用该 ML 方法计算 P2 型 $Na_{2/3}(Ni_{1/3}Mn_{2/3})O_2$ 的动态 ^{23}Na NMR 化学位移，结果与实验 NMR 位移很好地符合，结合 DFT 计算证明之前指认有争议的低位移峰对应空间群 P63/*mcm*，并揭示了不同 P2 型堆垛与 Na^+ 扩散系数的关系。他们发展的 ML 预测动态 NMR 化学位移方法，可用于建立高倍率电池正极材料结构、NMR 谱、离子传输之间的明确关系，并可进一步推广到其他的原子核溶液体系和固态电解质中，作为联系实验 NMR 谱和微观动态过程的桥梁[35]。

2.2.3 固态电解质

固态电解质是 DPMD 最早获得成功的体系之一，因其多是晶体，结构规整，且运动中主要以原子为基本单位，非常适合深度势能的原子局部近邻环境采样。深度势能分子动力学模拟已成功用于硫化物、卤化物、氧化物等固态电解质中，研究了其结构和构效关系。

2.2.3.1 硫化物电解质

$Li_{10}GeP_2S_{12}$ 体系是深度势能应用较早的体系[36]，赵金保团队、程俊团队和鄂维南团队构建了 $Li_{10}GeP_2S_{12}$ 型（包含 $Li_{10}GeP_2S_{12}$、$Li_{10}SiP_2S_{12}$ 和 $Li_{10}SnP_2S_{12}$）电解质的深度势能模型，并对 DP-GEN 自动采样生成势函数过程、势函数的验证和应用进行了系统性研究。在宽温度范围（300～1000 K）和大尺寸（约 1000 个原子）系统中，对统计误差和尺寸效应等重要技术进行了仔细的研究，并进行了包括不同 DFT 泛函、热膨胀和构型失序影响在内的基准测试。由于更充分考虑了尺寸效应和结构多样性，DPMD 相比 AIMD 更好地重现了实验测量的扩散系数[10]。

张强团队[37]探索了离子在 $Li_{10}GeP_2S_{12}$ 中温度依赖的协同扩散机制。温度越高，Li 扩散各向异性越弱。由于各种协同扩散模式的跳变频率对温度的线性依赖关系，扩散系数在较宽的温度范围内保持阿仑尼乌斯型温度依赖关系，加深了对温度相关离子扩散的化学起源的理解，如图 2.9 所示。Egger 团队[38]更深入地研究了 $Li_{10}GeP_2S_{12}$ 的离子跳变行为，发现主晶格振动的非调和特性在实现移动离子的快速迁移中起着重要的作用。

Li_3PS_4 为正硫代磷酸锂体系，Michele Ceriotti 团队[39]构建了 Li_3PS_4（包含 α、β 和 γ 相）深度势能模型，观察到 Li_3PS_4 超离子行为的物理起源，即 PS_4 翻转的激活驱动结构转变到高导电相，其特征是锂离子迁移位点的增加和锂离子扩散活化能的急剧降低。排除了 PS_4 四面体在超离子相中的桨轮效应，因为 PS_4 翻转速率和锂离子跳跃速率在熔点以下的所有温度下都有数量级的差异。文中对比了纯泛函与杂化泛函对带隙和扩散系数的模拟准确性，杂化泛函 PBE0 准确再现了扩散系数实验值，而纯泛函低估了带隙也高估了扩散系数，如图 2.10 所示。

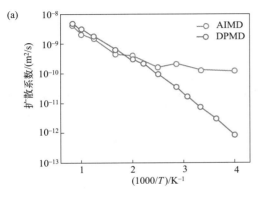
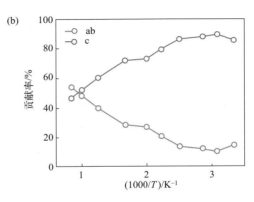

图 2.9

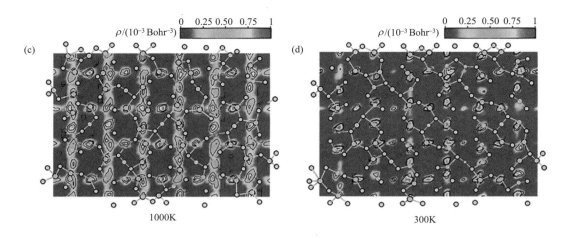

图 2.9 Li$_{10}$GeP$_2$S$_{12}$ 晶格中的 Li$^+$ 扩散行为

(a) 用 AIMD 和 DPMD 模拟的扩散系数 Arrhenius 图；(b) 锂离子扩散的尺寸贡献随温度倒数变化；
(c) 1000 K 和 (d) 300 K 时 Li$_{10}$GeP$_2$S$_{12}$ 中的锂离子概率密度填色图[37]

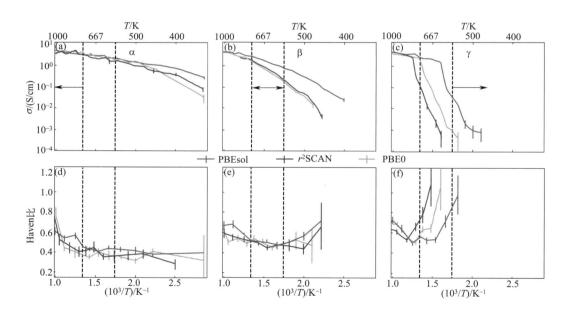

图 2.10 电导率(σ)和 Haven 比的温度依赖性

(a)～(c) DPMD 的离子电导率 Arrhenius 图；(d)～(f) Haven 比随温度倒数变化的规律[39]

Olivier Delaire 团队[40]采用中子散射结合 DPMD 的方法，研究了 Na$_3$PS$_4$ 中的声子及其与 Na 快速扩散的耦合。发现在非调和稳定立方相的布里渊区边界处的非调和软模是控制 Na$_3$PS$_4$ 中 Na 扩散过程的关键声子模式。演示了这些强非谐波声子模式如何使 Na 离子沿着最小能量路径跳跃。此外，采用准弹性中子散射（QENS）测量，辅以从头算和机器学习分子动力学模拟，探讨了 Na 的扩散速率和扩散机制。Li$_3$PS$_4$ 其他衍生物 Na$_3$SbS$_4$[38]

和 K_3SbS_4[41]的结构和离子输运性质也已被 DPMD 研究，发现 K_3SbS_4 中掺杂 W 元素能引入空位，使 K 离子电导率获得一个数量级以上的提升。

Li_6PS_5Cl 及其衍生物称为锂银柱石结构，也是一类重要的固态电解质体系，Lee Sang Uck 团队[42]构建了 $Li_{5+2x+y}[A]_x^{4+}[B]_y^{5+}[C]_{1-x-y}^{6+}S_5[D]$（[A] = Si，Ge，Sn；[B] = P，Sb；[C] = W，Mo；[D] = Cl，Br）电解质深度势能模型，以系统地探索混合氧化态对离子电导率的影响，从而用于高性能 SSE 筛选。结果显示，在混合氧化态下，SSE 的电导率存在 $[A]^{4+}$-$[C]^{6+}$ > $[A]^{4+}$-$[B]^{5+}$-$[C]^{6+}$ > $[A]^{4+}$-$[B]^{5+}$ > $[B]^{5+}$-$[C]^{6+}$ 的顺序。$[A]^{4+}$-$[C]^{6+}$ 的组合产生了最佳性能，是由于 $[C]^{6+}$ 的固体电解质效应和 $[A]^{4+}$ 的动态晶格效应的协同作用。

Mayanak Kumar Gupta 团队[43]研究了反钙钛矿型电解质 Na_3FY（Y=S，Se，Te）体系中声子与扩散的关系。作为温度函数的分支，分辨声子谱能量密度结果揭示了软声子模式的非调和性很大，这导致 Na 离子的软性动力学。三种反钙钛矿结构中，立方 Na_3FS 体积最小，平均声子能量最大。700 K 时 Na_3FS 中的 Na 扩散系数约为 0.63×10^6 cm^2/s，明显大于 Na_3FTe 中的约 0.16×10^6 cm^2/s，这与更软晶格导致更快扩散的假设形成鲜明对比。

2.2.3.2 卤化物电解质

卤化物材料由于其在离子电导率和电化学稳定性之间的良好平衡，成为备受关注的固体电解质。Selva Chandrasekaran Selvaraj 团队[44]构建了 Li_3TiCl_6 的深势模型，研究在 25～100 ℃ 6 种不同温度下阳离子无序 Li_3TiCl_6 阴极中的锂离子传输机制，揭示了锂离子参与反相关运动，这在固态材料中很少报道。同样，锂离子动力学的自身和不同部分被用来确定 Haven 比来描述锂离子在 Li_3TiCl_6 中的输运机制。从分子动力学得到的运动轨迹推断，锂离子的输运主要是通过间隙跳变进行的，这一点通过层内和层间的锂离子位移相对于模拟时间的变化得到了证实，如图 2.11 所示。

Pei Yong 团队研究了 Li_3OBr 固态电解质的力学和电子特性以及锂离子的动态扩散行为，并深入探讨了缺陷浓度和分布对其影响。结果表明，锂离子的扩散能力与缺陷浓度呈线性关系，缺陷分布对离子电导率的影响很小。在缺陷浓度为 0.7% 时，计算得到的 Li_3OBr 材料的离子电导率值与之前的实验值吻合较好。（Li-Frenkel，LiCl-Schottky 和 Cl-O 反位无序）三种缺陷中，LiCl-Schottky 缺陷的存在是 Li_3OCl 体系性能优异的主要原因，而 Li 空位是主要载流子[44-45]。对应的钠离子电解质 Na_3OBr 中 Na 离子迁移规律也被研究[46]，计算了 Na^+ 在不同温度下的扩散系数，得到了 Na^+ 的活化能为 0.42～0.43 eV。与 0 K 迁移势垒（0.41～0.43eV）接近，这表明对于 Na_3OBr 来说，有限温度效应可以忽略不计。该模型给出了外推的室温离子电导率为 1×10^{-4}～2×10^{-4} mS/cm，与实验结果接近。

Sun Qiang 团队[47]报道了一种新的尖晶石氯化钠（$Na_2Y_{2/3}Cl_4$），并对其作为固体电解质的潜力进行了系统研究。尖晶石 $Na_2Y_{2/3}Cl_4$ 在室温下具有 0.94 mS/cm 的高离子电导率，并具有由面共享的八面体和四面体组成的三维各向同性扩散网络。进一步的扩散机制分析表明，Na^+ 的电导率主要来源于 $8a$ 位点的 Na^+，而 $16d$ 位点的 Na^+ 主要用于形成菱形骨架。

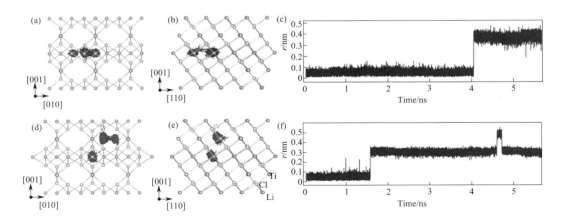

图 2.11 沿 Li_3TiCl_6（a）[010] 和（b）[110] 视角方向的层内锂离子运动轨迹；（c）对应（a）和（b）的 Li 原子位移随时间演化；沿 Li_3TiCl_6（d）[010] 和（e）[110] 视角方向的层间锂离子运动轨迹示意图；（f）对应（d）和（e）的 Li 原子的位移随时间的演化[44]

2.2.3.3 氧化物电解质

$Li_7La_3Zr_2O_{12}$（LLZO）电解质有广泛的应用，吴顺情团队[48]为 $Li_7La_3Zr_2O_{12}$（LLZO）系统开发了深度势，将训练集和测试集的覆盖率作为训练迭代的收敛准则，其中覆盖率通过主成分分析计算。并用得到的势函数描述 LLZO 系统的结构和动力学特性。模拟结果准确描述了与实验相符的径向分布函数和热膨胀系数。它还预测了 LLZO 体系的四面体到立方相相变行为。

An Qi 团队[49]开发了 $LiGe_2(PO_4)_3$ 体系深度势，对有序和无序的 $LiGe_2(PO_4)_3$ 超胞进行采样，使其能够描述结晶、熔融和玻璃态。模拟结果显示 P 原子在晶态和玻璃态下均具有四面体氧环境。锗原子的配位环境更为复杂，具有晶态八面体氧环境和玻璃态混合环境，观测到 4、5 和 6 配位的 Ge 原子。通过取向序参数的计算表明，在玻璃态的 $LiGe_2(PO_4)_3$ 中，4 配位的 Ge 原子具有四面体氧环境，而 6 配位的 Ge 原子具有八面体氧环境，如图 2.12 所示。

2.2.3.4 非晶电解质

非晶电解质相比于晶体电解质结构更加复杂，在采样方面要求更高，同时非晶电解质很难直接从实验上获得结构信息，深度势能模拟为其结构解析和性质计算提供了一种有效的方法。

An Qi 团队[50]构建了 Li_2S-SiS_2-P_2S_5 三元电解质势函数，探索了不同组成的玻璃结构，在密度、弹性模量、径向分布函数和中子结构因子方面与 DFT 和实验结果取得了一致的结果。模拟揭示了这些玻璃相中 Si 和 P 的不同局部环境,在 Li_2S-SiS_2 中大多数 Si 原子处于共享边构型,而在三元 Li_2S-SiS_2-P_2S_5 组成中混合了共享角和共享边的四面体。300 K 条件下三元玻璃的电导率为 2.6 mS/cm,介于 $50Li_2S$-$50SiS_2$(2.1mS/cm)和 $75Li_2S$-$25P_2S_5$(3.6mS/cm)两者之间。此外,对三元玻璃中锂离子在 MD 轨迹上扩散的深入分析表明,扩散路径与附近 SiS_4 或 PS_4 四面体的旋转动力学之间存在显著相关性。

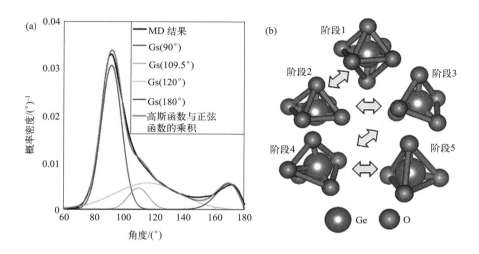

图 2.12 (a)O-Ge-O 角分布(分解为高斯函数和正弦函数的乘积);(b)液态/玻璃态 Ge 原子氧环境的可能转变(1—八面体,2—方形金字塔,3—三角双金字塔,4—过渡结构,5—四面体[49])

Gerbrand Ceder 团队结合深度势能模型和扩展 X 射线吸收精细结构谱研究了非晶 $2LiCl$-$1GaF_3$ 的行为,揭示了离子固体混合物形成软黏土的微观机制。发现阴离子交换导致的类固体分子单元的形成是软黏土类力学行为的关键。阴离子交换中形成的分子固体单元,以及这种反应的缓慢动力学,是软黏土形成的关键。扩展 X 射线吸收精细结构光谱证实了分子固体单元的形成。制定了从离子固体混合物中制造软黏土状材料的一般策略[51]。在此基础上,该团队进一步开发了一种球磨法制备的电导率达到 0.47 mS/cm 的新型软黏土电解质 $xMgCl_2$-GaF_3。通过深度势能模拟和扩展 X 射线吸收精细结构谱相结合,确定了软黏土结构的形成是由剪切过程中的部分阴离子交换引起的。快速 Mg^{2+} 传导归因于镁离子在富氯化学环境中的不协调[52]。

吴顺情团队[53] 开发了一个能够准确描述具有不同元素比的非晶 Li-La-Zr-O 系统的原子势函数。采用了一种预训练方法,并迭代地合并了新的训练集,如图 2.13 所示。利用这个势函数,计算了不同元素比与锂离子电导率之间的关系,并分析了造成影响的原因,结果表明,La-La 原子之间的聚集程度比 Zr-Zr 原子之间的聚集程度更严重。在保持 Li 含量不变的同时,增加非晶结构中 Zr 的含量,降低 La 的含量,可以产生额外的空位,促进 Li^+ 的扩散。

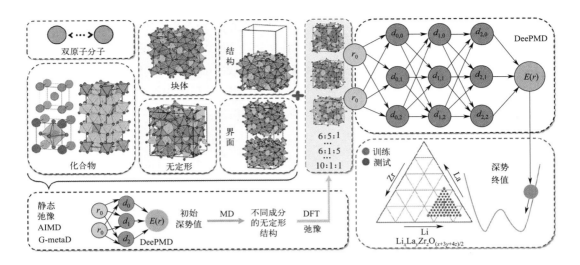

图 2.13 非晶 Li-La-Zr-O 系统深度势能预训练流程[53]

胡勇胜团队[54]报道了一类对 Li^+ 和 Na^+ 都具有高离子电导率（30℃时约为 1 mS/cm）的黏弹性无机玻璃电解质 $NaAlCl_{2.5}O_{0.75}$ 和 $LiAlCl_{2.5}O_{0.75}$，用 DPMD 研究了玻璃相的形成和离子传导机理，$LiAlCl_4$ 熔体的离子在凝结过程中很容易重排成晶体，而用 O 原子取代部分 Cl 原子后，形成的 Al-O-Al 网络抑制了结晶而产生玻璃相。适当的 O-Cl 比有助于降低玻璃相的 T_g，从而提高离子迁移速率。

相比于对每种具体的固态电解质分别进行采样和研究，建立一个适合多种电解质的大模型对于结构搜索和结构设计更有效，深势科技团队开发的固态电解质大模型，覆盖 LiXYS（X=Ge，Sn，Si；Y=P，Ga，Sb，As……）和 LiPSX（X=Cl，Br，I）等 40 多种体系，为固态电解质的模拟提供了更多的可能。

2.2.4 电解液

相比于固态电解质，电解液体系有其自身的特点，固态电解质运动过程中一般以原子或几个原子形成的原子簇为基本单元，基本单元对称性高，原子局部环境空间较小；而电解液往往以分子为基本单元，结构对称性低，不同排列取向形成了更加丰富的原子局部环境空间。这使得相比于固态电解质体系，电解液体系需要更加丰富的采样，因此深度势能在电解液中的应用相比于固态电解质有一些滞后。溶液体系的结构的准确模拟本身也具有重要的意义，液态体系不同于结构周期性排布的晶体，由于涉及多种作用力的竞争，且溶剂化结构处于动态变化中，传统实验方法如 X 射线衍射、振动光谱、核磁波谱等，都难以获得精确动态的溶剂化结构。在传统分子动力学模拟方法中，AIMD 精度足够，但由于计算昂贵，只能进行小的时间和空间尺度（< 500 atoms，< 100 ps）的采样，CMD 计算量小，计算速度快，可进行数万原子和约 100 ns 的采样，但基于经验参数的经典力场精度

低。虽然其对于溶剂化结构和输运规律的基本认识起了很大作用，但当关心氧化还原性质等涉及精确溶剂化结构和电子结构的性质时，CMD 便不再满足需求了。目前，深度势能已在水系电解液[11, 55-58]、有机系电解液[21, 59]、离子液体[60]等液体体系中获得成功，在与 AIMD 对比，或与密度、扩散系数、黏度、氧化还原电位等物理化学性质实验结果的对比中展示了其可靠性。

2.2.4.1　水系电解液

水分子只含三个原子，离子配位空间相对简单，且深度势能已在纯水体系中有很好表现，因此水体系是最早使用深度势能建模的电解液体系。Zhang 团队[61]利用深度势能训练了锌离子水溶液的势函数，并研究了 Zn^{2+} 的配位结构，DPMD 模拟得到的 Zn^{2+} 的镜像分布函数能很好地重现 X 射线吸收近边结构谱的实验结果，且计算速度相比 QM 或 QM/MM 方法快了几个数量级。陈墨涵团队[62]使用深度势能结合杂化泛函 SCAN 训练了 Ca^{2+}/Mg^{2+} 水溶液的势函数，分别对 Ca^{2+}-OH^- 和 Mg^{2+}-OH^- 进行 1 ns 的模拟，系统研究了两种阳离子对 OH^- 溶剂化结构的影响，发现 OH^- 对 Ca^{2+} 的溶剂化结构的影响比对 Mg^{2+} 的更显著。Ca^{2+} 第一溶剂化层的水分子相比 Mg^{2+} 的能更快改变取向。与阳离子结合使 OH^- 的氢键被强烈改变，导致相邻 OH^- 的水分子被挤压。解决了之前研究中由于 GGA 泛函精度不足和 AIMD 时间尺度不足导致 OH^- 结构和性质矛盾的问题。

DPMD 不仅有助于研究电解质溶液中的溶剂化结构，还为电化学储能场景下备受关注的氧化还原电位计算提供了解决方案。氧化还原电位的准确计算需要势函数足够精确，同时对体系得电子过程的始末状态进行充分采样。深度势能提供的高精度和高速度，大大提升了这一计算的效率。程俊团队制定了合理的采样流程，进行了电解液体系的深度势能采样，并将深度势能引入了基于热力学积分方法的自由能计算工作流[55]，相比于之前基于 AIMD 的方法效率大大提升。该自动化工作流为从头计算重要热力学性质（如氧化还原电位和酸度）提供了一种非常有效的方法，沿着反应的热力学路径更新数据集进行深度势能训练有助于保证初始状态和最终状态之间中间状态的势函数准确性，从而获得准确的自由能。该方法成功运用在 LiTFSI/H_2O 电解液中，首次从严谨的计算电化学层面揭示了高浓度电解液提高 Li 金属电池循环稳定性的原因。对不同盐浓度下 LiTFSI/H_2O 电解液中水分子以及阴离子的氧化还原电位的计算表明，随着溶液浓度的升高，离子与 H_2O 形成的缔合网络逐渐增强，阻碍了 H_2O 得电子形成 OH^- 后溶剂环境的重组，降低了 H_2O 的还原电位，导致阴离子和 H_2O 的氧化还原电位顺序的切换，从而抑制了析氢反应的发生而有利于 TFSI 诱导的 SEI 膜的形成[56]。后续，该组还将该方法拓展到实际溶剂化环境下的有机分子氧化还原电位和酸度的计算，并开发了一个自动化的工作流来构建始末两种状态（得失电子或质子）的通用深度势能函数，其工作流如图 2.14 所示，使性质计算更加高效低成本，为水相有机液流电池电解液的设计提供了便利[11]。

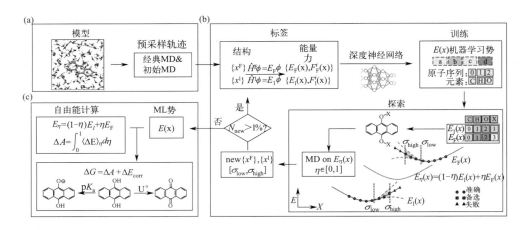

图 2.14 酸度与氧化还原电位自动化工作流（a）初始化；（b）DP 势函数训练过程；（c）DPMD 自由能计算[11]

另一个利用 DPMD 理解电解质溶液理化性质的成功案例是盐水的介电衰减，Michael L.Klein 团队[57]使用深度势能建立了 $NaCl-H_2O$ 模型，精确重现了实验中介电常数随浓度的下降趋势。对模拟的深入分析表明，离子水合壳侵入溶剂氢键网络使水分子间偶极关系破坏，因此，随盐浓度升高，水溶液介电常数降低的主要原因是溶剂水的集体响应受到更大的抑制，而非过去认为的 H_2O 分子介电响应的饱和。

2.2.4.2 有机系电解液

有机系电解液相比于水系电解液配位结构空间更复杂。为了在相空间中充分采样，一方面需要使用尽可能丰富的初始结构；另一方面要使用高温（＞500 K）进行采样，加快配位结构的变换速率。否则采样区间可能陷入初始结构附近的势能面局部最小值点。有机系电解液种类多样，但目前使用 DPMD 的实例还不普遍，程俊团队[63]训练了 $LiTFSI$/三乙二醇二甲醚（G3）的深度势能模型，系统对比了周期性体系常用泛函 PBE 和 BLYP 的表现，发现 PBE-D3 相比 BLYP-D3 拥有更好的精度。在研究配位结构时还发现，纳秒级时长的轨迹才能使 Li^+ 配位结构收敛，在更短的时间尺度内，轨迹明显受模拟初始结构影响。

赵金保团队[21]训练了 $MgTFSI_2/MgCl_2$ 的 3-甲氧基丙胺溶液的深度势能模型，用于探究两种电解液在 Mg 金属电池中的不同电化学表现。对 DPMD 获得的精确动态溶剂结构进行进一步 DFT 研究，发现 $MgCl_2$ 盐相比 $MgTFSI_2$ 盐具有更快的界面电荷转移动力学是由于 $MgCl_2$ 更易缔合而使 Mg^{2+} 的溶剂配体交换速率提高接近 3 倍。研究中还发现，400 K 下二价 Mg^{2+} 与溶剂分子的交换速率接近 0.5 ns^{-1}，相比于一价 Li^+ 慢了 1 个数量级以上，因此需要数十纳米的模拟才能对该体系的溶剂化结构进行充分采样。

徐宏团队[59]训练了含有 H_3O^+ 离子的 $LiPF_6$-EC/DMC 体系的深度势能模型，用于研究 H_3O^+ 对 PF_6^- 分解的影响规律。模拟结果显示极性溶剂具有铆合电解液中微量 H_3O^+ 的作用，使其不易进攻 PF_6^- 从而抑制电解液分解，模拟结果与不同温度和浓度的系统性实验结果相吻合。

对于电解液体系，DPMD 提供的高精度和长时间尺度模拟已在结构和宏观理化性质的预测方面发挥了重要作用，然而，立足长远看，直接模拟电解液在化学/电化学反应中的动态变化过程仍然是一个重要目标，如电解液分解、劣化等，但在采样和时间尺度方面仍有挑战。

2.2.4.3 离子液体

离子液体也是一类重要的电解液体系，其不含有溶剂分子，直接由阴阳离子相互间滑动实现离子传导。何宏艳团队[60]训练了一个适用于 10 种室温离子液体（1-乙基-3-甲基咪唑鎓结合不同阴离子）体系的深度势能模型，对各离子液体进行纳秒级模拟。对原子能量受力、键角分布和势能的误差进行系统分析，验证了 DPMD 的精确性。对振动谱和氢键的分析表明，DPMD 能合理预测离子间库仑相互作用和氢键相互作用的耦合性质。

DPMD 在高温熔融盐（高温离子液体）体系也有成功实践，唐忠锋团队训练了 $MgCl_2$-NaCl 和 $MgCl_2$-KCl 熔融盐的深度势能函数，并研究了其在 800～1000 K 温度范围内的结构和热物理性质的关系。在足够大的时间和空间尺度下，DPMD 成功再现了这两种氯化物的密度、径向分布函数、配位数、平均势力、比热容、黏度和热导率[64]。石伟群团队[65]训练了 LiCl-KCl-LiF 体系的深度势能函数，并用 DPMD 研究了体系的局部结构、热物理性质和输运性质，并分析了温度和 LiF 浓度对上述性能的影响。

2.2.5 界面

电解质界面包含多个相，相比于单相的电解质体系更加复杂，程俊团队在惰性金属/H_2O 电极和半导体电极/H_2O 等较稳定界面的结构和性质方面做了很多工作[66-69]，但电池材料中的界面更加复杂，尤其是电极材料具备反应性，其与电解质形成的界面可能存在一个动态演化过程[70]。深度势能在负极/电解质界面、正极/电解质界面、不同电解质间的界面等方面有一些探索。杨勇团队[71]用深度势能训练了锂金属与无机固态电解质 Li|β-Li_3PS_4 界面的模型，训练需要对两相以及界面相都进行充分采样。第一步分别训练 Li 金属与 β-Li_3PS_4 的势函数，第二步将 Li [001] 面与 β-Li_3PS_4 的 [100]/[010] 和 [001] 面分别拼接，并用 DP-GEN 自动采样。模型训练好后进行了大空间尺度（12000 原子，40 nm 厚）和时间尺度（2 ns）的模拟，观察到 Li|β-Li_3PS_4 界面存在明显的演化过程，该过程可分为 4 个阶段，即离子快速扩散、Li_2S 组分成核、Li_2S 晶相的生长和 Li_2S 晶相稳定化。界面形成过程中，能观察到新组分逐渐由非晶态转化为晶态，这可能揭示了界面 SEI 生长的一般过程。

许审镇团队[72]用深度势能建立了正极/电解质界面模型，分别搭建 Li_6PS_5Cl/$LiCoO_2$、$LiCoO_2$/LiF 和 Li_6PS_5Cl/LiF 界面模型并再用 DP-GEN 主动学习，之后用于模拟 $LiCoO_2$/LiF/

Li₆PS₅Cl 三项体系,如图 2.15 所示,考察 LiCoO₂ 和 Li₆PS₅Cl 间加入非晶 LiF 层对界面结构演化和 Li⁺ 迁移速率的影响。结果显示,当不含非晶 LiF 层时,Li₆PS₅Cl/LiCoO₂ 将随时间演化生成 P—O、Co—S、S—S 等新键,表明在界面处发生了反应,而非晶 LiF 的存在虽不能抑制 S—S 键的生成,却能有效保护 Li₆PS₅Cl 中 P-S 四面体的局部结构,防止界面结构劣化。然而非晶 LiF 涂层厚度过大时,LiF 相将产生有序 Li-F₄ 结构从而抑制锂离子的扩散,因此最佳非晶 LiF 厚度在 1 nm。从两相初始接触状态直接建立模型研究界面相演化过程计算量很大,一种折中而有效的方法是,通过实验表征等方法初步确定界面相的结构,再用 DPMD 研究其构效关系。许审镇团队[73]研究了 Li 金属/电解液界面常会产生的 Li₂CO₃ 和 LiF 组分,研究了在界面相中的 Li⁺ 传输机制,由于 < 500 K 时,LiF 会自发形成规则四面体结构,室温下 Li⁺ 在 LiF 中的扩散速率极低,而当这两种 SEIs 组分混合时,Li₂CO₃ 在抑制 LiF 规则四面体形成中的关键作用,使得电导率升高,并表明抑制大尺寸体相 LiF 的形成可能对提高电池性能至关重要。深度势能在这些方面的应用展现出其探索界面演化规律和性质的巨大潜力。

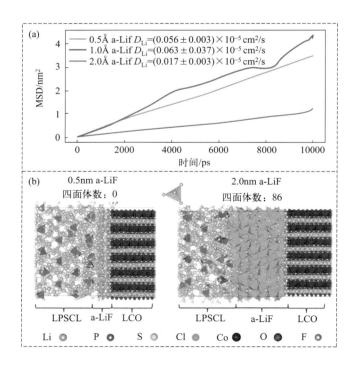

图 2.15 (a)不同厚度的 α-LiF 涂层区域内 Li⁺ 的均方位移(MSD)随模拟时间的变化及获得的扩散系数。(b)0.5 nm 和 2.0 nm 层厚度的 LiF 原子堆积形貌[72](规则的 Li-F 四面体和 P-S 四面体也被显示)

2.3 小结与展望

深度势能模型作为一种前沿的计算材料科学工具,在电化学储能材料的研究中扮演着日益重要的角色。本章综述了 DP 模型在电池材料模拟中的广泛应用，包括负极材料、正极材料、固态电解质以及电解液等。通过深度学习技术，DP 模型能够以较低的计算成本实现对材料体系中原子尺度行为的高精度预测，这对于理解材料的内在性质和设计新型电池材料具有重要意义。

在负极材料方面，DP 模型成功应用于硅基和碳基材料，揭示了锂化/脱锂过程中的体积膨胀、结构演变和锂离子扩散机制等问题。这些发现对于开发具有高能量密度和长循环稳定性的负极材料至关重要。正极材料的研究中，DP 模型在精确解析晶相结构、研究结构相变微观机理、计算 Gibbs 自由能以及评估迁移势垒方面展现了其独特的优势，为改善正极材料的性能提供了理论基础。

固态电解质作为全固态电池的关键组成部分，其离子传导机制的研究对于提高电池的安全性和能量密度具有重要意义。DP 模型在硫化物、卤化物和氧化物固态电解质中的成功应用，为理解离子在晶体中的扩散路径和动力学提供了新的视角；在电解液体系的研究中，DP 模型的应用不仅提高了对溶液结构和性质的理解，还为精确物理化学性质（如氧化还原电位、酸度等）性质的计算提供了新的策略。

尽管 DP 模型在电池材料研究中取得了显著进展，但仍面临一些挑战和改进空间：

① DFT 计算的准确性问题。DP 模型的训练依赖于 DFT 计算提供的数据，目前 DFT 在处理正极材料体系需要结合 Hubbard 模型（DFT+U）来准确描述电子结构，在处理石墨负极材料体系时仍需要结合色散校正（DFT-D）来准确描述层间结构。因此，需要进一步优化 DFT 方法或结合其他理论模型，以提高训练数据的准确性。

② 长程相互作用的处理。DP 模型在处理长程静电相互作用时存在不足，特别是在电解质界面等电荷分离的体系中。在模型中考虑长程静电相互作用，能更全面地描述此类体系的性质。

③ 界面反应的深入研究。电极/电解质界面是电池材料中的关键区域，其动态演化过程对电池性能有直接影响。DP 模型需要进一步发展，以更准确地模拟界面反应和离子传输机制。

④ 多尺度模拟的结合。DP 模型可以与量子力学、分子动力学和连续介质模型等多尺度模拟方法相结合，以全面理解材料从原子到宏观尺度的行为。

深度势能模型作为一种强大的计算工具，在电化学储能材料的研究中展现出巨大的应用潜力。通过不断的模型优化和算法创新，DP 模型有望在未来的材料设计和电池技术发展中发挥更加关键的作用。同时，DP 模型的发展也需要与实验研究紧密结合，以实现对材料性质更深入和全面的理解。随着计算资源的日益丰富和算法的不断进步，有理由相信，DP 模型将在推动新能源材料的发展和电池技术革新中扮演更加重要的、全流程辅助研究的角色（图 2.16）。

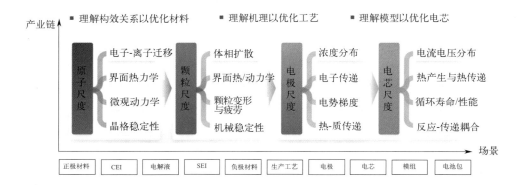

图2.16 智能技术在全流程辅助电池从材料到电芯跨尺度科研示意图

参考文献

[1] ZHANG L F, HAN J Q, WANG H, et al.Deep potential molecular dynamics: A scalable model with the accuracy of quantum mechanics[J].Physical Review Letters, 2018, 120 (14): 143001.DOI: 10.1103/PhysRevLett.120.143001.

[2] BEHLER J, PARRINELLO M.Generalized neural-network representation of high-dimensional potential-energy surfaces[J].Physical Review Letters, 2007, 98 (14): 146401.DOI: 10.1103/PhysRevLett.98.146401.

[3] SCHÜTT K, KINDERMANS P J, SAUCEDA FELIX H E, et al.Schnet: A continuous-filter convolutional neural network for modeling quantum interactions[J].Advances in Neural Information Processing Systems, 2017, 30.

[4] ZHANG D, BI H R, DAI F Z, et al.Pretraining of attention-based deep learning potential model for molecular simulation[J].NPJ Computational Materials, 2024, 10: 94.DOI: 10.1038/s41524-024-01278-7.

[5] ZHANG D, LIU X Z J, ZHANG X Y, et al.DPA-2: Towards a universal large atomic model for molecular and materials simulation[J].arXiv, 2024.DOI: arxiv-2312.15492.

[6] JIA W L, WANG H, CHEN M H, et al.Pushing the limit of molecular dynamics with ab initio accuracy to 100 million atoms with machine learning[C]//SC20: International Conference for High Performance Computing, Networking, Storage and Analysis.IEEE, 2020: 1-14.DOI: 10.1109/SC41405.2020.00009.

[7] LI J H, WEI N, LI J L, et al.Physicochemical properties of cathode materials for failed lithium iron phosphate batteries[J].China Powder Science and Technology, 2022, 28 (6).

[8] CHEN K, LIAO Q, LIU K, et al.Capacity degradation prediction of lithium-ion battery based on artificial bee colony and multi-kernel support vector regression[J].Journal of Energy Storage, 2023, 72: 108160.DOI: 10.1016/j.est.2023.108160.

[9] CHEN K, ZHOU S Y, LIU K, et al.State of charge estimation for lithium-ion battery based on whale optimization algorithm and multi-kernel relevance vector machine[J].2023, 158 (10): 104110.DOI: 10.1063/5.0139376.

[10] HUANG J X, ZHANG L F, WANG H, et al.Deep potential generation scheme and simulation protocol for the $Li_{10}GeP_2S_{12}$-type superionic conductors[J].2021, 154 (9): 094703.DOI: 10.1063/5.0041849.

[11] WANG F, MA Z B, CHENG J.Accelerating computation of acidity constants and redox potentials for aqueous organic redox flow batteries by machine learning potential-based molecular dynamics[J].Journal of the American Chemical Society, 2024, 146 (21): 14566-14575.DOI: 10.1021/jacs.4c01221.

[12] KRESSE G, FURTHMÜLLER J.Efficiency of ab-initio total energy calculations for metals and semiconductors using a plane-wave basis set[J].Computational Materials Science, 1996, 6 (1): 15-50.DOI: 10.1016/0927-0256 (96) 00008-0.

[13] VANDEVONDELE J, KRACK M, MOHAMED F, et al.Quickstep: Fast and accurate density functional calculations using a mixed Gaussian and plane waves approach[J].Computer Physics Communications, 2005, 167

（2）：103-128.DOI：10.1016/j.cpc.2004.12.014.
[14] FRISCH M J，TRUCKS G W，SCHLEGEL H B，et al.Gaussian 09，Revision E.01[M].Gaussian，Inc.，Wallingford CT，2013.
[15] GIANNOZZI P，BARONI S，BONINI N，et al.QUANTUM ESPRESSO：A modular and open-source software project for quantum simulations of materials[J].Journal of Physics Condensed Matter，2009，21（39）：395502.DOI：10.1088/0953-8984/21/39/395502.
[16] WANG H，ZHANG L F，HAN J Q，et al.DeePMD-kit：A deep learning package for many-body potential energy representation and molecular dynamics[J].Computer Physics Communications，2018，228：178-184.DOI：10.1016/j.cpc.2018.03.016.
[17] THOMPSON A P，AKTULGA H M，BERGER R，et al.LAMMPS-A flexible simulation tool for particle-based materials modeling at the atomic，meso，and continuum scales[J].Computer Physics Communications，2022，271：108171.DOI：10.1016/j.cpc.2021.108171.
[18] LARSEN A H，MORTENSEN J J，BLOMQVIST J，et al.The atomic simulation environment-A Python library for working with atoms[J].Journal of Physics Condensed Matter，2017，29（27）：273002.DOI：10.1088/1361-648X/aa680e.
[19] CERIOTTI M，MORE J，MANOLOPOULOS D E.I-PI：A Python interface for ab initio path integral molecular dynamics simulations[J].Computer Physics Communications，2014，185（3）：1019-1026.DOI：10.1016/j.cpc.2013.10.027.
[20] ABRAHAM M J，MURTOLA T，SCHULZ R，et al.GROMACS：High performance molecular simulations through multi-level parallelism from laptops to supercomputers[J].SoftwareX，2015，1：19-25.DOI：10.1016/j.softx.2015.06.001.
[21] HUA H M，WANG F，WANG F，et al.Machine learning molecular dynamics insight into high interface stability and fast kinetics of low-cost magnesium chloride amine electrolyte for rechargeable magnesium batteries[J].Energy Storage Materials，2024，70：103470.DOI：10.1016/j.ensm.2024.103470.
[22] WANG J J，SHEN H，YANG R Y，et al.A deep learning interatomic potential developed for atomistic simulation of carbon materials[J].Carbon，2022，186：1-8.DOI：10.1016/j.carbon.2021.09.062.
[23] OBEID M M，LIU J H，DU P H，et al.A 3D metallic porous sulfurized carbon anode identified by global structure search for Na-ion batteries with fast diffusion kinetics[J].Journal of Energy Storage，2024，82：110587.DOI：10.1016/j.est.2024.110587.
[24] XU N，SHI Y，HE Y，et al.A deep-learning potential for crystalline and amorphous Li-Si alloys[J].The Journal of Physical Chemistry C，2020，124（30）：16278-16288.DOI：10.1021/acs.jpcc.0c03333.
[25] FU F J，WANG X X，ZHANG L F，et al.Unraveling the atomic-scale mechanism of phase transformations and structural evolutions during（de）lithiation in Si anodes[J].Advanced Functional Materials，2023，33（37）：2303936.DOI：10.1002/adfm.202303936.
[26] JIAO J Y，LAI G M，ZHAO L，et al.Self-healing mechanism of lithium in lithium metal[J].Advanced Science，2022，9（12）：e2105574.DOI：10.1002/advs.202105574.
[27] PHUTHI M K，YAO A M，BATZNER S，et al.Accurate surface and finite-temperature bulk properties of lithium metal at large scales using machine learning interaction potentials[J].ACS Omega，2024，9（9）：10904-10912.DOI：10.1021/acsomega.3c10014.
[28] LAI G M，JIAO J Y，FANG C，et al.A deep neural network interface potential for Li-Cu systems[J].Advanced Materials Interfaces，2022，9（27）：2201346.DOI：10.1002/admi.202201346.
[29] LAI G M，JIAO J Y，FANG C，et al.The mechanism of Li deposition on the Cu substrates in the anode-free Li metal batteries[J].Small，2023，19（3）：2205416.DOI：10.1002/smll.202205416.
[30] GARCIA J C，GABRIEL J，PAULSON N H，et al.Insights from computational studies on the anisotropic volume change of Li_xNiO_2 at high states of charge（$x < 0.25$）[J].The Journal of Physical Chemistry C，2021，125（49）：27130-27139.DOI：10.1021/acs.jpcc.1c08022.
[31] HU T P，DAI F Z，ZHOU G B，et al.Unraveling the dynamic correlations between transition metal migration and

the oxygen dimer formation in the highly delithiated Li_xCoO_2 cathode[J].The Journal of Physical Chemistry Letters,2023,14（15）：3677-3684.DOI：10.1021/acs.jpclett.3c00506.

[32] HU Y C，WANG X X，LI P，et al.Understanding the sluggish and highly variable transport kinetics of lithium ions in $LiFePO_4$[J].Science China Chemistry,2023,66（11）：3297-3306.DOI：10.1007/s11426-023-1662-9.

[33] LIN M，LIU X S，XIANG Y X，et al.Unravelling the fast alkali-ion dynamics in paramagnetic battery materials combined with NMR and deep-potential molecular dynamics simulation[J].Angewandte Chemie International Edtion,2021,60（22）：12547-12553.DOI：10.1002/anie.202102740.

[34] LIN M，XIONG J F，SU M T，et al.A machine learning protocol for revealing ion transport mechanisms from dynamic NMR shifts in paramagnetic battery materials[J].Chemical Science,2022,13（26）：7863-7872.DOI：10.1039/d2sc01306a.

[35] LIN M，FU R Q，XIANG Y X，et al.Combining NMR and molecular dynamics simulations for revealing the alkali-ion transport in solid-state battery materials[J].Current Opinion in Electrochemistry,2022,35：101048.DOI：10.1016/j.coelec.2022.101048.

[36] MARCOLONGO A，BINNINGER T，ZIPOLI F，et al.Simulating diffusion properties of solid-state electrolytes via a neural network potential：Performance and training scheme[J].ChemSystemsChem,2020,2（3）.DOI：10.1002/syst.201900031.

[37] FU Z H，CHEN X，YAO N，et al.The chemical origin of temperature-dependent lithium-ion concerted diffusion in sulfide solid electrolyte $Li_{10}GeP_2S_{12}$[J].Journal of Energy Chemistry,2022,70：59-66.DOI：10.1016/j.jechem.2022.01.018.

[38] MIYAGAWA T，KRISHNAN N，GRUMET M，et al.Accurate description of ion migration in solid-state ion conductors from machine-learning molecular dynamics[J].Journal of Materials Chemistry A,2024,12（19）：11344-11361.DOI：10.1039/D4TA00452C.

[39] GIGLI L，TISI D，GRASSELLI F，et al.Mechanism of charge transport in lithium thiophosphate[J].Chemistry of Materials,2024,36（3）：1482-1496.DOI：10.1021/acs.chemmater.3c02726.

[40] GUPTA M K，DING J X，OSTI N C，et al.Fast Na diffusion and anharmonic phonon dynamics in superionic Na_3PS_4[J].Energy & Environmental Science,2021,14（12）：6554-6563.DOI：10.1039/D1EE01509E.

[41] ZHANG R Y，XU S F，WANG L Y，et al.Theoretical study on ion diffusion mechanism in W-doped K_3SbS_4 as solid-state electrolyte for K-ion batteries[J].Inorganic Chemistry,2024,63（15）：6743-6751.DOI：10.1021/acs.inorgchem.4c00074.

[42] LEE J W，KIM J H，KIM J S，et al.Design of multicomponent argyrodite based on a mixed oxidation state as promising solid-state electrolyte using moment tensor potentials[J].Journal of Materials Chemistry A,2024,12（12）：7272-7278.DOI：10.1039/D4TA00361F.

[43] GUPTA M K，KUMAR S，MITTAL R，et al.Soft-phonon anharmonicity，floppy modes，and Na diffusion in Na_3FY（Y=S，Se，Te）：Ab initio and machine-learned molecular dynamics simulations[J].Physical Review B,2022,106：014311.DOI：10.1103/physrevb.106.014311.

[44] SELVARAJ S C，KOVERGA V，NGO A T.Exploring Li-ion transport properties of Li_3TiCl_6：A machine learning molecular dynamics study[J].Journal of the Electrochemical Society,2024,171（5）：050544.DOI：10.1149/1945-7111/ad4ac9.

[45] ZHANG Z，MA Z Y，PEI Y.Li ion diffusion behavior of Li_3OCl solid-state electrolytes with different defect structures：Insights from the deep potential model[J].Physical Chemistry Chemical Physics,2023,25（19）：13297-13307.DOI：10.1039/d2cp06073f.

[46] LI H X，ZHOU X Y，WANG Y C，et al.Theoretical study of Na^+ transport in the solid-state electrolyte Na_3OBr based on deep potential molecular dynamics[J].Inorganic Chemistry Frontiers,2021,8（2）：425-432.DOI：10.1039/D0QI00921K.

[47] LIU J H，WANG S，KAWAZOE Y，et al.A new spinel chloride solid electrolyte with high ionic conductivity and stability for Na-ion batteries[J].ACS Materials Letters,2023,5（4）：1009-1017.DOI：10.1021/acsmaterialslett.3c00119.

[48] YOU Y W，ZHANG D X，WU F L，et al.Principal component analysis enables the design of deep learning potential precisely capturing LLZO phase transitions[J].NPJ Computational Materials，2024，10：57.DOI：10.1038/s41524-024-01240-7.

[49] BALYAKIN I A，VLASOV M I，PERSHINA S V，et al.Neural network molecular dynamics study of LiGe$_2$（PO$_4$）$_3$：Investigation of structure[J].Computational Materials Science，2024，239：112979.DOI：10.1016/j.commatsci.2024.112979.

[50] ZHOU R，LUO K，MARTIN S W，et al.Insights into lithium sulfide glass electrolyte structures and ionic conductivity via machine learning force field simulations[J].ACS Applied Materials & Interfaces，2024，16（15）：18874-18887.DOI：10.1021/acsami.4c00618.

[51] GUPTA S，YANG X C，CEDER G.What dictates soft clay-like lithium superionic conductor formation from rigid salts mixture[J].Nature Communications，2023，14（1）：6884.DOI：10.1038/s41467-023-42538-2.

[52] YANG X C，GUPTA S，CHEN Y，et al.Fast room-temperature Mg-ion conduction in clay-like halide glassy electrolytes[J].Advanced Energy Materials，2024，14（26）：2400163.DOI：10.1002/aenm.202400163.

[53] ZHANG D X，YOU Y W，WU F L，et al.Exploring the relationship between composition and Li-ion conductivity in the amorphous Li-La-Zr-O system[J].ACS Materials Letters，2024，6（5）：1849-1855.DOI：10.1021/acsmaterialslett.3c01558.

[54] DAI T，WU S Y，LU Y X，et al.Inorganic glass electrolytes with polymer-like viscoelasticity[J].Nature Energy，2023，8：1221-1228.DOI：10.1038/s41560-023-01356-y.

[55] WANG F，CHENG J.Automated workflow for computation of redox potentials，acidity constants，and solvation free energies accelerated by machine learning[J].Journal of Chemical Physics，2022，157（2）：024103.DOI：10.1063/5.0098330.

[56] WANG F，SUN Y，CHENG J.Switching of redox levels leads to high reductive stability in water-in-salt electrolytes[J].Journal of the American Chemical Society，2023，145（7）：4056-4064.DOI：10.1021/jacs.2c11793.

[57] ZHANG C Y，YUE S W，PANAGIOTOPOULOS A Z，et al.Why dissolving salt in water decreases its dielectric permittivity[J].Physical Review Letters，2023，131（7）：076801.DOI：10.1103/PhysRevLett.131.076801.

[58] PANAGIOTOPOULOS A Z，YUE S W.Dynamics of aqueous electrolyte solutions：Challenges for simulations[J].The Journal of Physical Chemistry B，2023，127（2）：430-437.DOI：10.1021/acs.jpcb.2c07477.

[59] ZHU D，SHENG L，HU T P，et al.Investigation of the degradation of LiPF$_6$- in polar solvents through deep potential molecular dynamics[J].The Journal of Physical Chemistry Letters，2024，15（15）：4024-4030.DOI：10.1021/acs.jpclett.4c00575.

[60] LING Y L，LI K，WANG M，et al.Revisiting the structure，interaction，and dynamical property of ionic liquid from the deep learning force field[J].Journal of Power Sources，2023，555：232350.DOI：10.1016/j.jpowsour.2022.232350.

[61] XU M Y，ZHU T，ZHANG J Z H.Molecular dynamics simulation of zinc ion in water with an ab initio based neural network potential[J].The Journal of Physical Chemistry A，2019，123（30）：6587-6595.DOI：10.1021/acs.jpca.9b04087.

[62] LIU J C，LIU R X，CAO Y，et al.Solvation structures of calcium and magnesium ions in water with the presence of hydroxide：A study by deep potential molecular dynamics[J].Physical Chemistry Chemical Physics，2023，25（2）：983-993.DOI：10.1039/d2cp04105g.

[63] WANG F，CHENG J.Understanding the solvation structures of glyme-based electrolytes by machine learning molecular dynamics[J].Chinese Journal of Structural Chemistry，2023，42（9）：100061.DOI：10.1016/j.cjsc.2023.100061.

[64] XU T R，LI X J，WANG Y，et al.Development of deep potentials of molten MgCl$_2$-NaCl and MgCl$_2$-KCl salts driven by machine learning[J].ACS Applied Materials & Interfaces，2023.DOI：10.1021/acsami.2c19272.

[65] QI S M，BO T，ZHANG L，et al.Machine-learning-driven simulations on microstructure，thermodynamic properties，and transport properties of LiCl-KCl-LiF molten salt[J].Artificial Intelligence Chemistry，2024，2（1）：

100027.DOI：10.1016/j.aichem.2023.100027.

[66] LE J B，CHEN A，LI L，et al.Modeling electrified Pt（111）-Had/water interfaces from ab initio molecular dynamics[J].JACS Au，2021，1（5）：569-577.DOI：10.1021/jacsau.1c00108.

[67] LE J B，FAN Q Y，LI J Q，et al.Molecular origin of negative component of Helmholtz capacitance at electrified Pt（111）/water interface[J].Science Advances，2020，6（41）：eabb1219.DOI：10.1126/sciadv.abb1219.

[68] LI J Q，SUN Y，CHENG J.Theoretical investigation on water adsorption conformations at aqueous anatase TiO_2/water interfaces[J].Journal of Materials Chemistry A，2023，11（2）：943-952.DOI：10.1039/D2TA07994A.

[69] ZHUANG Y B，CHENG J.Deciphering the anomalous acidic tendency of terminal water at rutile（110）-water interfaces[J].The Journal of Physical Chemistry C，2023，127（22）：10532-10540.DOI：10.1021/acs.jpcc.3c01870.

[70] BIN JASSAR M，MICHEL C，ABADA S，et al.A perspective on the molecular modeling of electrolyte decomposition reactions for solid electrolyte interphase growth in lithium-ion batteries[J].Advanced Functional Materials，2024，34（30）：2313188.DOI：10.1002/adfm.202313188.

[71] REN F C，WU Y Q，ZUO W H，et al.Visualizing the SEI formation between lithium metal and solid-state electrolyte[J].Energy & Environmental Science，2024，17（8）：2743-2752.DOI：10.1039/D3EE03536K.

[72] HU T P，XU L H，DAI F Z，et al.Impact of amorphous LiF coating layers on cathode-electrolyte interfaces in solid-state batteries[J].Advanced Functional Materials，2024：2402993.DOI：10.1002/adfm.202402993.

[73] HU T P，TIAN J X，DAI F Z，et al.Impact of the local environment on Li ion transport in inorganic components of solid electrolyte interphases[J].Journal of the American Chemical Society，2023，145（2）：1327-1333.DOI：10.1021/jacs.2c11521.

[74] CHEN M，GUO G C，HE L.Systematically improvable optimized atomic basis sets for ab initio calculations [J].Journal of Physics：Condensed Matter，2010，22（44）：445501.

第 3 章

大数据驱动的电池新材料设计

许　晶，王宇琦，符　晓，杨其凡，连景臣，王力奇，肖睿娟

作为电动汽车和大规模储能等国家战略产业关键的固态二次电池技术，是下一代最有前景的储能技术之一，也是我国未来能源战略不可或缺的重要支撑。二次电池的性能目标，包括高安全性、高能量密度、高功率密度、长循环寿命、高放电电压、高库仑效率、低自放电率、低成本、宽温域等[1-3]。目前还没有一种电池可以同时满足以上所有技术指标的要求。在电池整体层面上，可以通过优化电池结构设计、建立电池管理系统等方法提升电池性能，但这些方法受制于电池材料的性质极限。因此寻找综合性能优异的电池材料，从原子结构和微观形貌的层面去调节电池各个组成部分，将有可能从根本上提升电池的整体性能。本章围绕固态电池新材料的研发需求，介绍基于大数据和人工智能技术所发展的材料筛选及设计方法，并给出各种实际的材料开发案例，以说明如何借助新兴的数字化工具，实现电池新材料研发的加速。

3.1　发展现状

3.1.1　离子传输

离子传输是指离子在固体或液体介质中的扩散或迁移过程。在固态电池的充放电过程中涉及大量的离子输运过程，如工作离子从电极材料嵌入和脱出、穿过电解质完成正负极间电荷传输等。作为电池工作的核心步骤，离子输运行为直接影响了电池的倍率性能、实际输出能量密度以及稳定性等。因此，深入理解并优化离子输运过程对提高固态电池的综合性能至关重要。通过先进的实验表征技术（如交流阻抗技术）可以得到电池材料的离子电导率，然而原子尺度下单个离子传输事件发生的时间尺度通常在皮秒量级，因而需要通

过计算模拟技术深入探知工作离子在电池材料中的输运机制，为设计新型快离子导体奠定理论基础。

离子在固体介质中的传输通常需借助材料中的缺陷，如空位缺陷和间隙缺陷，因而常见的离子传输机制有空位传输机制、间隙机制、集体输运机制以及叶轮机制等。元素掺杂是提升材料离子电导率的重要方式，通过引入同价或异价元素，不仅可以实现对缺陷类型和浓度的调控，还可以调控迁移离子浓度及离子扩散通道的大小，由此触发叶轮机制，大幅提升材料的离子电导率[4]。高效确定掺杂元素类型和掺杂浓度、深入理解特定体系的掺杂机制是当前掺杂策略面临的主要挑战。除了对已知材料进行改性，还需要设计全新结构的快离子导体体系以满足固态电池对快离子导体的综合需求。先进的晶体结构预测方法可以进一步扩充待选材料空间，为全新电池材料的发现提供更多的可能。目前基于高精度密度泛函理论（DFT）方法对单个材料进行离子输运性质评估具有耗时长、计算成本高等缺点，难以高效完成以高离子电导率为核心目标进行大规模筛选候选快离子导体的任务。

3.1.2 表面/界面现象

固态电池中存在很多表界面，如正极/电解质界面、负极/电解质界面、复合电极内部的界面、复合电解质内部的界面、电极与集流体、活性物质与导电剂之间的界面等[5]，这些界面处的物理和化学性质直接影响电池的离子传输效率、稳定性和界面电阻等。例如，界面接触不良或热力学不稳定的材料组合，会导致离子传输受阻、界面阻抗增加、活性物质消耗、枝晶生长等问题，甚至引发电池失效。对于负极/电解质界面，特别是使用锂金属作为负极时，锂的沉积和溶解过程可能导致界面的不断重构，带来严重的界面反应，如不稳定的固体电解质界面（SEI）的形成、不均匀的界面锂离子输运、锂枝晶的产生等，甚至造成电池短路[6]。此外，负极材料（如硅[7]、锡[8]等）在充放电过程中的体积变化也会影响界面的机械稳定性。界面的稳定性与界面处材料的热力学性质、电子结构以及力学等性质密切相关。在固态电池设计中，需要综合考虑界面处材料的匹配性，如电化学匹配性和化学稳定性等。电化学窗口主要由材料的电子结构决定，是衡量电解质材料稳定工作电压范围的重要指标，为电极材料的选择提供关键依据[9]。电化学窗口的宽度应该大于正极和负极的电化学势之差，否则会在电极与电解质之间形成钝化层以满足电势条件，对离子传输产生影响[10]。为了缓解上述界面不稳定的问题，对电极材料进行表面包覆以及构建人工固体电解质界面等策略被广泛采用，以形成稳定、利于离子传输且均匀致密的界面层。理解固态电池中的表界面形成及演化机制、工作离子在表界面处的传输行为对固态电池的设计极为关键。目前采用实验技术手段难以对表界面进行直接表征，通过对界面现象的简化，可以计算多种材料及其在一定工作条件下的热力学反应来判断材料匹配时的热力学稳定性及电化学稳定性[11]，然而对于大尺度、长时间的复杂界面现象仍难以使用高精度密度泛函理论方法模拟。

3.1.3 微观结构动态演变

微观结构动态演变对固态电池性能具有至关重要的影响。电极材料相变、电极材料颗粒状态变化、固态电解质离子传输路径变化均会影响电池的能量存储和转换能力，进而影响电池的循环寿命和稳定性。在充放电过程中，电极材料会经历复杂的相变过程。例如，磷酸铁锂正极[12]和石墨负极[13]随着锂离子的嵌入和脱出会发生一系列结构转变，对电极体积（膨胀/收缩）、微观结构的稳定性、颗粒形貌以及电化学性能产生影响。例如，当锂离子嵌入硅负极时，硅的体积会膨胀到初始体积的400%以上，这种剧烈的体积变化易导致硅颗粒的破碎和结构疲劳，从而影响电池的循环寿命和稳定性[14]。此外，微观结构的改变会直接影响离子传输路径，从而进一步影响固态电池的电化学性能。维持稳定高效的离子传输路径是电池性能提升的关键。一方面，电极材料的结构变化（相变、颗粒破碎等）会改变固态电解质与电极间的接触面积，从而影响离子的传输效率[15]；另一方面，固态电解质的结构特性也会影响离子在其中的传输路径和势垒[16]。为了提升固态电池的性能，基于以上微观结构动态演变历程，大量关于调控和优化电池材料微观结构、改善电池材料的合成和后处理工艺等方面的工作得到了广泛关注。解构材料的微观结构演化规律、微观结构与固态电池性能之间复杂的构效关系，对于设计和优化电池材料具有重要的指导作用，利用现有的计算模拟技术难以以密度泛函理论的精度对材料的微观结构及其动态演化过程进行模拟。随着大数据和机器学习技术在能源材料及计算材料学等领域的深度应用，可以通过大量的实验和模拟数据以预测电池材料的微观结构动态演变过程，评估其对电池性能的影响，进而助力新电池材料的开发[17]。

3.2 基于大数据的电池材料模拟方法

现有的材料模拟方法在解析复杂结构体系和复杂关联体系时仍存在局限性，针对二次电池材料体系中电荷转移和离子输运这两大关键过程的研究，通过发展新型数据方法和高通量高精度算法，可有效促进核心构效关系的解析和新材料的开发。针对电池材料设计的应用场景，本工作开发了如图3.1所示的用于加速新材料发现的计算模拟流程：一方面基于多精度传递思想，通过在不同精度计算方法之间建立起参数传递，实现基于核心构效关系和目标物性的新材料筛选；同时将机器学习技术应用于电池材料大数据，实现原子结构设计与关键物性之间对应模型的建立。本工作提出的基于大数据和人工智能的材料设计方法中不涉及针对特定元素、特定体系的计算方法，因此可适用于多种电池体系，具有较好的普适性和扩展性。

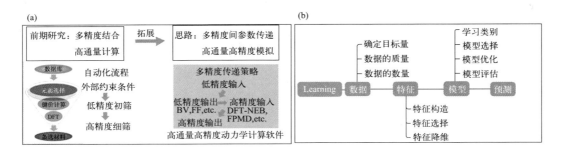

图 3.1 基于多精度传递思想的高通量计算流程（a）和基于机器学习的构效关系模型建立的过程（b）

3.2.1 多精度传递的高通量计算流程

通过结合不同精度的计算方法，可以实现以高离子电导率为核心目标的高通量材料筛选[18]。键价理论（BV）[19-20]基于晶体结构和离子间的键合关系计算迁移离子在结构中不同位置的势能，由此可以获得最低能量路径和离子迁移势垒，目前被广泛应用于电池材料离子传输路径的探索中[21]。采用该方法得到的离子迁移势垒精度有限，但其计算效率极高，且不同结构之间的迁移能垒相对大小与实验和密度泛函方法所得结果较为一致，因而适用于对大量候选材料的初步筛选。微动弹性带（NEB）方法[22]是一种寻找给定的初始和最终状态之间的最低能量路径的技术，NEB 已成功应用于定量理解迁移离子在正极材料和固态电解质中的扩散行为[23]，可以以 DFT 精度获得迁移离子在材料中传输的势垒，然而其面临着可能的初始路径多、计算成本高、耗时长等缺点。为了以高精度高效评估材料的离子输运行为，可以通过 BV 方法初步确定迁移离子在材料中的传输路径，并以此作为 NEB 方法的初始路径输入，进一步计算路径和离子迁移势垒。从头算分子动力学（AIMD）模拟是一种基于第一性原理计算和经典力学的模拟技术，近年来已被广泛应用于探究电池材料中的动力学行为[24-25]。AIMD 方法可以模拟不同温度下结构在飞秒尺度的演化过程，结合随机行走模型和阿仑尼乌斯关系，可外推得到不同温度下的离子扩散信息。此外，通过统计结构演化过程中的一些变量（如键长、键角），还可以获得单个原子扩散路径的详细信息。AIMD 方法为深入理解材料离子扩散动力学过程提供了更多视角。与 NEB 方法相比，AIMD 方法只需输入初始结构即可获得扩散信息，但其计算成本更高、耗时更长。在多精度传递的高通量计算流程中，可以充分结合不同精度计算方法的优势，先利用 BV 方法初步判断离子迁移的可能性和路径，对候选结构进行高效初筛；针对初筛所得候选材料，结合 NEB 与 AIMD 方法，针对不同的任务目标设置不同模拟温度和不同模拟时长，以达到高效获取离子输运信息的目的，辅以 NEB 模拟精确定量理解离子传输机制和传输行为。进一步地，还可以通过在不同精度的计算结果之间，训练低精度模型和高精度模型，构建出图 3.2 所示的迭代流程，逐步提升模型精度，从而加速材料筛选和设计过程。

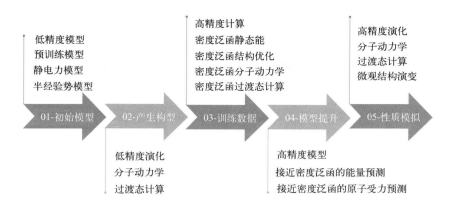

图 3.2 实现多精度传递的高通量计算程序的流程图

3.2.2 机器学习方法加速

3.2.2.1 物性模型 + 结构弛豫模型

机器学习方法可以借助材料的元素、结构信息快速预测材料物性。快离子导体材料的筛选流程中涉及离子迁移性质的计算，AIMD 和 NEB 方法的计算复杂度高、计算耗时长且计算成本高。为了加速离子迁移势垒的估计，本工作构建了机器学习离子迁移势垒模型（Ea 模型）[26]。其中训练模型的数据集是 3136 个无机晶体数据库（ICSD）中含有特定阳离子（Ag^+、Al^{3+}、Ca^{2+}、K^+、Li^+、Mg^{2+}、Na^+、Zn^{2+}）的化合物，以成分和结构信息作为输入特征，以键价（BV）方法计算所得离子迁移势垒作为输出标签。Ea 模型在测试集上的平均绝对误差（MAE）为 0.265 eV。使用 Ea 模型可以从候选材料集合中快速筛选出离子迁移势垒较低的材料，高效精简了候选材料空间。

元素掺杂是提升电池材料性能的常用策略。然而不同掺杂比例和不同掺杂位点分布下对应大量的衍生结构，结构弛豫任务量大，使用密度泛函理论方法计算耗时很长。为了加速掺杂结构 $Li_{1-2x}Mg_xBiOS$ 的结构弛豫，本工作构建了机器学习结构弛豫模型（E-f 模型）[26]，由晶体能量预测模型和原子受力预测模型两部分组成。训练模型的数据集是 66 个具有不同掺杂比例和位点分布的 $Li_{1-2x}Mg_xBiOS$（$x=0$，0.0625，0.125，0.1875，0.25，0.3125，0.375，0.4375）数据，提取 DFT 结构弛豫过程中结构的能量和原子受力信息，共有 9858 个能量数据和 58889 个力数据。晶体能量预测模型以原子位置平滑重叠性质（smooth overlap of atomic positions，SOAP）[27] 作为输入特征，以晶体能量作为输出标签，模型在测试集上的能量 MAE 为 1 meV/atom，与 DFT 预测实际体系的能量精度相当。原子受力模型以含有方向信息的自适应、通用、局域相关的性质（adaptive, generalizable, and neighborhood informed fingerprint，AGNI）[28] 作为输入特征，以原子受力作为输出标签，模型在测试集上的 MAE 为 13～25 meV/Å。将 E-f 模型应用于各种掺杂结构的弛豫计算，计算效率得到极大的提升。如图 3.3 所示，借助 Ea 模型和 E-f 模型，可以加速快离子导体材料的筛选；高效优化掺杂策略，助力新型快离子导体材料的发现进程。

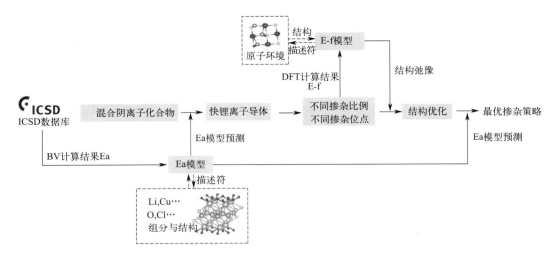

图3.3 加速的快离子导体材料筛选和优化掺杂策略探索流程[26]

3.2.2.2 机器学习原子间势函数模型

机器学习原子间势函数模型是通过学习大量第一性原理计算结果建立的一类能够准确描述原子间相互作用的模型。与基于经验势函数的力场相比，机器学习原子间势函数模型具有更高的精度和泛化能力，能够有效地模拟更长时间、更大尺度的复杂物理现象。近年来，基于深度学习的势函数模型被广泛研究，例如深度势能模型[29]（DP）、基于图神经网络的晶体哈密顿图神经网络[30]（CHGNet）以及等变神经原子间势[31]（NequIP）等。由于晶体结构具有平移对称性、旋转对称性以及同种原子交换不变性等，通常用于描述晶胞内原子位置的笛卡尔坐标并不适合直接作为神经网络的输入。为了保证对称性，一类方法是设计基于结构内部坐标（如原子间距、原子间夹角）的描述符以实现对晶体结构的描述，配合上特殊的神经网络架构以保证对称性。基于中心原子对称函数[32]（ACSF）的高维神经网络势函数[33]以及深度势能模型[29][图3.4（a）]是该类策略的典型代表；另一类方法是采用等变神经网络，即输入数据的变换会反映在网络的输出上，这对预测单个原子受力极为有益，例如NequIP是一种基于E（3）群的等变神经网络势函数模型[31][图3.4（c）]，其模型规模较小，使用较小的数据集即可达到与DFT精度相当的预测效果。对晶体结构描述的准确程度直接影响了相应原子间势函数模型的精度，目前对晶体结构的描述方法主要可分为局域描述符和图表示，局域描述符仅描述处于中心原子截断半径范围内的原子为中心原子的局域环境，并依据该局域环境进行目标性质推断，ACSF[32, 34]和SOAP[27]属于该类描述符的典型代表；而图表示则将原子或化学键作为结点，原子间或化学键间的关系作为边，配合多个信息传递层，将近邻结点的信息进行多次传播，最终通过聚合函数获得完整晶体结构的描述，晶体图卷积神经网络[35]（CGCNN）以及CHGNet是图神经网络的代表。此外，为了提升模型的训练效率，降低所需训练数据量，基于迁移学习的机器学习原子间势函数预训练模型也得到了发展。例如，基于150万条Materials Project结构优化数据训练所得 CHGNet 预训练模型[30]的能量平均绝对误差为 30 meV/atom, 原子力平均绝对误差为 77 meV/Å, 利用少量数据对模型进一步微调可将误差减小一个数量级。除了描述符以及机器学习模型的架构, 用于训练模型的数据集的质量对最终模型的性能也有着至关重要的影响[36]。在高质量数据集的构建中, 通常采用高通量计算方法在相同精度下获得广泛的、一致的数据集, 以避免由于精度差异带来的噪声。

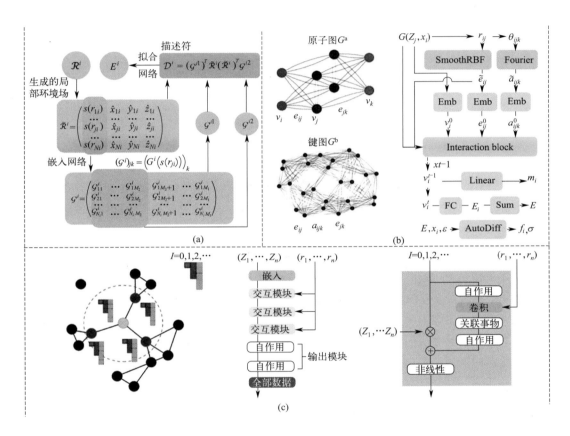

图 3.4 几种典型机器学习原子间势函数的模型结构示意图 (a) DP 描述符构建工作流[29]; (b) CHGNet 网络架构[30]; (c) NequIP 网络架构[31]

相比于第一性原理计算和经验力场的方法, 基于机器学习原子间势函数模型的方法表现出计算精度和速度的优势, 使得以 DFT 精度模拟固态电池中的复杂物理现象成为可能。然而基于机器学习势函数的模拟方法仍面临一些挑战。在针对特定体系训练势函数模型时需要大量的训练数据, 因而对应着较高的计算成本; 在描述缺陷、发生概率较低的动力学事件时, 机器学习势函数尚存在困难[37]; 对于精度更高的信息传递型神经网络势函数模型, 其难以并行化运行, 导致超大规模的模拟受阻[38]。因此, 还需进一步发展新的描述符或机器学习模型架构以缓解上述挑战。

3.3 电池新材料发现实例

3.3.1 基于直接筛选和优化改性

元素掺杂可以改变电子轨道杂化程度，调节费米面处的电子态密度，从而调节电子传导性质。为了寻找可以提升 $LiTi_2(PO_4)_3$（LTP）电子传导能力，且不会降低离子传导能力的掺杂方案，本工作设计了高通量的筛选流程[21]包括：掺杂元素初步筛选（根据实验报道和元素周期表）、掺杂可能性筛选（掺杂反应能小于 0.5 eV/atom）、离子迁移性质筛选（BV 计算的 Li^+ 迁移势垒小于 LTP 中 Li^+ 势垒值的 1.2 倍）、电子传导能力筛选（无带隙，费米面附近电子态数目大于 1.0 state）。最终从 13 种掺杂 Ti 位置的方案和 4 种掺杂 O 位置的方案中选出 4 种：Mn、Fe、Mg、Bi 掺杂 Ti 位点。掺杂材料的电子电导率有极大提升，可以用作正极包覆材料，提升电极/电解质界面稳定性。

设计合理的筛选流程可以从大量候选材料中找到具有期望性质的电池新材料。以 BV 计算的 K^+ 迁移势垒小于 0.96 eV、1000 K 下进行 10 ps AIMD 模拟后体系中 K^+ 的均方位移（MSD）大于 5 Å^2 作为筛选标准，从 ICSD 中 1389 种含钾（K）氧化物中筛选出了快 K^+ 导体 K_2CdO_2[39]，用 Al 掺杂 K_2CdO_2 后，材料的离子电导率进一步提升，可以用作钾离子电池固态电解质材料。

借助机器学习模型可以加速快离子导体筛选和优化的掺杂策略探索流程[26]。使用 Ea 模型，本工作从 49 种双阴离子化合物 ABXO（A、B 是金属元素，X 是 S、Se、Te）[40]中筛选快 Li^+ 导体。设置筛选标准为 Ea 模型预测的 Li^+ 迁移势垒小于 1.265 eV，并结合元素质量和丰度指标，最终得到 LiBiOS 作为快离子导体的结构框架。为进一步降低 LiBiOS 中的载流子形成能，用 Mg^{2+} 部分替换材料中的 Li^+。使用 E-f 模型对各种不同掺杂量和掺杂位点分布的 $Li_{1-2x}Mg_xBiOS$ 构型做结构弛豫，然后用 Ea 模型预测弛豫后结构中的 Li^+ 迁移势垒，选出势垒最低的掺杂方案 $Li_{1-2x}Mg_xBiOS$（x=0.1875）。掺杂材料在室温下的 Li^+ 电导率计算值为 8.65 mS/cm，是一种极具潜力的快离子导体候选材料（图 3.5）。

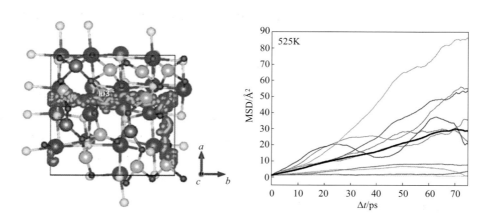

图 3.5 $Li_{1-2x}Mg_xBiOS$（x=0.1875）的晶体结构示意图和 525 K 下 AIMD 模拟得到的锂离子平均均方位移[26]

3.3.2 基于离子替换

离子替换是设计新型材料的重要方法之一,相比其他方法,离子替换构造的新结构除替换原子以外,基本保留了原始材料的稳定框架,在结构稳定性和材料合成上具有一定的优势。在固态电解质高通量筛选计算的工作中,通常会用较低精度的计算方法对大量已有结构进行初筛,以减少需要进一步高精度计算的结构数目。本工作利用高通量计算筛选将已有的钠离子化合物作为结构框架进行离子替换得到对应的锂离子化合物以作为新型固态电解质的候选材料[41]。该工作基于无机晶体结构数据库中的含钠化合物,通过键价(BV)方法初步评估离子输运性能,将具有适中迁移势垒($E_a\_BV = 1 \sim 2$ eV)的结构进行离子替换,进一步筛选具有低迁移势垒($E_a\_BV < 1$ eV)的含锂化合物,最终得到了AIMD计算的迁移势垒仅有0.16 eV的$LiSbCl_6$(LSC)(图3.6)。计算结果表明,离子替换后的LSC保留了原始结构$NaSbCl_6$(NSC)的热力学稳定性;在离子传输行为方面,由于Li^+和Na^+的相似性,NSC中Na^+的2e,2f和4i低能位点得到了有效继承。此外,Li^+半径比Na^+半径小,在相似的结构框架中,LSC中出现了独特的2a低能位点,在c轴方向连接了距离较远的2e晶格位点,形成新的c轴Li^+传输通道。为深入研究LSC中c轴离子输运的关键作用,该工作还利用爬升图像微动弹性带(CI-NEB)方法计算了Li^+在LSC中各种迁移机制的能垒,证明了多种传输机制共同作用促进了c轴的离子传输。基于上述讨论,通过高通量筛选-离子替换策略得到的新型氯化物电解质$LiSbCl_6$表现出接近液态电解质的离子电导率,有望进一步扩展氯化物电解质体系。

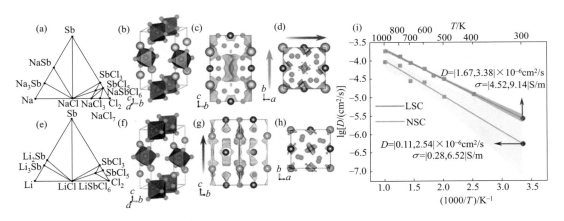

图3.6 NSC和LSC的(a)、(e)热力学相图;(b)、(f)晶体结构示意图以及(c)、(d)、(g)、(h)键价方法计算的迁移离子势能面;(i)AIMD模拟的LSC和NSC中迁移离子扩散的阿仑尼乌斯曲线[41]

3.3.3 基于团簇搭建

根据化学式从原子开始构建全新晶体结构在设计新型功能材料方面取得了丰富的成

果。Wang 等[42]利用晶体结构预测软件 CALYPSO[43]，通过空间群约束下的 Li、Al、O、S 原子初始结构搭建及粒子群优化算法，从理论上得到了化学式为 LiAlSO 的混合阴离子快锂离子导体。为了进一步缩减初始结构的候选空间，充分利用从已知结构中提取的配位化学信息，Xu 等[44]提出利用元素之间形成的特定聚阴离子基团搭建离子导体框架结构，将迁移离子填入框架结构以生成全新晶体结构。以新型钠基卤化物固态电解质的反向设计为例，在含碱金属（Li、Na、K、Cs）、钇（Y）、氯（Cl）的晶体结构中，Y 和 Cl 元素通常以六配位形式组成（YCl_6）$^{3-}$ 聚阴离子基团，聚阴离子基团之间以独立、共点、共边、共面的方式组合形成离子导体的框架结构。通过结合已知 Li_3YCl_6 和 Na_3YCl_6 的结构特征与离子输运性质之间的关系，本工作提出沿 c 方向共面连接的（Y_2Cl_9）$^{3-}$ 聚阴离子基团是结合 Na-Y-Cl 体系快离子输运和稳定性结构特征的关键。基于该基团和六方密排（hcp）阴离子框架，本工作成功搭建出 3 个 $Na_3Y_2Cl_9$ 晶体结构［图 3.7（a）和（b）］，计算模拟结果表明这三类结构都具有较好的热力学稳定性，证明了通过团簇搭建晶体结构的有效性［图 3.7（c）］。在这 3 个 $Na_3Y_2Cl_9$ 结构中，具有 P63（No.173）对称性的 $Na_3Y_2Cl_9$ 同时具有优异的离子输运性质、低电子电导率和宽电化学窗口，是潜在的钠基固态电解质候选材料。Waroquiers 等[45]系统地统计了氧化物中不同元素与氧原子之间的配位情况，结果表明特定元素对之间存在有限个特定的配位环境。可以预见的是，通过结合元素之间的优势配位环境以及团簇搭建思路，能够在不损失结构多样性的基础上高效构建全新的晶体结构。

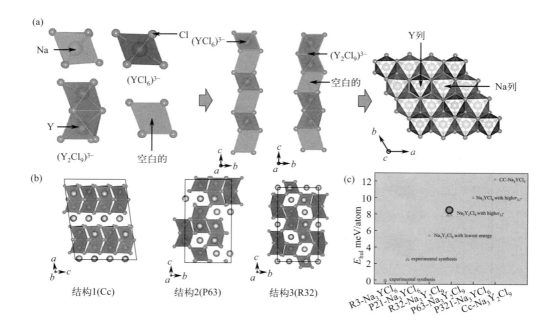

图 3.7 （a）基于团簇搭建晶体结构示例流程，通过将（Y_2Cl_9）$^{3-}$ 聚阴离子基团和 Na 离子组合，可得到完整的晶体结构；（b）根据团簇搭建思路得到的 3 种 $Na_3Y_2Cl_9$ 晶体结构，其空间群分别为 Cc、P63 和 R32；（c）根据团簇搭建所得晶体结构的热力学稳定性评估结果，具有 R32 对称性的 $Na_3Y_2Cl_9$ 在未合成的虚拟设计结构中具有最低的凸包能数值[44]

3.3.4 基于无序结构构建

除了各种晶体结构之外，Wu 等[46]研究了离子在无序结构中的传输特征，并设计了具有无序结构的快离子导体 LiSiON。这是一个主要由高丰度元素和相似离子半径的混合阴离子组成的氮氧化物。硅是地壳中第二丰富的元素，可能适用于电池的大规模应用；除了 O^{2-} 和 N^{3-} 之间的近似半径之外，硅也更容易与磷掺杂，为 Li-Si-O-N 提供了一个广阔的化学空间进行研究。过渡态 NEB 计算表明晶态 LiSiON 具有较小的迁移势垒，但 Li 空位的形成能是限制锂离子在晶态 LiSiON 中自扩散的关键因素。本工作通过高温熔化及快速降温过程的第一性原理分子动力学模拟，获得了非晶化的 LiSiON 材料（图 3.8）；并通过 Si 位点的 P 元素掺杂，获得了 Li-Si-P-O-N 化学空间中类似的成分。计算表明晶体/非晶/磷掺杂体系在室温下的离子电导率分别为 $2.5×10^{-20}$ mS/cm、8.1 mS/cm 和 $3.9×10^{-3}$ mS/cm，说明非晶化和掺杂是改善离子传输性质的有效策略。一些实验也表明，Li-Si-P-O-N 化学空间中类似的成分或非晶化会提高离子传导性，这与本工作对 LiSiON 系统的理论预测一致。值得注意的是，该体系的组成元素在自然界中含量丰富，因此这类快离子导体有可能实现低成本的应用。

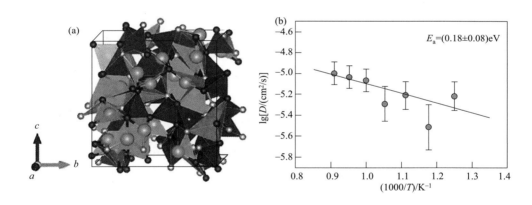

图 3.8　非晶态 LiSiON 的原子结构（a）和采用第一性原理分子动力学计算得到的锂离子迁移势垒（b）[46]

此外，最近研究人员发现了具有较好的柔韧性和均匀性的新型非晶固态电解质[47]。它们具有短程有序和长程无序的结构，具备各向同性的锂离子传输行为，并且没有晶界电阻，因而引起了人们的广泛关注。性质评估对于无序结构的模型构建极为重要。具体的建模及离子输运性质评估流程可分为以下 4 个步骤：①将晶相结构熔化，在熔点之上的高温下对晶相结构进行分子动力学模拟，确保结构完全熔化；②淬火，对其以一定的速度进行淬火降温至 300 K（室温）；③确定其平衡晶胞常数；④性质评估，对其进行 300 K 下的分子动力学模拟，即可获得室温下的离子电导率等离子传输性质。

以 O 掺杂 $LiAlCl_4$ 的非晶 $LiAlCl_{2.5}O_{0.75}$ 的结构和离子运输性质为例[48]，图 3.9（a）为 $LiAlCl_{2.5}O_{0.75}$ 经过在 AIMD 中 600 K 下 30 ps 的熔化后再以 100 K/ps 的速度从 600 K 淬火

到 300 K 得到的无序态结构。从与之对应的 RDF [图 3.9（d）] 中可以看出，与晶体结构 LiAlCl$_4$ 相比，LiAlCl$_{2.5}$O$_{0.75}$ 只产生了明显的第一近邻配位，符合非晶短程有序长程无序的特征。从图 3.9（b）中也可以看出，Al 原子之间通过 O 或 Cl 原子连接而在结构中形成链状物，类似聚合物链段。在 300 K 下，将得到的非晶结构进行 AIMD 模拟，这个过程得到的数据用于计算图 3.9（b）中黄色的 Li 传输路径和图 3.9（c）中的 MSD 曲线。结果显示，掺杂 O 之后的 LiAlCl$_4$ 非晶结构在 300 K 下 Li$^+$ 的 MSD 较大，存在 Li$^+$ 的迁移，表现出很好的离子输运性能。

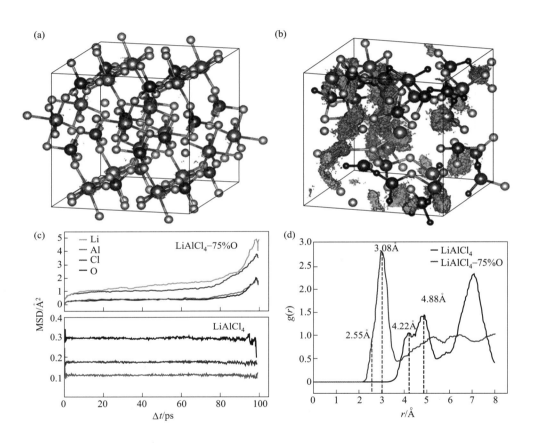

图 3.9 （a）晶体 LiAlCl$_4$ 和（b）非晶 LiAlCl$_{2.5}$O$_{0.75}$ 中的原子位置分布，绿色、蓝色、黄色和红色球体分别表示 Li、Al、Cl 和 O；（b）中的黄色部分为 AIMD 模拟中得到的 Li 的迁移路径；（c）AIMD 模拟中得到的晶体 LiAlCl$_4$ 和非晶 LiAlCl$_{2.5}$O$_{0.75}$ 的 MSD 曲线；（d）晶体 LiAlCl$_4$ 和非晶 LiAlCl$_{2.5}$O$_{0.75}$ 的 RDF 曲线[48]

从 AIMD 模拟中可以提取非晶或其他无序结构的详细动力学信息。然而 AIMD 模拟计算成本高、耗时长，一般只用来模拟含有数百个原子以下的周期性结构。由于第一性原理计算中周期性边界条件的限制，含有少量原子的小晶胞难以体现非晶结构长程无序的特点，因此为了更接近实际情况，需要借助其他能够模拟包含更多原子数结构的计算方法。前文提到的机器学习原子间势函数模型是未来非晶等无序结构性质模拟的极具潜力的解决方案[48]。

3.4 电池材料"大数据+人工智能"工具软件开发

AI 辅助的电池材料设计依赖于强有力的工具软件。本工作将上述研发流程所用到的方法集成于一个数字化工具——储能材料数据分析云工具箱 ESM Cloud Toolkit，可直接应用于各类结构的离子输运性质研究，帮助筛选和设计电池新材料[49]。该软件开放部署于中国科学院物理研究所凝聚态物质科学数据中心的电子实验室平台 MatElab 上[50]，作为其能源材料数据和能源材料开发领域的应用软件之一。

ESM Cloud Toolkit 包括多个功能，如计算数据分析和收集、机器学习应用、预训练模型微调以及实验数据分析等应用（图 3.10）。本工作的工具包能够更高效地归档、分析研究数据，使研究人员能够更专注于解决科学问题，而不是烦琐的数据归档，并防止数据丢失和篡改等严重问题。此外，该工具包收集可靠且丰富的数据集，并将其转化为标准格式，这是通过 AI 技术进行数据再利用的基础。为进一步深化机器学习技术在储能材料领域的应用，该工具包提供了图形界面的机器学习应用功能，仅需单击功能按钮即可将先进的机器学习算法（随机森林等）应用于用户的数据集中，有效降低了机器学习技术的应用门槛。同时，该工具包提供了系列实验数据一键处理功能，旨在将实验数据和计算数据的分析处理过程更紧密地结合。ESM Cloud Toolkit 使整个研究工作流程更加自动化，它整合了数据存档、追溯、处理和重复利用的过程，使研究人员所积累的数据在人工智能时代发挥更大的作用。

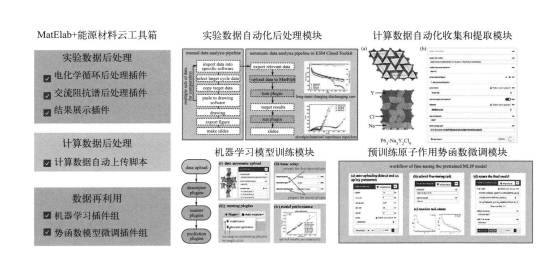

图 3.10 能源材料云工具箱软件中的核心功能展示

除了科研人员在日常科研中获得的直接研究数据之外，已发表的文献中也蕴含着大量的领域知识。利用自然语言处理技术从海量文献中提取、总结相关的领域知识[51-52]，并将这些知识适时地推送给科研人员、嵌入到后续的机器学习模型中，以实现文献数据、实验数据、计算数据的协同分析，这也是 ESM Cloud Toolkit 后续发展的目标之一。

3.5 小结与展望

围绕二次电池产业中的实际应用需求展开，在理解电池材料关键科学问题的基础上，通过运用新兴数据技术，自主发展了基于多精度传递思想的高通量计算流程和基于机器学习的离子迁移势垒评估模型，并基于此设计了几种固态二次电池新材料，加快了新材料的研发进程，为理解固态二次电池性能与材料综合性质之间的关联，揭示二次电池中与离子输运相关的复杂物理化学过程，提供了基于大数据的研究思路和研究模式。在研究过程中引入大数据方法发展了基于多精度传递思想和基于机器学习模型的二次电池材料模拟方法，并将其应用于离子输运性质的快速预测，由此加深材料综合性质与电池性能关联的理解，开发出可能应用于下一代固态二次电池的新材料。新型数据方法和高通量高精度策略的结合，在新材料的研发和核心构效关系的解析等方面将发挥突出的作用（图3.11）。

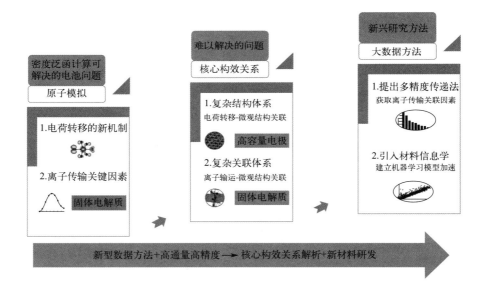

图3.11　新型数据方法和高通量高精度策略的结合，在新材料的研发和核心构效关系的解析等方面将发挥突出的作用示意图

参考文献

[1] WU D X，CHEN L Q，LI H，et al.Recent progress of solid-state lithium batteries in China[J].Applied Physics

Letters，2022，121（12）：120502.DOI：10.1063/5.0117248.

[2] HUANG Y L，CAO B W，GENG Z，et al.Advanced electrolytes for rechargeable lithium metal batteries with high safety and cycling stability[J].Accounts of Materials Research，2024，5（2）：184-193.DOI：10.1021/accountsmr.3c00232.

[3] WU D X，CHEN L Q，LI H，et al.Solid-state lithium batteries-from fundamental research to industrial progress[J]. Progress in Materials Science，2023，139：101182.DOI：10.1016/j.pmatsci.2023.101182.

[4] WU E A，BANERJEE S，TANG H M，et al.A stable cathode-solid electrolyte composite for high-voltage，long-cycle-life solid-state sodium-ion batteries[J].Nature Communications，2021，12（1）：1256.DOI：10.1038/s41467-021-21488-7.

[5] MIAO X，GUAN S D，MA C，et al.Role of interfaces in solid-state batteries[J].Advanced Materials，2023，35（50）：2206402.DOI：10.1002/adma.202206402.

[6] LUO Z，QIU X J，LIU C，et al.Interfacial challenges towards stable Li metal anode[J].Nano Energy，2021，79：105507.DOI：10.1016/j.nanoen.2020.105507.

[7] SHEN X H，TIAN Z Y，FAN R J，et al.Research progress on silicon/carbon composite anode materials for lithium-ion battery[J].Journal of Energy Chemistry，2018，27（4）：1067-1090.DOI：10.1016/j.jechem.2017.12.012.

[8] NAM H G，PARK J Y，YUK J M，et al.Phase transformation mechanism and stress evolution in Sn anode[J].Energy Storage Materials，2022，45：101-109.DOI：10.1016/j.ensm.2021.11.034.

[9] GOODENOUGH J B，KIM Y.Challenges for rechargeable Li batteries[J].Chemistry of Materials，2010，22（3）：587-603.DOI：10.1021/cm901452z.

[10] CHEN L H，VENKATRAM S，KIM C，et al.Electrochemical stability window of polymeric electrolytes[J]. Chemistry of Materials，2019，31（12）：4598-4604.DOI：10.1021/acs.chemmater.9b01553.

[11] ZHU Y Z，HE X F，MO Y F.First principles study on electrochemical and chemical stability of solid electrolyte-electrode interfaces in all-solid-state Li-ion batteries[J].Journal of Materials Chemistry A，2016，4（9）：3253-3266.DOI：10.1039/C5TA08574H.

[12] GU L，ZHU C B，LI H，et al.Direct observation of lithium staging in partially delithiated $LiFePO_4$ at atomic resolution[J].Journal of the American Chemical Society，2011，133（13）：4661-4663.DOI：10.1021/ja109412x.

[13] ONUMA H，KUBOTA K，MURATSUBAKI S，et al.Phase evolution of electrochemically potassium intercalated graphite[J].Journal of Materials Chemistry A，2021，9（18）：11187-11200.DOI：10.1039/D0TA12607A.

[14] HE Z Y，ZHANG C X，ZHU Y K，et al.The acupuncture effect of carbon nanotubes induced by the volume expansion of silicon-based anodes[J].Energy & Environmental Science，2024，17（10）：3358-3364.DOI：10.1039/D4EE00710G.

[15] NOMURA Y，YAMAMOTO K，YAMAGISHI Y，et al.Lithium transport pathways guided by grain architectures in Ni-rich layered cathodes[J].ACS Nano，2021，15（12）：19806-19814.DOI：10.1021/acsnano.1c07252.

[16] WANG Y，RICHARDS W D，ONG S P，et al.Design principles for solid-state lithium superionic conductors[J]. Nature Materials，2015，14（10）：1026-1031.DOI：10.1038/nmat4369.

[17] 刘振东，潘嘉杰，刘全兵.机器学习在设计高性能锂电池正极材料与电解质中的应用[J].化学进展，2023，35（4）：577-592.

[18] XIAO R J，LI H，CHEN L Q.High-throughput design and optimization of fast lithium ion conductors by the combination of bond-valence method and density functional theory[J].Scientific Reports，2015，5：14227.DOI：10.1038/srep14227.

[19] ADAMS S，RAO R P.High power lithium ion battery materials by computational design[J].Physica Status Solidi（a），2011，208（8）：1746-1753.DOI：10.1002/pssa.201001116.

[20] CHEN H M，ADAMS S.Bond softness sensitive bond-valence parameters for crystal structure plausibility tests[J]. IUCrJ，2017，4（5）：614-625.DOI：10.1107/s2052252517010211.

[21] WANG Y Q，SUN X R，XIAO R J，et al.Computational screening of doping schemes for $LiTi_2(PO_4)_3$ as cathode coating materials[J].Chinese Physics B，2020，29（3）：038202.DOI：10.1088/1674-1056/ab7186.

[22] HENKELMAN G，UBERUAGA B P，JÓNSSON H.A climbing image nudged elastic band method for finding

saddle points and minimum energy paths[J].2000,113(22):9901-9904.DOI:10.1063/1.1329672.

[23] RONG Z Q,KITCHAEV D,CANEPA P,et al.An efficient algorithm for finding the minimum energy path for cation migration in ionic materials[J].2016,145(7):074112.DOI:10.1063/1.4960790.

[24] HE X F,ZHU Y Z,EPSTEIN A,et al.Statistical variances of diffusional properties from ab initio molecular dynamics simulations[J].NPJ Computational Materials,2018,4:18.DOI:10.1038/s41524-018-0074-y.

[25] WANG S,BAI Q,NOLAN A M,et al.Lithium chlorides and bromides as promising solid-state chemistries for fast ion conductors with good electrochemical stability[J].Angewandte Chemie International Edition,2019,58(24):8039-8043.DOI:10.1002/anie.201901938.

[26] WANG Y Q,WU S Y,SHAO W,et al.Accelerated strategy for fast ion conductor materials screening and optimal doping scheme exploration[J].Journal of Materiomics,2022,8(5):1038-1047.DOI:10.1016/j.jmat.2022.02.010.

[27] BARTÓK A P,KONDOR R,CSÁNYI G.On representing chemical environments[J].Physical Review B,2013,87(18):184115.DOI:10.1103/physrevb.87.184115.

[28] BOTU V,RAMPRASAD R.Learning scheme to predict atomic forces and accelerate materials simulations[J].Physical Review B,2015,92(9):094306.DOI:10.1103/physrevb.92.094306.

[29] WANG H,ZHANG L F,HAN J Q,et al.DeePMD-kit:A deep learning package for many-body potential energy representation and molecular dynamics[J].Computer Physics Communications,2018,228:178-184.DOI:10.1016/j.cpc.2018.03.016.

[30] DENG B W,ZHONG P C,JUN K,et al.CHGNet as a pretrained universal neural network potential for charge-informed atomistic modelling[J].Nature Machine Intelligence,2023,5:1031-1041.DOI:10.1038/s42256-023-00716-3.

[31] BATZNER S,MUSAELIAN A,SUN L X,et al.E(3)-equivariant graph neural networks for data-efficient and accurate interatomic potentials[J].Nature Communications,2022,13:2453.DOI:10.1038/s41467-022-29939-5.

[32] BEHLER J.Atom-centered symmetry functions for constructing high-dimensional neural network potentials[J].Journal of Chemical Physics,2011,134(7):074106.DOI:10.1063/1.3553717.

[33] BEHLER J.Four generations of high-dimensional neural network potentials[J].Chemical Reviews,2021,121(16):10037-10072.DOI:10.1021/acs.chemrev.0c00868.

[34] GASTEGGER M,SCHWIEDRZIK L,BITTERMANN M,et al.WACSF-Weighted atom-centered symmetry functions as descriptors in machine learning potentials[J].Journal of Chemical Physics,2018,148(24):241709.DOI:10.1063/1.5019667.

[35] XIE T,GROSSMAN J C.Crystal graph convolutional neural networks for an accurate and interpretable prediction of material properties[J].Physical Review Letters,2018,120(14):145301.DOI:10.1103/PhysRevLett.120.145301.

[36] LIU Y,YANG Z W,ZOU X X,et al.Data quantity governance for machine learning in materials science[J].National Science Review,2023,10(7):nwad125.DOI:10.1093/nsr/nwad125.

[37] LIU Y S,HE X F,MO Y F.Discrepancies and error evaluation metrics for machine learning interatomic potentials[J].NPJ Computational Materials,2023,9:174.DOI:10.1038/s41524-023-01123-3.

[38] MUSAELIAN A,BATZNER S,JOHANSSON A,et al.Learning local equivariant representations for large-scale atomistic dynamics[J].Nature Communications,2023,14(1):579.DOI:10.1038/s41467-023-36329-y.

[39] XIAO R J,LI H,CHEN L Q.High-throughput computational discovery of K_2CdO_2 as an ion conductor for solid-state potassium-ion batteries[J].Journal of Materials Chemistry A,2020,8(10):5157-5162.DOI:10.1039/C9TA13105A.

[40] HE J G,YAO Z P,HEGDE V I,et al.Computational discovery of stable heteroanionic oxychalcogenides ABXO(A,B = metals;X = S,Se,and Te)and their potential applications[J].Chemistry of Materials,2020,32(19):8229-8242.DOI:10.1021/acs.chemmater.0c01902.

[41] FU X,WANG Y Q,XU J,et al.First-principles study on a new chloride solid lithium-ion conductor material with high ionic conductivity[J].Journal of Materials Chemistry A,2024,12(17):10562-10570.DOI:10.1039/D3TA07943K.

[42] WANG X L, XIAO R J, LI H, et al.Oxysulfide LiAlSO: A lithium superionic conductor from first principles[J]. Physical Review Letters, 2017, 118 (19): 195901.DOI: 10.1103/PhysRevLett.118.195901.

[43] WANG Y C, LV J, ZHU L, et al.CALYPSO: A method for crystal structure prediction[J].Computer Physics Communications, 2012, 183 (10): 2063-2070.DOI: 10.1016/j.cpc.2012.05.008.

[44] XU J, WANG Y Q, WU S Y, et al.New halide-based sodium-ion conductors $Na_3Y_2Cl_9$ inversely designed by building block construction[J].ACS Applied Materials & Interfaces, 2023, 15 (17): 21086-21096.DOI: 10.1021/acsami.3c01570.

[45] WAROQUIERS D, GONZE X, RIGNANESE G M, et al.Statistical analysis of coordination environments in oxides[J].Chemistry of Materials, 2017, 29 (19): 8346-8360.DOI: 10.1021/acs.chemmater.7b02766.

[46] WU S Y, XIAO R J, LI H, et al.Ionic conductivity of LiSiON and the effect of amorphization/heterovalent doping on Li^+ diffusion[J].Inorganics, 2022, 10 (4): 45.DOI: 10.3390/inorganics10040045.

[47] LIN L Y, GUO W, LI M J, et al.Progress and perspective of glass-ceramic solid-state electrolytes for lithium batteries[J].Materials, 2023, 16 (7): 2655.DOI: 10.3390/ma16072655.

[48] DAI T, WU S Y, LU Y X, et al.Inorganic glass electrolytes with polymer-like viscoelasticity[J].Nature Energy, 2023, 8: 1221-1228.DOI: 10.1038/s41560-023-01356-y.

[49] XU J, XIAO R, LI H.ESM cloud toolkit: A copilot for energy storage material research[J].Chinese Physics Letters, 2024, 41 (5): 054701.DOI: 10.1088/0256-307x/41/5/054701.

[50] 王丹, 周明波, 黄东宸, 等. 凝聚态物质科学科研数据管理与应用 [J]. 科学通报, 2024, 69 (9): 1164-1174.

[51] LIU Y, LIU D H, GE X Y, et al.A high-quality dataset construction method for text mining in materials science[J]. Acta Physica Sinica, 2023, 72 (7): 070701.DOI: 10.7498/aps.72.20222316.

[52] 刘悦, 邹欣欣, 杨正伟, 等. 材料领域知识嵌入的机器学习 [J]. 硅酸盐学报, 2022, 50 (3): 863-876.DOI: 10.14062/j.issn.0454-5648.20220093.

第 4 章

锂电池负极固态电解质界面膜形成机理的理论研究进展与展望

周国兵，王浩宇，许审镇

锂离子电池（LIB）因其高能量密度、长循环寿命和高效率等优势在便携式电子设备、电动汽车以及大规模储能等领域得到了广泛的应用[1-3]。目前，以石墨为负极的传统 LIB 已经接近其理论容量（372 mAh/g），无法满足各种电子设备日益增长的储能需求[4]。锂金属因其极高的理论比容量（3860 mAh/g）和极低的电化学还原电位（−3.04 V $vs.$ 标准氢电极）被认为是新一代 LIB 的理想负极材料[5]。然而，锂金属负极的大规模商业化仍存在诸多的问题和挑战，比如电极表面不均匀的锂沉积、循环过程中巨大的体积变化等[6]。这些问题主要与锂金属电极/电解液界面结构和性质有关。在电池循环过程中，锂金属与电解液会发生一系列复杂的化学和电化学反应并在锂金属电极表面形成固态电解质界面膜（SEI）[7-9]。SEI 不仅能够有效抑制锂金属与电解液之间的寄生反应，同时还会影响锂的沉积和剥离行为，进而影响 LIB 的库仑效率、安全性能和循环寿命[9-12]。因此，深入理解 SEI 的组成、结构、形成和生长机理对于实现锂金属负极的大规模应用和推动下一代高能量密度可充电电池技术的发展具有重要意义。

近年来，研究人员采用多种实验表征技术探究了 SEI 的结构和组成，包括 X 射线光电子能谱（XPS）、傅里叶变换红外光谱（FTIR）、拉曼光谱（Raman）、扫描电子显微镜（SEM）、透射电子显微镜（TEM）以及原子力显微镜（AFM）等[13-14]。这些技术在纳米尺度上揭示了 SEI 是一种多层的"马赛克"结构，主要由致密的无机内层（LiF、Li_2O、Li_2CO_3、LiOH、LiH、Li_2S、Li_3N 等）和多孔的有机外层［$ROCO_2Li$、ROLi、$(CH_2OCO_2Li)_2$ 等］组成[15]。尽管这些技术在表征 SEI 的结构方面取得了显著进展，但在揭示 SEI 形成机理方面仍存在局限性。SEI 的形成是一个动态过程，涉及电解液的（电）化学分解、锂离子的迁移和电子的交换，这些过程在时间和空间上的复杂性使得实时监测 SEI 的形成和演变极具挑战。此外，SEI 的化学组成和结构可能因电解液的类型、浓度、温度、电流密度等实验条件的不同而有所差异，这增加了对 SEI 形成机理进行普适性描述的难度[16]。因此，仅仅依靠当前的实验表征技术来探究 SEI 的生长和形成机理显然是不够的。理论计算能够在原子水平上帮助实验科学家理解各种复杂过程的微观结构和动态信息，已被广泛用于模拟研究 SEI 的生长和形成过程[17-19]。本章总结了传统理论计算方法在研究 SEI 方面的最新进展，并对机器学习方法在研究 SEI 中的应用前景进行了展望。

4.1 分子动力学方法在 SEI 中的研究进展

目前，研究 SEI 的理论计算方法主要有经典力场分子动力学（CMD）、反应力场分子动力学（RxMD）、第一性原理分子动力学（AIMD）以及机器学习力场分子动力学（MLMD）。这些方法在模拟 SEI 的形成和生长过程中具有各自的优势和适用性（表 4.1）。

表 4.1 用于 SEI 研究的不同理论模拟方法对比

模拟方法	时间/空间尺度	特点
CMD	ns/nm	优点：计算效率高 缺点：精度有限，不适合化学反应
RxMD	ns/nm	优点：能够模拟化学反应 缺点：精度受限，潜在开发复杂
AIMD	ps/nm	优点：精度高，能够模拟化学反应 缺点：计算成本高，系统规模有限
MLMD	ns/nm	优点：计算效率高、精确度高，能够模拟化学反应 缺点：可移植性有限
KMC	s/nm~μm	优点：时间跨度长，取样效率高 缺点：需要事件清单

4.1.1 经典力场分子动力学（CMD）

CMD 方法是研究物质微观结构和性质的重要工具之一。它的基本思路是将原子或分子看作相互作用的质点，通过数值积分求解牛顿运动方程获得粒子的运动轨迹。在 CMD 模拟过程中，粒子之间的相互作用包含成键和非键两部分，其中非键部分包含范德华和静电相互作用，通常采用 Lennard-Jones 和库仑势进行描述，势函数中的参数可通过拟合量子化学计算或实验数据得到。CMD 模拟方法适用于研究从简单的气体分子到复杂的生物大分子等各种体系的动力学行为，目前已被广泛用于研究电极/电解液界面 SEI 的微观结构[20-23]。Sui 等[22] 采用 CMD 模拟方法研究了 3 种不同的聚（1,3-二氧戊环）（PDOL）基电解液（PDOL-in-DOL、DOL-in-PDOL 和高浓度 PDOL-in-DOL）在锂金属负极的界面结构，发现 DOL-in-PDOL 和高浓度 PDOL-in-DOL 电解液中的聚合物分子能聚集在锂金属表面，使得这两个体系具有更稳定的界面结构。另外，PDOL-in-DOL 体系界面锂离子的溶剂化结构包含 DOL 分子并分布在锂金属表面，而 DOL-in-PDOL 体系界面锂离子的溶剂化结构主要由聚合物分子和 TFSI$^-$ 阴离子构成［图 4.1（a）］。Lourenço 等[23]采用 CMD 模拟方法研究了 3 种不同的离子液体［C_2mim］［123Triaz］、［C_2mim］［TFSI］和［P_{222}mom］［TFSI］分别与聚环氧乙烷（PEO）和锂盐组成的电解液在锂金属负极的界面结构。模拟结果表明 3 种电解液在锂金属表面均存在明显的离子聚集现象，而界面结构和组成则与离子液体的组分相关。在离子液体的离子尺寸较小的电解液体系中，锂金属表面会有更高的 PEO 密度分布，锂离子也有更高的扩散系数；当离子液体的离子尺寸较大时（比如［P_{222}mom］$^+$ 阳离子），PEO 和锂离子在锂金属表面的密度分布较低［图 4.1（b）］。前期这些研究结果说明锂金属负极的界面结构与电解液组分相关，选择合适的电解液组分可以调节锂金属负极/电解液界面结构和组成，控制电极表面的 SEI 形成，提高电池性能。值得注意的是，CMD 方法虽然能够模拟 SEI 的微观结构，但是其原子间相互作用的描述方式是基于参数优化的经验力场构建的，并不是基于第一性原理计算获得，使得其无法描述 SEI 形成过程中复杂的化学反应。

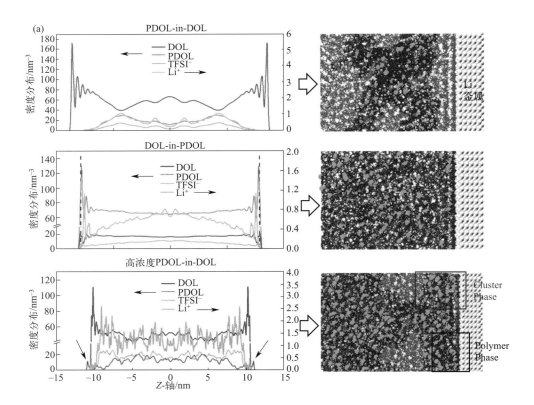

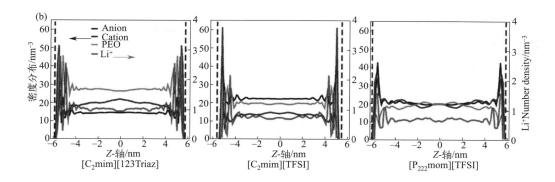

图 4.1 （a）锂金属表面 PDOL-in-DOL，DOL-in-PDOL 和高浓度 PDOL-in-DOL 三种不同体系中电解液组分的密度分布和结构[22]；（b）[C_2mim][123Triaz]、[C_2mim][TFSI] 和 [P_{222}mom][TFSI] 体系中不同电解液组分的密度分布[23]

4.1.2　反应力场分子动力学（RxMD）

RxMD 是一种基于反应力场（ReaxFF）的分子动力学模拟方法。与传统力场不同，ReaxFF 使用了一套基于键序的力场，这使得它能够动态模拟化学键的断裂和形成过程[24]。RxMD 的核心思想是使用一组参数化的解析函数来描述原子间的各种相互作用，包括共价键、离子键、范德华力、静电力等。这些函数依赖于原子间的距离、键级、原子类型等因素。通过合理设定这些参数，ReaxFF 能够捕捉化学反应过程中动态演化的电荷变化，从而可以模拟复杂的化学反应过程。ReaxFF 参数可以根据不同的化学体系优化，目前已被广泛用于研究锂金属负极表面 SEI 的生长和形成过程[25-30]。Pao 等[26]利用 RxMD 与 EChemDID 结合的方法研究了充放电循环过程中不同电解液组成对 SEI 膜形成和演变的影响，发现无论电解液组成如何，在循环充电周期中都会出现不均匀的锂还原现象 [图 4.2（a）]。含氟电解液添加剂可以通过形成密集的 SEI 或抑制电解液分解显著减轻锂金属负极的粗糙化过程。Cheng 等[28]采用 RxMD 和 AIMD 结合的方法研究了不同浓度的有机电解液（DOL+LiFSI）在锂金属负极表面的还原分解反应及 SEI 形成过程。研究结果表明，随着盐浓度的增加，SEI 的组成从溶剂衍生层转变为盐衍生层。在低浓度条件下，FSI$^-$ 阴离子和 DOL 溶剂的完全分解有助于 SEI 膜无机和有机组分的形成；而在高浓度条件下，FSI$^-$ 阴离子发生不完全分解反应，通过初始 S—F 键断裂消耗自由 Li^0，这将抑制 DOL 溶剂发生牺牲性还原反应。此外，他们[27]还研究了 DOL 与 LiPF$_6$ 组成的有机电解液在锂金属负极表面形成 SEI 的反应机理，发现 PF$_6^-$ 阴离子在接触锂金属负极时可以通过还原反应完全分解 [图 4.2（b）]，或者在电解液体相中转化为 PF$_5$，其中分解产物（F$^-$ 和 P$_x^-$）将形成 SEI 膜的无机部分，而 PF$_5$ 可以作为 DOL 聚合的引发剂。Guk 等利用 RxMD 方法研究了一种与石墨共价连接的热稳定的人工固态电解质界面层（PEO-graphite），以提高锂离子电池的性能。他们利用 ReaxFF 反应力场生成了 PEO-graphite 模型，并分析了其对锂离子的溶剂化能力和热稳定性。研究结果显示，PEO-graphite 能有效阻止溶剂分子的共插层，并且由于 PEO 聚合物与石墨边缘平面之间的共价键，PEO-graphite 相较于物理涂覆聚合物的石墨具有更优异的热稳定性。此外，PEO-graphite 在锂离子的溶剂化结构中表现出较低的溶剂分子数量，这有助于提高电池的库仑效率和循环稳定性。尽管 RxMD 方法能够描述电解液分子与锂金属负极之间的反应过程，但其仍存在一些局限性。比如 ReaxFF 的参数化过程非常复杂且耗时。另外，RxMD 相比 CMD 的计算成本更高，使得 RxMD 方法只能达到纳秒量级的模拟时间尺度，无法模拟完整的 SEI 形成过程。

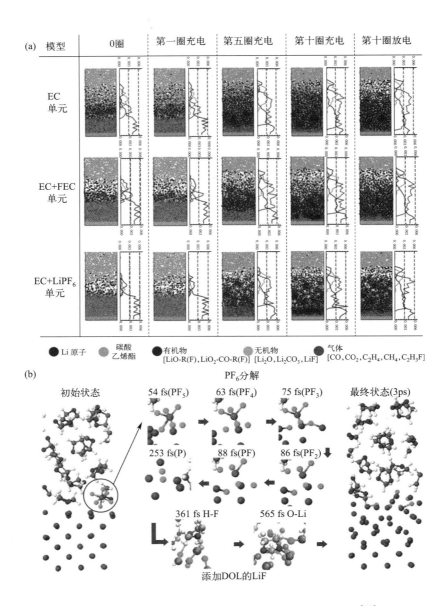

图 4.2 （a）充放电循环过程中不同锂金属电极/电解液界面 SEI 中化学物质的分布[26]；（b）锂金属表面 PF_6^- 阴离子和 DOL 分解的反应快照图[27]

4.1.3 第一性原理分子动力学（AIMD）

AIMD 是一种结合量子力学和经典分子动力学的模拟方法，能够在原子层面上揭示物质的结构、性质和反应动力学。与基于经验势函数的 CMD 和 RxMD 不同，AIMD 通过第一性原理计算原子间的相互作用，因此可以准确模拟电解液在锂金属负极表面的分解和 SEI 的形成过程。Merinov 等[31]采用 AIMD 模拟方法研究了［Pyr14］［TFSI］离子液体在锂金属负极表面形成 SEI 膜的机理，模拟结果表明 Pyr14$^+$ 阳离子保持稳定并远离锂金属表面，而 TFSI$^-$ 阴离子与锂金属相互作用并迅速分解。同样，Kashyap 等[32]采用 AIMD 模拟方法研究了在超浓电解液 LiTFSI/乙腈（AN）和锂金属负极界面处 SEI 组分的形成机制及其分布，发现初始 SEI 膜的形成主要来源于 TFSI$^-$ 阴离子的还原分解，而 AN 分子在锂金属附近的氧化还原过程中保持稳定。此外，Seminario 等[33]采用 AIMD 模拟方法研究了基于三甲基磷酸酯（TMP）和 LiFSI 电解液在锂金属负极表面生成 SEI 的形成和演变，研究发现第一个 FSI$^-$ 阴离子在与锂金属负极接触时完全解离，形成了 Li_2O、LiF、Li_2S 和 Li_3N 等锂的二元组分。随后在第二次 FSI$^-$ 阴离子解离期间形成了 Li_2S、Li_2O、LiF、Li_3NSO_2。在第三次解离期间形成了 $Li_2SO_2NSO_2$ 和 LiF。SEI 的形成将减弱随后靠近表面的 FSI$^-$ 阴离子的分解，这清楚地表明了 SEI 对锂金属负极的保护机制。Balbuena 等[34]结合 CMD 和 AIMD 方法研究了锂金属负极表面 LiFSI 锂盐/二甲氧基乙烷（DME）/三（2,2,2-三氟乙基）正甲酸酯（TFEO）混合电解液的反应活性，结果表明当 LiFSI 和 TFEO 彼此靠近且接近锂金属表面时，FSI$^-$ 阴离子的分解可以引发一系列反应，导致 TFEO 分解，并在锂金属表面形成 SEI（图 4.3）。然而，如果 FSI$^-$ 阴离子和 DME 分子与锂离子形成复合物，则 FSI$^-$ 阴

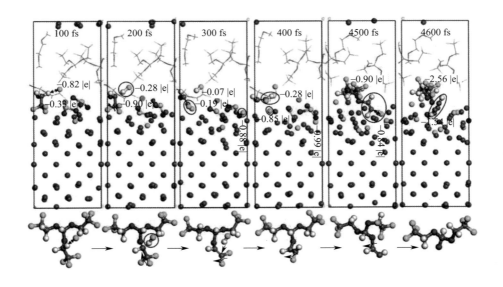

图 4.3　TFEO 分子在不同模拟时间下的分解快照[34]

离子的稳定性显著增加。Ganesh 等通过 AIMD 模拟研究了锂离子电池石墨负极与电解液界面的 SEI 形成和电解液还原。研究发现电解液还原迅速发生，且与表面官能团和 $LiPF_6$ 盐的存在密切相关。$LiPF_6$ 在含氧/羟基官能团的负极表面会自发解离形成 LiF，而 LiF 会迁移至界面形成链状结构，对 SEI 的组成和稳定性起重要作用。研究强调了减少氟化物化学，例如使用非氟化盐，对提高锂离子电池性能的重要性，并指出设计具有电子绝缘但允许离子传输的薄层无机材料作为人工 SEI 是一种有前景的策略。需要指出的是，虽然 AIMD 方法能够准确描述电解/电解液界面处的复杂化学反应，但其计算成本非常高，每个动力学步骤都需要进行复杂的量子力学计算，这极大限制了可模拟的体系大小和时间尺度。通常，AIMD 模拟仅限于几百个原子和几十皮秒的时间尺度，无法捕捉 SEI 形成的全过程。

4.1.4　机器学习力场分子动力学（MLMD）

MLMD 是一种基于机器学习力场（MLFF）的分子动力学模拟方法，基本思想是利用机器学习算法对大量的分子结构和相互作用数据进行训练，建立一个能够准确预测分子体系的势能函数模型，从而替代传统的经验力场，并用于模拟分子体系的结构和动力学行为。相较于传统的经验力场，MLFF 能够提供更准确的相互作用描述，尤其是对于化学反应、催化过程、溶剂效应等需要高精度描述的情况。目前，MLMD 在化学、材料、能源、物理等领域展现出广泛的应用前景[35-39]。Yang 等[37]结合密度泛函理论（DFT）计算和机器学习方法开发了一套深度势能模型用于揭示锂金属负极/固态电解质 β-Li_3PS_4 界面 SEI 形成和演化的复杂机制。模拟结果表明 Li|β-Li_3PS_4 界面存在四阶段的演化过程：①快速离子扩散，②成核，③ Li_2S 生长和④稳定化 [图 4.4（a）~（e）]。进一步分析结果表明 Li|β-Li_3PS_4 界面形成的 SEI 可以分为晶体和非晶区域 [图 4.4（f）]，300 K 条件下形成 SEI 的厚度约为 12.4 nm，当温度升高至 600 K 时 SEI 厚度达到约 20.6 nm。Wang 等[39]提出了一种稳定性指示采样（SIS）的算法用于开发锂金属负极/电解液（LiFSI+DOL）界面体系的 MLFF，通过结合开发的 MLFF 和分子动力学模拟方法再现了锂金属电池中一些已知的 SEI 成分，包括 LiF、Li_2O、LiOH 等。此外，研究还发现在 1 mol/L 低浓度界面体系中存在 LiF 的离子聚集结构，而在 10 mol/L 高浓度界面体系中则观察到完全的 S—F 断裂以及不完全的 N—S 断裂，但未观察到溶剂分子 DOL 发生分解。虽然 MLMD 方法同时具备了 CMD 方法的计算效率和 AIMD 方法的计算精度，但是其模拟时间尺度同样局限在纳秒级别，无法达到 SEI 生长所需的时间尺度。此外，SEI 生长过程涉及复杂的化学反应网络，MLMD 在捕捉这些复杂反应路径和中间态方面仍然存在困难。尽管机器学习模型可以拟合势能面，但对反应机制的精确描述和反应路径的预测仍然具有挑战性，尤其是在反应网络高度复杂的情况下。

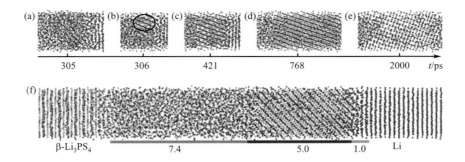

图 4.4 Li|β-Li$_3$PS$_4$ 界面模型的(a)离子扩散;(b)和(c)成核;(c)和(d)晶体生长;(d)和(e)稳定结构[37];(f)Li|β-Li$_3$PS$_4$ 界面模型的最终结构[37]

4.2 动力学蒙特卡罗（KMC）在 SEI 膜中的研究进展

KMC 是基于马尔科夫过程的随机模拟方法，可用于模拟各类复杂的动态过程，通过模拟粒子在时间和空间上的随机运动，来探究体系的演化行为和动力学特性。在每个 KMC 步骤中，根据事件发生概率随机选择一个事件发生，并相应更新系统的状态。通过重复这一过程，KMC 模拟可以有效跟踪复杂体系在长时间尺度上的演化。不同于传统的 CMD 模拟，KMC 模拟只关注系统中各种可能发生的事件（如化学反应、相变、扩散等），不需要追踪原子/分子的运动轨迹，这使得 KMC 模拟具有更高的计算效率，并且可以模拟跨时间尺度从纳秒到数小时的过程。SEI 的形成机理涉及多种复杂的化学反应和物理过程，如电解液分解、离子迁移、相转变等。这些过程的时空尺度差异较大，给传统动力学模拟方法带来了很大挑战。KMC 模拟在时间和空间尺度上具有很强的扩展能力，可以用于研究从纳米级别的初始反应到微米级别的膜厚度变化，以及从初始成膜到长期循环稳定性的演化过程，因此 KMC 在研究 SEI 的宏观行为和微观机制方面具有独特优势。

4.2.1 二维晶格模型

Wenzel 等[40]构建了一套包含化学反应、扩散和聚集过程的反应网络，并结合 KMC 方法从纳米尺度模拟 SEI 的时空演变。模拟结果表明 SEI 的形成和生长通过溶液介导途径进行，SEI 前体在远离表面的溶液中通过成核过程聚集，随后迅速生长形成多孔层，最终覆盖表面。另外，他们还发现 SEI 的厚度与发生成核反应的位置有关，当成核反应远离表面发生时，生长的 SEI 最稳定。Kwon 等[41]采用 KMC 方法研究了 SEI 层中锂离子的扩散能垒对锂枝晶生长的影响，发现锂离子的扩散能垒不同，SEI 的表面粗糙度也不同。锂离子的扩散能垒越低，其扩散速率越高，导致在锂金属负极-SEI 界面附近有高的锂离子通量，发生快速且不均匀的锂还原［图 4.5（a）、（b）］。此外，他们还探究了两种不同机械强度的 SEI 组分（LiF 和 ROLi）对锂枝晶生长的影响，发现当 SEI 为 LiF 时，锂能均匀沉积在锂金属表面，而当 SEI 为 ROLi 时，锂金属表面会形成锂枝晶［图 4.5（c）、(d)］。这主要是因为 ROLi 的杨氏模量（$Y_{ROLi} \ll 6$ GPa）很小，使得 ROLi 难以承受枝晶诱导的应力。因此，沉积的锂金属可以很容易地穿透 ROLi 并不规则地生长。LiF 具有较大的杨氏模量（$Y_{LiF} \gg 6$ GPa），这使其能够在破裂或应变之前承受大量的应力。在这种情况下，新沉积的锂金属很难穿透 LiF。

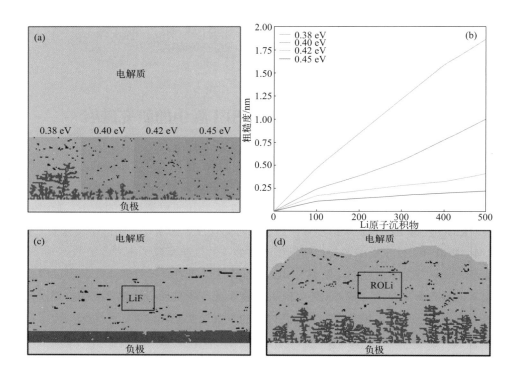

图 4.5 （a）具有不同锂扩散能垒的 SEI 各区域中锂枝晶形成的快照图；(b) SEI 不同区域的粗糙度演化趋势图；(c) LiF 中锂均匀沉积的快照图；(d) ROLi 中锂枝晶生长的快照[41]

4.2.2 三维晶格模型

Krewer 等[42]结合分子动力学（MD）、密度泛函理论（DFT）和 KMC 探究了 2 mol/L LiPF$_6$/碳酸乙烯酯（EC）电解液在锂金属模型表面形成 SEI 过程中的内部物种分布。首先，利用 MD 和 DFT 产生 KMC 模拟需要的参数，然后采用 KMC 方法模拟三维锂金属模型表面 SEI 的生长过程。发现表面形成的 SEI 具有层状结构，从表面开始依次为无机层和有机层，其中无机层包含 Li$_4$F 和 Li$_2$CO$_3$，而有机层产物为（CH$_2$OCO$_2$Li）$_2$。通过分析 SEI 形成的锂来源，认为表面形成的 SEI 本质上是由于电解液引起的锂金属腐蚀过程，只有一小部分来自于电解液中的盐分解。最近，该团队[43]通过进一步耦合 KMC 与连续介质模型发展了一种多尺度模拟方法深入分析 LiPF$_6$/EC 电解液中最初 SEI 的形成过程，发现传输是导电盐 LiPF$_6$ 降解的限制过程，而电解质溶剂 EC 的分解则受到其反应动力学的限制。分析结果显示大部分无机 SEI 由 Li$_2$CO$_3$ 和锂金属上方的 LiF 组成，通过改变电解质中的盐浓度，可以调节 SEI 无机层中 Li$_2$CO$_3$ 和 LiF 的比例以及无机层的厚度（图 4.6）。此外，他们还发现锂离子浓度和溶剂环境对形成的 SEI 形态有巨大影响，高锂离子浓度导致形成层状结构的无机 SEI；而低局部锂离子浓度则形成更类似马赛克结构的无机 SEI 和更多的有机 SEI 物种。

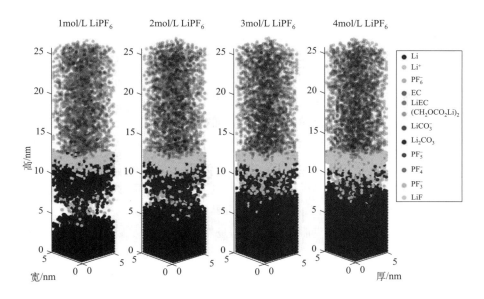

图 4.6 不同锂盐浓度条件下 KMC 模拟盒子中的组分分布[41]

4.3 小结与展望

SEI 是电解液在 LIBs 负极表面发生一系列化学和电化学反应而形成的钝化层，SEI 的结构和性质对电池的性能起着至关重要的作用，尤其是在锂金属被用作高能量密度的电池系统中。SEI 的形成涉及非常复杂的物理和化学变化过程，这些过程在时间和空间上的复杂性，使得对 SEI 形成机理的全面理解极具挑战性。近年来，理论计算在揭示 SEI 的微观结构和动态形成过程方面取得了显著进展，为解决锂金属负极在高能量密度电池中的应用难题提供了理论基础。理论模拟结果不仅能够提供实验难以直接观测的微观细节，同时可以预测不同电解液和添加剂对 SEI 形成的影响，指导实验选择和优化电解液配方，减少实验筛选的范围和成本。然而，需要指出的是，SEI 的形成过程涉及从原子级到微米级的多个空间尺度，而且时间尺度也达到秒级以上，常见的理论模拟方法（如 CMD、RxMD、

AIMD 和 MLMD）无法达到 SEI 生长所需的空间和时间尺度。KMC 模拟方法克服了上述模拟方法的局限性，同时保留了详细的分子信息，可以有效处理复杂的反应网络和长时间的演化过程，已经广泛用于模拟 SEI 的生长过程。当前研究通常采用传统 KMC 模拟 SEI 生长，这种方法需要通过实验或理论计算预先确定所有可能的反应路径和对应的速率常数，并将其存储在一个数据库中。基于预定义的反应路径和速率数据库，生成当前状态下可能的反应事件列表。根据反应速率常数，通过蒙特卡罗算法选择下一个要发生的事件，根据选定事件的速率，推进体系的模拟时间。然而，电池循环过程中电极/电解液界面处的局域环境变化很大，不同的局域环境会影响反应事件的能垒，因此基于提前构建反应事件列表的传统 KMC 方法难以准确模拟 SEI 的真实生长过程。相较于传统 KMC，on-the-fly KMC（OTF-KMC）是一种更为先进的计算方法，它在模拟过程中能够实时构建反应事件列表。具体而言，OTF-KMC 在模拟过程中能够动态生成反应路径和速率常数。这意味着每当体系状态发生变化时，新的反应路径和速率常数会实时计算并更新。这种方法避免了预先定义的数据库可能带来的不准确性和不完整性。此外，通过实时计算和更新反应路径，OTF-KMC 能够灵活适应体系的动态变化，捕捉新的反应途径和速率，提供更高的模拟精度。因此这种方法特别适用于研究复杂的、具有未知反应路径的体系，比如 SEI 的生长过程模拟。

然而，OTF-KMC 方法需要精确的原子间作用势才能获得可靠的模拟结果，传统的经验力场难以满足这一要求。MLFF 是一种基于机器学习算法训练第一性原理计算数据的新兴分子力场模型，该力场能够克服传统经验力场精度不足和从头计算方法计算成本高的问题，在保持高精度的同时大幅提高计算效率。因此，未来的研究可以将 MLFF 与 OTF-KMC 整合用于模拟 SEI 的生长过程（图 4.7）。这种新的研究范式不仅能够保持高精度，还能显著扩展模拟的时间和空间尺度，有助于研究人员更全面地捕捉 SEI 形成和演化的各个层面，为深入理解和优化 SEI 提供更强大的工具。另外，通过 MLFF/OTF-KMC 模拟还可以产生大量不同局域环境下的反应事件的能垒，将这些反应事件作为数据集，同时结合机器学习算法可以训练得到一个机器学习模型，并使用生成的机器学习模型预测锂金属电极/电解液界面处不同区域反应事件的能垒，从而实现空间尺度在微米级的 SEI 的生长过程模拟。上述展望的这套 MLFF 结合 OTF-KMC 的计算思路对不同负极材料体系也有很好的普适性，除了建模相对容易的锂金属负极体系，人们还可以将这套研究思路用于模拟石墨电极材料上 SEI 的形成和生长过程。OTF-KMC 的核心流程完全不需要改动，唯一需要调整的是，在构建并训练机器学习力场时，材料界面体系需要改为石墨原子模型并进行第一性原理的数据标记，新增加的复杂度是石墨材料中不同的 Li 嵌入浓度需要在该体系的机器学习力场训练中加以考虑的。石墨层中的 Li 浓度直接和负极的还原性相关，这同时为我们在 OTF-KMC 模拟过程中调节石墨负极的电化学性质提供了思路，即可将其等价于石墨层中不同的 Li 浓度。在 MLFF/OTF-KMC 的不同次模拟轨迹中使用石墨层内不同的 Li 浓度设置，将使得我们能够研究石墨负极的电化学还原性质对于 SEI 形成和生长过程的影响。总之，机器学习与多尺度模拟方法的结合将为我们提供新的可能，有望在深入理解锂电池不同负极材料上 SEI 的形成机制以及指导 SEI 层优化设计等方面取得重大突破。

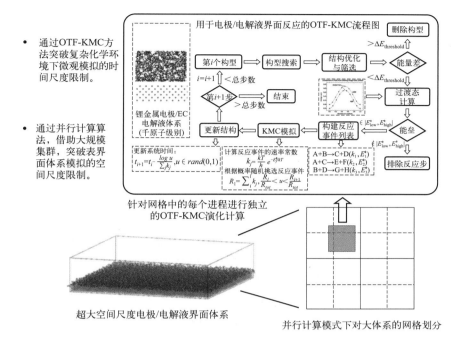

图 4.7　MLFF 与 OTF-KMC 相结合的科研范式进行 SEI 分子精度跨尺度建模示意图

参考文献

[1] MASIAS A，MARCICKI J，PAXTON W A. Opportunities and challenges of lithium ion batteries in automotive applications[J]. ACS Energy Letters，2021，6（2）：621-630. DOI: 10.1021/acsenergylett.0c02584.

[2] KIM S，PARK G，LEE S J，et al. Lithium-metal batteries: From fundamental research to industrialization[J]. Advanced Materials，2023，35（43）：e2206625. DOI: 10.1002/adma.202206625.

[3] KWAK W J，ROSY，SHARON D，et al. Lithium-oxygen batteries and related systems: Potential，status，and future[J]. Chemical Reviews，2020，120（14）：6626-6683. DOI: 10.1021/acs.chemrev.9b00609.

[4] ZHANG X，YANG Y A，ZHOU Z. Towards practical lithium-metal anodes[J]. Chemical Society Reviews，2020，49（10）：3040-3071. DOI: 10.1039/c9cs00838a.

[5] LIU D H，BAI Z Y，LI M，et al. Developing high safety Li-metal anodes for future high-energy Li-metal batteries: Strategies and perspectives[J]. Chemical Society Reviews，2020，49（15）：5407-5445. DOI: 10.1039/c9cs00636b.

[6] MENG X Q，XU Y L，CAO H B，et al. Internal failure of anode materials for lithium batteries—A critical review[J]. Green Energy & Environment，2020，5（1）：22-36. DOI: 10.1016/j.gee. 2019.10.003.

[7] YU X W，MANTHIRAM A. Electrode-electrolyte interfaces in lithium-based batteries[J]. Energy & Environmental Science，2018，11（3）：527-543. DOI: 10.1039/C7EE02555F.

[8] ADENUSI H，CHASS G A，PASSERINI S，et al. Lithium batteries and the solid electrolyte interphase（SEI）— Progress and outlook[J]. Advanced Energy Materials，2023，13（10）：2203307. DOI: 10.1002/aenm.202203307.

[9] GAUTHIER M，CARNEY T J，GRIMAUD A，et al. Electrode-electrolyte interface in Li-ion batteries: Current understanding and new insights[J]. The Journal of Physical Chemistry Letters，2015，6（22）：4653-4672. DOI: 10.1021/acs.jpclett.5b01727.

[10] MENKIN S, GOLODNITSKY D, PELED E. Artificial solid-electrolyte interphase (SEI) for improved cycleability and safety of lithium-ion cells for EV applications[J]. Electrochemistry Communications, 2009, 11(9): 1789-1791. DOI: 10.1016/j.elecom.2009.07.019.

[11] SHIM J, KOSTECKI R, RICHARDSON T, et al. Electrochemical analysis for cycle performance and capacity fading of a lithium-ion battery cycled at elevated temperature[J]. Journal of Power Sources, 2002, 112(1): 222-230. DOI: 10.1016/S0378-7753(02)00363-4.

[12] SMITH A J, BURNS J C, TRUSSLER S, et al. Precision measurements of the coulombic efficiency of lithium-ion batteries and of electrode materials for lithium-ion batteries[J]. Journal of the Electrochemical Society, 2010, 157(2): A196. DOI: 10.1149/1.3268129.

[13] SHAN X Y, ZHONG Y, ZHANG L J, et al. A brief review on solid electrolyte interphase composition characterization technology for lithium metal batteries: Challenges and perspectives[J]. The Journal of Physical Chemistry C, 2021, 125(35): 19060-19080. DOI: 10.1021/acs.jpcc.1c06277.

[14] WU J X, IHSAN-UL-HAQ M, CHEN Y M, et al. Understanding solid electrolyte interphases: Advanced characterization techniques and theoretical simulations[J]. Nano Energy, 2021, 89: 106489. DOI: 10.1016/j.nanoen.2021.106489.

[15] VERMA P, MAIRE P, NOVÁK P. A review of the features and analyses of the solid electrolyte interphase in Li-ion batteries[J]. Electrochimica Acta, 2010, 55(22): 6332-6341. DOI: 10.1016/j.electacta.2010.05.072.

[16] WU H P, JIA H, WANG C M, et al. Recent progress in understanding solid electrolyte interphase on lithium metal anodes[J]. Advanced Energy Materials, 2021, 11(5): 2003092. DOI: 10.1002/aenm.202003092.

[17] 张慧敏, 王京, 王一博, 等. 锂离子电池SEI多尺度建模研究展望[J]. 储能科学与技术, 2023, 12(2): 366-382. DOI: 10.19799/j.cnki.2095-4239.2022.0504.

[18] 于沛平, 许亮, 麻冰云, 等. 多尺度模拟研究固体电解质界面[J]. 储能科学与技术, 2022, 11(3): 921-928. DOI: 10.19799/j.cnki.2095-4239.2022.0046.

[19] TAKENAKA N, BOUIBES A, YAMADA Y, et al. Frontiers in theoretical analysis of solid electrolyte interphase formation mechanism[J]. Advanced Materials, 2021, 33(37): e2100574. DOI: 10.1002/adma.202100574.

[20] WU Q S, MCDOWELL M T, QI Y. Effect of the electric double layer (EDL) in multicomponent electrolyte reduction and solid electrolyte interphase (SEI) formation in lithium batteries[J]. Journal of the American Chemical Society, 2023, 145(4): 2473-2484. DOI: 10.1021/jacs.2c11807.

[21] JORN R, KUMAR R, ABRAHAM D P, et al. Atomistic modeling of the electrode-electrolyte interface in Li-ion energy storage systems: Electrolyte structuring[J]. The Journal of Physical Chemistry C, 2013, 117(8): 3747-3761. DOI: 10.1021/jp3102282.

[22] KANG P B, CHEN D L, WU L Y, et al. Insight into poly(1, 3-dioxolane)-based polymer electrolytes and their interfaces with lithium metal: Effect of electrolyte compositions[J]. Chemical Engineering Journal, 2023, 455: 140931. DOI: 10.1016/j.cej.2022.140931.

[23] LOURENÇO T C, EBADI M, BRANDELL D, et al. Interfacial structures in ionic liquid-based ternary electrolytes for lithium-metal batteries: A molecular dynamics study[J]. The Journal of Physical Chemistry B, 2020, 124(43): 9648-9657. DOI: 10.1021/acs.jpcb.0c06500.

[24] VAN DUIN A C T, DASGUPTA S, LORANT F, et al. ReaxFF: A reactive force field for hydrocarbons[J]. The Journal of Physical Chemistry A, 2001, 105(41): 9396-9409. DOI: 10.1021/jp004368u.

[25] LEE H G, KIM S Y, LEE J S. Dynamic observation of dendrite growth on lithium metal anode during battery charging/discharging cycles[J]. NPJ Computational Materials, 2022, 8: 103. DOI: 10.1038/s41524-022-00788-6.

[26] YANG P Y, PAO C W. Molecular simulations of the microstructure evolution of solid electrolyte interphase during cyclic charging/discharging[J]. ACS Applied Materials & Interfaces, 2021, 13(4): 5017-5027. DOI: 10.1021/acsami.0c18783.

[27] XIE M, WU Y, LIU Y, et al. Pathway of in situ polymerization of 1, 3-dioxolane in LiPF6 electrolyte on Li metal anode[J]. Materials Today Energy, 2021, 21: 100730. DOI: 10.1016/j.mtener.2021.100730.

[28] LIU Y, SUN Q T, YU P P, et al. Effects of high and low salt concentrations in electrolytes at lithium-metal anode

surfaces using DFT-ReaxFF hybrid molecular dynamics method[J]. The Journal of Physical Chemistry Letters, 2021, 12 (11): 2922-2929. DOI: 10.1021/acs.jpclett.1c00279.

[29] YU P P, SUN Q T, LIU Y, et al. Multiscale simulation of solid electrolyte interface formation in fluorinated diluted electrolytes with lithium anodes[J]. ACS Applied Materials & Interfaces, 2022, 14 (6): 7972-7979. DOI: 10.1021/acsami.1c22610.

[30] YANG M Y, ZYBIN S V, DAS T, et al. Characterization of the solid electrolyte interphase at the Li metal-ionic liquid interface[J]. Advanced Energy Materials, 2023, 13 (3): 2202949. DOI: 10.1002/aenm.202202949.

[31] MERINOV B V, ZYBIN S V, NASERIFAR S, et al. Interface structure in Li-metal/[Pyr14][TFSI]-ionic liquid system from ab initio molecular dynamics simulations[J]. The Journal of Physical Chemistry Letters, 2019, 10 (16): 4577-4586. DOI: 10.1021/acs.jpclett.9b01515.

[32] DHATTARWAL H S, CHEN Y W, KUO J L, et al. Mechanistic insight on the formation of a solid electrolyte interphase (SEI) by an acetonitrile-based superconcentrated [Li][TFSI] electrolyte near lithium metal[J]. The Journal of Physical Chemistry C, 2020, 124 (50): 27495-27502. DOI: 10.1021/acs.jpcc.0c08009.

[33] GALVEZ-ARANDA D E, SEMINARIO J M. Li-metal anode in dilute electrolyte LiFSI/TMP: Electrochemical stability using ab initio molecular dynamics[J]. The Journal of Physical Chemistry C, 2020, 124 (40): 21919-21934. DOI: 10.1021/acs.jpcc.0c04240.

[34] ZHENG Y, SOTO F A, PONCE V, et al. Localized high concentration electrolyte behavior near a lithium-metal anode surface[J]. Journal of Materials Chemistry A, 2019, 7 (43): 25047-25055. DOI: 10.1039/C9TA08935G.

[35] HU T P, TIAN J X, DAI F Z, et al. Impact of the local environment on Li ion transport in inorganic components of solid electrolyte interphases[J]. Journal of the American Chemical Society, 2023, 145 (2): 1327-1333. DOI: 10.1021/jacs.2c11521.

[36] FU F J, WANG X X, ZHANG L F, et al. Unraveling the atomic-scale mechanism of phase transformations and structural evolutions during (de) lithiation in Si anodes[J]. Advanced Functional Materials, 2023, 33 (37): 2303936. DOI: 10.1002/adfm.202303936.

[37] REN F C, WU Y Q, ZUO W H, et al. Visualizing the SEI formation between lithium metal and solid-state electrolyte[J]. Energy & Environmental Science, 2024, 17 (8): 2743-2752. DOI: 10.1039/D3EE03536K.

[38] FANG F, LIN J, LI J J, et al. Molecular dynamics simulations of liquid gallium alloy Ga-X (X = Pt, Pd, Rh) via machine learning potentials[J]. Inorganic Chemistry Frontiers, 2024, 11 (5): 1573-1582. DOI: 10.1039/D3QI02410E.

[39] XU L K, SHAO W, JIN H S, et al. Data efficient and stability indicated sampling for developing reactive machine learning potential to achieve ultralong simulation in lithium-metal batteries[J]. The Journal of Physical Chemistry C, 2023, 127 (50): 24106-24117. DOI: 10.1021/acs.jpcc.3c05522.

[40] ESMAEILPOUR M, JANA S, LI H J, et al. A solution-mediated pathway for the growth of the solid electrolyte interphase in lithium-ion batteries[J]. Advanced Energy Materials, 2023, 13 (14): 2203966. DOI: 10.1002/aenm.202203966.

[41] SITAPURE N, LEE H, OSPINA-ACEVEDO F, et al. A computational approach to characterize formation of a passivation layer in lithium metal anodes[J]. AIChE Journal, 2021, 67 (1): e17073. DOI: 10.1002/aic.17073.

[42] GERASIMOV M, SOTO F A, WAGNER J, et al. Species distribution during solid electrolyte interphase formation on lithium using MD/DFT-parameterized kinetic Monte Carlo simulations[J]. The Journal of Physical Chemistry C, 2023, 127 (10): 4872-4886. DOI: 10.1021/acs.jpcc.2c05898.

[43] WAGNER-HENKE J, KUAI D C, GERASIMOV M, et al. Knowledge-driven design of solid-electrolyte interphases on lithium metal via multiscale modelling[J]. Nature Communications, 2023, 14 (1): 6823. DOI: 10.1038/s41467-023-42212-7.

第二部分

AI 辅助电池先进表征技术

    性能表征是支撑锂电池性能提升的基础。锂电池性能表征主要分为电池材料层级的物化特性表征和电池器件层级的储能特性表征。对于材料层级的表征，其通常涉及复杂的实验过程和大量数据的分析处理工作，使得研究过程耗时费力且难以保证准确性。AI 技术为材料表征提供了强有力的工具，在材料表征的数据采集、处理和分析等多个环节中发挥重要作用，以往需耗费大量人力资源的工作如今可以结合相关 AI 手段实现自动化或半自动化处理。对于电池器件的表征，需要从颗粒度有限的电流、电压、温度信号中解读出电池内部发生的复杂机制，难度极大。相对来说，交流电化学阻抗谱（EIS）相比直流方法具有可以解耦电池内部不同频率过程信息的独特优势，被广泛应用于复杂老化过程的电池状态解析。EIS 能够揭示电池内部电阻和电容的微妙变化，这对于更深入理解电池老化和失效机制至关重要。

    本篇由两章组成，第五章由中国科学院物理研究所的王雪锋等人论述谱学表征、成像表征以及数据分析等与信息学结合在锂电池研究中的应用；第六章由厦门大学的杨勇等人探讨在锂离子电池老化诊断及寿命预测的过程中，如何将机器学习方法融入 EIS 的获取和解析过程，以及机器学习方法如何增强 EIS 技术在研究与预测实际电池老化过程中的可用性。

第 5 章

AI 赋能电池材料表征分析技术

邢瑞鹤，翁素婷，李叶晶，张佳怡，张 浩，王雪锋

锂离子电池是一种环境友好、效率高的新型能源存储器件，在便携式电子设备、电动汽车、能源存储等方面有着广阔的发展前景[1]。随着市场对高性能电池的需求日益增加，如何提高其性能、使用寿命以及安全性一直是科研工作者关注的焦点。传统的研究手段主要是依赖于经验的实验方法，或者是基于物理化学定律的理论研究。随着电池材料和设计的复杂性增加，现有的研究手段已不能满足大规模数据处理与多元优化的需求。近年来，人工智能（AI）技术在数据处理、模式识别和预测分析方面展现出巨大潜力，为锂离子电池的研发和优化提供了新的解决方案[2]。

材料表征是理解和优化锂离子电池性能的关键步骤。对电池材料的化学组成、结构和性能进行深入研究，有助于揭示电池在不同工作条件下的行为及其失效机制。然而，材料表征通常涉及复杂的实验过程和大量数据的分析处理工作，使得研究过程耗时费力且难以保证准确性[3]。AI 技术为材料表征提供了强有力的工具，在材料表征的数据采集、处理和分析等多个环节中发挥重要作用，以往需耗费大量人力资源的工作如今可以结合相关 AI 手段实现自动化或半自动化处理[4]。

材料表征技术根据表征原理不同可分为谱学和成像两类。在谱学表征技术中，AI 技术通过特征提取和数据分析，有效地克服了传统方法中数据处理烦琐和效率低下的问题。基于机器学习模型评估不同特征提取方法，可显著提升谱学分析的精度与效率；在成像表征技术中，AI 技术与 X 射线计算机断层扫描（XCT）[5]、X 射线荧光显微镜（XRF）[6] 和其他电子显微镜[7] 等先进成像技术相结合，可实现以更高精度和速度探索材料的内部结构和动态变化。该技术的有机融合不仅能加速材料的动态表征过程，而且为深入理解复杂电化学机制提供了空前的时间和空间分辨率。同时，AI 技术在数据分析中也有卓越的表现。通过辅助识别、分类、生成和分割图像，AI 可以有效克服传统技术所面临的诸多挑战（图 5.1）。

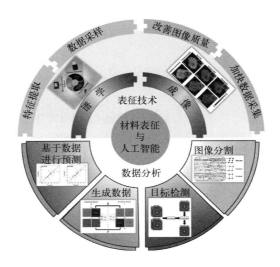

图 5.1 AI 在材料表征技术和数据分析中的应用[8-13]

本章旨在综述 AI 技术在锂离子电池材料表征中的应用，讨论其在谱学表征、成像表征以及数据分析等具体应用实例中的应用情况和最新进展。通过详细阐述 AI 技术在电池材料表征中的优势与挑战，为锂离子电池的研发和优化提供科学依据，并展望未来 AI 技术在这一领域的广阔应用前景。通过不断地技术创新和跨学科合作，AI 将在电池材料科学领域发挥越来越重要的作用，助力实现绿色能源和可持续发展的目标[14]。

5.1 AI 方法和表征手段概述

5.1.1 AI 方法概述

AI 广泛存在于当今社会，其概念十分宽泛，它源于对机器如何获取知识的探索，旨在创造能够执行复杂任务的智能系统，通常涉及符号主义、连接主义、行为主义和统计学习理论等方法。AI 因其优越性在诸多领域都展现出巨大的潜力，特别是在语音识别[15]、图像识别[16]、生物信息学[17]、信息安全[18]、自然语言处理[19]和材料科学[20]等方面。在材料领域最常见的 AI 方法通常指机器学习算法（简称机器学习）[21]。机器学习是 AI 的一个分支，专注于研究如何让计算机自动学习、获取知识，可以从数据中学习，识别模式，并在没有明确编程的情况下持续提升自身性能。机器学习提供了数据挖掘和模式识别的方法，它在分类、回归以及与高维数据相关的其他问题上表现出良好的适用性。基于机器学习的以上特性，在材料领域，尤其是电池领域中，机器学习可以应用在数据预处理和分割、特征检测、模式识别以及原位表征实验等方面，辅助电池材料表征与分析[22]。

实现机器学习的过程包括以下 5 个关键步骤：①数据采集和预处理；②材料特征提取；③根据问题特征选择恰当的机器学习算法训练模型并进行验证；④训练完成后，使用相关指标评估模型性能；⑤若满足期望的性能标准，则可部署该模型进行实际使用。机器学习在材料表征领域研究的一般流程如图 5.2 所示。

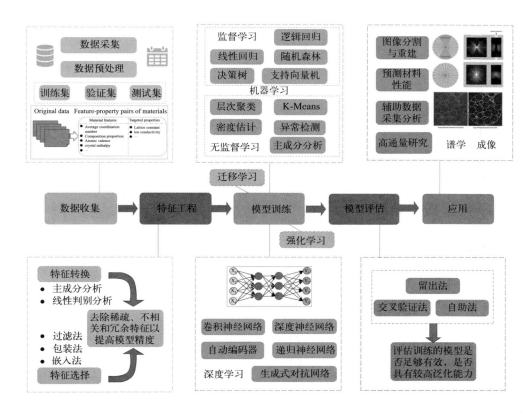

图 5.2　机器学习应用于材料表征领域的一般流程[23-25]

现代机器学习算法的能力依赖于数据的数量、质量和准确性，所以对于任何以机器学习为基础的方法，构建适当且充分完备的数据集是首要的[26]。依赖于快速检测器技术的快速发展，与材料表征相关的数据产量比几十年前高出几个数量级。计算能力的提高和机器学习算法的出现使科学家能够建立数据驱动的框架，实现自动化管理获得的大数据。

在材料表征领域，数据最初来自数值模拟和实验测量的结合。针对原始数据中可能存在的数据缺失、不平衡、格式不规范和异常点等问题，需要在特征提取之前对原始数据进行预处理，主要包括对缺失值、异常值、重复值和噪声进行清洗以及归一化处理，具体方法如采用舍弃或填充的方法进行数据缺失处理和采用过采样或欠采样方法处理非平衡数据。在数据预处理完成后将数据分为训练集、验证集和测试集：训练集用于机器学习模型的训练，验证集用于验证模型及参数调优，测试集用于评估模型实际的泛化能力。

材料表征的数据被称为材料描述符或材料特征，其设计需要尽可能多地保留材料本身的信息[27]，一般包括材料结构、化学成分和材料性能。例如，Zhao 等[28]引入层次编码晶体结构描述符（HECS），系统地编码了立方 Li-argyrodites 的组成、结构、传导路径、离子分布和特殊离子等信息，利用这些描述符构建偏最小二乘回归模型，有效地预测了固态电解质的激活能。描述符的选择往往取决于研究人员掌握的知识，这些描述符通常存在稀疏性、不相关性和冗余性，导致模型性能较差。描述符的设计需要围绕表征材料的目标性能进行设计，通常需要通过尝试和试错来逐步优化，这个过程被称为特征工程。

特征工程是机器学习模型构建中继数据收集之后的一个重要步骤，包括特征转换和特征选择。特征转换是把高维特征空间映射到低维特征空间的方法，在降低特征维度的同时特征数值也会改变，方法主要有主成分分析（PCA）[29]和线性判别分析（LDA）[30]。特征选择是从全部特征中选择一个特征子集，以降低样本维度，进而提高机器学习模型的预测精度和泛化性能。例如，Meyer等[31]用PCA对光谱数据进行压缩和分析，确定主要成分的光谱特征位置；Sun等[32]和Zhao等[33]同样利用PCA进行数据降维，进而更好地辅助数据分析。特征选择方法可以分为过滤法、包装法和嵌入法三大类[34]，其中包装法和嵌入法均与特定的机器学习模型（偏最小二乘分析、最小绝对值收敛和选择算子算法、随机森林等）相结合[35-36]。Liu等[37]还提出了一种多级特征选择方法，该方法将过滤和包装方法相结合，结合加权评分和专家知识，自动去除稀疏、不相关、冗余的特征，消除了关键特征被错误删除的风险。特征工程能有效地降低维数，同时保留数据关键信息。选择最具信息量的属性来简化模型，不仅增强了模型的可解释性，而且降低了计算复杂性[38]。

从数据集中仔细提取和选择相关特征之后，随后的关键步骤是图2中所示的第3个步骤——机器学习中的模型训练，将封装关键材料特性的选定特征作为输入提供给选定的机器学习算法。该算法的目标是辨别和理解这些特征和目标变量之间的复杂关系，目标变量通常代表材料属性[25]。在模型训练期间，算法通过迭代过程不断细化其内部参数，以减少其预测与训练数据集中观察到的与实际值之间的差异。机器学习算法主要可分为监督学习、无监督学习和强化学习三种[39]。监督学习方法发展最为成熟，也是材料领域使用的主要方法。监督学习使用标记的数据集，旨在发现和总结输入和输出之间的关系，即学习一个对新输入做出可靠预测的模型。根据输入、输出的类型可以将有监督学习进一步分为回归和分类。常见算法有线性回归、逻辑回归、人工神经网络（ANN）、支持向量机（SVM）、决策树和随机森林等。对于无监督学习，其使用未标记的数据集，即数据的先验信息是缺失的，通常用于数据识别（即聚类）和降维。常见的算法有K-Means算法、K最近邻算法（KNN）、层次聚类算法、图聚类算法等。聚类方法在处理大量无标签数据时可以有效帮助研究者从数据中提取潜在特征，例如Qian等[40]在处理大量光谱数据时，利用K-Means有效识别出了应变-氧化还原解耦效应的局部区域。生成模型是一类无监督的机器学习算法，可用于生成类似于训练的数据[41]，在利用数据进行模型训练时，生成模型可以有效解决数据不足的问题[10]。

由于特征工程可能会受限于实际应用条件，基于提取特征的机器学习模型无法灵活准确地预测多个输出，无需额外特征提取的深度学习已逐渐代替传统的机器学习在众多领域中有着优异的表现[42]。深度学习的灵活性使模型理论上可以从数据最原始的表示中不断学习更高阶的特征。深度学习与传统机器学习的差异如图5.3所示，深度学习不需要额外的特征工程步骤。深度神经网络（DNN）、卷积神经网络（CNN）、循环或递归神经网络（RNN）、变分自动编码器（VAE）和生成式对抗网络（GAN）等是较常用的深度学习算法。在电池领域中，处理许多与时间相关的问题，例如荷电状态（SOC）的估计等问题，RNN 起到了关键作用，VAE 可以有效提取数据中的特征，GAN 可以帮助研究者生成重建图像等。

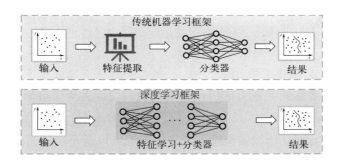

图 5.3　传统机器学习与深度学习的区别

根据"没有免费午餐定理"（No Free Lunch Theorem）[43]，不存在一个与具体应用无关而普遍适用的"最优分类器"。因此，材料表征研究中模型训练方法的选择取决于问题的性质、标记数据的可用性和具体的研究目标，确保选择的方法符合预期的结果。常用于电池和材料领域的机器学习模型如表 5.1 所示。

表 5.1　常用于电池和材料领域的机器学习模型

机器学习模型	特点或应用实例	相关文献
卷积神经网络（CNN）	适合于图像模式识别，应用于管理大量表征数据以快速和自动识别材料组成和相图	[44-48]
人工神经网络（ANN）	用于对大量晶体结构的研究，应用于原子构型采样和学习物理电位	[49-51]
深度神经网络（DNN）	适合非线性函数拟合特征提取，可用于学习编码器和解码器及预测电极特性	[52-53]
递归神经网络（RNN）	深度学习主要框架之一，主要是将上一次迭代的输出作为当前迭代的输入，可用于电池状态预测	[54-55]
自动编码器（AE）	通过逐层的无监督学习先将输入数据进行表征的压缩，应用于降维和特征提取	[52,56]
生成式对抗网络（GAN）	生成器按要求生成样本并通过鉴别器来区分真假，迫使生成器生成更真实的样本，应用于实现 X 射线断层扫描数据和实验图像的重建	[57-61]
支持向量机（SVM）	能够处理非线性动态问题中非线性特征的相互作用，提高泛化能力	[62-64]
长短期记忆网络（LSTM）	适合于与时间相关的数据，常用于电池单元状态估计	[65-67]

在机器学习中，预测误差是不可避免的，模型评估也至关重要，它决定了模型应用的可靠性和泛化能力。评估模型的三种有效方法包括留出法、交叉验证法和自助法[68]。Bender 等[69]详尽地总结并批判性地讨论了各模型评估方法。研究人员采用各种评估指标来量化性能，如用于回归模型评估的均方误差或用于分类模型评估的准确

率。留出法直接将数据集划分为训练集和验证集，通过若干次随机划分、重复实验评估后取平均值作为评估结果；交叉验证法包括k折交叉验证[70]，其将数据分成不同子集，根据不同的组合训练和评估模型，提供可靠的泛化估计，并帮助检测过度拟合；自助法使用带有替换的随机抽样来进行模型评估，在数据集较小且难以有效划分训练集和测试集时效果较为突出。通过综合使用这些评估技术全面评估模型性能，材料研究人员可以提高模型的可靠性和泛化能力。

近年来，大模型（large language models，LLMs）的发展为材料科学带来了新的研究途径。这些模型如GPT-4和BERT，具备强大的自然语言处理能力和广泛的应用潜力，可以获得广泛的知识并充当通用任务解决者，处理大规模数据并进行复杂的模式识别和生成任务。在电池领域，LLMs被用于状态估算[71]、性能预测和材料设计等方面，在面对少样本问题（比如安全性中的自燃问题）以及不同体系问题[72]，LLMs有着对少样本问题更好的理解和更强的泛化能力。同时，其强大的结合上下文的实时学习能力使其相比传统模型也有着更好的预测效果。通过结合物理模型和数据驱动方法，LLMs可以提供更精准的预测和优化方案，显著提升电池研究的效率。

5.1.2 材料表征概述

针对锂离子电池的研究方法主要包括材料表征技术和电化学测量技术两部分[73]。材料表征技术能够揭示电池材料和界面的结构、成分和性能等关键信息，从而为电池的设计、优化和性能评估提供重要依据。电化学测量技术通过测量电池在不同电压和电流条件下的电化学响应，来评估电池的容量、循环寿命和充放电效率等性质。根据研究对象的不同，材料表征技术主要分为谱学表征和成像表征两大类，下面将从这两个方面对材料表征技术进行详细介绍。

5.1.2.1 谱学表征

谱学表征技术在锂离子电池研究中具有重要作用，根据其可获取的信息，可以分为能谱、振动谱和衍射谱。这些技术通过分析电磁波与材料相互作用所产生的谱线，提供关于材料结构、化学成分和动态过程的详细信息。表5.2是几种常用的谱学表征方法及其应用实例。

表5.2 常用谱学表征方法及其应用实例

谱学种类	谱学表征方法	功能简介	应用实例简介
衍射谱	X射线衍射（XRD）	确定材料的晶体结构、相组成、晶粒尺寸和应力应变状态	研究电极材料在充放电过程中的相变行为
	电子衍射（ED）	提供材料的高分辨率的晶体结构和原子排列信息	分析材料的晶格缺陷和界面结构
	中子衍射（ND）	对轻元素（如锂、氢等）更敏感，提供轨迹信息	研究充放电过程中的嵌入和脱出机制

续表

谱学种类	谱学表征方法	功能简介	应用实例简介
振动谱	傅里叶变换红外光谱（FT-IR）	提供化学键的形成和断裂、表面官能团的变化、界面反应产物的信息	分析电极材料的组成、界面反应及电解液的分解产物
	拉曼光谱（Raman spectrocopy）	检测材料中的化学键和分子振动	识别结构变化和反应产物，电解液溶剂化结构
能谱	飞行时间二次离子质谱（ToF-SIMS）	分析样品表面释放的离子，提供化学组成和三维分布信息	分析材料中各层界面的化学成分和结构
	X射线光电子能谱（XPS）	提供样品表面的元素组成、化学态和相对浓度等信息	分析化合物的化学态、研究电极表面在不同充放电状态下的变化
	电子能量损失谱（EELS）	提供局部的化学信息和电子结构	常与透射电子显微镜（TEM）结合使用，分析材料中的元素分布和氧化态
	X射线吸收谱（XAS）	提供材料的电子结构和局部环境变化	锂离子和钠离子电池正极材料中的氧化还原反应和结构演变
	X射线荧光光谱（XRF）	提供高精度的元素分布信息	测量电极内部溶液相浓度梯度等
	能量弥散X射线谱（EDS）	确定元素类型与浓度	识别元素种类，分析元素含量和分布
其他	核磁共振（NMR）	化学状态分析	分析材料中的化学环境和结构，可以研究电解液中溶剂和添加剂的分子结构和相互作用

（1）能谱表征技术

能谱表征技术主要包括质谱、电子能谱和光谱。这些技术通过测量离子、电子和光子的能量分布，提供材料的成分和化学状态信息。

质谱通过分析离子的质荷比来确定材料的成分和结构。常用的质谱技术包括飞行时间二次离子质谱（ToF-SIMS）和时间飞行质谱（TOF-MS）。质谱技术能够提供高灵敏度的元素和同位素组成信息，广泛应用于电极材料中的杂质分析和电解质分解产物的检测。ToF-SIMS是一种高灵敏度和高分辨率的表征技术，通过分析样品表面在二次离子轰击下释放的离子，提供材料表面和近表层的化学组成和三维分布信息。例如，在锂金属电池研究中，ToF-SIMS用于深入分析锂表面钝化层的组成和厚度，揭示其由碳酸盐和氢氧化物组成的外层和氧化物组成的内层结构，并能够观察到表面污染物的分布和存储时间对钝化层的影响[74]。

电子能谱通过分析电子的能量分布来研究材料的化学成分和电子结构。主要包括X射线光电子能谱（XPS）、俄歇电子能谱（AES）、电子能量损失光谱（EELS）和能量色散X射线谱（EDS）。XPS是一种表面分析技术，通过X射线照射样品引发光电效应，测量光电子的动能来确定样品中元素的结合能，从而提供样品表面（深度小于10nm）的元素组成、化学态和相对浓度等信息。其应用包括分析锂离子电池中锂化合物的化学态[75]、研究电极表面在不同充放电状态下的变化[76]，以及通过微区XPS[77]和硬X射线光电子能谱（HAXPES）技术进行表面元素分布和深度剖析[78]。EELS则通过测量电子在样品中的能量损失，提供局部的化学信息和电子结构，常与透射电子显微镜（TEM）结合使用，能够高空间分辨率地分析电极材料中的元素分布和氧化态[79]。EDS用于分析样品中的元素组成，通过检测X射线的能量分布来确定元素的类型和浓度。

光谱技术通过测量样品吸收或发射的光子能量来分析材料的成分和结构。常用的光谱技术包括 XRF。XRF 是一种通过检测样品中元素的特征荧光 X 射线来分析其组成的表征技术。在锂离子电池研究中，XRF 可用于操作过程中测量电极内部溶液相浓度梯度。例如，使用同步辐射硬 XRF 技术，可以追踪电极中的重元素浓度变化，通过监测 $LiAsF_6$ 电解液中的 As Kα 峰来推导 Li^+ 浓度，从而提供关于电极和电解液间质量传输的详细信息，优化电极设计和电池管理系统[80]。

X 射线吸收谱（XAS）是一种强大的表征技术，通过测量样品对 X 射线的吸收系数随能量的变化，提供元素的价态、局部结构和配位数等信息[81-82]。XAS 包含 X 射线吸收近边结构（XANES）和扩展 X 射线吸收精细结构（EXAFS）两部分，适用于分析电极材料在充放电过程中的电子结构和局部环境变化，是研究电池材料电荷补偿机制、电子结构和微观结构演变的重要工具[83]。

核磁共振方法（NMR）通过测量原子核在磁场中的共振频率变化来研究材料的局部化学环境。NMR 用于研究锂离子在电极材料和电解质中的分布和迁移，能够提供关于锂离子动态和化学环境的详细信息。例如，通过原位 NMR 可以观察石墨负极在过充状态下的锂金属沉积行为[84]。

（2）振动谱表征技术

振动谱表征技术通过分析分子振动模式提供材料的化学键合和结构信息，主要包括拉曼光谱（Raman spectroscopy）和傅里叶变换红外光谱（FT-IR）。

拉曼光谱是一种利用单色光的非弹性散射来检测分子振动的表征技术，特别适用于研究锂-氧电池中的低浓度和非晶态产物，尤其是超氧化物（如 O_2^-、LiO_2）。通过表面增强拉曼光谱（SERS）技术，可以显著增强信号强度，检测到难以用其他方法观察到的物质。拉曼光谱在识别锂过氧化物（Li_2O_2）的生成和演变、检测放电过程中的副产物（如 LiOH、Li_2CO_3、Li_2O）以及分析电极和电解质界面的化学反应等方面具有独特优势[85]。

FT-IR 通过测量红外光与样品相互作用后产生的吸收谱，分析样品中的分子振动和旋转模式。FT-IR 用于检测电解质和电极表面的化学反应、界面产物和分子结构，能够提供化学键的形成和断裂、表面官能团的变化、界面反应产物的信息[86]，被广泛用于分析电极材料的组成、界面反应及电解液的分解产物，从而提供对电池性能和稳定性的深入理解[87]。例如，FT-IR 被用于原位监测锂离子电池循环过程中电解质中锂离子的溶剂化和脱溶剂化动态，以及固体电解质界面（SEI）形成的过程[88]。

（3）衍射谱表征技术

衍射谱表征技术通过分析 X 射线、电子和中子在晶体结构中的衍射图样提供材料的晶体结构信息，主要包括 X 射线衍射（XRD）、电子衍射（ED）和中子衍射（ND）。

XRD 通过测量 X 射线在晶体结构中的衍射图样来分析材料的晶体结构。根据布拉格定律，衍射角度与晶体平面的间距有关。XRD用于确定电极材料的晶体结构、相组成、晶粒尺寸和应力应变状态，能够提供晶格参数、晶体相变、材料的结晶度和结构缺陷等信息。例如，在研究电池正极材料时，XRD广泛用于分析材料在充放电过程中的不可逆晶体结构变化[89]。

ED通过电子束与样品相互作用产生的衍射图样来分析材料的晶体结构。ED可以在TEM中进行，适用于分析纳米材料和薄膜材料的局部晶体结构。电子衍射的优势在于其高空间分辨率，能够提供晶体结构的细节信息，适用于研究材料的晶体缺陷、畴结构和微结构。例如，Wang等[90]利用ED观察到硅纳米线在锂化过程中高度各向异性的体积膨胀行为，帮助深入理解材料在充放电过程中的微观结构变化及其对电池性能的影响。

ND利用中子与原子核的相互作用来探测材料的结构。与XRD不同，中子对轻元素（如锂、氢等）更敏感，能够提供更详细的氢和锂的位置。ND用于研究锂在电极材料中的分布和扩散行为，能够提供锂原子的精确位置、分布和运动轨迹的信息[91]。例如，在研究$LiFePO_4$电池时，中子衍射揭示了锂离子在充放电过程中的嵌入和脱出机制。

谱学表征技术在锂离子电池研究中具有重要意义，能够提供材料的电子结构、化学键合、局部化学环境和晶体结构等关键信息。这些技术的结合应用，不仅帮助研究人员深入理解电池材料的性能和降解机制，还为新材料的设计和优化提供了科学依据。在未来的研究中，谱学表征技术将继续发挥关键作用，推动高性能锂离子电池的发展。

（4）电化学测量技术

电化学测量技术是研究锂离子电池性能的重要手段之一。其通过监测电流、电压和电阻等电化学参数的变化来评估电池的充放电行为、循环寿命、容量保持率和其他电化学性能。常用的电化学技术有线性扫描伏安法（LSV）、循环伏安法（CV）和电化学阻抗谱（EIS）等[92]。

EIS是一种通过施加交流电压并测量响应电流来分析电池电化学行为的技术。EIS可以在不同频率下获取电池的阻抗信息，从而分离出与电化学反应相关的各种阻抗成分。通过解析EIS谱图，可以得到关于电池的电荷转移电阻、电解质电导率、电极界面特性等重要参数[93]。这些信息对于理解电池内部的电化学过程、评估材料性能以及优化电池设计具有重要意义。

5.1.2.2 成像表征

成像表征技术通过生成材料的直观图像来提供其形态、结构及组成等信息。以下是几种常用的成像表征方法及其应用实例。

首先，通常在使用显微镜时，研究者可以直观地观察样品形貌特征，常用的有扫描电子显微镜（SEM），可用于观察电极材料的表面形貌和微观结构。例如，通过SEM可以分析电极材料的颗粒大小、形状和分布。TEM用于高分辨率成像和晶体结构分析。例如，通过 TEM 可以观察电极材料的晶格缺陷和界面结构[94]。

观察离子输运时,采用扫描透射电子显微镜(STEM)结合 EELS,可以分析材料中的离子分布和迁移路径。例如,通过 STEM-EELS 可以研究电极材料中锂离子的分布和嵌入行为[79]。

原子力显微镜(AFM)和扫描探针显微镜(SPM)可以被用来进行缺陷和均匀性分析。AFM 通常用于分析材料表面的形貌和力学性能。例如,通过 AFM 可以测量电极材料表面的粗糙度和机械强度。SPM 则用于分析材料表面的电学和磁学性质。例如,通过 SPM 可以研究电极材料表面的电荷分布和磁性特征。

此外,X 射线成像技术利用 X 射线穿透材料生成图像,能够提供材料的三维结构信息,是研究电池内部结构的重要工具。常用的 X 射线成像技术包括 XCT。XCT 是一种非破坏性的成像技术,能够在纳米级和微米级分辨率下对材料进行三维成像。XCT 利用 X 射线穿透材料并生成其内部结构的详细图像,特别适用于研究电池系统中的微观结构变化。通过 XCT,研究者可以定量分析电极材料的孔隙度、表面积和体积膨胀,监测充放电过程中电极内部结构的动态变化。例如,通过 XCT 技术,可以观察和量化锂离子电池电极在充放电过程中的体积膨胀和形态变化,识别材料内部的裂纹和缺陷[5]。

同时在以上技术的基础上,研究者还开发了更多先进的原位和操作表征工具,用于监测操作条件下电池中材料和 SEI 的演变,包括原位透射电子显微镜(*in-situ* TEM)、原位核磁共振(*in-situ* NMR)以及时间分辨 X 射线衍射(time-resolved XRD)等。这些原位技术对于优化电池材料、了解电池退化机制并最终提高电池的整体性能起到了十分重要的作用[95]。

5.2 AI 与谱学表征技术的结合

材料表征的一般过程包括样品制备和转移、数据采集和数据分析。AI 技术主要从表征流程和数据分析两方面与表征技术结合:在谱学表征中主要讨论 AI 在特征提取和数据采样中的应用,在成像表征中 AI 可以加快数据采集效率,同时提升成像质量;在数据分析中 AI 主要从预测、生成、目标检测和图像分割展开(图 5.1)。本节主要讨论 AI 在与谱学表征技术的结合中发挥的主要作用。

随着锂离子电池研究的不断深入,谱学表征技术在材料分析和性能优化中扮演着至关重要的角色。然而,传统的谱学表征方法面临着数据处理复杂、采样效率低、噪声干扰大等挑战,这限制了对材料特性的全面和准确分析。AI 技术的引入,为谱学表征带来了新的机遇和变革。通过 AI 辅助表征和数据收集,研究者能够更加高效地处理大量复杂数据,提高表征质量和速度,并减少实验过程中的误差和样品损伤。如图 5.4 所示,AI 在谱学表征中的具体应用包括 AI 辅助表征及数据收集、特征提取和结合表征数据的预测。

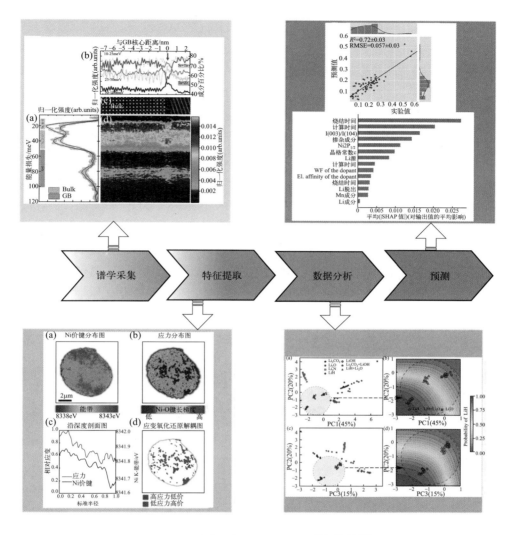

图 5.4 AI 在谱学表征技术中的应用[33, 40, 96-97]

5.2.1 AI 辅助谱学数据收集

在表征过程中，尽管人们能通过先进的表征设备获得较好的实验数据，但是部分实验设备探测器所能探测的范围有限，以及信号背景过强等问题往往增加了表征的时间；同时，较低的采样效率和噪声或高背景可能会使简单的拟合和插值方案复杂化，导致对图像的估计不准确；部分样品会因长时间辐照发生损伤和材料微结构变化，这严重限制了对样品的准确观测。AI 可以快速处理大量数据，提高采样成像的效率，同时辅助智能选择采样点，提升重建过程的效率，在提升表征质量的前提下，加快表征速度，减少对样品的辐照损伤，从而有效解决上述问题。

例如，由于探测器收集角度有限或高信号背景的限制，传统的电子显微镜分析方法，如 EELS 和 EDS 在较高分辨率下进行采谱时，通常需要数小时甚至数天才能完成全图谱。

Hujsak 等[12]提出了一种名为多目标自适应动态采样（MOADS）的方法，通过动态采样，将收集数据和预测真实谱图同步推进，从而加速 EELS 或 EDS 的谱图映射。而且光谱数据中常常存在复杂的背景信号和系统误差，影响了对实际光谱峰的分析，为此 Ament 等[98]提出了采用指数修正高斯混合模型。相比于传统对称污染分布模型，该模型能够较好地模拟由具有正支持（噪声均为正值）的分布污染的残差，进而高效地处理噪声，提升了表征分析的准确性。在全固态锂电池的研究中，改善晶界的低离子传导性是提升全固态电池性能的关键步骤，而传统 STEM-EELS 技术无法直接探测晶界处 Li 分布的问题，Lee 等[99]利用振动电子能量损失谱（VibEELS），通过图 5.5 所示流程，测量锂-氧振动来绕过重元素的干扰，提供高能量振动图谱，并使用主动学习矩张量势（MTP）的方法，实现根据系统中原子的局部环境描述符创建势能面的映射，其能够准确地映射出晶界处的 Li 分布，从而实现了原本表征手段无法实现的效果。总之，AI 在处理海量数据方面有着巨大优势，它的噪声抑制能力和理论预测能力可以使以前无法直接描述结果的任务变得可能，在不改变硬件的情况下，提高设备的表征能力，极大地改善了数据采集和分析能力。

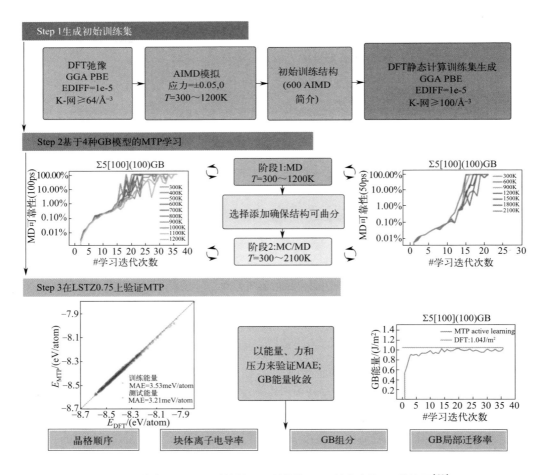

图 5.5　拟合 LSTZ0.75 块材和晶界结构的 MTP 的主动学习工作流程[99]

5.2.2　AI 结合特征提取

伴随着表征技术的快速发展，研究者可以相对容易地获得材料的实验光谱数据，但面对海量的光谱数据，人工处理过程往往比较烦琐，甚至因疏忽遗漏重要信息。对众多数据所蕴含的特征进行合理的挖掘是人们必须解决的难题，而目前尚无一种通用的数据特征描述方法，很大程度上仍依赖于知识积累和经验。机器学习在处理结构化数据方面表现优异，能自动化处理复杂繁多的数据，减轻处理数据的工作量，同时提升数据分析的准确性。

例如，在处理大量 XANES 光谱分析数据时，Qian 等[40]结合同步辐射技术与机器学习算法，采用图 5.6（a）所示的流程，利用 K-means 聚类方法来对超过 160000 个不同区域的扩展 X 射线吸收精细结构进行分类降维，根据氧化还原与应变的不同程度，识别出应变-氧化还原解耦效应的局部区域。而且传统的 XANES 分析受限于参考光谱的数量，在利用机器学习方法进行辅助分析时，不同的特征提取方法和机器学习模型也存在一定差异。如图 5.6（b）所示，Chen 等[100]在对生成数据进行特征提取降维后，利用机器学习模型推断光谱信息，并评估了不同的特征提取方法［原始强度、累积分布函数（CDF）、峰值特征和连续小波变换（CWT）］对机器学习模型在 XAS 分析中的性能影响，发现 CDF 在预测准确性和模型迁移性方面表现出色，能够提高基于树模型对实验光谱的预测准确性，特别是在能量校准不精确的情况下，CDF 仍能够生成与预期电压相符的氧化态。上述工作都说明利用 AI 来进行特征提取的方法使光谱分析的准确性和效率得到了显著提升。

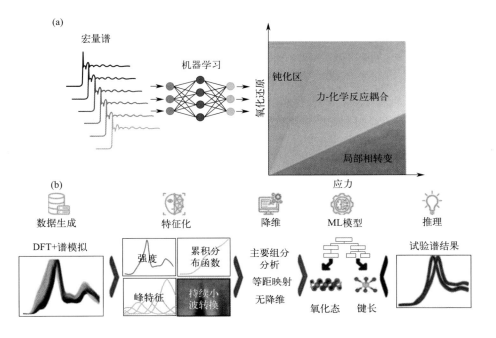

图 5.6　（a）大规模光谱数据分析流程图[40]；（b）监督机器学习基准特征空间示意图[100]

5.2.3 AI 结合表征数据的分析和预测

人们在利用多种表征手段获取锂离子电池相关数据之后，需要深入分析其工作机理，从而进一步改善电池性能。然而，面对海量、复杂、多样的数据，如何对其进行理性、精确的分析与预测成为一项极具挑战性的课题。在这种情况下，AI 技术特别显示出了其强大的数据处理和分析能力。借助 AI 技术，人们能够更高效地分析和解释复杂的表征数据，从而有效预测锂离子电池的性能和行为，促进电池技术的优化与创新。

在电池研究中，EIS 被广泛应用于分析电池的电化学特性。然而，直接从 EIS 谱中获取具体的阻抗信息是非常具有挑战性的，尤其是面对复杂的电池系统时。传统上，研究人员依赖经验构建等效电路模型（ECM）来解释 EIS 数据，但这种方法可能会导致误解和错误，如图 5.7（a）所示，特别是当不同电化学过程的时间常数相似或重叠时。此外，经验模型往往难以适应新型电池材料和结构的复杂性，限制了对电池行为的准确理解和预测。然而 AI 结合数据分析的方法有效改善了这一问题。

例如，Lu 等[101]提出了一种基于时间尺度分析的策略，通过分布弛豫时间（DRT）方法解耦和量化锂电池中的复杂动力学过程。该方法利用 EIS 数据，结合傅里叶变换、蒙特卡罗采样、最大熵法、分数代数识别和 Tikhonov 正则化等算法，避免了传统经验模型的局限性。结果表明，DRT 方法显著提高了电池系统中不同电化学过程的识别和定量化能力，实现了对电池状态的非破坏性在线监测，并构建了更为准确的电化学模型。DRT 方法是克服上述问题的一种替代方法，但常规的 DRT 反卷积仅限于频率维度。Quattrocchi 等[102]提出了一种基于 DNN 的 DRT 反卷积方法，用于从多维 EIS 数据中对 DRT 进行反卷积，结果如图 5.7（c）所示，其预测结果准确度很高，实现了依赖于实验条件的多维 EIS 光谱的分析。

除了数据分析，基于 EIS 数据也可准确预测电池的 SOC，Babaeiyazdi 等[103]通过特征敏感性分析提取与 SOC 高度相关的 EIS 阻抗特征，采用线性回归模型和高斯过程回归（GPR）模型进行 SOC 预测，误差小于 3.8%，提高了 SOC 预测的准确性和鲁棒性。同时，在 EIS 数据较难获得时，研究者也考虑通过预测模拟的方法得到 EIS 数据，如图 5.7（b）所示，Duan 等[104]通过仅使用恒流充电数据来预测电动汽车锂离子电池在 100% 充电状态下的阻抗谱，预测结果在整个频率范围内对阻抗谱的预测误差仅在 1.52~8.46 mΩ 之间，有很大的实用潜力。

除了对于 EIS 的数据分析外，进一步的研究将 AI 与电池状态预测结合起来，探索其在 SOC 和电池健康状态（SOH）预测中的应用[105]。这些研究不仅提高了电池管理系统的准确性和可靠性，还展示了 AI 技术在复杂电池系统中的强大潜力。例如，Tian 等[106]采用一种结合物理知识和深度学习的方法，通过 ECM 解耦电池的开路电压（OCV）、欧姆响应和极化电压，增强了 DNN 的输入特征，利用 LSTM 层、蒙特卡罗 Dropout 技术和卡尔曼滤波器等技术，将短期安时计数与 DNN 的 SOC 估计结果相结合，提高了 SOC 估计的准确性和鲁棒性。Kohtz 等[107]则通过有限元模型计算不同操作条件下的 SEI 厚度，并结合实验数据，同样采用 GPR 模型实现 SOH 预测。该方法利用共克里金（Co-kriging）方法，将物理模型和实验数据相融合，从而提高了 SOH 估计的准确性和效率。

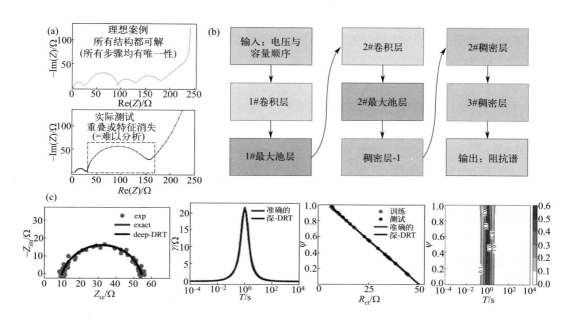

图 5.7 （a）理想和实际 EIS 测量[108]；（b）利用 CNN 重建 EIS[104]；（c）利用 EIS 数据估算 DRT[102]

总之，到目前为止，LIBs 的 SOC 估计已经做了很多工作，随着 LIBs 数据的不断增加和计算能力的快速提高，以上基于深度学习技术的数据驱动方法得到了广泛的应用。用于 SOC 估计的典型深度网络结构分为四类：前馈神经网络（FNN，将 LIBs 测量值直接映射到 SOC）、RNN、CNN 和组合网络。虽然目前已经取得了不错的效果，但其泛化性（对不同类型电池的效果）和鲁棒性（电池在不同条件下的效果）较差，阻碍了在多种类型 LIBs 场景中的灵活应用，同时评估多问题时，多个模型叠加产生的效果也不尽如人意[71]。而近两年取得巨大成功的大模型具有极强的泛化性，其在通用性、自学能力、少样本学习、语义理解、多模态处理以及评估与反馈机制等方面具有显著优势，特别是在需要处理少样本问题和进行跨领域迁移的任务中，展示了其巨大的潜力和应用价值。因此大模型在帮助处理电池领域的各种问题上，同样具有极大的可能性。

大模型成功的关键在于其在预训练过程中让模型理解了自然语言的语义，进而可以处理各种对话任务。因此，研究人员可以通过大模型更高效地处理整合信息。Zhao 等[109] 通过构建一个包含大量快速充电技术文献的知识库，并开发 BatteryGPT 问答引擎，从而显著提高了文献综述的效率。BatteryGPT 能够快速处理和分析大量的研究资源，从复杂的文献中提取见解，帮助研究人员迅速获取、分析和应用丰富的知识，从而优化研究方法设计并加速实验数据分析。为了进一步加强大模型和电池领域的结合，研究者做了许多努力，然而，让大模型理解电化学过程是有一定困难的，因为电化学过程很难通过文本来呈现。Bian 等[71] 提出了一种硬-软混合提示学习方法，将预训练的大语言模型应用于多类型锂离子电池的 SOC

估算。通过文本编码器将电池测量数据转换为硬文本提示，通过知识注入机制，动态调节 LLMs 的隐藏状态。实验结果表明，该方法在多种操作和温度条件下，能够准确估算多类型锂离子电池的 SOC，展示了其在电池管理系统中的应用潜力。Feng 等[110]开发了一种名为 GPT4Battery 的框架，利用 LLMs 的强大泛化能力和测试时训练技术，针对不同类型 LIBs 的 SOH 进行估算。通过重新训练输入和输出层，并添加特定电池适配模块，该框架实现了跨电池类型的高精度 SOH 估算，显著减轻了数据收集的负担，取得了不错的效果。为了设计一个理解电池运行过程和状态的通用性大模型，Wu 等[72]讨论了基于"语义检测"的多模态预训练电池通用模型（PBGM）发展所需经历的阶段、可能遇到的困难和评价指标，并提出了中国科学院物理研究所（物理所）的"三步走"计划。这个计划包括预训练、微调和测评，旨在开发出一种参数量少、适合离线评估，并具备实时预测能力的电池通用模型。

总之，这些研究展示了大语言模型在电池研究中的广泛应用潜力，从快速文献综述、SOC 估算到 SOH 估算，显著提升了研究效率和准确性。尽管电化学过程的复杂性给大模型的应用带来挑战，但通过创新的方法和框架设计，这些模型成功地实现了对多类型锂离子电池的高效管理，推动了电池管理系统的进步。未来，随着大语言模型技术的不断发展和优化，结合更深入的电池领域知识，其有望在电池状态评估和管理中发挥更重要的作用，进一步提升电池性能和安全性，推动新能源技术的发展。

在材料信息学领域的研究中，高通量实验应用十分广泛。高通量实验可以快速获取大量材料，但同时也面临着精确筛选和分析的难题，而机器学习模型则可以高效地处理大量具有共性的数据，为研究人员提供更好的辅助分析和预测。在 Tajima 等[9]的研究中，为了改善 $LiMn_2O_4$ 充放电性能，采用高通量实验与材料信息学相结合的方法构建材料库，并通过 XRD 和 XANES 光谱等表征手段及采用 SVR 和岭回归方法预测不同添加剂配比对材料充放电性能的影响规律，最终筛选出一批具有更高充放电容量（约 10%）和约 0.1V 更高平均充放电电位的 $LiMn_2O_4$ 材料，这种方法显著加快了材料筛选过程，为快速发现和优化电池材料提供了一个有效的工具。类似地，如图 5.8（a）所示，Kireeva 等[97]在研究富锂层状氧化物材料的性能时，基于 XPS 和 XRD 光谱数据作为输入的描述符，利用梯度提升树算法（XGBoost）对锂离子电池的首次放电容量、库仑效率、容量衰减等性能指标进行预测，并在一定程度上解决实验数据缺失和数据不完备的问题。

AI 方法在电解质成分定量分析中同样具有突出的优势。传统的 NMR、气相色谱（GC）等表征手段并不适合大范围、快速分析。为了研究电池退化过程中电解液的变化，Buteau 等[111]提出一种基于 FT-IR 技术、比尔-朗伯定律和机器学习中线性振动模式模型和恒定振动模式模型来快速、准确地确定电解液成分的浓度，实现了对电解液组成的精确预测，能够将盐的质量比预测控制在 0.4% 的误差范围内，每种溶剂的质量比预测控制在 2% 的误差范围内，并且可以扩展到不同的电解液混合物。Meyer 等[31]则是利用 CNN 以及 PCA 结合 FT-IR 技术，在电池操作过程中实时高精度测量锂离子电池电解液中 $LiPF_6$ 和溶剂（EC 和 EMC）的浓度，如图 5.8（b）所示，预测错误率在 0.5% 以内，准确度超过 99.99%，进一步揭示了溶剂化行为与锂离子浓度之间的关系。

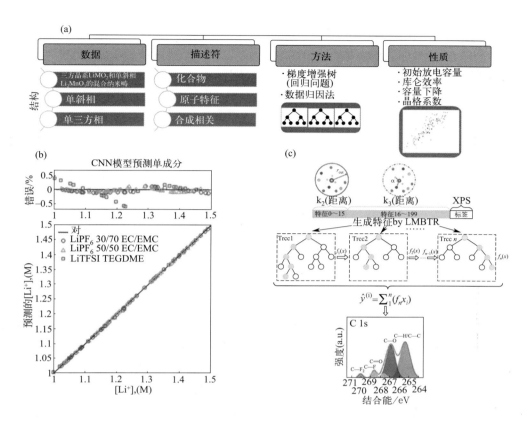

图 5.8 （a）描述实验数据、描述符和机器学习方法的示意图[97]；（b）利用 CNN 实时高精度测量锂离子电池电解液中 LiPF$_6$ 和溶剂（EC 和 EMC）的浓度[31]；（c）从零开始的人工智能（AI-ai）框架，用于预测 SEI 的 XPS[32]

针对金属锂负极材料表面污染物及钝化物质对电池循环性能的影响，目前使用 ToF-SIMS 分析数据时，数据量大、人工分析费时费力。Zhao 等[33]使用了逻辑回归算法分析 ToF-SIMS 光谱数据，快速识别不同锂化合物的特征离子，并确定混合物和锂金属阳极样本的可能组成，有效辅助开展分析实验。以上研究均通过直接获得的光谱等各种表征数据作为模型的输入，进而利用算法对结果进行预测。然而在实际应用中，人们往往难以同时获取大量相同材料的研究数据，例如，在利用 XPS 对锂金属电池中的固体电解质界面进行分析时，实验 XPS 无法提供 SEI 的原子结构信息，导致关键细节缺失。为此 Sun 等[32]结合计算模拟和机器学习来实现 XPS 光谱的预测。如图 5.8（c）所示，其通过使用 AI-ai 框架和反应分子动力学（HAIR）模拟来生成 SEI 的原子结构，使用 LR、RF、XGBoost 和 ANN 模型等机器学习模型来预测 XPS 光谱，这种方法能够提供 SEI 的原子细节和 XPS 预测，从而填补了实验和理论之间的差距。Dirks 等[112]使用已知的 X 射线跃迁能量和相关概率生成模拟的 XRF 光谱，并通过自编码器架构将其嵌入神经网络中，实现元素浓度的高精度预测，适用于多种复杂的现场应用场景。类似地，Chen 等[100]也使用计算模拟的方法生成用于训练的数据。

如今 AI 技术已经成为锂离子电池数据分析与预测的重要手段。将实验与计算模拟相结合，利用 AI 技术实现对电池性能和行为的高效预测，不仅可以提高研究效率，而且可以为电池材料的优化、新材料的发现提供有力的支撑。

总而言之，AI 技术在谱学表征中展现出了巨大的潜力和优势。通过 AI 辅助表征及数据收集，研究者能够更高效地获取和处理大量复杂数据，显著提升表征质量和速度。AI 结合特征提取，帮助研究人员从海量数据中提取有价值的信息，提高了数据分析的准确性和效率。AI 结合表征数据进行预测进一步提升了对材料性能和行为的理解，促进了电池技术的优化与创新。随着 AI 技术的不断发展，其在谱学表征中的应用将不断深化，为锂离子电池及其他材料的研究提供更强有力的支持。

5.3　AI 与成像表征技术的结合

随着材料科学和电池技术的发展，成像表征技术在研究材料的微观结构和动力学过程方面起着至关重要的作用。传统成像技术虽然能够提供高分辨率的图像和详细的结构信息，但在数据处理效率和精度方面仍然面临挑战。AI 的引入，为成像表征技术带来了新的机遇和变革。通过 AI 辅助的表征及数据收集，研究人员可以更加高效地获取和处理大量复杂的成像数据，显著提升表征质量和速度。如图 5.9 所示，AI 在成像表征中的具体应用

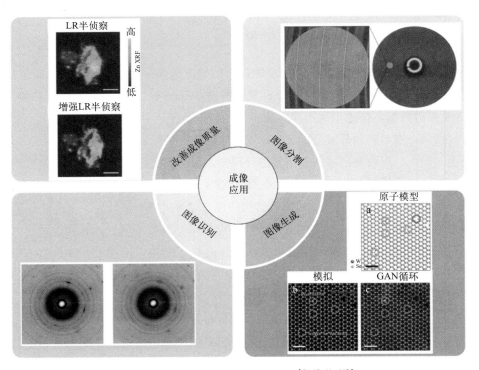

图 5.9　AI 在成像表征技术中的应用[6, 10-11, 113]

包括 AI 辅助表征及数据收集、图像识别与生成以及图像分割等。

5.3.1　AI 辅助成像数据收集

成像技术的进步，也是表征技术发展的重要体现。电子显微镜技术的不断迭代进步，使得电池样品材料表征的手段日益成熟，表征的精度和成像速度都得到极大提高。

近年来，基于 X 射线成像、透射电镜等先进的成像/光学表征手段在电池研究领域取得了长足进展，但仍无法深入揭示一些对时空分辨要求较高的动力学过程机理。随着 AI 技术的不断进步，电子显微学的研究也在不断拓展。以 XRF、XCT 为代表的新型 X 射线成像技术的发展已展现出巨大的发展前景。AI 技术在显微学领域的应用，显著提升了表征过程中的数据获取效率。通过将先进的数据分析方法与机器学习模型相结合，在动态高分辨成像应用中能够实现对材料内部结构与动态变化的精确、高效研究，为理解与优化材料性能奠定基础。

例如，针对目前全固态锂离子电池锂离子动力学行为难以直接观测、定量表征的难题，使用时间分辨的原位 EELS 与 STEM 结合的方法可以记录锂离子在固态电池充放电反应中的动态变化，但由于信号弱和噪声高的原因，很难获得锂离子分布信息。Nomura 等[114]将稀疏编码（SC）用于图像去噪和超分辨率处理，如图 5.10 所示，经过 SC 编码后，图像质量明显优于低质量（LQ）锂离子浓度图，同时也比高质量（HQ）锂离子浓度图更清晰，从而在保证足够信噪比的前提下，实现具有较高时空分辨率的 EELS 成像。

XRF 的应用的空间分辨率受到其 X 射线探针轮廓和扫描步长的固有限制。由于样本及探头的移动，飞扫模式所获得的数据将更加模糊，难以解析样本内部的精细结构。AI 技术可用于提高成像的分辨率与精度。例如，Zheng 等[6]提出了一种双分支机器学习模型，结合残差通道注意力网络（RCAN）和多尺度残差网络（MSRN），分别提取不同空间尺度和频率尺度的特征，从而提高 XRF 图像的空间分辨率，减轻探针轮廓引起的模糊效果，重建后的图像质量远高于低分辨率图像，与原图像极度相近，在横向和角向维度上分辨率均显著提升。Wu 等[8]利用残差密集网络（RDN）模型，与 Zheng 的双分支机器学习模型不同，RDN 模型基于深度残差网络，受卷积 X 射线探针的影响较小，可直接将受限于 X 射线探针轮廓的低分辨率 XRF 图像重建为超分辨率图像，即解决了 XRF 数据和自然图像之间的差距问题，提高了数据采集效率。这两种方法说明深度学习可以显著提高成像质量，在提高 XRF 成像技术中有着巨大潜力。

对于 XCT，AI 在提升成像效率上也有一定应用。传统 CT 扫描要求样品处于静止状态，难以观察其动态过程。Zhang 等[115]采用基于 RRDB（residual in residual dense block）的深度学习模型，实现了低于 10 s 的数据采集时间，同时保持低于 50 nm 的像素分辨率，可显著提高重建质量，减少 X 射线剂量，缩短数据获取时间，使锂离子电池正极材料在充放电过程中的动力学行为的研究更为方便。

通过 AI 技术的应用，尤其是对于 XRF、XCT 以及电子显微镜技术，可提高数据获取速度，提高成像质量，进而可以加快材料动力学表征的进程，而且可以为深入理解复杂电化学机理提供前所未有的时空分辨能力，特别是对锂离子电池等高性能电池充放电过程中的微观动力学行为及其相互影响进行研究。

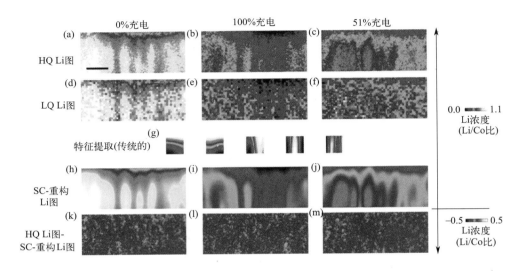

图 5.10　应用 SC 技术对 Li 映射进行降噪和超解析，SC 对 Li 图谱的去噪和超分辨率，阴极膜在 0% 带电、100% 带电和 51% 放电状态下的 HQ Li 图[114]

5.3.2　AI 辅助图像分析

在实现高效、精准的数据收集和成像表征之后，如何从庞大的数据中提取有意义的信息成为下一步的关键。在传统分析过程中，往往要依靠研究者丰富的专业和经验知识，才能得出一个合理的结论。但是，当数据量变得非常庞大时，研究者们往往要花费大量的精力，而且难以客观地对所有的数据进行总结，同时还会不可避免地忽略掉隐藏在图像中的信息，从而给研究过程带来巨大的损失。AI 在图像分析方面极具潜力，不仅能避免研究人员疲劳错误，获得更精确的结果，而且不受人眼分辨的限制，可直接从图像数据中挖掘出更深层次的特征，从而更好地识别、解析和理解成像数据中的复杂特征和动态过程。以下部分将详细探讨 AI 在图像识别与生成、图像分割等方面的应用及在电池材料研究中的具体实例。

5.3.2.1　图像识别与生成

在表征图像分析中，研究者通常采用倒向空间的衍射分析来获取相图，该过程费时且依赖经验，AI 技术的使用可以准确地帮助研究者识别出相图。例如，在 XRD 图像分析中，排除诸如单晶衍射点之类的伪像对于准确的分析是非常重要的。Yanxon 等[11]利用

XGBoost 的机器学习方法，快速准确地将复杂 XRD 图像中的真实信号与伪像区分开来，为粉末衍射圆环的精确分析提供有力的技术支撑。

在分析数据图谱中大量存在的点阵缺陷时，研究者通常难以通过肉眼准确地发现数据背后的细微缺陷，而 AI 能够从大量的数据中提取出相似的特征。例如，Li 等[116]采用硬 X 射线纳米探针衍射成像与机器学习结合的方法来识别单晶 $LiCoO_2$ 中的晶格缺陷，如图 5.11（a）所示，传统方法无法区分不同扫描位置的复杂图案。简单提取模式质心过度简化了数据。研究者利用自编码神经网络对数据进行特征提取，在提高数据处理速度的同时，增强了对材料微结构演化规律的认识，有效填补了传统方法的不足。

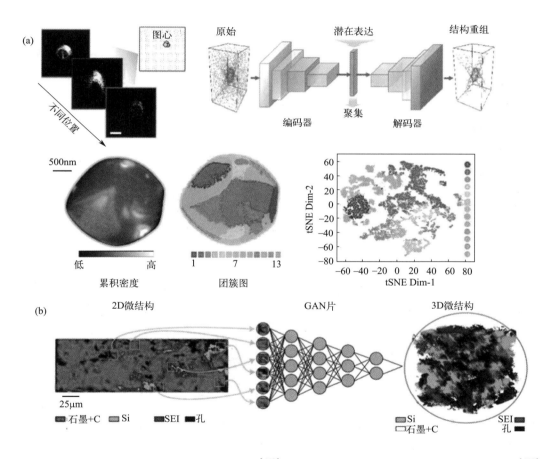

图 5.11 （a）机器学习辅助衍射成像数据分析示意图[116]；（b）利用 SliceGAN 生成 3D 电极微结构的示意图[120]

此外综合运用多种 AI 技术可实现数据的自动分析处理。Baliyan 等[117]结合了 PCA、聚类等机器学习方法，实现干扰信号的剔除、背景噪声的去除、基线的去除、特征的提取与分类和类别标记的确定等目标。进一步模型能够自动地完成特征提取和分类并自动分配标签，降低人工工作量，提高分析效率与精度。Ge 等[118]提出了一个集成机器学习框架，结合了高斯混合模型（GMM）、椭圆拟合、Laplacian of Gaussian（LoG）斑点检测和 K 均值聚类算法的集成机器学习框架，实现数据预处理、衍射点检测与跟踪、衍射环识别等一系列任务。该方法还可与表征设备相结合，利用在线机器学习方法对实验结果进行解释，不仅可实现表征分析过程的自动化，还可使模型根据实时结果进行反馈，对测量过程参数进行修正，从而获得以往人工无法获得的结果。例如，Szymanski 等[119]开发的自动化 XRD 分析技术将卷积神经网络和物理衍射设备耦合，可实现对复杂体系中微量物质的快速识别，尤其是固体反应过程中难以获得的短寿命中间相，大幅提高实验效率与结果准确度。

机器学习不仅能够识别分析图像，其强大的生成能力还可以帮助研究者根据实际科研问题生成改善研究中需要的图像。例如，在利用 XCT 等识别纳米级尺寸的界面和相间物时，通常只能得到 2D 截面图，这对于研究分析是十分困难的。如图 5.11（b）所示，Lombardo 等[120]提出使用 ToF-SIMS，结合 SliceGAN 算法（基于生成对抗网络的技术）分析大尺寸（数百微米）电池电极微结构。ToF-SIMS 能够提供高分辨率的 2D 电极横截面图像，而机器学习算法能够从这些 2D 图像中重建出包含主要相和界面空间分布信息的 3D 微结构，从而加速实验数据向结构信息的转化。

此外，在实验数据不足的情况下，AI 可以辅助生成逼真的实验图像。Khan 等[10]采用循环生成对抗网络（CycleGAN）增强模拟数据的真实性，使其在原子级特征上难以与实际数据区分开来。利用这些高质量仿真图像训练全卷积网络（FCN），提高单原子缺陷识别与分类的能力。Sha 等[121]在处理 STEM 图像时，采用多切片算法生成模拟 STEM 图像，作为训练数据，提高模型的训练效率。

5.3.2.2　图像分割

XCT 技术在电池表征中发挥着不可替代的重要作用，通过提供三维结构信息、定量分析微观结构、监测动态过程、检测缺陷以及实现自动化分析，极大地促进了电池材料科学研究和性能优化。在处理 XCT 图像时，须对图像中的不同相和不同组分进行分割，因 AI 在图像分割方面的优势，通过传统机器学习方法以及基于 CNN 等模型的深度学习方法可以实现快速、准确的图像分割。由于 XCT 采集的图片为灰度图，于是研究者直观地采用"无监督"的图像处理进行分割，例如简单阈值分割或分水岭分割。简单的阈值处理涉及选择单个或多个阈值，以便将位于下方或上方的体素分配给特定相。进一步也可采用分水岭分割的方法，即依赖灰度梯度，或者相邻体素之间的差异进行分割。然而，当信噪比较低或存在多种伪像时，分割精度较低，这给分割带来了很大困难，开发更强的图像分割算法意义重大。

在对活性材料、黏结剂和空隙分割时，Su 等[122]利用基于 CNN 架构的 LRCS-Net 模型，以少量标注数据实现高精度，并可在数分钟内预测出数十亿个体素，如图 5.12（a）所示，利用 LRCS-Net 对多种电池材质的纳米 CT 数据进行分割，与传统的阈值划分、聚类算法相比，LRCS-Net 具有更好的性能，并利用迁移学习方法进一步提高相似数据集的精度。Jiang 等[123]采用了同样是基于 Mask R-CNN 的卷积神经网络算法，能够生成候选区域，即颗粒的候选边界框，并预测每个颗粒的边界框，识别出每个切片中的颗粒，构建出3D颗粒模型，以便进行进一步的统计分析。Dixit等[124]为了观察锂金属电极在充放电过程中的不均匀动力学行为、孔洞形成机制，设计了核心为ResNet34的CNN模型，用于处理锂金属的横截面图像，生成具有较高置信度的分割图像，实现了对锂金属和孔洞的精确分割。Müller等[125]和Tian等[126]则都采用了基于3D U-Net架构的深度学习的方法进行分割，通过结合真实数据和合成数据进行混合学习，实现锂离子电池电极微结构、孔洞裂纹等的有效分割与量化，实现对电极微观结构演化的统计分析。Bailey等[127]则是使用开源软件Ilastik中的随机森林分类器来进行有监督学习分割，对于低信噪比的数据，这种机器学习方法特别有效，而对于高信噪比的数据，机器学习方法与传统方法相比，改进幅度较小。Lang等[113]则没有通过上述方法，在无需预先标注数据的情况下，采用交互式主动学习方法，以18650圆柱锂电池为对象，逐步标注种子体元，构建SVM分类模型，实现整体数据量的预测分割，并量化分割结果，更适合大样本分析。

类似地，在对TEM图像中的原子列进行分割、定位、去噪和去模糊等任务时，Lin等[128]采用AtomSegNet模型，其基于U-Net架构，能有效地处理TEM图像中的原子序列，具有高精度和鲁棒性。同时，该程序是免费且开源的，并且提供了一个TEM ImageNet项目网站，用于搜索、浏览和下载训练图像和标签，可以供研究者一同使用。而后探究在高镍含量的层状氧化物正极材料的退化机制时，Wang等[129-130]利用该模型从原子分辨率STEM图像中提取超分辨率图像，进一步得出了对LNO衍生正极材料退化机制的深入理解。Zhu等[13]结合了硬注意力增强的U-Net网络和TEM的几何模拟发展一套基于深度神经网络的原子分辨相位区域自动分割方法，如图5.12（b）所示，作者通过AtomSegNet处理实验图像，提取出不同的相，并利用深度学习模型进行训练和预测，从而在原子尺度上精确识别和分割不同的相。

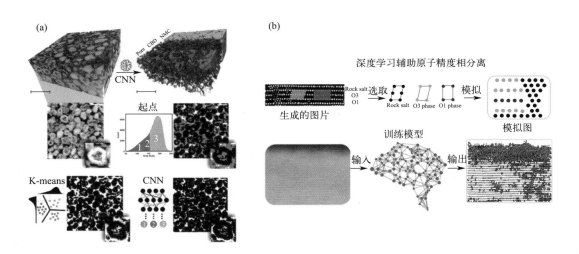

图5.12 （a）不同方法的多相分割比较[122]；（b）通过HaU-Net相分割实现对层状正极中复杂相流程图[13]

Sha 等[121]利用 STEM 技术，研究 NCM523 单晶材料在不同退化状态下的晶体结构，发展基于注意力机制的神经网络模型，实现晶体结构的识别、缺陷的定位和分类。Furat 等[131]利用聚焦离子束-背散射法（EBSD）技术，精确地定量表征晶粒内部的形貌。同时，采用卷积神经网络对颗粒内部晶粒进行有效识别与标记。

AI 技术在电池材料生产回收等领域也有很多应用。例如，为了对废弃的锂离子电池中的铜箔、铝箔和分隔膜进行检测和区分，Chouhan 等[132]提出了一种方法，使用卷积自编码器进行高光谱解卷积，来自动识别和分离高光谱图像中的不同材料，能够有效地检测和区分废弃 LIBs 中的 Cu 箔和 Al 箔，并将其与分隔膜区分开来。CHEN 等[133]提出了结合激光散斑光度测量和深度学习模型（YOLOv4），基于 CNN 的方法，不仅能有效地实现缺陷的检测与分类，还能综合利用散斑记录、材料热学性质及加工工艺参数等信息，估算出局部孔隙率，并通过反馈控制工艺参数，实现生产制造过程的优化。

5.4 小结与展望

锂离子电池是当今世界上最重要的储能材料之一，对其研究与优化一直是一个亟待解决的问题。本章综述了 AI 技术在锂离子电池材料表征中的应用，从 AI 方法概述、谱学表征与成像表征技术到 AI 与表征技术的结合、AI 辅助数据分析以及图像分析等多个方面进行了详细的阐述。

首先，AI 技术广泛应用于电池特性表征，极大地提高了研究的效率与准确性。在光谱表征方面，AI 通过特征抽取、数据分析与建模等方法，有效地解决了传统分析方法所面临的数据处理复杂度高、效率低的难题。如采用 K 均值聚类方法对 XANES 光谱数据进行处理，结合机器学习模型对不同特征提取方法进行评价，从而提高光谱分析的准确性和效率。

其次，AI 技术在图像表征方面也表现出巨大的潜力。将 AI 与 X 射线 CT、X 射线荧光、电镜等先进成像技术相结合，可以对材料内部结构及动力学变化进行高精度、高速度的研究。这两种技术的联合应用，不仅加快了对材料动态表征的进程，而且为深入理解复杂电化学机理提供了前所未有的时空分辨能力。

在图像分析中，AI 技术表现出了卓越的能力。AI 可以通过识别、分类、生成和分割图像，解决传统方法中的诸多挑战。例如，通过机器学习方法快速准确地识别 XRD 图像中的伪影，利用自编码神经网络提取晶格缺陷特征，以及使用卷积神经网络进行 CT 数据集的分割等，大大提高了数据处理效率和准确性。

同时，AI 技术在电池材料表征领域也面临着一些挑战，包括数据稀缺、解释性与通用性之间的权衡、多模态表征融合的复杂性以及实验数据获取成本高昂等。首先，高质量的实验数据通常需要昂贵的设备和大量的时间，不同种类的电池材料和实验条件下的数据量也可能不均衡，这大大限制了 AI 模型的稳健性和精确性。此外，解释性保证了模型在处理特定体系的问题往往具有较好的效果，但在实验条件发生变化后，模型往往不再通用，目前模型的解释性和通用性往往很难兼顾。另外，将多种表征手段得到的数据整合到一个 AI 模型中进行分析，尽管能提高电池演化过程的理解和量化，但其复杂性也显著增加了模型的参数量及难度，而且数据的标注通常需要一定的专业知识，这也会耗费研究者大量的时间成本。

为应对这些挑战，未来研究应聚焦于增强数据融合、发展多模态表征技术以及建立标准化评估基准等。通过引入弱监督学习方法，结合解释性生成学习和稀疏回归，可以在少量标注数据的情况下实现结合先验知识的学习。此外，将在线测量的简单表征与实验室尺度的光谱或光学表征数据结合，通过神经网络连接这两者，有望提高实验操作效率和测量准确性。最后，建立包括性能量化和模型性能评估的标准化基准系统，设计一个理解电池运行过程和状态的通用性模型，对于未来推进 AI 以及大模型在电池材料表征领域的应用至关重要（图 5.13）。

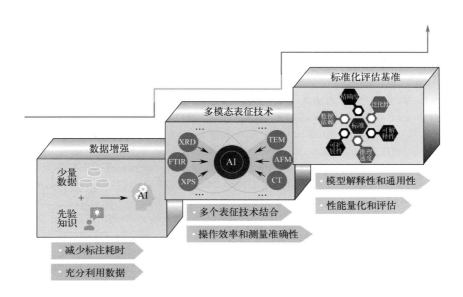

图 5.13　AI 赋能锂电池表征技术展望

总之，AI 技术在锂离子电池材料表征中的应用，极大地促进了研究的深度和广度。未来，随着 AI 技术的不断发展和完善，通过不断地技术创新和跨学科合作，AI 将在电池材料科学领域发挥越来越重要的作用，为实现绿色能源和可持续发展目标贡献重要力量。

参考文献

[1] LIU X H，ZHANG L S，YU H Q，et al. Bridging multiscale characterization technologies and digital modeling to evaluate lithium battery full lifecycle[J]. Advanced Energy Materials，2022，12（33）：2200889. DOI: 10.1002/aenm.202200889.

[2] FINEGAN D P，SQUIRES I，DAHARI A，et al. Machine-learning-driven advanced characterization of battery

electrodes[J]. ACS Energy Letters, 2022, 7 (12): 4368-4378. DOI: 10.1021/acsenergylett.2c01996.

[3] JI S L, ZHU J X, YANG Y X, et al. Data-driven battery characterization and prognosis: Recent progress, challenges, and prospects[J]. Small Methods, 2024, 8 (7): 2301021. DOI: 10.1002/smtd.202301021.

[4] 施思齐, 涂章伟, 邹欣欣, 等. 数据驱动的机器学习在电化学储能材料研究中的应用[J]. 储能科学与技术, 2022, 11 (3): 739-759. DOI: 10.19799/j.cnki.2095-4239.2022.0051.

[5] SCHARF J, CHOUCHANE M, FINEGAN D P, et al. Bridging nano- and microscale X-ray tomography for battery research by leveraging artificial intelligence[J]. Nature Nanotechnology, 2022, 17 (5): 446-459. DOI: 10.1038/s41565-022-01081-9.

[6] ZHENG X Y, KANKANALLU V R, LO C A, et al. Deep learning enhanced super-resolution X-ray fluorescence microscopy by a dual-branch network[J]. Optica, 2024, 11 (2): 146. DOI: 10.1364/OPTICA.503398.

[7] BASAK S, DZIECIOL K, DURMUS Y E, et al. Characterizing battery materials and electrodes via in situ/operando transmission electron microscopy[J]. 2022, 3 (3): 031303. DOI: 10.1063/5.0075430.

[8] WU L L, BAK S, SHIN Y, et al. Resolution-enhanced X-ray fluorescence microscopy via deep residual networks[J]. NPJ Computational Materials, 2023, 9: 43. DOI: 10.1038/s41524-023-00995-9.

[9] TAJIMA S, UMEHARA M, TAKECHI K. Charge-discharge properties of $LiMn_2O_4$-group positive electrode active materials for lithium-ion batteries using high-throughput experimental screening and machine learning models[J]. Science and Technology of Advanced Materials: Methods, 2023, 3 (1): 2260299. DOI: 10.1080/27660400.2023.2260299.

[10] KHAN A, LEE C H, HUANG P Y, et al. Leveraging generative adversarial networks to create realistic scanning transmission electron microscopy images[J]. NPJ Computational Materials, 2023, 9: 85. DOI: 10.1038/s41524-023-01042-3.

[11] YANXON H, WENG J, PARRAGA H, et al. Artifact identification in X-ray diffraction data using machine learning methods[J]. Journal of Synchrotron Radiation, 2023, 30 (1): 137-146. DOI: 10.1107/s1600577522011274.

[12] HUJSAK K A, ROTH E W, KELLOGG W, et al. High speed/low dose analytical electron microscopy with dynamic sampling[J]. Micron, 2018, 108: 31-40. DOI: 10.1016/j.micron.2018.03.001.

[13] ZHU D, WANG C Y, ZOU P C, et al. Deep-learning aided atomic-scale phase segmentation toward diagnosing complex oxide cathodes for lithium-ion batteries[J]. Nano Letters, 2023, 23 (17): 8272-8279. DOI: 10.1021/acs.nanolett.3c02441.

[14] SU C, URBAN F. Carbon neutral China by 2060: The role of clean heating systems[J]. Energies, 2021, 14 (22): 7461. DOI: 10.3390/en14227461.

[15] DENG L, LI X. Machine learning paradigms for speech recognition: An overview[J]. IEEE Transactions on Audio, Speech, and Language Processing, 2013, 21 (5): 1060-1089. DOI: 10.1109/TASL.2013.2244083.

[16] WAN NURAZWIN SYAZWANI R, MUHAMMAD ASRAF H, MEGAT SYAHIRUL AMIN M A, et al. Automated image identification, detection and fruit counting of top-view pineapple crown using machine learning[J]. Alexandria Engineering Journal, 2022, 61 (2): 1265-1276. DOI: 10.1016/j.aej.2021.06.053.

[17] WANG J, KANG Z J, LIU Y D, et al. Identification of immune cell infiltration and diagnostic biomarkers in unstable atherosclerotic plaques by integrated bioinformatics analysis and machine learning[J]. Frontiers in Immunology, 2022, 13: 956078. DOI: 10.3389/fimmu.2022.956078.

[18] XU Y W, KOHTZ S, BOAKYE J, et al. Physics-informed machine learning for reliability and systems safety applications: State of the art and challenges[J]. Reliability Engineering & System Safety, 2023, 230: 108900. DOI: 10.1016/j.ress.2022.108900.

[19] FANNI S C, FEBI M, AGHAKHANYAN G, et al. Natural language processing[M]//KLONTZAS M E, FANNI S C, NERI E, eds. Imaging Informatics for Healthcare Professionals. Cham: Springer International Publishing, 2023: 87-99. DOI: 10.1007/978-3-031-25928-9_5.

[20] BUTLER K T, DAVIES D W, CARTWRIGHT H, et al. Machine learning for molecular and materials science[J]. Nature, 2018, 559 (7715): 547-555. DOI: 10.1038/s41586-018-0337-2.

[21] RUSSELL S J, NORVIG P. Artificial intelligence : A modern approach[M]. Pearson, 2016.

[22] LOMBARDO T, DUQUESNOY M, EL-BOUYSIDY H, et al. Artificial intelligence applied to battery research: Hype or reality?[J]. Chemical Reviews, 2022, 122 (12): 10899-10969. DOI: 10.1021/acs.chemrev.1c00108.

[23] DING G L, LIU Y T, ZHANG R, et al. A joint deep learning model to recover information and reduce artifacts in missing-wedge sinograms for electron tomography and beyond[J]. Scientific Reports, 2019, 9 (1): 12803. DOI: 10.1038/s41598-019-49267-x.

[24] LIU Z C, BICER T, KETTIMUTHU R, et al. TomoGAN: Low-dose synchrotron X-ray tomography with generative adversarial networks: Discussion[J]. Journal of the Optical Society of America A, Optics, Image Science, and Vision, 2020, 37 (3): 422-434. DOI: 10.1364/JOSAA.375595.

[25] WEI J, CHU X, SUN X Y, et al. Machine learning in materials science[J]. InfoMat, 2019, 1 (3): 338-358. DOI: 10.1002/inf2.12028.

[26] CHEN C, ZUO Y X, YE W K, et al. A critical review of machine learning of energy materials[J]. Advanced Energy Materials, 2020, 10 (8): 1903242. DOI: 10.1002/aenm.201903242.

[27] 牛程程, 李少波, 胡建军, 等. 机器学习在材料信息学中的应用综述[J]. 材料导报, 2020, 34 (23): 23100-23108. DOI: 10.11896/cldb.19110175.

[28] ZHAO Q, AVDEEV M, CHEN L Q, et al. Machine learning prediction of activation energy in cubic Li-argyrodites with hierarchically encoding crystal structure-based (HECS) descriptors[J]. Science Bulletin, 2021, 66 (14): 1401-1408. DOI: 10.1016/j.scib.2021.04.029.

[29] JOLLIFFE I T, CADIMA J. Principal component analysis: A review and recent developments[J]. Philosophical Transactions Series A, Mathematical, Physical, and Engineering Sciences, 2016, 374 (2065): 20150202. DOI: 10.1098/rsta.2015.0202.

[30] THARWAT A, GABER T, IBRAHIM A, et al. Linear discriminant analysis: A detailed tutorial[J]. AI Communications, 2017, 30 (2): 169-190. DOI: 10.3233/aic-170729.

[31] MEYER L, KINDER C, PORTER J. Using machine learning and infrared spectroscopy to quantify species concentrations in battery electrolytes[J]. Journal of the Electrochemical Society, 2023, 170 (10): 100521. DOI: 10.1149/1945-7111/ad017e.

[32] SUN Q T, XIANG Y, LIU Y, et al. Machine learning predicts the X-ray photoelectron spectroscopy of the solid electrolyte interface of lithium metal battery[J]. The Journal of Physical Chemistry Letters, 2022, 13 (34): 8047-8054. DOI: 10.1021/acs.jpclett.2c02222.

[33] ZHAO Y H, OTTO S K, LOMBARDO T, et al. Identification of lithium compounds on surfaces of lithium metal anode with machine-learning-assisted analysis of ToF-SIMS spectra[J]. ACS Applied Materials & Interfaces, 2023, 15 (43): 50469-50478. DOI: 10.1021/acsami.3c09643.

[34] CHANDRASHEKAR G, SAHIN F. A survey on feature selection methods[J]. Computers & Electrical Engineering, 2014, 40 (1): 16-28. DOI: 10.1016/j.compeleceng.2013.11.024.

[35] LIN F Y, LIANG D, YEH C C, et al. Novel feature selection methods to financial distress prediction[J]. Expert Systems with Applications, 2014, 41 (5): 2472-2483. DOI: 10.1016/j.eswa.2013.09.047.

[36] ZHAO Q, ZHANG L W, HE B, et al. Identifying descriptors for Li^+ conduction in cubic Li-argyrodites via hierarchically encoding crystal structure and inferring causality[J]. Energy Storage Materials, 2021, 40: 386-393. DOI: 10.1016/j.ensm.2021.05.033.

[37] LIU Y, WU J M, AVDEEV M, et al. Multi-layer feature selection incorporating weighted score-based expert knowledge toward modeling materials with targeted properties[J]. Advanced Theory and Simulations, 2020, 3 (2): 1900215. DOI: 10.1002/adts.201900215.

[38] CAI J, LUO J W, WANG S L, et al. Feature selection in machine learning: A new perspective[J]. Neurocomputing, 2018, 300: 70-79. DOI: 10.1016/j.neucom.2017.11.077.

[39] WEI Z, HE Q, ZHAO Y. Machine learning for battery research[J]. Journal of Power Sources, 2022, 549: 232125. DOI: 10.1016/j.jpowsour.2022.232125.

[40] QIAN G N, ZHANG J, CHU S Q, et al. Understanding the mesoscale degradation in nickel-rich cathode materials through machine-learning-revealed strain-redox decoupling[J]. ACS Energy Letters, 2021, 6 (2): 687-693. DOI:

10.1021/acsenergylett. 0c02699.

[41] KENCH S, COOPER S J. Generating three-dimensional structures from a two-dimensional slice with generative adversarial network-based dimensionality expansion[J]. Nature Machine Intelligence, 2021, 3: 299-305. DOI: 10.1038/s42256-021-00322-1.

[42] HAN T, WANG Z, MENG H X. End-to-end capacity estimation of Lithium-ion batteries with an enhanced long short-term memory network considering domain adaptation[J]. Journal of Power Sources, 2022, 520: 230823. DOI: 10.1016/j.jpowsour.2021.230823.

[43] WOLPERT D H, MACREADY W G. No free lunch theorems for optimization[J]. IEEE Transactions on Evolutionary Computation, 1997, 1（1）: 67-82. DOI: 10.1109/4235.585893.

[44] BENEDYKCIUK E, DENKOWSKI M, DMITRUK K. Material classification in X-ray images based on multi-scale CNN[J]. Signal, Image and Video Processing, 2021, 15（6）: 1285-1293. DOI: 10.1007/s11760-021-01859-9.

[45] MANN A, KALIDINDI S R. Development of a robust CNN model for capturing microstructure-property linkages and building property closures supporting material design[J]. Frontiers in Materials, 2022, 9: 851085. DOI: 10.3389/fmats.2022.851085.

[46] LEE J W, PARK W B, LEE J H, et al. A deep-learning technique for phase identification in multiphase inorganic compounds using synthetic XRD powder patterns[J]. Nature Communications, 2020, 11（1）: 86. DOI: 10.1038/s41467-019-13749-3.

[47] YOON K. Convolutional neural networks for sentence classification[J]. CoRR, 2014 1746–1751. DOI: 10.3115/v1/D14-1181.

[48] AGUIAR J A, GONG M L, UNOCIC R R, et al. Decoding crystallography from high-resolution electron imaging and diffraction datasets with deep learning[J]. Science Advances, 2019, 5（10）: eaaw1949. DOI: 10.1126/sciadv.aaw1949.

[49] ARTRITH N, URBAN A, CEDER G. Constructing first-principles phase diagrams of amorphous Li_xSi using machine-learning-assisted sampling with an evolutionary algorithm[J]. Journal of Chemical Physics, 2018, 148（24）: 241711. DOI: 10.1063/1.5017661.

[50] XU M Y, ZHU T, ZHANG J Z H. Molecular dynamics simulation of zinc ion in water with an ab initio based neural network potential[J]. The Journal of Physical Chemistry A, 2019, 123（30）: 6587-6595. DOI: 10.1021/acs.jpca.9b04087.

[51] LI W W, ANDO Y, MINAMITANI E, et al. Study of Li atom diffusion in amorphous Li_3PO_4 with neural network potential[J]. Journal of Chemical Physics, 2017, 147（21）: 214106. DOI: 10.1063/1.4997242.

[52] NOH J, KIM J, STEIN H S, et al. Inverse design of solid-state materials via a continuous representation[J]. Matter, 2019, 1（5）: 1370-1384. DOI: 10.1016/j.matt.2019.08.017.

[53] GU R, MALYSZ P, YANG H, et al. On the suitability of electrochemical-based modeling for lithium-ion batteries[J]. IEEE Transactions on Transportation Electrification, 2016, 2（4）: 417-431. DOI: 10.1109/TTE.2016.2571778.

[54] GREGOR K, DANIHELKA I, GRAVES A, et al. DRAW: A recurrent neural network for image generation[EB/OL]. 2015: 1502.04623.https://arxiv.org/abs/1502.04623v2

[55] LIU J, SAXENA A, GOEBEL K, et al. An adaptive recurrent neural network for remaining useful life prediction of lithium-ion batteries[J]. Annual Conference of the PHM Society, 2010, 2. DOI: 10.36001/phmconf.2010.v2i1.1896.

[56] SANCHEZ-LENGELING B, ASPURU-GUZIK A. Inverse molecular design using machine learning: Generative models for matter engineering[J]. Science, 2018, 361（6400）: 360-365. DOI: 10.1126/science.aat2663.

[57] GAYON-LOMBARDO A, MOSSER L, BRANDON N P, et al. Pores for thought: Generative adversarial networks for stochastic reconstruction of 3D multi-phase electrode microstructures with periodic boundaries[J]. NPJ Computational Materials, 2020, 6: 82. DOI: 10.1038/s41524-020-0340-7.

[58] FRANCO A A. Escape from flatland[J]. Nature Machine Intelligence, 2021, 3（4）: 277-278.DOI: 10.1038/s42256-021-00334-x .

[59] YANG X G, KAHNT M, BRÜCKNER D, et al. Tomographic reconstruction with a generative adversarial

network[J]. Journal of Synchrotron Radiation，2020，27（Pt 2）：486-493. DOI: 10.1107/S1600577520000831.
[60] GARCIA-GARCIA A，ORTS-ESCOLANO S，OPREA S，et al. A review on deep learning techniques applied to semantic segmentation[J]. ArXiv e-Prints，2017: arXiv: 1704.06857. DOI: 10.48550/arXiv.1704.06857.
[61] CRESWELL A，WHITE T，DUMOULIN V，et al. Generative adversarial networks: An overview[J]. IEEE Signal Processing Magazine，2018，35（1）：53-65. DOI: 10.1109/MSP.2017.2765202.
[62] ZHOU X F，HSIEH S J，PENG B，et al. Cycle life estimation of lithium-ion polymer batteries using artificial neural network and support vector machine with time-resolved thermography[J]. Microelectronics Reliability，2017，79: 48-58. DOI: 10.1016/j.microrel.2017.10.013.
[63] GAO D，HUANG M H. Prediction of remaining useful life of lithium-ion battery based on multi-kernel support vector machine with particle swarm optimization[J]. Journal of Power Electronics，2017，17: 1288-1297.
[64] CHENG B，TITTERINGTON D M. Neural networks: A review from a statistical perspective[J]. Statistical Science，1994，9（1）：2-30. DOI: 10.1214/ss/1177010638.
[65] MA Y，SHAN C，GAO J W，et al. A novel method for state of health estimation of lithium-ion batteries based on improved LSTM and health indicators extraction[J]. Energy，2022，251: 123973. DOI: 10.1016/j.energy.2022.123973.
[66] REN X Q，LIU S L，YU X D，et al. A method for state-of-charge estimation of lithium-ion batteries based on PSO-LSTM[J]. Energy，2021，234: 121236. DOI: 10.1016/j.energy.2021.121236.
[67] REN L，DONG J B，WANG X K，et al. A data-driven auto-CNN-LSTM prediction model for lithium-ion battery remaining useful life[J]. IEEE Transactions on Industrial Informatics，2021，17（5）：3478-3487. DOI: 10.1109/TII.2020.3008223.
[68] JABLONKA K M，ONGARI D，MOOSAVI S M，et al. Big-data science in porous materials: Materials genomics and machine learning[J]. Chemical Reviews，2020，120（16）：8066-8129. DOI: 10.1021/acs.chemrev.0c00004.
[69] BENDER A，SCHNEIDER N，SEGLER M，et al. Evaluation guidelines for machine learning tools in the chemical sciences[J]. Nature Reviews Chemistry，2022，6（6）：428-442. DOI: 10.1038/s41570-022-00391-9.
[70] MARCOT B G，HANEA A M. What is an optimal value of k in k-fold cross-validation in discrete Bayesian network analysis?[J]. Computational Statistics，2021，36（3）：2009-2031. DOI: 10.1007/s00180-020-00999-9.
[71] BIAN C，HAN X，DUAN Z Y，et al. Hybrid prompt-driven large language model for robust state-of-charge estimation of multi-type Li-ion batteries[J]. IEEE Transactions on Transportation Electrification，2024，PP（99）：1. DOI: 10.1109/TTE.2024.3391938.
[72] 吴思远，李泓. 发展基于"语义检测"的低参数量、多模态预训练电池通用人工智能模型[J]. 储能科学与技术，2024，13（4）：1216-1224. DOI: 10.19799/j.cnki.2095-4239.2024.0092.
[73] 李文俊，褚赓，彭佳悦，等. 锂离子电池基础科学问题（Ⅻ）——表征方法[J]. 储能科学与技术，2014，3（6）：642-667. DOI: 10.3969/j.issn.2095-4239.2014.06.012.
[74] OTTO S K，MORYSON Y，KRAUSKOPF T，et al. In-depth characterization of lithium-metal surfaces with XPS and ToF-SIMS: Toward better understanding of the passivation layer[J]. Chemistry of Materials，2021，33（3）：859-867. DOI: 10.1021/acs.chemmater.0c03518.
[75] WOOD K N，TEETER G. XPS on Li-battery-related compounds: Analysis of inorganic SEI phases and a methodology for charge correction[J]. ACS Applied Energy Materials，2018，1（9）：4493-4504. DOI: 10.1021/acsaem.8b00406.
[76] GENT W E，ABATE I I，YANG W L，et al. Design rules for high-valent redox in intercalation electrodes[J]. Joule，2020，4（7）：1369-1397. DOI: 10.1016/j.joule.2020.05.004.
[77] LU L L，ZHU Z X，MA T，et al. Superior fast-charging lithium-ion batteries enabled by the high-speed solid-state lithium transport of an intermetallic Cu_6Sn_5 network[J]. Advanced Materials，2022，34（32）：e2202688. DOI: 10.1002/adma.202202688.
[78] CHEN J，FAN X L，LI Q，et al. Electrolyte design for LiF-rich solid-electrolyte interfaces to enable high-performance microsized alloy anodes for batteries[J]. Nature Energy，2020，5: 386-397. DOI: 10.1038/s41560-020-0601-1.
[79] YU L，LI M，WEN J G，et al. （S）TEM-EELS as an advanced characterization technique for lithium-ion batteries[J]. Materials Chemistry Frontiers，2021，5（14）：5186-5193. DOI: 10.1039/D1QM00275A.

[80] DAWKINS J I G, GHAVIDEL M Z, CHHIN D, et al. Operando tracking of solution-phase concentration profiles in Li-ion battery positive electrodes using X-ray fluorescence[J]. Analytical Chemistry, 2020, 92 (16): 10908-10912. DOI: 10.1021/acs.analchem.0c02086.

[81] GIORGETTI M. A review on the structural studies of batteries and host materials by X-ray absorption spectroscopy[J]. ISRN Materials Science, 2013, 2013: 938625. DOI: 10.1155/2013/938625.

[82] HARKS P P R M L, MULDER F M, NOTTEN P H L. In situ methods for Li-ion battery research: A review of recent developments[J]. Journal of Power Sources, 2015, 288: 92-105. DOI: 10.1016/j.jpowsour.2015.04.084.

[83] WU Z H, NI Y X, TAN S, et al. Realizing high capacity and zero strain in layered oxide cathodes via lithium dual-site substitution for sodium-ion batteries[J]. Journal of the American Chemical Society, 2023, 145 (17): 9596-9606. DOI: 10.1021/jacs.3c00117.

[84] LIU X S, LIANG Z T, XIANG Y X, et al. Solid-state NMR and MRI spectroscopy for Li/Na batteries: Materials, interface, and in situ characterization[J]. Advanced Materials, 2021, 33 (50): e2005878. DOI: 10.1002/adma.202005878.

[85] GITTLESON F S, YAO K P C, KWABI D G, et al. Raman spectroscopy in lithium-oxygen battery systems[J]. ChemElectroChem, 2015, 2 (10): 1446-1457. DOI: 10.1002/celc.201500218.

[86] YE J Y, JIANG Y X, SHENG T, et al. In-situ FTIR spectroscopic studies of electrocatalytic reactions and processes[J]. Nano Energy, 2016, 29: 414-427. DOI: 10.1016/j.nanoen.2016.06.023.

[87] SHADIKE Z, ZHAO E Y, ZHOU Y N, et al. Advanced characterization techniques for sodium-ion battery studies[J]. Advanced Energy Materials, 2018, 8 (17): 1702588. DOI: 10.1002/aenm.201702588.

[88] MARINO C, BOULAOUED A, FULLENWARTH J, et al. Solvation and dynamics of lithium ions in carbonate-based electrolytes during cycling followed by operando infrared spectroscopy: The example of $NiSb_2$, a typical negative conversion-type electrode material for lithium batteries[J]. The Journal of Physical Chemistry C, 2017, 121 (48): 26598-26606. DOI: 10.1021/acs.jpcc.7b06685.

[89] WEI X J, WANG X P, AN Q Y, et al. operando X-ray diffraction characterization for understanding the intrinsic electrochemical mechanism in rechargeable battery materials[J]. Small Methods, 2017, 1 (5): 1700083. DOI: 10.1002/smtd.201700083.

[90] WANG X F, LI Y J, MENG Y S. Cryogenic electron microscopy for characterizing and diagnosing batteries[J]. Joule, 2018, 2 (11): 2225-2234. DOI: 10.1016/j.joule.2018.10.005.

[91] BALAGUROV A M, BOBRIKOV I A, SAMOYLOVA N Y, et al. Neutron scattering for lithium-ion batteries: Analysis of materials and processes[J]. Russian Chemical Reviews, 2014, 83 (12). DOI: 10.1070/rc2014v083n12abeh004473.

[92] 凌仕刚, 吴娇杨, 张舒, 等. 锂离子电池基础科学问题（XIII）——电化学测量方法[J]. 储能科学与技术, 2015, 4(1): 83-103. DOI: 10.3969/j.issn.2095-4239.2015.01.010.

[93] 凌仕刚, 许洁茹, 李泓. 锂电池研究中的 EIS 实验测量和分析方法 [J]. 储能科学与技术, 2018, 7 (4): 732-749. DOI: 10.12028/j.issn.2095-4239.2018.0092.

[94] INKSON B J. Scanning electron microscopy (SEM) and transmission electron microscopy (TEM) for materials characteri zation[M]//Materials Characterization Using Nondestructive Evaluation (NDE) Methods. Amsterdam: Elsevier, 2016: 17-43. DOI: 10.1016/b978-0-08-100040-3.00002-x.

[95] LU J, WU T P, AMINE K. State-of-the-art characterization techniques for advanced lithium-ion batteries[J]. Nature Energy, 2017, 2 (3): 17011. DOI: 10.1038/nenergy.2017.11.

[96] GADRE C A, LEE T, QI J, et al. Vibrational EELS for solid-state Li-ion batteries: Mapping Li distributions and beyond[J]. Microscopy and Microanalysis, 2023, 29 (Supplement_1): 633-635. DOI: 10.1093/micmic/ozad067.309.

[97] KIREEVA N, PERVOV V S, TSIVADZE A Y. Machine learning-based evaluation of functional characteristics of Li-rich layered oxide cathode materials using the data of XPS and XRD spectra[J]. Computational Materials Science, 2024, 231: 112591. DOI: 10.1016/j.commatsci.2023.112591.

[98] AMENT S, GREGOIRE J, GOMES C. Exponentially-modified Gaussian mixture model: Applications in spectroscopy[J]. 2019.DOI: 10.48550/arXiv.1902.05601.

[99] LEE T, QI J, GADRE C A, et al. Atomic-scale origin of the low grain-boundary resistance in perovskite solid electrolyte $Li_{0.375}Sr_{0.4375}Ta_{0.75}Zr_{0.25}O_3$[J]. Nature Communications, 2023, 14: 1940. DOI: 10.1038/s41467-023-37115-6.

[100] CHEN Y M, CHEN C, HWANG I, et al. Robust machine learning inference from X-ray absorption near edge spectra through featurization[J]. Chemistry of Materials, 2024, 36(5): 2304-2313. DOI: 10.1021/acs.chemmater.3c02584.

[101] LU Y, ZHAO C Z, HUANG J Q, et al. The timescale identification decoupling complicated kinetic processes in lithium batteries[J]. Joule, 2022, 6(6): 1172-1198. DOI: 10.1016/j.joule.2022.05.005.

[102] QUATTROCCHI E, WAN T H, BELOTTI A, et al. The deep-DRT: A deep neural network approach to deconvolve the distribution of relaxation times from multidimensional electroche mical impedance spectroscopy data[J]. Electrochimica Acta, 2021, 392: 139010. DOI: 10.1016/j.electacta.2021.139010.

[103] BABAEIYAZDI I, REZAEI-ZARE A, SHOKRZADEH S. State of charge prediction of EV Li-ion batteries using EIS: A machine learning approach[J]. Energy, 2021, 223: 120116. DOI: 10.1016/j.energy.2021.120116.

[104] DUAN Y Z, TIAN J P, LU J H, et al. Deep neural network battery impedance spectra prediction by only using constant-current curve[J]. Energy Storage Materials, 2021, 41: 24-31. DOI: 10.1016/j.ensm.2021.05.047.

[105] 李放, 闵永军, 张涌. 基于大数据的动力锂电池可靠性关键技术研究综述[J]. 储能科学与技术, 2023, 12(6): 1981-1994. DOI: 10.19799/j.cnki.2095-4239.2023.0316.

[106] TIAN J P, XIONG R, LU J H, et al. Battery state-of-charge estimation amid dynamic usage with physics-informed deep learning[J]. Energy Storage Materials, 2022, 50: 718-729. DOI: 10.1016/j.ensm.2022.06.007.

[107] KOHTZ S, XU Y W, ZHENG Z Y, et al. Physics-informed machine learning model for battery state of health prognostics using partial charging segments[J]. Mechanical Systems and Signal Processing, 2022, 172: 109002. DOI: 10.1016/j.ymssp. 2022.109002.

[108] GABERŠČEK M. Understanding Li-based battery materials via electrochemical impedance spectroscopy[J]. Nature Communications, 2021, 12(1): 6513. DOI: 10.1038/s41467-021-26894-5.

[109] ZHAO S, CHEN S H, ZHOU J Y, et al. Potential to transform words to Watts with large language models in battery research[J]. Cell Reports Physical Science, 2024, 5(3): 101844. DOI: 10.1016/j.xcrp.2024.101844.

[110] FENG Y, HU G, ZHANG Z. GPT4Battery: An LLM-driven framework for adaptive state of health estimation of raw Li-ion batteries[J]. 2024.DOI: 10.48550/arXiv.2402.00068.

[111] BUTEAU S, LEE E, YOUNG S, et al. User-friendly freeware for determining the concentration of electrolyte components in lithium-ion cells using Fourier transform infrared spectroscopy, beer's law, and machine learning[J]. Journal of the Electrochemical Society, 2019, 166(14): A3102-A3108. DOI: 10.1149/2.0151914jes.

[112] DIRKS M, POOLE D. Auto-encoder neural network incorporating X-ray fluorescence fundamental parameters with machine learning[J]. X-Ray Spectrometry, 2023, 52(3): 142-150. DOI: 10.1002/xrs.3340.

[113] LANG T, HEIM A, HEINZL C. Big data analytics for the inspection of battery materials[J]. e-Journal of nondestructive testing, 2024, 29(3). DOI: 10.58286/29226.

[114] NOMURA Y, YAMAMOTO K, FUJII M, et al. Dynamic imaging of lithium in solid-state batteries by operando electron energy-loss spectroscopy with sparse coding[J]. Nature Communications, 2020, 11(1): 2824. DOI: 10.1038/s41467-020-16622-w.

[115] ZHANG J Y, LEE W K, GE M Y. Sub-10 second fly-scan nano-tomography using machine learning[J]. Communications Materials, 2022, 3: 91. DOI: 10.1038/s43246-022-00313-8.

[116] LI J Z, HONG Y S, YAN H F, et al. Probing lattice defects in crystalline battery cathode using hard X-ray nanoprobe with data-driven modeling[J]. Energy Storage Materials, 2022, 45: 647-655. DOI: 10.1016/j.ensm.2021.12.019.

[117] BALIYAN A, IMAI H. Machine learning based analytical framework for automatic hyperspectral Raman analysis of lithium-ion battery electrodes[J]. Scientific Reports, 2019, 9: 18241. DOI: 10.1038/s41598-019-54770-2.

[118] GE M S, LIU X Z, ZHAO Z C, et al. Ensemble machine-learning-based analysis for in situ electron diffraction[J]. Advanced Theory and Simulations, 2022, 5(4): 2100337. DOI: 10.1002/adts.202100337.

[119] SZYMANSKI N J, BARTEL C J, ZENG Y, et al. Adaptively driven X-ray diffraction guided by machine

[119] learning for autonomous phase identification[J]. NPJ Computational Materials, 2023, 9: 31. DOI: 10.1038/s41524-023-00984-y.

[120] LOMBARDO T, KERN C, SANN J, et al. Bridging the gap: Electrode microstructure and interphase characterization by combining ToF-SIMS and machine learning[J]. Advanced Materials Interfaces, 2023, 10(36): 2300640. DOI: 10.1002/admi.202300640.

[121] SHA W X, GUO Y Q, CHENG D P, et al. Degradation mechanism analysis of $LiNi_{0.5}Co_{0.2}Mn_{0.3}O_2$ single crystal cathode materials through machine learning[J]. NPJ Computational Materials, 2022, 8: 223. DOI: 10.1038/s41524-022-00905-5.

[122] SU Z L, DECENCIÈRE E, NGUYEN T T, et al. Artificial neural network approach for multiphase segmentation of battery electrode nano-CT images[J]. NPJ Computational Materials, 2022, 8: 30. DOI: 10.1038/s41524-022-00709-7.

[123] JIANG Z S, LI J Z, YANG Y, et al. Machine-learning-revealed statistics of the particle-carbon/binder detachment in lithium-ion battery cathodes[J]. Nature Communications, 2020, 11(1): 2310. DOI: 10.1038/s41467-020-16233-5.

[124] DIXIT M B, VERMA A, ZAMAN W, et al. Synchrotron imaging of pore formation in Li metal solid-state batteries aided by machine learning[J]. ACS Applied Energy Materials, 2020, 3(10): 9534-9542. DOI: 10.1021/acsaem.0c02053.

[125] MÜLLER S, SAUTER C, SHUNMUGASUNDARAM R, et al. Deep learning-based segmentation of lithium-ion battery microstructures enhanced by artificially generated electrodes[J]. Nature Communications, 2021, 12(1): 6205. DOI: 10.1038/s41467-021-26480-9.

[126] TIAN F, BEN L B, YU H L, et al. Understanding high-temperature cycling-induced crack evolution and associated atomic-scale structure in a Ni-rich $LiNi_{0.8}Co_{0.1}Mn_{0.1}O_2$ layered cathode material[J]. Nano Energy, 2022, 98: 107222. DOI: 10.1016/j.nanoen.2022.107222.

[127] BAILEY J J, WADE A, BOYCE A M, et al. Quantitative assessment of machine-learning segmentation of battery electrode materials for active material quantification[J]. Journal of Power Sources, 2023, 557: 232503. DOI: 10.1016/j.jpowsour.2022.232503.

[128] LIN R Q, ZHANG R, WANG C Y, et al. TEMImageNet training library and AtomSegNet deep-learning models for high-precision atom segmentation, localization, denoising, and deblurring of atomic-resolution images[J]. Scientific Reports, 2021, 11(1): 5386. DOI: 10.1038/s41598-021-84499-w.

[129] WANG C Y, HAN L L, ZHANG R, et al. Resolving atomic-scale phase transformation and oxygen loss mechanism in ultrahigh-nickel layered cathodes for cobalt-free lithium-ion batteries[J]. Matter, 2021, 4(6): 2013-2026. DOI: 10.1016/j.matt.2021.03.012.

[130] WANG C Y, WANG X L, ZOU P C, et al. Direct observation of chemomechanical stress-induced phase transformation in high-Ni layered cathodes for lithium-ion batteries[J]. Matter, 2023, 6(4): 1265-1277. DOI: 10.1016/j.matt.2023.02.001.

[131] FURAT O, FINEGAN D P, DIERCKS D, et al. Mapping the architecture of single lithium ion electrode particles in 3D, using electron backscatter diffraction and machine learning segmentation[J]. Journal of Power Sources, 2021, 483: 229148. DOI: 10.1016/j.jpowsour.2020.229148.

[132] CHOUHAN S, RASTI B, GHAMISI P, et al. Hyperspectral unmixing using convolutional autoencoder for metal detection in lithium-ion battery recycling applications[C]//2022 12th Workshop on Hyperspectral Imaging and Signal Processing: Evolution in Remote Sensing (WHISPERS). September 13-16, 2022, Rome, Italy. IEEE, 2022: 1-5. DOI: 10.1109/WHISPERS56178.2022.9955076.

[133] CHEN L, CIKALOVA U, MUCH S, et al. Artificial intelligence - A solution for inline characterization of Li-ion batteries[C/OL]. International Conference on NDE 4.0, 24-27 October 2022 in Berlin, Germany. [2024-01-05]. https://www.ndt.net/?id=27662.

第 6 章

机器学习强化的电化学阻抗谱技术及其应用

何智峰，陶远哲，胡泳钢，王其聪，杨 勇

　　锂离子电池因其高能量密度和长循环寿命，在全球能源结构转型和现代储能技术应用中扮演了核心角色。随着电气化的不断发展，动力电池和储能电池的需求激增[1]，2022年电动车销量超过 1000 万辆，电动汽车销量持续增长，到 2024 年达到约 1700 万辆，占全球汽车销量的五分之一以上[2]。在实际使用过程中人们不仅对锂离子电池的性能提出更高要求，更对电池使用的安全性和可靠性形成广泛关注[3-4]。在可靠性研究中，电池老化状态的精准预测和诊断是一个重要且面临巨大挑战的研究领域[5]。

　　通常对电池老化状态的诊断要求诊断技术具有非侵入、无损伤的特点，因此诊断技术主要分为无损的物理表征技术和电化学测试技术两个类型[6-7]。无损物理表征技术主要针对微观、介观老化机制进行详细研究，用于无损诊断商用成品电池的技术包括内置/外置传感器技术[8]、磁共振技术[8]、X 射线衍射[8]及透射技术[9]、中子衍射及透射技术[10]等，通过这些技术研究者可以观察到整个电极介观结构的变化、电解液的空间分布等丰富信息。但无损物理表征技术存在对电池尺寸、构型具有限制，测试资源不足以及测试成本较高等问题，因此在工程实际中由于其实用性、经济性方面的显著优势，电化学测试技术成为了主要的老化模式/关键衰减因子以及可观测性能衰减效应的诊断手段。根据电化学测试过程的负载输入信号类型，可以将其分为直流电化学测试和交流电化学测试，其中交流电化学阻抗谱（EIS）相比直流方法具有可以解耦电池内部不同频率过程信息的独特优势，被广泛应用于复杂老化过程的电池状态解析。EIS 能够揭示电池内部电阻和电容的微妙变化，这对于更深入理解电池老化和失效机制至关重要。

　　然而，随着技术的发展和应用场景的复杂化，单凭传统的 EIS 测试及分析方法逐渐难以满足高效、精准的分析需求。近年来，机器学习的快速发展为处理及解析复杂数据提供了新的解决方案及思路。通过机器学习，我们不仅可以通过时域-频域信息快速获取相对应的阻抗谱，而且还可以从大量阻抗谱信息中推断关于电池的老化信息，进而实现电池寿命预测和机理研究。

近年来已有关于 EIS 技术的原理、解析方法及其在锂离子电池中应用的综述文章发表[11-16]。例如，Du 等[11] 在阻抗的获取和误差分析方面进行了不同方式的详细比较，Wang 等[12] 以及 Vivier 等[13] 提供了详细的 EIS 测试、分析入门教程，阐述了 EIS 的定义、图形表示及误差分析方法等。Lu 等[14] 则从电池诊断的时间尺度属性角度介绍了弛豫时间分布（DRT）方法。Mc Carthy 等[15] 对使用阻抗评估电池参数如荷电状态（SOC）、健康状况（SOH）和内部温度进行了综述。Hu 等[16] 综述 EIS 在锂离子电池老化中的研究和应用。此外，关于机器学习方法在锂离子电池中材料研发[17]、状态预测[18] 及表征技术[19] 的应用文章也可供参考。然而，关于机器学习技术在锂离子电池阻抗谱研究中的应用尚未见到全面系统的总结综述。

因此，本综述旨在总结与探讨在锂离子电池老化诊断及寿命预测的过程中，如何将机器学习方法融入 EIS 的获取和解析过程，以及机器学习方法如何增强 EIS 技术在研究与预测实际电池老化过程中的可用性。本章分为四部分进行阐述，如图 6.1 所示：第一部分介绍了通过机器学习快速有效获得 EIS 结果的相关研究进展；第二部分总结归纳了机器学习解耦 EIS 中老化信息以获得电池反应动力学和热力学老化参数的方式；第三部分讨论了通

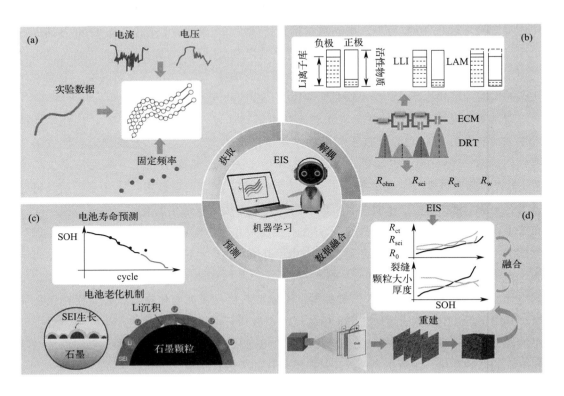

图 6.1　机器学习强化电化学阻抗谱的四大方面
(a) 获取；(b) 解耦；(c) 预测；(d) 数据融合

过机器学习实现 EIS 对电池的精准寿命预测以及辅助分析老化机理；第四部分探讨了数据质量和数量在构建机器学习模型中的重要性，并展望数据融合技术在电池寿命预测和老化诊断中的应用。最后总结了机器学习在 EIS 研究中的局限性及其未来前景。

6.1 机器学习获取锂离子电池的 EIS

EIS 是一种灵敏有效的电池动力学分析工具，被广泛应用于评估和预测锂离子电池的性能及其寿命。其能够在频域上解析电池内部的几类复杂耦合的动力学过程。在 Nyquist 图中可以根据不同频率响应将 EIS 划分为四个区域，依次代表与电感和欧姆电阻、R_{sei}、R_{ct} 和扩散相关的过程，如图 6.2 所示。当前常用的直接测试法局限于昂贵的实验设备和严格的测试要求，阻碍了 EIS 的广泛应用。因此，开发了易于实施的替代方案来取代基于实验室的 EIS 测量是非常必要的工作[20]。近年来通过机器学习的方法可以在不进行完整交流测试的前提下，仅通过直流测试/部分频率交流数据得到完整交流频谱。目前基于机器学习技术预测 EIS（图 6.3）一般可以分为两类：第一类是通过电压电流等时域信号作为输入获取 EIS；第二类是使用频域信号作为输入获取 EIS，但与一般的 EIS 测试不同，该类包括了以部分 EIS 实测信息预测完整频谱的结果以及通过某一电池状态下的完整 EIS 数据推断其他电池状态下 EIS 结果。表 6.1 统计了这两类方法通过不同机器学习模型获取 EIS 的比较。

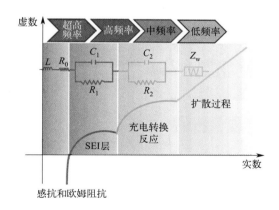

图 6.2 Nyquist 图及其对应区域代表的含义和 ECM 参数

表 6.1 不同机器学习模型获取阻抗谱方法比较

输入	模型	结果	预测范围	文献
特征频率	CNN	2.4 Ah 18650 电池 RMSE 约 1mΩ 45 mAh LCO max RMSE 约 0.11Ω	0.1Hz ～ 10kHz	[33]
CC 曲线	CNN	2.4 Ah 18650 电池 RMSE ＜ 2mΩ	0.1Hz ～ 100kHz	[21]
	GPR	2.2 Ah 18650 电池 RMSE 约 1.2mΩ	10mHz ～ 6.5kHz	[22]

续表

输入	模型	结果	预测范围	文献
CC 曲线	LR	2.2 Ah 18650 电池 RMSE 约 3.4mΩ	10mHz ~ 6.5 kHz	[22]
	RF	2.2 Ah 18650 电池 RMSE 约 1.6mΩ	10mHz ~ 6.5kHz	
	XGBoost	2.2 Ah 18650 电池 RMSE 约 2.1mΩ	10mHz ~ 6.5kHz	
	KNN	2.2 Ah 18650 电池 RMSE 约 1.4mΩ	10mHz ~ 6.5kHz	
	ANN	2.2 Ah 18650 电池 RMSE 约 2.2mΩ	10mHz ~ 6.5kHz	
	LSTM	2.4 Ah 18650 电池 maxRMSE= 1.48mΩ	100mHz ~ 10kHz	[24]
	GPR	2.6 Ah 18650 电池 max RMSE=0.87mΩ	10mHz ~ 10kHz	
CV 曲线	LR	2.6 Ah 18650 电池 max RMSE=5.18mΩ	10mHz ~ 10kHz	[23]
	RF	2.6 Ah 18650 电池 max RMSE=1.04mΩ	10mHz ~ 10kHz	
	XGBoost	2.6 Ah 18650 电池 max RMSE=1.01mΩ	10mHz ~ 10kHz	
	KNN	2.6 Ah 18650 电池 max RMSE=0.96mΩ	10mHz ~ 10kHz	
	GPR	2.6 Ah 18650 电池 max RMSE=0.72mΩ	10mHz ~ 10kHz	
RV 曲线	LR	2.6 Ah 18650 电池 max RMSE=1.95mΩ	10mHz ~ 10kHz	[23]
	RF	2.6 Ah 18650 电池 max RMSE=0.77mΩ	10mHz ~ 10kHz	
	XGBoost	2.6 Ah 18650 电池 max RMSE=0.80mΩ	10mHz ~ 10kHz	
	KNN	2.6 Ah 18650 电池 max RMSE=0.87mΩ	10mHz ~ 10kHz	
99 s 脉冲（1 Hz）	LSTM	2.4 Ah 18650 电池 RMSE 约 1.0mΩ	100mHz ~ 10kHz	[29]
10 s 脉冲（10 Hz）	ANN	2.5 Ah SONY US18650VTC5 电池，RMSE 为 2.1mΩ	1.15Hz ~ 11.5kHz	[30]
EIS 数据	集成学习	30 mAh LIR203 预测相角准确率 99.9%	10^{-2} ~ 10^5Hz	[31]
频率、周期电位、温度和 SOC	集成学习	实部阻抗 98.54% 置信区间 虚部阻抗 95.35% 置信区间	20mHz ~ 100kHz	[32]

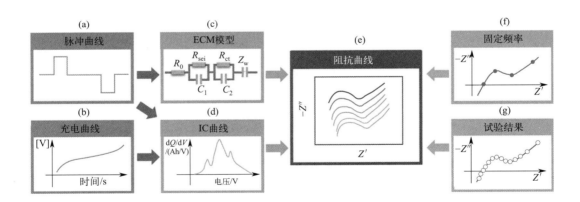

图 6.3 基于（a）~（d）时域和（f）~（g）频域信息输入获取 EIS 谱的机器学习方法示意图

6.1.1 时域信息获取 EIS

6.1.1.1 充放电曲线获取 EIS

Duan 等[21]通过构建一个具有两个卷积层和三个全连接层的神经网络，将恒流条件下的充放电电压和容量作为输入，预测 100%SOC 和 0%SOC 两种状态下的 EIS。虽然该方法预测精度不错，但这一工作并没有讨论关于电压信息和 EIS 信息两者的关系，对于领域的研究者可能并不认可这种"黑箱模型"。后来 Guo 等[22]在该工作的基础上又进一步探究了充电曲线和 EIS 之间的关系，表明充电曲线中可以通过增量容量曲线（IC 曲线）来量化活性锂损失（LLI）和活性材质损失（LAM），而 EIS 中获取的 R_{sei} 和 R_{ct} 可以量化 LLI，低频阻抗扩散部分可以量化 LAM，除此之外还发现选取与 IC 曲线相关特征电压区间足以获取较高的 EIS 精度。Ko 等[23]证明了在恒流恒压充电及其弛豫过程条件下都可以通过机器学习获取精度较好的 EIS，并且其详细讨论了关于充电曲线的采样频率和序列长度对于机器学习模型预测 EIS 精度的影响。目前很少有人关注到获取当前电池状态在后续短期老化中 EIS 的变化情况，Sun 等[24]通过选取电池近期不同循环圈数中的充电曲线片段，通过设计的长短期记忆网络（LSTM）不仅能够获取当前电池的 EIS，还能预测未来短期老化 EIS，该方法表明了在电池运行条件发生变化时，通过近期的充电信息就能够反映未来电池的老化行为，如图 6.4 所示。上述工作表明了通过易于获取的充电曲线，以神经网络作为桥梁可以快速获取高精确度的 EIS，但是神经网络模型作为"黑箱"模型难以给出时频转化的内在联系，目前这类模型的可解释性主要使用热力学信息（LLI/LAM）来与充电曲线和 EIS 建立联系，但是直接通过充电曲线转化成 IC 曲线不考虑电池内部极化是不严谨的。

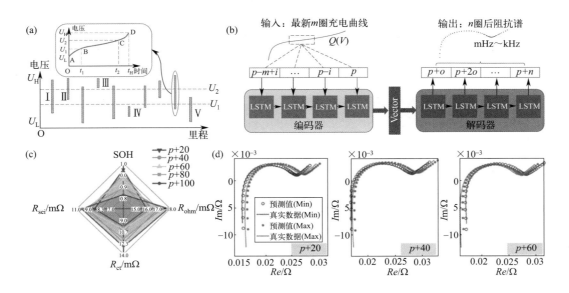

图 6.4 实现预测短期 EIS 变化及其寿命评估的框架[24]

(a) 选取相同充电电压区间作为输入；(b) 针对预测短期内的 EIS 的 LSTM 神经网络；(c) 实现预测短期动力学参数变化；(d) 预测当前和未来短期的阻抗谱

6.1.1.2 脉冲曲线获取 EIS

除了充放电曲线外，脉冲诊断技术在锂离子电池性能评估方面也取得了显著进展[25-27]。

Li 等[28]展示了利用两分钟的脉冲可以结合神经网络（NN）来表征 IC 曲线特征以及构建时域等效电路来量化不同过电位的贡献，证明了通过脉冲测试可以获得阻抗特征。Tian 等[29]则通过 LSTM 网络，利用以 1 Hz 采样频率得到的脉冲电流和电压数据，准确预测了不同状态下的 EIS 以及 SOC。Tang 等[30]以 10 Hz 的采样频率脉冲将机器学习工具与分数阶电池分析相结合，从动态负载剖面中获取电池的 EIS，这相比于之前通过神经网络电压信息直接获取 EIS，加入了物理模型，提升了可解释性。脉冲在预测 EIS 的任务中，通常通过 IC 曲线和 ECM 来提升该过程中的可解释性。尽管如此，目前的研究仍有需要深入探讨的问题，例如脉冲的大小和形状如何影响所获取的 EIS 的准确性，脉冲曲线与 EIS 中的哪些参数可以相关联，以及数据的采样频率对预测各个频域下的 EIS 有何影响，这些问题的解答将对电池性能的预测和优化提供更深入的理解。

6.1.2 频域信息获取 EIS

机器学习技术获取 EIS 的另一种实现方式是输入部分频域信息而获得完整 EIS 结果。Temiz 等[31]提出了机器学习重新生成的数据可以替代某些实验测量的 EIS，他们通过集成各种机器学习模型[32]，并以频率、周期电位、温度和 SOC 作为模型输入部分，预测了相同健康状态（SOH）下不同 SOC、不同温度 EIS 的实部和虚部阻抗，如图 6.5（a）和（b）所示。电池阻抗谱的频率范围较宽（mHz～kHz），实际测试应用中超高频的阻抗获取受限于仪器设备的精度，超低频的阻抗测试又会大大增加测试时间，通过多个单频快速测量响应构建阻抗谱不仅可以节约测试成本，也能提高阻抗数据获取的可靠性。仅使用阻抗谱中某些特征频率点的阻抗信息亦可以通过机器学习来预测完整的 EIS 结果，Sun 等[33]发现在 DRT 分析中，中高频下与欧姆阻抗相关的峰和 R_{sei} 相关的峰随电池的 SOC 变化较小，如图 6.5（c）和（d）所示，通过神经网络将中高频的特征频率点作为输入来预测 EIS，最大均方根误差为 0.93 mΩ。通过 DRT 分析与电池老化相关的特征频率，某种意义上与等效电路提取的 R_{sei}、R_{ct} 等参数来预测 EIS 是类似的，但两者都有其局限性：使用 DRT 时，不同的正则化方法设置对于弛豫时间分布的影响较大；而等效电路模型表征 EIS 时大多通过经验知识，可能存在不同的等效电路模型对应相同的拟合结果。

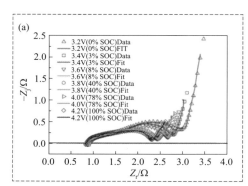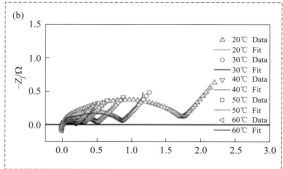

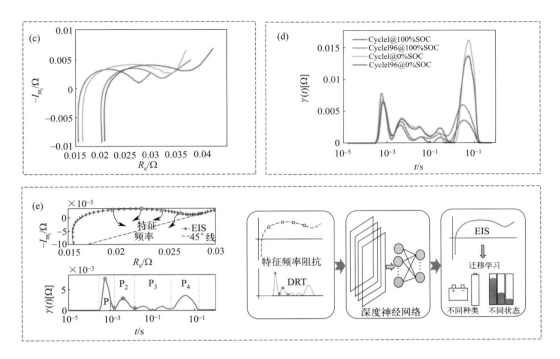

图6.5 （a）机器学习生成不同SOC的EIS[32]；（b）机器学习生成不同温度的EIS[32]；（c），（d）不同SOH和不同SOC状态下的EIS和DRT[33]；（e）选取特征频率预测EIS框架[33]

6.2 机器学习辅助EIS解耦LIB老化参数

EIS可用于研究电池和其他电化学系统的内部过程，解耦相关的参数信息。为了更精确地分析和解释EIS数据，采用合理有效解耦技术是非常必要的，近年来机器学习在EIS的解耦中也受到研究者的关注，以下主要介绍关于机器学习解耦EIS的应用。

6.2.1 动力学参数解耦

6.2.1.1 等效电路（ECM）解耦EIS

传统的ECM拟合方法主要依赖于研究人员的专业知识和经验，通过对测试的EIS选择合适的等效电路元件，然后进行参数识别拟合。目前研究人员已成功应用各种机器学习模型来提高ECM的识别准确度和处理效率[34-38]，如图6.6（a）所示。除此之外也有工作细致比较了不同机器学习识别ECM的准确性[39]以及ECM数据质量数量对于机器学习预测ECM的影响[40-42]，表6.2详细介绍了机器学习在ECM中的应用场景。总体而言，机器学习在EIS数据的分类中展示了显著的应用潜力。然而，目前的挑战主要由于复杂的ECM情景下，许多EIS解耦成ECM等效电路并非一一对应，这使得机器学习识别复杂ECM电路的准确性较低。然而，对于需要预测大量的简单 ECM 条件下，机器学习在 ECM 的识别中潜力依然显著。未来，减少人为干预以及对识别的 ECM 进行解释是需要解决的一大难题。

表 6.2 机器学习在 ECM 中的应用研究情况

类型	模型	内容	文献
ECM 的选取和参数识别	贝叶斯统计法	预测仅含电阻和电容的 ECM，超过 90% 准确率	[34]
	支持向量机	预测五种典型的 ECM，预测准确率为 78%	[35]
	CNN-LSTM	对最佳电路模型预测，以实验测量的阻抗数据验证其有效性，可用于快速筛选建模大型阻抗谱数据	[36]
	DNN	允许使用生成数据和真实 EIS 数据训练 ECM 模型，拟合失败率小于 1%	[37]
不同机器学习模型识别 ECM 准确性比较	ANN	引入新的损失函数进行优化，识别电池老化 EIS 产生的变化	[38]
	XGboost/RF/CNN	XGboost 最佳，CNN 可以用于 ECM 分类，但仍面临挑战	[39]
EIS 的数据（数量/输入形式/输出标签）对机器学习识别 ECM 的影响	ANN	200 条数据足以用于简单的 ECM 识别，准确率 95%，对于复杂场景识别准确率仅为 75%	[40]
	Resnet	讨论 EIS 的输入情况（Nyquist 图/波特图以及三种归一化数据对于预测 ECM 的影响）	[41]
	PCA/t-SNE/UMAP	在无监督条件下面临复杂条件的 EIS 可能无法完全揭示 EIS 谱图的细微差别	[42]

6.2.1.2 弛豫时间分布（DRT）求解 EIS

DRT 方法将电池系统的响应假设为一系列不同弛豫时间响应的总和[43]。具体地说，DRT 分析假设研究对象的阻抗特征表现为一个欧姆电阻 R_0 和 n 个 RC 元件（电阻和电容的并联连接）的串联：

$$z(\omega) = R_0 + \frac{R_1}{1+j\omega\tau_1} + \frac{R_2}{1+j\omega\tau_2} + \cdots + \frac{R_n}{1+j\omega\tau_n} \tag{6.1}$$

式中，R_n 和 τ_n 分别为第 n 个 RC 元件的电阻时间和弛豫时间。通过引入 $R_i = \gamma[\lg(\tau_i)]\Delta\lg(\tau)$，$i=1, 2, 3\cdots$，代入上式可得：

$$z(\omega) = R_0 + \frac{\gamma[\lg(\tau_1)]\Delta\tau}{1+j\omega\tau_1} + \frac{\gamma[\lg(\tau_2)]\Delta\tau}{1+j\omega\tau_2} + \cdots + \frac{\gamma[\lg(\tau_n)]\Delta\tau}{1+j\omega\tau_n} \tag{6.2}$$

式中，τ_i 表示第 i 个 RC 元件的弛豫时间，用于区分不同的 RC 元件；$\lg(\tau_i)$ 表示弛豫时间的以 10 为底的对数；$\Delta\lg(\tau_i)$ 表示相邻 $\lg(\tau_i)$ 之间的间隔，在 DRT 求解过程中通常设定为相同值；$\gamma[\lg(\tau_i)]$ 与弛豫时间相关，表示特定弛豫时间下 RC 模型的电阻。最后，将公式（6.2）转化为连续形式：

$$z(\omega) = \int_{-\infty}^{\infty} \frac{\gamma[\lg(\tau)]}{1+j\omega\tau} d(\lg\tau) + R_0 \tag{6.3}$$

DRT 的计算是一个求解逆问题的反演寻优过程，即寻找最优的 $\gamma[\lg(\tau_i)]$ 函数、R_0 数值以实现模型阻抗输出与实测阻抗结果的最佳匹配。传统上，蒙特卡罗方法[44]、遗传算法[45]、傅里叶变换[46]等手段已被用于求解 DRT，由于 DRT 的求解条件不确定，在寻优过程中仍然需要引入正则化惩罚项来限制过拟合的问题，目前 Tikhonov 正则化由于其显著的应用效果已成为主流方法[47]。随着机器学习技术的发展，基于深度学习的方法如基于岭回归（RR）的贝叶斯逆问题框架[48]、Liu 等[49]提出的深度图像先验（DIP）方法，以及 Quattrocchi 等[50]开发的 deep-DRT 技术［图 6.6（b）］，为 DRT 计算提供了新的动力。这些方法不仅优化了 DRT 的计算效率和精度，还扩展了其在多维数据处理和电池寿命预测中的应用。未来的研究可能会进一步通过机器学习探索多维度的 DRT，加入复杂电池状态的变量，以提供对电池健康和性能的深入理解。

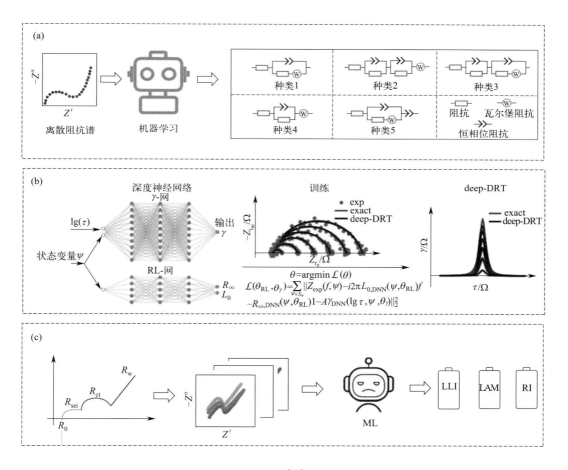

图 6.6 （a）基于机器学习识别等效电路的分类和拟合[35]；（b）机器学习在 DRT 求解应用和常用方法精度对比[50]；（c）通过机器学习求解阻抗谱中的热力学参数

6.2.2 热力学参数解耦

以往的研究将电池老化机制分为三种模式：电导率损失（CL）[51]、活性锂损失（LLI）

和活性材质损失（LAM）[52]。老化诊断 LLI 和 LAM 通常由开路电压（OCV）的平移[53]和缩放得到[54]。基于机器学习方法诊断电池老化模式近年来也得到了广泛关注。Ruan 等[55]利用老化的伪开路电压（pOCV）和新鲜的 pOCV 之间的容量差作为 CNN 输入，成功量化在各种条件下老化的电池老化模式，最终误差小于 1.22%。Costa 等[56]将电压容量曲线转化成 IC 曲线，通过 CNN 提取 IC 图像的特征，构建了量化老化模式的机器学习模型。Chen 等[57]通过设计不同电极负载和充电倍率来实现不同老化模式，以电池运行中的电压作为输入，使用三种机器学习算法实现了 86% 的老化模式分类准确率。除了通过时域中的电压信息可以实现电池的老化诊断外，EIS 同样也能提供关于老化诊断的相关信息。Hu 等[16]、Telize 以及 Sun 等[58-59]均讨论了如何通过 EIS 数据识别出 LLI 和 LAM。目前 LLI 和 LAM 可以从两类计算公式的 EIS 参数中量化获取，但上述的方法太过依赖于 ECM 参数的准确识别。通过 ECM 获得的 R_{sei} 和 R_{ct} 参数与实际真实值存在偏差，并且目前对于 LLI 计算与 R_{ct} 是否相关仍存在争议，使得通过 EIS 获取 LLI 和 LAM 这一过程变得复杂且容易引入误差，而机器学习使得实现 EIS 到 LLI 和 LAM 的直接预测成为了可能，如图 6.6（c）所示，可以避免中间参数量化的误差，提高该过程获取热力学信息的准确性。

第一类[16]

$$CL(\%) = \frac{R_{ohm,n}-R_{ohm,0}}{R_{ohm,0}} \times 100$$

$$LLI(\%) = \frac{R_{sei,n}-R_{sei,0}}{R_{sei,0}} \times 100$$

$$LAM(\%) = \left(\frac{R_{ct,n}-R_{ct,0}}{R_{ct,0}} + \frac{R_{w,n}-R_{w,0}}{R_{w,0}}\right) \times 100$$

第二类[59]

$$CL(\%) = \frac{R_{ohm,n}-R_{ohm,0}}{R_{ohm,0}} \times 100$$

$$LLI(\%) = \left(\frac{R_{sei,n}-R_{sei,0}+R_{ct,n}-R_{ct,0}}{R_{sei,0}+R_{ct,0}}\right) \times 100$$

$$LAM(\%) = \frac{R_{w,n}-R_{w,0}}{R_{w,0}} \times 100$$

6.3 机器学习下 EIS 在锂离子电池健康预测与老化评估的应用

6.3.1 EIS 实现锂离子电池健康预测

锂离子电池的寿命预测对于保障电池的可靠运行和性能优化至关重要，目前机器学习结合 EIS 实现电池寿命预测的方法大体上可以分为两种，一种是基于频域数据如 EIS 宽频信息或者某些特征频率点，另一种是基于 ECM 或者 DRT 提取参数后进行预测。

6.3.1.1 未解耦的原始数据预测电池寿命

宽频信息输入：宽频信息输入是将所测得的 Nyquist 图中所有的点作为机器学习的输入进行训练。当前已有许多工作报道了通过机器学习模型实现 EIS 对于电池寿命的预测，通常对测试获取的实部和虚部阻抗不经过预处理直接作为输入，通过如支持向量回归（SVR）、高斯回归模型（GPR）、CNN 等机器学习模型来提取相关特征实现电池的寿命预测[60-65]。除此之外，考虑使用循环神经网络（RNN）模型来学习关于 EIS 的时间变化序列关系[66]和通过对抗生成网络（GAN）等[67]学习 EIS 潜在的与容量有关的健康特征也是预测电池寿命的另外切入点。上述的工作大多为有监督学习，对于数据输入输出数量有严格的要求，然而在实际中可能存在较少样本的数据以及缺少数据标签的情况，一般可以使用迁移学习或者半监督学习来解决，Babaeiyazdi 等[68]和 Li 等[63]通过迁移学习解决数量少的问题以及提高 SOH 的估计和准确性，Xiong 等[69]提出了一种基于 CNN 的半监督学习方法，如图 6.7 所示，显著减少了训练数据的收集成本并实现高准确性的 SOH 估计。基于宽频信息输入可以最大程度利用 EIS 的信息，机器学习的使用能够快速有效获得关于锂离子电池的寿命预测。

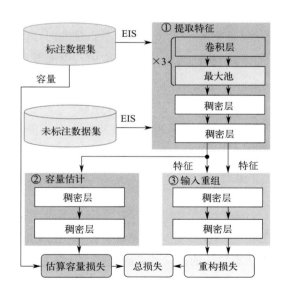

图 6.7 一种半监督学习实现 EIS 预测锂离子电池寿命流程[69]

特征频率输入：尽管宽频输入能够最大程度提供电池老化信息，但是过多的输入在训练过程会导致训练时间增加，特别是当测试仪器的精度较低时获取的 EIS 噪声大，而带入更多噪声的数据会影响模型的准确性。Jiang 等[70]比较了 Nyquist 图输入与其他模型的性能，结果显示固定频率阻抗特征的训练时间缩短了近一半。在特征频率输入方面，这些频率点能够敏感地反映出电池内部的物理化学变化，并且为了优化特征频率的选择，研究人员也采用了多种策略，一般分为手动和自动。手动方式往往通过分析 EIS 图中专业的节点来确定特征频率，如提取关于欧姆内阻，R_{sei}、R_{ct} 等相关的特征频率点，或者根据几何特征进行分析提取，如曲线的半圆最高点，扩散斜线的起始点[71]。例如 Faraji-Niri 等[72]从 EIS 图中提取关于欧姆电阻和电荷转移以及 Warburg 阻抗相关的几个频率点，通过 GPR 模型预测电池的 SOH 误差仅为 1.1%。自动方式就是通过将 EIS 全部的数据进行相关性分析，分析数据和输出之前的相关性，提取最相关的数据点进行训练。Xia 等[73]利用 SHAP 解释器来评估和排序阻抗特征对 SOH 预测的贡献度，从而筛选出对预测最有影响的特征。通过比较宽频信息输入和特征频率输入的预测效果，发现基于 SHAP 选择的特征频率能够提高预测准确性，并且能够显著减少测量时间。

6.3.1.2 解耦的 EIS 参数信息预测电池寿命

相比于频域数据，解耦 EIS 中参数信息由于引入物理过程，可以提高电池状态估计的准确性和鲁棒性。EIS 中常常通过 ECM 或者 DRT 解耦关于动力学参数的信息。通过机器学习，可以以解耦后的 ECM 参数作为输入实现寿命的精准预测[74-75]，例如 Lin 等[75]通过将 EIS 解谱成 ECM 形式，并将其参数作为 DNN 输入提高了电池容量估计的准确性和可解释性。由于选择的 ECM 不同，解耦的动力学参数不一定都与电池寿命相关，故解耦后的 ECM 参数也经常被用于特征筛选[76-78]，在减少数据量的同时仍然可以保持精度。例如 Luo 等[76]使用 SVM 分析 EIS 数据，通过 ECM 提取的与电池寿命相关的健康因子（HIs）来分类电池的健康状态。

由于 ECM 具有很强的人为选择性，因此 DRT 方法也被广泛应用于 EIS 分析。Zhu 等[79]通过 DRT 对 584 个 EIS 提取了关键的退化特征，通过采用集成学习技术，实现了在不同 SOC 范围内 SOH 的准确估计。Wang 等[80]通过 DRT 方法提取了关于电感和不同频率下阻抗特征，和原始的 EIS 相比不仅训练时间更少，在 SOH 预测方面也表现出更强的鲁棒性。

基于上述几种方法，Gasper 等[81]和 Jiang 等[70]对于不同特征采样输入方法的预测结果有更细致的比较，如图 6.8 所示，总之，机器学习技术使得 EIS 预测电池寿命展现出巨大潜力，在提高电池健康状态估计的准确性方面这些方法各有优势，表 6.3 和表 6.4 分别总结了近年来使用机器学习模型实现 EIS 预测电池寿命的方法比较和不同模型之间的优缺点，但在实践中应根据具体情况选择最合适的输入策略，以便更好地服务于电池寿命预测管理。

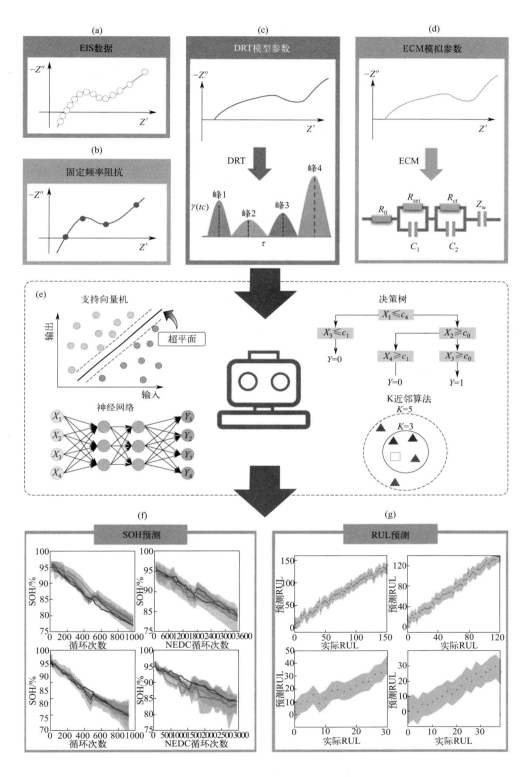

图 6.8 EIS 四种不同方法预测电池寿命流程图

(a) 宽频谱下输入；(b) 特征频率输入；(c) DRT 下解耦参数输入；(d) ECM 模型参数输入；(f)，(g) 通过机器学习预测电池的 RUF[61] 和 SOH[70]

表 6.3 不同机器学习预测电池寿命方法比较

输入	模型	预测结果	文献
宽频输入	DNN-TL	在 25 ℃ 和 35 ℃ 训练的 DNN 模型 MSE 为 0.0266，R^2 为 99.68%	[63]
	CNN	1C 放电下 RMSE 为 9.57%	[69]
	CNN	RMSE 为 1.974 SOH% 和最大误差为 4.935 SOH%	[82]
	GPR	RMSE 为 1.1096%，R^2 为 0.9759，MSE 为 1.0374	[71]
	GPR	R^2 为 0.88	[61]
	GPR	RMSE 为 1.168%，MAE 为 1.016%	[70]
宽频+IC	FL，SVM ANN，RF	R^2 为 0.98，MAE 为 1.87	[83]
	SVR-Elman-ELM	R^2 为 0.9957，MAE 为 0.0065，RMSE 为 0.109	[62]
	SVR	预测结果相对误差都在 2% 以内	[84]
特征频率	DR，lightGBM XGboost，Catboost	RMSE 为 3.16，MSE 为 9.96，R^2 为 0.81	[73]
	ELM	估计误差小于 2%	[72]
	GPR	RMSE 为 0.932%，MAE 为 0.750%	[70]
	IPSO-CNN-BILSTM	RMSE 为 1.76%	[85]
等效电路	RNN	容量估计 MSE 为 0.462	[66]
	SVM	准确性可以达到 80%	[76]
	GRU	RMSE，MAE，MAPE 均小于 2%.	[77]
宽频输入+等效电路	PIDL	RMSE 为 6.36%，R^2 为 0.95	[75]
DRT	ARD-GPR	RMSE 为 0.6%，MAE 为 0.4%，R^2 为 0.992	[80]
	LSBoost	RMSE 在不同电池工作状态下可以保持在 2.08% 以内	[79]
Nyquist 图转换为图像后输入	VGG	RMSE 小于 2%，与基准模型相比，准确度提高了 55.6%	[86]

表 6.4 不同机器学习预测电池寿命方法优缺点

方法	宽频率范围	特征频率	ECM 参数	DRT 参数
输入方式	将阻抗谱的虚部实部作为输入	通过手动或自动的方式提取特征频率作为输入	通过拟合出的等效电路参数作为输入	将拟合出的 DRT 参数作为输入
优点	信息完整，并且无需进行预处理，操作简单	具有一定可解释性，降低了计算资源的消耗；剔除负面作用数据点，提高模型准确性	操作简单，具有一定可解释性	无人为性；提升模型的解释性；可能发现一些额外的特征因子
缺点	计算资源消耗较大，另外有部分数据点对于训练具有负面作用	由于使用的数据点较少，存在相应的信息丢失	等效电路方法具有较强的人为性，在处理过程中不确定性较多	当杂峰过多时对于训练具有负面作用

6.3.2 EIS 实现锂离子电池老化机理评估

目前研究锂离子电池老化机理（如析锂和 SEI 生长）备受领域关注，故能够检测到电池运行时两者的老化机理是否发生,是探索锂离子电池老化机理必不可缺的一部分。目前已有各种析锂和 SEI 生长研究方法,包括核磁共振(NMR)光谱[87-88],同步辐射高能 X 射线衍射(XRD)[89-90]等,但它们往往局限于具备较好表征测试条件的实验室甚至需要大科学装置的使用,因此数据量往往有限,EIS 相比于这些表征更易于获取,且有望在数据驱动模型中得到应用。

SEI 在决定电池性能方面起着至关重要的作用,其生成过程会消耗活性锂以及电解液,并且阻碍 Li^+ 扩散,并增加电极的电阻。EIS 是表征 SEI 的潜在工具之一,多篇文献报道了用 ECM 或 DRT 从 EIS 结果中得到 SEI 的阻抗[58-59]和时间常数[24,70]的应用实例,例如在电池老化中 R_{sei} 变化反映了 SEI 的离子导电性的变化。

电化学方法是析锂监测的常用技术[91-94],在电池运行期间,电化学参数很容易获得,很适合用于在线的析锂检测。机器学习使得数据驱动法探索析锂成为可能,Chen 等[57]通过设计不同电极负载和充电倍率,以电池运行中的电压作为输入,使用机器学习将数据集中不同倍率运行下的电池根据老化机理分类为 SEI 生长、析锂、LAM,分类准确率达 86%,但是该工作只能识别主导的老化机理,而不能定量析锂量和 SEI 生长量。Tian 等[95]利用 DNN 从充电曲线中提取析锂引起的数据驱动特征,通过 DVA 曲线来确定析锂的发生和析锂的量,该方法的检测精度为 98.64%。

另外,EIS 对电池内外参数敏感,使其有可能成为一种高效的析锂检测工具[96]。Petzl 等[97]表示由于析锂表面的钝化膜形成引起电解液的降解会导致欧姆内阻的增加,如图 6.9(a)所示。Chen 等[98]通过采用扣式电池和软包电池对 DRT 中出现的峰进行了识别,研究了析锂对电荷转移过程的影响,图 6.9(b)结果表明,析锂会改变阴极的 SOC,导致 R_{ct} 电荷转移过程的峰值向高频移动且变弱。Brown 等[99]通过运行状态下的 EIS 来检测三电极电池中石墨电极上析锂的起始点,图 6.9(c)表明了发生析锂时 SEI 电阻的增加。以上的工作表明 EIS 中各参数可以反映电池老化机理,故 EIS 有充足的信息来实现一个析锂的机器学习检测模型。随着更多领域中研究者对阻抗谱表征电池老化信息的深入挖掘,比起通过电压电流数据来获取运行时电池的老化机理情况,使用频域的 EIS 能反映更多信息,其敏感性与准确性也更高。

6.4 EIS 与其他表征方法的数据融合

高质量和充足的数据是机器学习模型成功的关键。数据质量和数量都会影响模型的准确性和一致性,并且数据数量决定了模型的泛化能力和复杂模式的捕捉能力。锂离子电池的数据往往因其循环周期长以及测试设备条件而受到一定的限制,目前的很多机器学习模型大部分是基于已有的开源数据集或作者通过长期测试得到的数据,数据量在几百条到几千条不等。虽然可以通过合成虚拟的数据集扩展数据量,但其可能缺乏真实性并缺乏足够的多样性,尤其是在样本量较小时,模型的泛化能力将明显不足。不同的数据量可能对应不同最优的机器学习模型,相比于传统的机器学习方法,神经网络往往需要更大的数据量才能更好地捕捉复杂任务的特征。因此,更多的 EIS 公开数据集有利于该领域的研究者们探究不同数据集下 EIS 在机器学习中的进一步使用,表 6.5 提供了当前一些与 EIS 数据相关的数据集。

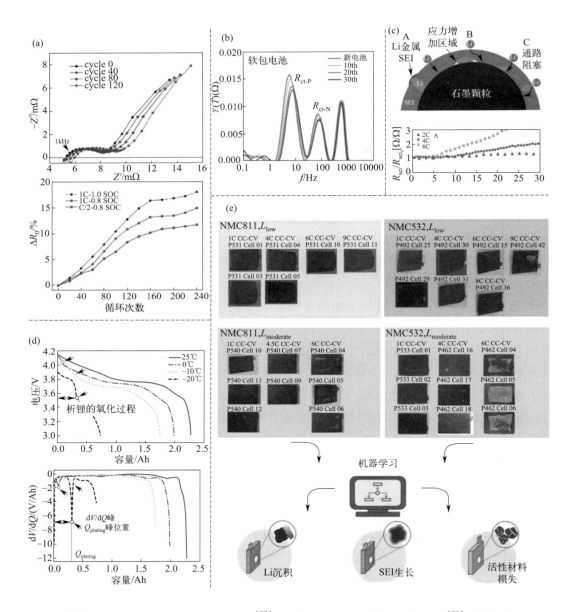

图 6.9 (a)电池运行下 EIS 中欧姆内阻的变化[97];(b)发生析锂时 DRT 中 R_{ct} 的变化[98];(c)发生析锂时 R_{sei} 的变化[99];(d)作为深度学习的输出关于析锂定性和定量的 DV 曲线[95];(e)机器学习判断电池老化行为框架[57]

结合其他的无损表征技术可以弥补 EIS 中难以分析得到的老化信息,例如 FIB-SEM

和纳米 CT 能够提供电池微观结构的详细图像。利用图像提供的微观结构信息，可以解释 EIS 测量中观察到的阻抗变化，如电极材料的微裂纹或颗粒脱落可能导致电荷传递阻抗增加，有利于从不同角度分析电池的老化行为。并且机器学习可以大大提高对锂离子电池各种表征分析的速度，例如 XCT 成像[100]、FIB-SEM[101]、中子成像[102]等能够快速分析大量的表征数据。目前基于图像分割方法，特别是 Unet 分割模型表现出非常强的分割功能，成为锂离子电池电极三维重构、图像识别分析中一种高效便捷的方法[103]。例如通过机器学习分割得到不同电池状况下厚度、孔隙率、颗粒、迂曲率等变化，Ballai 等[104]通过对不同老化电池进行 micro-CT、充放电和 EIS 测试，已发现电池层间距可观的收缩与容量损失和电阻增加有很大关联。而 Ridder 等[105]也通过同步加速器断层扫描结合 KNN 分割不同电池老化图像，并结合 EIS 分析了关于图像老化后有关电极各参数的变化情况。

将 EIS 和表征电极的图像数据信息集成到一个共同的框架中，如图 6.10 所示，可以通过数据融合技术实现。这种集成分析能够提供更为全面的电池性能和健康状态视图。通过这种多技术融合的方法[19]，可以更深入地理解锂离子电池的老化行为，以及在更复杂情景下实现对锂离子电池的短期和长期寿命的精准预测。

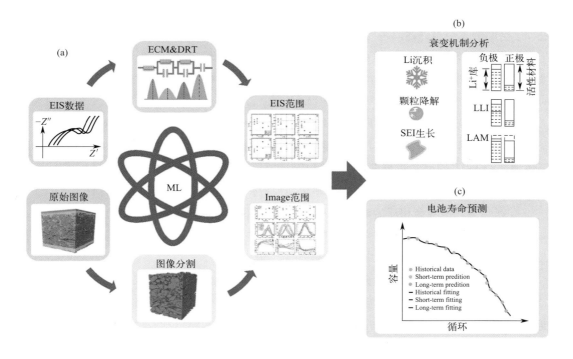

图 6.10　通过机器学习实现不同数据融合框架：（a）机器学习实现 EIS 数据解耦分析［图（a）上］，依次为 EIS 数据、ECM&DRT 解耦 EIS、获取不同 SOH 下 EIS 参数；机器学习实现电池图像数据量化［图（a）下］，依次表示为图像原始数据，机器学习识别图像，机器学习量化图像中各种参数[105]；（b）电池的老化机理研究；（c）电池寿命预测

表 6.5　可获取的开源阻抗谱机器学习数据集

内容	开源地址	文献
基于 EIS 和电池寿命数据	https://github.com/PenelopeJones/battery-forecasting	[106]
基于 EIS 和剩余使用寿命 RUF 数据	https://github.com/YunweiZhang/MLidentify-battery-degradation	[61]
基于等效电路 EIS 数据	https://data.mendeley.com/datasets/mbv3bx847g	[107]
基于不同 SOC 不同温度 EIS 数据	https://github.com/battery-data-commons/mrs-sp22-tutorial/tree/main/predict_capacity_from_eis.	[81]
基于 EIS 的健康状态数据	EIS Dataset & NN code（figshare.com）	[82]
基于 EIS 的锂离子电池电化学诊断数据	www.github.com/NREL/battery_capacity_from_eis	[108]
基于 EIS 的电池容量预测数据	https://ti.arc.nasa.gov/tech/dash/groups/pcoe/prognostic-data-repository/	[85]

6.5　小结与展望

本章聚焦锂离子电池应用中机器学习强化 EIS 技术这一主题，对目前 EIS 谱图获取、解析、在电池老化研究中的应用及与其他表征方法的数据融合分析等四个方面的研究工作进行了全面的总结与评述。主要结论如下。

① 在 EIS 谱图的获取方面，无论是根据时域信息预测频域信息，还是根据部分时域/频域数据预测完整数据，借助机器学习强大的拟合外推能力，均可得到具有较高精度的 EIS 数据。

② 在解析 EIS 谱方面，不同动力学过程的信息解耦可以通过 ECM 和 DRT 两个方法实现，而借助机器学习方法，我们不仅能够快速筛选合适的等效电路结构及参数，而且还可更快地获得 DRT 的反卷积推演结果，对 EIS 数据进行分析的效率和准确性大大提升。此外，通过机器学习技术从 EIS 数据中求解电池反应热力学信息也存在一定可行性。

③ 在预测电池寿命和评估电池老化机理方面，我们可以通过分析获取的 EIS 的特征频率、拟合等效电路和结合 DRT 以及分析电池运行时阻抗谱的变化（如 R_{ct} 的下降和 R_{sei} 的上升）来预测电池的状态变化并预测寿命。

④ 通过机器学习结合图像分析方法，可以补充单一 EIS 中难以获取的信息。即将大量二维或者三维图像表征量化的参数和 EIS 解耦的参数通过数据融合的形式可以提供更多维度的信息来预测电池寿命和分析老化行为。

借助于强大的机器学习方法，充分挖掘 EIS 的获取、解析、预测能力，使得机器学习强化的 EIS 技术在电池老化研究中具有极大的发展潜力。然而二者结合的局限性也逐渐显现，一个显著的挑战是神经网络等机器学习模型的解释性通常不足。对于专业的锂离子电池研究者而言，他们不仅需要准确的结果，更需要对这些结果的清晰解释，因此，机器学习结合物理模型或电化学模型有利于我们更好理解电池的老化行为。此外，尽管当前研究主要集中于评估电池的健康状态（SOH）和剩余使用寿命（RUF），这些指标单独来看并不足以全面衡量电池的寿命和老化。未来的研究应更细致地划分不同的老化路径，并集成热力学和动力学的预测信息。而 EIS 能够为该过程提供足够的信息，是衡量和评估电池行为的重要桥梁。在未来，发展多维度 EIS 机器学习是必要的，如结合考虑不同 SOC、不同温度、不同循环周期下 EIS，挖掘各部分提供的重要信息通过机器学习强大的学习能力来实现对电池全方位的预测和评估。随着更多研究者在 EIS 中更细致的研究，结合机器学习强大的学习能力，我们能够在实际的电池使用中，通过数据驱动在短时间内针对各种复杂运行条件下快速地获取以及解析 EIS，并准确评估当前电池的状态和老化行为，能为电池的管理和使用提供更多的便捷之处。此外，随着机器学习模型的发展以及算力的支持和云端数据的大量获取，在人工智能的大模型时代背景下，如聊天生成预训练转换器（ChatGPT）的出现展示了 AI 的强大推演能力。故在未来研究中，结合大量 EIS 数据以及该领域专家的专业的知识解析，实现一个基于锂离子电池 EIS 的统一寿命预测大模型将会备受关注。

参考文献

[1] GUO R H，WANG F，AKBAR RHAMDHANI M，et al.Managing the surge: A comprehensive review of the entire disposal framework for retired lithium-ion batteries from electric vehicles[J].Journal of Energy Chemistry，2024，92: 648-680.DOI: 10.1016/j.jechem.2024.01.055.

[2] 国际能源署.2024 年全球电动汽车展望：国际能源署报告 [R]. 巴黎：国际能源署.https://www.iea.org/reports/global-ev-outlook-2024.

[3] ZHAO J Y，FENG X N，PANG Q Q，et al.Battery safety: Machine learning-based prognostics[J].Progress in Energy and Combustion Science，2024，102: 101142.DOI: 10.1016/j.pecs.2023.101142.

[4] CHEN S Y，GAO Z H，SUN T J.Safety challenges and safety measures of Li-ion batteries[J].Energy Science & Engineering，2021，9（9）: 1647-1672.DOI: 10.1002/ese3.895.

[5] SONG K，HU D，TONG Y，et al.Remaining life prediction of lithium-ion batteries based on health management: A review[J].Journal of Energy Storage，2023，57: 106193.DOI: 10.1016/j.est.2022.106193.

[6] BARAI A，UDDIN K，DUBARRY M，et al.A comparison of methodologies for the non-invasive characterisation of commercial Li-ion cells[J].Progress in Energy and Combustion Science，2019，72: 1-31.DOI: 10.1016/j.pecs.2019.01.001.

[7] WAN X H，XU X J，LI F K，et al.Application of nondestructive testing technology in device scale for lithium-ion batteries[J].Small Structures，2024，5（3）: 2300196.DOI: 10.1002/sstr.202300196.

[8] 郝奕帆，祝夏雨，王静，等 . 电池无损检测监测方法分析 [J]. 储能科学与技术，2023，12（5）: 1713-1737. DOI: 10.19799/j.cnki.2095-4239.2023.0081.

[9] DAYANI S，MARKÖTTER H，SCHMIDT A，et al.Multi-level X-ray computed tomography （XCT） investigations of commercial lithium-ion batteries from cell to particle level[J].Journal of Energy Storage，2023，66: 107453.DOI: 10.1016/j.est.2023.107453.

[10] LEE M Y，LEE J，SHIN Y，et al.Multiscale imaging techniques for real-time，noninvasive diagnosis of Li-ion battery failures[J].Small Science，2023，3（11）: DOI: 10.1002/smsc.202300063.

[11] DU X H，MENG J H，AMIRAT Y，et al.Exploring impedance spectrum for lithium-ion batteries diagnosis and prognosis: A comprehensive review[J].Journal of Energy Chemistry，2024，95: 464-483.DOI: 10.1016/j.jechem.2024.04.005.

[12] WANG S S，ZHANG J B，GHARBI O，et al.Electrochemical impedance spectroscopy[J].Nature Reviews Methods Primers，2021，1: 41.DOI: 10.1038/s43586-021-00039-w.

[13] VIVIER V，ORAZEM M E.Impedance analysis of electrochemical systems[J].Chemical Reviews，2022，122（12）:

11131-11168.DOI: 10.1021/acs.chemrev.1c00876.
[14] LU Y, ZHAO C Z, HUANG J Q, et al.The timescale identification decoupling complicated kinetic processes in lithium batteries[J].Joule, 2022, 6（6）: 1172-1198.DOI: 10.1016/j.joule.2022.05.005.
[15] MC CARTHY K, GULLAPALLI H, RYAN K M, et al.Review-use of impedance spectroscopy for the estimation of Li-ion battery state of charge, state of health and internal temperature[J].Journal of the Electrochemical Society, 2021, 168（8）: 080517.DOI: 10.1149/1945-7111/ac1a85.
[16] HU W X, PENG Y F, WEI Y M, et al.Application of electrochemical impedance spectroscopy to degradation and aging research of lithium-ion batteries[J].The Journal of Physical Chemistry C, 2023, 127（9）: 4465-4495.DOI: 10.1021/acs.jpcc.3c00033.
[17] LV C D, ZHOU X, ZHONG L X, et al.Machine learning: An advanced platform for materials development and state prediction in lithium-ion batteries[J].Advanced Materials, 2022, 34（25）: e2101474.DOI: 10.1002/adma.202101474.
[18] SHU X, SHEN S Q, SHEN J W, et al.State of health prediction of lithium-ion batteries based on machine learning: Advances and perspectives[J].iScience, 2021, 24（11）: 103265.DOI: 10.1016/j.isci.2021.103265.
[19] FINEGAN D P, SQUIRES I, DAHARI A, et al.Machine-learning-driven advanced characterization of battery electrodes[J].ACS Energy Letters, 2022, 7（12）: 4368-4378.DOI: 10.1021/acsenergylett.2c01996.
[20] WANG X Y, WEI X Z, ZHU J G, et al.A review of modeling, acquisition, and application of lithium-ion battery impedance for onboard battery management[J].eTransportation, 2021, 7: 100093.DOI: 10.1016/j.etran.2020.100093.
[21] DUAN Y Z, TIAN J P, LU J H, et al.Deep neural network battery impedance spectra prediction by only using constant-current curve[J].Energy Storage Materials, 2021, 41: 24-31.DOI: 10.1016/j.ensm.2021.05.047.
[22] GUO J, CHE Y H, PEDERSEN K, et al.Battery impedance spectrum prediction from partial charging voltage curve by machine learning[J].Journal of Energy Chemistry, 2023, 79: 211-221.DOI: 10.1016/j.jechem.2023.01.004.
[23] KO C J, CHEN K C.Constructing battery impedance spectroscopy using partial current in constant-voltage charging or partial relaxation voltage[J].Applied Energy, 2024, 356: 122454.DOI: 10.1016/j.apenergy.2023.122454.
[24] SUN Y, XIONG R, MENG X F, et al.Battery degradation evaluation based on impedance spectra using a limited number of voltage-capacity curves[J].eTransportation, 2024, 22: 100347.DOI: 10.1016/j.etran.2024.100347.
[25] WU L F, ZHANG Y.Attention-based encoder-decoder networks for state of charge estimation of lithium-ion battery[J].Energy, 2023, 268: 126665.DOI: 10.1016/j.energy.2023.126665.
[26] CAI L, MENG J H, STROE D I, et al.An evolutionary framework for lithium-ion battery state of health estimation[J].Journal of Power Sources, 2019, 412: 615-622.DOI: 10.1016/j.jpowsour.2018.12.001.
[27] MENG J H, CAI L, STROE D I, et al.An optimized ensemble learning framework for lithium-ion battery state of health estimation in energy storage system[J].Energy, 2020, 206: 118140.DOI: 10.1016/j.energy.2020.118140.
[28] LI A, WEST A C, PREINDL M.Characterizing degradation in lithium-ion batteries with pulsing[J].Journal of Power Sources, 2023, 580: 233328.DOI: 10.1016/j.jpowsour.2023.233328.
[29] TIAN J P, XIONG R, CHEN C, et al.Simultaneous prediction of impedance spectra and state for lithium-ion batteries from short-term pulses[J].Electrochimica Acta, 2023, 449: 142218.DOI: 10.1016/j.electacta.2023.142218.
[30] TANG X P, LAI X, LIU Q, et al.Predicting battery impedance spectra from 10-second pulse tests under 10 Hz sampling rate[J].iScience, 2023, 26（6）: 106821.DOI: 10.1016/j.isci.2023.106821.
[31] TEMIZ S, KURBAN H, EROL S, et al.Regeneration of lithium-ion battery impedance using a novel machine learning framework and minimal empirical data[J].Journal of Energy Storage, 2022, 52: 105022.DOI: 10.1016/j.est.2022.105022.
[32] TEMIZ S, EROL S, KURBAN H, et al.State of charge and temperature-dependent impedance spectra regeneration of lithium-ion battery by duplex learning modeling[J].Journal of Energy Storage, 2023, 64: 107085.DOI: 10.1016/j.est.2023.107085.
[33] SUN Y, XIONG R, WANG C X, et al.Deep neural network based battery impedance spectrum prediction using only impedance at characteristic frequencies[J].Journal of Power Sources, 2023, 580: 233414.DOI: 10.1016/j.jpowsour.2023.233414.
[34] MIYAZAKI Y, NAKAYAMA R, YASUO N, et al.Bayesian statistics-based analysis of AC impedance spectra[J].AIP Advances, 2020, 10（4）: 045231.DOI: 10.1063/1.5143082.

[35] ZHU S, SUN X Y, GAO X Y, et al.Equivalent circuit model recognition of electrochemical impedance spectroscopy via machine learning[J].Journal of Electroanalytical Chemistry, 2019, 855: 113627.DOI: 10.1016/j.jelechem.2019.113627.

[36] AL-ALI A, MAUNDY B, ALLAGUI A, et al.Optimum impedance spectroscopy circuit model identification using deep learning algorithms[J].Journal of Electroanalytical Chemistry, 2022, 924: 116854.DOI: 10.1016/j.jelechem.2022.116854.

[37] BUTEAU S, DAHN J R.Analysis of thousands of electrochemical impedance spectra of lithium-ion cells through a machine learning inverse model[J].Journal of the Electrochemical Society, 2019, 166(8): A1611-A1622.DOI: 10.1149/2.1051908jes.

[38] ZULUETA A, ZULUETA E, OLARTE J, et al.Electrochemical impedance spectrum equivalent circuit parameter identification using a deep learning technique[J].Electronics, 2023, 12(24): 5038.DOI: 10.3390/electronics12245038.

[39] SCHAEFFER J, GASPER P, GARCIA-TAMAYO E, et al.Machine learning benchmarks for the classification of equivalent circuit models from electrochemical impedance spectra[J].Journal of the Electrochemical Society, 2023, 170(6): 060512.DOI: 10.1149/1945-7111/acd8fb.

[40] BONGIORNO V, GIBBON S, MICHAILIDOU E, et al.Exploring the use of machine learning for interpreting electrochemical impedance spectroscopy data: Evaluation of the training dataset size[J].Corrosion Science, 2022, 198: 110119.DOI: 10.1016/j.corsci.2022.110119.

[41] SUN J, ZHANG W, CHEN Y, et al.What is the appropriate data representation of electrochemical impedance spectroscopy in machine-learning analysis?[J/OL].ChemRxiv, 2024.[2024-04-29].DOI:10.26434/chemrxiv-2024-mdpw8.

[42] MAKOGON A, KANOUFI F, SHKIRSKIY V.Is unsupervised dimensionality reduction sufficient to decode the complexities of electrochemical impedance spectra?[J].ChemElectroChem, 2024, 11(7): DOI: 10.1002/celc.202300738.

[43] IURILLI P, BRIVIO C, WOOD V.Detection of lithium-ion cells' degradation through deconvolution of electrochemical impedance spectroscopy with distribution of relaxation time[J].Energy Technology, 2022, 10(10): 2200547.DOI: 10.1002/ente.202200547.

[44] TUNCER E, GUBANSKI S M.On dielectric data analysis.Using the Monte Carlo method to obtain relaxation time distribution and comparing non-linear spectral function fits[J].IEEE Transactions on Dielectrics and Electrical Insulation, 2001, 8(3): 310-320.DOI: 10.1109/94.933337.

[45] HERSHKOVITZ S, TOMER S, BALTIANSKI S, et al.ISGP: Impedance spectroscopy analysis using evolutionary programming procedure[J].ECS Transactions, 2011, 33(40): 67-73.DOI: 10.1149/1.3589186.

[46] BOUKAMP B A.Fourier transform distribution function of relaxation times, application and limitations[J].Electrochimica Acta, 2015, 154: 35-46.DOI: 10.1016/j.electacta.2014.12.059.

[47] SACCOCCIO M, WAN T H, CHEN C, et al.Optimal regularization in distribution of relaxation times applied to electrochemical impedance spectroscopy: Ridge and lasso regression methods-A theoretical and experimental study[J].Electrochimica Acta, 2014, 147: 470-482.DOI: 10.1016/j.electacta.2014.09.058.

[48] WAN T H, SACCOCCIO M, CHEN C, et al.Influence of the discretization methods on the distribution of relaxation times deconvolution: Implementing radial basis functions with DRTtools[J].Electrochimica Acta, 2015, 184: 483-499.DOI: 10.1016/j.electacta.2015.09.097.

[49] LIU J P, CIUCCI F.The deep-prior distribution of relaxation times[J].Journal of the Electrochemical Society, 2020, 167(2): 026506.DOI: 10.1149/1945-7111/ab631a.

[50] QUATTROCCHI E, WAN T H, BELOTTI A, et al.The deep-DRT: A deep neural network approach to deconvolve the distribution of relaxation times from multidimensional electrochemical impedance spectroscopy data[J].Electrochimica Acta, 2021, 392: 139010.DOI: 10.1016/j.electacta.2021.139010.

[51] PASTOR-FERNÁNDEZ C, DHAMMIKA WIDANAGE W, MARCO J, et al.Identification and quantification of ageing mechanisms in lithium-ion batteries using the EIS technique[C]//2016 IEEE Transportation Electrification Conference and Expo (ITEC).June 27-29, 2016, Dearborn, MI.IEEE, 2016: 1-6.DOI: 10.1109/ITEC.2016.7520198.

[52] CHRISTENSEN J, NEWMAN J.Cyclable lithium and capacity loss in Li-ion cells[J].Journal of the Electrochemical Society, 2005, 152(4): A818.DOI: 10.1149/1.1870752.

[53] DUBARRY M, TRUCHOT C, LIAW B Y.Synthesize battery degradation modes via a diagnostic and prognostic model[J].Journal of Power Sources, 2012, 219: 204-216.DOI: 10.1016/j.jpowsour.2012.07.016.

[54] DAHN H M, SMITH A J, BURNS J C, et al.User-friendly differential voltage analysis freeware for the analysis of degradation mechanisms in Li-ion batteries[J].Journal of the Electrochemical Society, 2012, 159(9): A1405-A1409.DOI: 10.1149/2.013209jes.

[55] RUAN H J, CHEN J Y, AI W L, et al.Generalised diagnostic framework for rapid battery degradation quantification with deep learning[J].Energy and AI, 2022, 9: 100158.DOI: 10.1016/j.egyai.2022.100158.

[56] COSTA N, SÁNCHEZ L, ANSEÁN D, et al.Li-ion battery degradation modes diagnosis via convolutional neural networks[J].Journal of Energy Storage, 2022, 55: 105558.DOI: 10.1016/j.est.2022.105558.

[57] CHEN B R, WALKER C M, KIM S, et al.Battery aging mode identification across NMC compositions and designs using machine learning[J].Joule, 2022, 6(12): 2776-2793.DOI: 10.1016/j.joule.2022.10.016.

[58] TELIZ E, ZINOLA C F, DÍAZ V.Identification and quantification of ageing mechanisms in Li-ion batteries by electrochemical impedance spectroscopy[J].Electrochimica Acta, 2022, 426: 140801.DOI: 10.1016/j.electacta.2022.140801.

[59] SUN H, JIANG B, YOU H Z, et al.Quantitative analysis of degradation modes of lithium-ion battery under different operating conditions[J].Energies, 2021, 14(2): 350.DOI: 10.3390/en14020350.

[60] HITESH PENJURU N M, REDDY G V, NAIR M R, et al.Machine learning aided predictions for capacity fade of Li-ion batteries[J].Journal of the Electrochemical Society, 2022, 169(5): 050535.DOI: 10.1149/1945-7111/ac7102.

[61] ZHANG Y W, TANG Q C, ZHANG Y, et al.Identifying degradation patterns of lithium ion batteries from impedance spectroscopy using machine learning[J].Nature Communications, 2020, 11(1): 1706.DOI: 10.1038/s41467-020-15235-7.

[62] XU T T, PENG Z, LIU D G, et al.A hybrid drive method for capacity prediction of lithium-ion batteries[J].IEEE Transactions on Transportation Electrification, 2022, 8(1): 1000-1012.DOI: 10.1109/TTE.2021.3118813.

[63] LI Y C, MALEKI M, BANITAAN S.State of health estimation of lithium-ion batteries using EIS measurement and transfer learning[J].Journal of Energy Storage, 2023, 73: 109185.DOI: 10.1016/j.est.2023.109185.

[64] PRADYUMNA T K, CHO K, KIM M, et al.Capacity estimation of lithium-ion batteries using convolutional neural network and impedance spectra[J].Journal of Power Electronics, 2022, 22(5): 850-858.DOI: 10.1007/s43236-022-00410-4.

[65] LI Y C, MALEKI M, BANITAAN S, et al.State of health estimation of lithium-ion batteries using convolutional neural network with impedance nyquist plots[C]//Proceedings of the 12th International Conference on Pattern Recognition Applications and Methods.February 22-24, 2023.Lisbon, Portugal.SCITEPRESS-Science and Technology Publications, 2023: 842–849[2024-04-29].DOI: 10.5220/0011672300003411.

[66] EDDAHECH A, BRIAT O, BERTRAND N, et al.Behavior and state-of-health monitoring of Li-ion batteries using impedance spectroscopy and recurrent neural networks[J].International Journal of Electrical Power & Energy Systems, 2012, 42(1): 487-494.DOI: 10.1016/j.ijepes.2012.04.050.

[67] KIM S, CHOI Y Y, CHOI J I.Impedance-based capacity estimation for lithium-ion batteries using generative adversarial network[J].Applied Energy, 2022, 308: 118317.DOI: 10.1016/j.apenergy.2021.118317.

[68] BABAEIYAZDI I, REZAEI-ZARE A, SHOKRZADEH S.Transfer learning with deep neural network for capacity prediction of Li-ion batteries using EIS measurement[J].IEEE Transactions on Transportation Electrification, 2023, 9(1): 886-895.DOI: 10.1109/TTE.2022.3170230.

[69] XIONG R, TIAN J P, SHEN W X, et al.Semi-supervised estimation of capacity degradation for lithium ion batteries with electrochemical impedance spectroscopy[J].Journal of Energy Chemistry, 2023, 76: 404-413.DOI: 10.1016/j.jechem.2022.09.045.

[70] JIANG B, ZHU J G, WANG X Y, et al.A comparative study of different features extracted from electrochemical impedance spectroscopy in state of health estimation for lithium-ion batteries[J].Applied Energy, 2022, 322: 119502.DOI: 10.1016/j.apenergy.2022.119502.

[71] FU Y M, XU J, SHI M J, et al.A fast impedance calculation-based battery state-of-health estimation method[J]. IEEE Transactions on Industrial Electronics, 2022, 69(7): 7019-7028.DOI: 10.1109/TIE.2021.3097668.

[72] FARAJI-NIRI M, RASHID M, SANSOM J, et al.Accelerated state of health estimation of second life lithium-ion batteries via electrochemical impedance spectroscopy tests and machine learning techniques[J].Journal of Energy Storage, 2023, 58: 106295.DOI: 10.1016/j.est.2022.106295.

[73] XIA B Z, QIN Z P, FU H Y.Rapid estimation of battery state of health using partial electrochemical impedance spectra and interpretable machine learning[J].Journal of Power Sources, 2024, 603: 234413.DOI: 10.1016/j.jpowsour.2024.234413.

[74] MESSING M, SHOA T, HABIBI S.Estimating battery state of health using electrochemical impedance spectroscopy and the relaxation effect[J].Journal of Energy Storage, 2021, 43: 103210.DOI: 10.1016/j.est.2021.103210.

[75] LIN Y H, RUAN S J, CHEN Y X, et al.Physics-informed deep learning for lithium-ion battery diagnostics using electrochemical impedance spectroscopy[J].Renewable and Sustainable Energy Reviews, 2023, 188: 113807.DOI: 10.1016/j.rser.2023.113807.

[76] LUO W, SYED A U, NICHOLLS J R, et al.An SVM-based health classifier for offline Li-ion batteries by using EIS technology[J].Journal of the Electrochemical Society, 2023, 170(3): 030532.DOI: 10.1149/1945-7111/acc09f.

[77] ZHANG W C, LI T T, WU W X, et al.Data-driven state of health estimation in retired battery based on low and medium-frequency electrochemical impedance spectroscopy[J].Measurement, 2023, 211: 112597.DOI: 10.1016/j.measurement.2023.112597.

[78] SU X J, SUN B X, WANG J J, et al.Fast capacity estimation for lithium-ion battery based on online identification of low-frequency electrochemical impedance spectroscopy and Gaussian process regression[J].Applied Energy, 2022, 322: 119516.DOI: 10.1016/j.apenergy.2022.119516.

[79] ZHU Y L, JIANG B, ZHU J G, et al.Adaptive state of health estimation for lithium-ion batteries using impedance-based timescale information and ensemble learning[J].Energy, 2023, 284: 129283.DOI: 10.1016/j.energy.2023.129283.

[80] WANG J, ZHAO R, HUANG Q A, et al.High-efficient prediction of state of health for lithium-ion battery based on AC impedance feature tuned with Gaussian process regression[J].Journal of Power Sources, 2023, 561: 232737.DOI: 10.1016/j.jpowsour.2023.232737.

[81] GASPER P, SCHIEK A, SMITH K, et al.Predicting battery capacity from impedance at varying temperature and state of charge using machine learning[J].Cell Reports Physical Science, 2022, 3(12): 101184.DOI: 10.1016/j.xcrp.2022.101184.

[82] RASTEGARPANAH A, HATHAWAY J, STOLKIN R.Rapid model-free state of health estimation for end-of-first-life electric vehicle batteries using impedance spectroscopy[J].Energies, 2021, 14(9): 2597.DOI: 10.3390/en14092597.

[83] ALOISIO D, CAMPOBELLO G, LEONARDI S G, et al.Comparison of machine learning techniques for SOC and SOH evaluation from impedance data of an aged lithium ion battery[J].Acta Imeko, 2021, 10(2): 80.DOI: 10.21014/acta_imeko.v10i2.1043.

[84] FAN M S, GENG M M, YANG K, et al.State of health estimation of lithium-ion battery based on electrochemical impedance spectroscopy[J].Energies, 2023, 16(8): 3393.DOI: 10.3390/en16083393.

[85] LI D Z, YANG D F, LI L W, et al.Electrochemical impedance spectroscopy based on the state of health estimation for lithium-ion batteries[J].Energies, 2022, 15(18): 6665.DOI: 10.3390/en15186665.

[86] GUO F, HUANG G S, ZHANG W C, et al.State of health estimation method for lithium batteries based on electrochemical impedance spectroscopy and pseudo-image feature extraction[J].Measurement, 2023, 220: 113412. DOI: 10.1016/j.measurement.2023.113412.

[87] GE H, AOKI T, IKEDA N, et al.Investigating lithium plating in lithium-ion batteries at low temperatures using electrochemical model with NMR assisted parameterization[J].Journal of the Electrochemical Society,2017,164(6): A1050-A1060.DOI: 10.1149/2.0461706jes.

[88] LIU X S, LIANG Z T, XIANG Y X, et al.Solid-state NMR and MRI spectroscopy for Li/Na batteries: Materials, interface, and in situ characterization[J].Advanced Materials, 2021, 33(50): 2005878.DOI: 10.1002/

adma.202005878.

[89] LI B, CAO B B, ZHOU X X, et al.Pre-constructed SEI on graphite-based interface enables long cycle stability for dual ion sodium batteries[J].Chinese Chemical Letters, 2023, 34(7): 107832.DOI: 10.1016/j.cclet.2022.107832.

[90] DAWKINS J I G, MARTENS I, DANIS A, et al.Mapping the total lithium inventory of Li-ion batteries[J].Joule, 2023, 7(12): 2783-2797.DOI: 10.1016/j.joule.2023.11.003.

[91] KOLETI U R, DINH T Q, MARCO J.A new on-line method for lithium plating detection in lithium-ion batteries[J]. Journal of Power Sources, 2020, 451: 227798.DOI: 10.1016/j.jpowsour.2020.227798.

[92] SCHINDLER S, BAUER M, PETZL M, et al.Voltage relaxation and impedance spectroscopy as in-operando methods for the detection of lithium plating on graphitic anodes in commercial lithium-ion cells[J].Journal of Power Sources, 2016, 304: 170-180.DOI: 10.1016/j.jpowsour.2015.11.044.

[93] CHEN Y X, TORRES-CASTRO L, CHEN K H, et al.operando detection of Li plating during fast charging of Li-ion batteries using incremental capacity analysis[J].Journal of Power Sources, 2022, 539: 231601.DOI: 10.1016/j.jpowsour.2022.231601.

[94] BURNS J C, STEVENS D A, DAHN J R.In-situ detection of lithium plating using high precision coulometry[J]. Journal of the Electrochemical Society, 2015, 162(6): A959-A964.DOI: 10.1149/2.0621506jes.

[95] TIAN Y, LIN C, LI H L, et al.Deep neural network-driven in situ detection and quantification of lithium plating on anodes in commercial lithium-ion batteries[J].EcoMat, 2023, 5(1): e12280.DOI: 10.1002/eom2.12280.

[96] LIN Y, HU W X, DING M F, et al.Unveiling the three stages of Li plating and dynamic evolution processes in pouch C/LiFePO$_4$ batteries[J].Advanced Energy Materials, 2024: 2400894.DOI: 10.1002/aenm.202400894.

[97] PETZL M, KASPER M, DANZER M A.Lithium plating in a commercial lithium-ion battery–A low-temperature aging study[J].Journal of Power Sources, 2015, 275: 799-807.DOI: 10.1016/j.jpowsour.2014.11.065.

[98] CHEN X, LI L Y, LIU M M, et al.Detection of lithium plating in lithium-ion batteries by distribution of relaxation times[J].Journal of Power Sources, 2021, 496: 229867.DOI: 10.1016/j.jpowsour.2021.229867.

[99] BROWN D E, MCSHANE E J, KONZ Z M, et al.Detecting onset of lithium plating during fast charging of Li-ion batteries using operando electrochemical impedance spectroscopy[J].Cell Reports Physical Science, 2021, 2(10): 100589.DOI: 10.1016/j.xcrp.2021.100589.

[100] FENG J R, ZHOU W H, CHEN Z, et al.Probing degradation of layered lithium oxide cathodes via multilength scaled X-ray imaging techniques[J].Nano Energy, 2024, 119: 109028.DOI: 10.1016/j.nanoen.2023.109028.

[101] MILLER D J, ZAPOTOK D, ANZALONE P, et al.Exploring Li distribution in Li-ion batteries with FIB-SEM and TOF-SIMS[J].Microscopy and Microanalysis, 2018, 24(S1): 370-371.DOI: 10.1017/s1431927618002349.

[102] YUSUF M, LAMANNA J M, PAUL P P, et al.Simultaneous neutron and X-ray tomography for visualization of graphite electrode degradation in fast-charged lithium-ion batteries[J].Cell Reports Physical Science, 2022, 3(11): 101145.DOI: 10.1016/j.xcrp.2022.101145.

[103] YANG Y Z, LI N, WANG B, et al.Microstructure evolution of lithium-ion battery electrodes at different states of charge: Deep learning-based segmentation[J].Electrochemistry Communications, 2022, 136: 107224.DOI: 10.1016/j.elecom.2022.107224.

[104] BALLAI G, SŐRÉS M A, VÁSÁRHELYI L, et al.Exploration of Li-ion batteries during a long-term heat endurance test using 3D temporal microcomputed tomography investigation[J].Energy Technology, 2023, 11(8): 2370083.DOI: 10.1002/ente.202370083.

[105] RIDDER A, PRIFLING B, HILGER A, et al.Quantitative analysis of cyclic aging of lithium-ion batteries using synchrotron tomography and electrochemical impedance spectroscopy[J].Electrochimica Acta, 2023, 444: 142003.DOI: 10.1016/j.electacta.2023.142003.

[106] JONES P K, STIMMING U, LEE A A.Impedance-based forecasting of lithium-ion battery performance amid uneven usage[J].Nature Communications, 2022, 13(1): 4806.DOI: 10.1038/s41467-022-32422-w.

[107] BUCHICCHIO E, DE ANGELIS A, SANTONI F, et al.Battery SOC estimation from EIS data based on machine learning and equivalent circuit model[J].Energy, 2023, 283: 128461.DOI: 10.1016/j.energy.2023.128461.

[108] GASPER P, SCHIEK A, SHIMONISHI Y, et al.Lithium-ion battery diagnostics using electrochemical impedance via machine-learning[J].ECS Meeting Abstracts, 2023, 1(1): DOI: 10.1149/MA2023-011397mtgabs.

第三部分

AI 辅助电池器件开发平台

锂电池既是改变世界储能体系、加速交通电动化的重点元器件，又是全球科研机构竞相研发的重点。一方面，每年会有数万篇公开研究文献发表，各个企业在研发和生产线上也会时刻产生海量数据，这些数据量庞大且呈现多模态、高度分散的特点。这导致研究和产业人员经常面临信息过载和知识盲区的挑战，严重影响了研究的效率和创新的速度。在这种背景下，传统的研究范式显得效率不足，亟需改进以适应快速发展的行业需求。以上领域，是信息学可以大展身手、辅助设计的方向。尤其是，大语言模型技术近年来进展迅速，是海量信息发掘知识和设计参数寻优的有效工具。

本篇聚焦用信息学技术在锂电池海量数据中进行处理寻优，由 3 章内容组成。第 7 章是上海交通大学万佳雨等人带来的大语言模型加速电池研发的内容；第 8 章是深势科技张林峰和王晓旭等人带来的 AI for Science 时代下的电池平台化智能研发，第 9 章是北京大学郑家新等人带来的 AI 驱动的电池性能预测与分析。

第 7 章

大语言模型 RAG 架构加速电池研发：现状与展望

钟　逸，冷　彦，陈思慧，李培义，邹　智，刘　洋，万佳雨

7.1　概述

7.1.1　电池研究现状

近年来，电池研究和产业领域取得了显著的成就。从微观层面对电池材料的深入研究，到器件层面电芯的设计和制造，再到宏观层面电动交通工具和储能电站的电池管理系统（battery management system，BMS），众多创新技术不断涌现。这些技术进步推动了电池领域学术论文、研究报告、专利、学术会议数量的急剧增长，每年发表的相关研究文献数以万计。因此，领域信息增长速度迅猛，数据量庞大且呈现多模态、高度分散的特点。这导致研究和产业人员经常面临信息过载和知识盲区的挑战，严重影响了研究的效率和创新的速度。在这种背景下，传统的研究范式显得效率不足，亟需改进以适应快速发展的行业需求。

7.1.2　大语言模型的优势

大语言模型的出现为提高研究效率提供了可行方案。首先，相较于 BERT 等语言模型，大语言模型在具有同样强大的文本理解能力的同时，还具有强大的语言生成能力。这种强大的生成能力源于其基于 Transformer 架构的大规模预训练和自回归生成机制[1]。具体而言，大语言模型通过在海量文本数据上进行预训练，学会捕捉语言的复杂模式、语法规则和上下文关系，并通过自回归机制在生成时逐步预测每一个词语，从而能够在广泛的上下文中生成连贯且富有逻辑性的内容。这种架构使得模型不仅能理解输入，还能基于海量参

数生成高质量的输出，与研究人员进行交互，进行知识总结、想法生成、方法论建议等，作为研究人员的助手[2]。

除了强大的语言生成能力，当前大语言模型的应用范围正向多模态数据的理解和生成拓展，如代码、图表、图像、视频等。例如，较早的 CLIP（contrastive language-image pre-training）模型基于文字 - 图像数据集训练，已经实现从文字到图像的转化[3]。而现今，ChatGPT-4o 大语言模型能做到代码、图表、图像、声音等多模态数据的理解和生成，而 Sora 模型则将大模型的多模态能力扩展到了视频生成领域[4-5]。这使得大语言模型的应用范畴远不止于文本问答[6-7]。例如，大语言模型的代码生成能力使得大模型能调用外部函数和库，让大模型能够控制更多资源，解决具有一定难度的研究问题，如化学实验领域大语言模型 Coscientist，金属有机框架生成大语言模型 ChatMOF 等[8-10]。

然而，现有的大语言模型更像是一个"全科医生"而不是"专科医生"，其在处理垂直领域任务时，生成的结果存在幻觉（hallucination）问题。幻觉指的是大语言模型在回答时生成不符合事实或不符合输入提示词的内容[11]。这种问题的根本原因在于大语言模型的训练机制。大语言模型依赖于海量的通用文本数据进行训练，其目标是最大化上下文中的词语预测概率，因此模型倾向于生成与训练数据中常见模式相符的内容，而不是对特定领域知识的深刻理解。当面对不熟悉或特定领域的任务时，模型可能会根据其训练中掌握的通用知识进行推测，这就容易导致内容不准确或与事实不符的"幻觉"产生[11]。对于专业领域研究，错误的信息会导致严重的研究偏差，所以避免幻觉对于搭建专业领域大语言模型尤为重要[12]。

7.1.3 用 RAG 架构解决大语言模型的幻觉问题

为避免大语言模型的"幻觉"问题，常用的方法包括微调（fine-tuning）和检索增强生成 RAG（retrieval-augmented generation）。微调方法虽然能够训练针对特定领域的大语言模型，但微调很可能带来过拟合、灾难性遗忘等问题，需要特制领域数据库构建、层冻结、层级学习率衰减等复杂手段优化，并且很难保证整体运行稳定性[13-15]。此外，若要对模型的微调训练数据库进行大规模更新，该模型就要重新微调，因此微调方法的数据库更新尤为困难[16]。换言之，微调方法更适合静态的数据库。但是，电池研究是一个尚在增速的研究领域，偏向静态的领域微调模型难以胜任。

相比之下，采用 RAG 架构（图 7.1）构建电池领域专业大语言模型更加简洁、经济、高效。大语言模型在零样本（zero-shot）输入时容易产生幻觉，但若在提示词中加入相关的背景知识，让大语言模型依据这些知识组织回答则能明显降低甚至消除幻觉。RAG 架构的核心原理在于，根据用户输入"检索"相关背景知识，并将其"增强"以形成提示词，进而输入大语言模型，以生成无幻觉的回答[17]。RAG 技术的基本架构（naive RAG）主要由索引（indexing）、检索（retrieval）和生成（generation）过程组成[18]。该架构依赖于用户输入的相关背景知识，而索引过程则是构建背景知识向量数据库的过程。它将不同格式的数据统一化，随后分块并使用嵌入模型（embedding model）储存入向量数据库。检索过程则是从数据库中提取相关知识的过程。该过程利用嵌入模型将用户询问向量化，随后与向量数据库比较相似度，检索出达到相似度阈值的数据。生成过程则将检索到的数据与用户输入整合，形成最终的提示词，提供给大语言模型以生成输出[17]。这种以大模型为中心的RAG架构，不仅保留了大语言模型的强大解析力、出色的鲁棒性和处理多模态数据的能力，还利用增强数据集增加了垂直领域问答的精准性和针对性。另外，模型与数据库在RAG架构中的相对独立性还降低了更新数据集的难度，这对于快速发展的电池研究领域来说尤为重要。

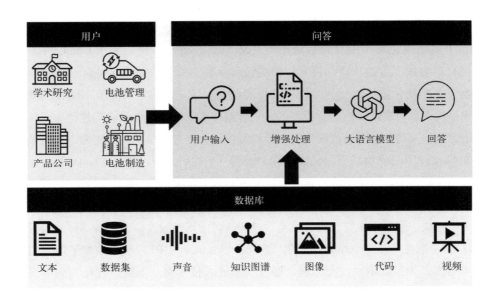

图 7.1　RAG 架构流程

当然，上文提到的RAG初级架构还远不足以搭建一个成熟的领域机器人。例如，初级RAG架构的检索过程易受用户输入的质量影响，很可能出现查找偏差、遗漏重要信息。另外，在检索过程中，检索得到的数据可能包含大量重复或不连贯信息，直接作为大语言模型的提示词很可能使得大语言模型只做简单复述，或是产生本不存在的联系，导致幻觉[18]。针对这些问题，RAG架构衍生出了大量优化方法，例如假设文档嵌入（hypothetical document embedding）、多查询检索（multi-query）等流程上的优化，以及模块化RAG等架构上的优化[18-19]。此外，近期利用知识图谱（knowledge graph）构建增强数据库已成为RAG领域的新兴方向。知识图谱主要由实体（entities）、关系（relationships）和相应的属性（attributes）构成，利用知识图谱构建RAG架构的增强数据库，不仅能够显著提升模型对复杂知识的理解能力，还可以增强其在多领域知识间的联结与推理能力，弥补传统语言模型在处理复杂语义和推理任务中的不足[20]。渐趋完备的优化体系让大语言模型RAG架构能够胜任广泛的问答工作，大大拓展了大语言模型RAG架构的使用场景。

7.2 大语言模型 RAG 架构在电池领域的具体应用

7.2.1 电池材料设计

RAG 架构大大减少了大语言模型回答的幻觉，能更好发挥大语言模型的生成能力优势，辅助电池材料设计。电池材料设计研究主要关注晶体结构、分子设计、原子缺陷等材料的物理和化学特性，涉及材料的合成方法、结构和性质数据[20-29]。这些数据或分布在结构化的数据库中，或以非结构化的形式散布在描述性文本中，而材料设计需要将这些多源异构的数据整理成结构化数据，进而决定材料设计的不同参数[30]。利用大语言模型的理解和生成能力可以整合这些信息，并基于此与用户交互。例如，Thik 等[31]利用大语言模型生成基于非结构化文本的材料合成配方（cooking recipe）。他们利用 ChatGPT-4 读取文献中论述材料合成配方的片段，将其中的实验步骤和实验参数结构化呈现，描绘了利用大语言模型将非结构化数据转化为结构化数据的概念。但是，他们的实验范围只围绕单一文段，并未呈现大体量文段下大语言模型的知识总结和联结能力，也没有构建能生成总结或建议的大语言模型问答机。后来的研究更有效地利用了大语言模型的生成能力，扩充了大语言模型在材料设计中的使用场景。例如，在 Deb 等[32]的研究中，采用 ChatGPT 进行了八项材料设计相关的任务，包括生成特定物质的 CIF（crystallographic information file），生成用于 DFT 计算的输入文件等复杂任务。可是，由于幻觉消除机制的缺失，这些任务都需要多轮手工迭代才能完成，且结果受提示词甚至是用户询问时间影响较大。而 Zhao 等[2]的研究引入 RAG 架构减少幻觉，搭建 RAG 架构的大语言模型 Battery-GPT，极大增加了问答结果的精确性和可信度。他们以电池快充为例，通过文本嵌入技术将文本数据转化为向量表示，搭建电池快充数据库；将用户提问向量化，基于余弦相似度在快充数据库中检索相关信息，再通过 Battery-GPT 生成精确的答案。通过逐层增加输入提示词的精确度，Zhao 等[2]展示了 Battery-GPT 在应对强专业性垂直领域问题时回答的精确性和可信度，如图 7.2 中展示的负极材料设计问答任务。对于材料设计问题，Battery-GPT 能总结数据库中前人的研究结果，给出带有引用的回答，并据此给出建议，更好地发挥大语言模型的生成能力优势。

除了文本、数据库等文字信息之外，电池材料设计还包含诸多图谱信息，这些信息也可以被整合到 RAG 架构中。这些图谱包括扫描电子显微镜（SEM）和透射电子显微镜（TEM）图像，以及 X 射线衍射（XRD）和拉曼光谱等谱学数据，能够提供电池材料在微观层次上的结构信息[33-35]。结合这些图谱，神经网络（neural network）技术可以被广泛用来预测材料性质，如通过微观结构预测材料离子电导率等，极大促进了微观表征技术的发展与材料构效关系的判断[36-38]。而相关神经网络架构及其学习结果可以结合到 RAG 架构的数据库中，在多模态大语言模型收到用户的显微图像或图谱输入时，给出相关研究文献，甚至给出参考性预判或是生成预测代码，辅助用户进行基于图谱的性质预测。此外，随着近年多模态大模型的兴起，整合多模态大模型的 RAG 架构也能应用于电池材料的图谱分析，相关内容将在展望部分进行详细论述。

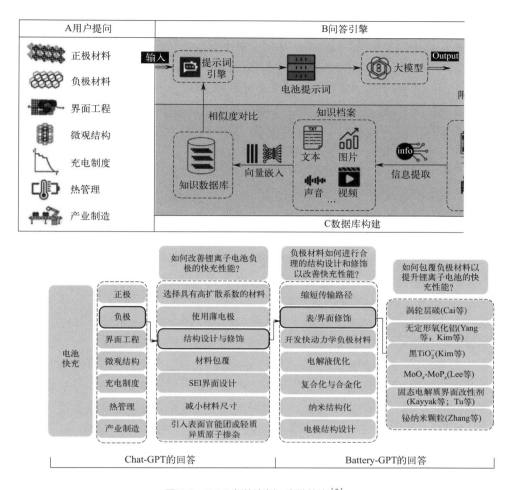

图 7.2　RAG 架构实例：电池快充[2]

然而，尽管 RAG 架构在减少幻觉现象和增强生成内容可信度方面表现优异，但其在电池材料设计领域的应用仍然存在一些不足。首先，是最新研究信息获取不及时的问题。在数据源更新不及时或知识库未能及时扩充的情况下，RAG 生成的结果可能会基于过时的数据，给出时效性低的回答。其次，由于大语言模型主要依赖自然语言处理（natural language processing，NLP）技术，RAG 在进行词向量生成时更倾向于专注字面意思，而无法充分理解其中的深层次知识。这意味着在处理复杂的科学概念或专业术语时，模型可能无法完全捕捉到其深层含义，进而影响生成结果的准确性和可靠性。最后，RAG 架构在向量检索过程中，可能无法总是匹配到最合适的向量，这种匹配问题会进一步影响生成内容的质量，尤其是在电池研究这样需要精确和高度相关的科学数据的情况之下。

7.2.2　电池单元设计和制造

电池单元的研究包括科研端的电池单元设计和产业端的电芯制造。电芯设计领域的数据特点和电池材料设计相似，均为多源异构，需要整合和分析形成电芯设计需要的参数[39-41]。

RAG架构能够从这些多种数据源中检索出与电芯设计相关的最新研究成果和技术细节，并与用户交互；或是综合各类数据，提出优化能量密度、功率密度和安全性的参考方案或计算模型。RAG在电芯设计方面的应用逻辑与材料设计相似，在此不再赘述。

大语言模型RAG架构的潜能还能发挥在电芯制造的产业应用中。

其一，利用RAG架构可以搭建电芯制造认知助手（cognitive assistants），为产业人员提供科研数据接口，桥接科研和产业的鸿沟。认知助手是一种人机交互系统，旨在通过人与认知助手的紧密交互让人获取知识，加强人解决复杂问题的能力，而非替代人[42]。Freire等[43]的研究提出了基于大语言模型构建认知助手，利用大语言模型的生成能力进行知识问答、任务委派、工人训练以及生产线参数调节等工作。此外，现今大语言模型的多模态能力能够让产业人员与认知助手的交互扩展到声音识别、操作图像识别，甚至是增强现实（augmented reality）等场景，而非仅仅局限于语言交互[44]。对这些认知助手进行相关产业数据增强，搭建RAG架构的认知助手，能够大大增加问答的可信度。电芯制造是科研与产业联系极为紧密的领域，通过构建与产业人员交互的认知助手，多模态大语言模型的RAG架构可以很好地助推科研成果产业化。

其二，大语言模型RAG架构可以辅助电芯制造产业管控。诚然，针对特殊生产线的定制深度学习模型有着大语言模型难以媲美的预测精度，是生产线调控、预警等高精度工作的不二之选[45-47]，但定制深度学习模型对训练数据要求极为苛刻，并非每条生产线都能获得理想的数据集。而大语言模型的泛化能力，以及强大的文本处理能力与生成能力，是定制深度学习模型所不具有的。即使没有理想的生产线数据集，大语言模型可以基于对设备手册、维保记录、行业报告等文本数据的分析辅助管控。例如，Zhou等[48]基于产品质量缺陷相关文本构建因果质量知识图（causal quality-related knowledge graph），搭建因果知识增强大语言模型CausalKGPT，能对文本形式的质量问题描述提供因果分析，追溯质量问题可能的原因。虽然该方法在追溯诸如材料性质参数、化学元素等更细粒度的微观影响因素上可能仍存在不足，但它在利用大语言模型文本解析力的同时加入了生成语言的逻辑性，为构建RAG架构的电芯制造产业管控模型提供了借鉴。未来可以增加知识库的广度，构建更稳健的生产线管控建议RAG模型；还可以结合现今的多模态大模型，构建基于图像的知识库，实现针对质检图片、生产线监控图片等的RAG模型解读和问答。

RAG架构尽管在电芯设计和制造中的应用展现了很大的潜力，但仍存在一些显著的局限性。首先，RAG架构依赖于高质量和广泛覆盖的知识库。然而与材料研发领域相比，电芯制造领域的公开信息和语料相对较少，使专业化数据库的构建变得困难。在材料研发中，海量的论文和研究数据为RAG架构提供了丰富的知识源，使其能够生成更为精准和深入的设计建议。相比之下，在电芯制造领域，信息内容更多集中于产品相关数据，而生产线的运行数据涉及产业隐私，信息来源有限。这种数据稀缺性使得建立专业数据库变得极为困难，进而限制了RAG架构的发挥，导致生成的建议可能不够全面或不够精确。

7.2.3 电动交通和电网的电池管理系统

电池管理系统指对电池单元或电池组进行实时监控和状态估计，并基于此调控电池的工作条件，确保电池的安全性和效率的系统[49-52]。电池管理系统广泛运用于电网和电动交通系统中，其主要功能包括电池状态参数管理、热管理和安全性保障，确保电池在安全范围内高效运行[53-57]。在电网应用中，电池管理系统还需处理复杂的电力调度任务，结合调峰、调频等手段提高电网的灵活性和可靠性，保障电池系统和电网系统的高效连接[55]。在电动交通中，电池管理系统则需要确保高能量密度、高功率密度和极端条件下的电池安全性，注重安全范围内的更高性能[56]。

电网和电动交通系统都是庞大且复杂的系统，相应的电池管理系统设计需要综合考虑电池本身和全系统的状态参数，需要跨领域的知识支撑，如数学、机械工程、电化学等。大语言模型 RAG 架构可以作为跨领域的知识专家系统，为电池管理系统研发提供更多维度的思路。例如，在 Buehler 的研究中，他利用本构知识图搭建了具有更强知识连接能力的 RAG 系统。问答实验的结果表明，相较于普通文本嵌入增强的 RAG 架构，由本体知识图增强的 RAG 架构展示了更高的知识点关联性，在单一领域的问答中体现了对概念的更深理解和更强的发散能力，在交叉领域问答中显著减少了幻觉，并提出了更深刻的见解[6]。在本构知识图之外，基于规则的知识图、基于随机游走算法的知识图等同样展现了良好的连接能力和推理能力，能够用来搭建 RAG 系统的增强数据库[58]。在电池研发过程中，大语言模型 RAG 架构能作为电池管理系统设计知识问答机，依据知识图谱，提出更具深度的跨领域见解，为电池管理系统的设计提供创新思路。

此外，电池管理系统需要高效分析大量参数，降低调控延迟，维护系统稳定运行。例如电池组层面的充电状态（state of charge，SOC）、健康状态（state of health，SOH）、功能状态（state of function，SOF）分析，系统层面的负载管理、电力调度管理等[59-63]。凭借其对大体量多模态数据的高效分析能力和推理能力，大语言模型 RAG 架构能综合系统数据做出预测，为系统参数调节提供参考[64]。借助它的知识联结和推理能力，大语言模型 RAG 架构可以识别出潜在的故障模式和异常情况，实现早期预警和故障诊断。而通过检索组件对数据库的快速查找，大语言模型 RAG 架构还能实现实时数据分析，辅助电池管理系统的实时监控和动态优化，提高系统的响应速度和决策准确性。

尽管 RAG 架构在电动交通和电网的电池管理系统中显示出许多潜力，其实际应用仍存在一些重要的局限性。首先，电池管理系统相关论文中涉及的复杂数学公式和计算模型往往难以通过自然语言处理的方式进行准确处理和理解，导致 RAG 架构在解读和应用这些公式时可能出现偏差。同时也面临着材料研发具有类似的挑战，由于电池管理系统技术发展迅速，研究进展日新月异，在数据库追踪和整合最新研究成果时可能存在滞后，影响生成内容的时效性和准确性。RAG 架构在向量检索过程中，可能无法总是匹配到最合适的向量，这时就会不可避免地产生幻觉使生成的回答不够完整和准确。

7.2.4　RAG 架构在电池技术中应用的异同

RAG 架构在电池技术的应用可以从微观层面的材料设计、器件层面的电池单元设计与制造，以及系统层面的电池管理系统三个维度来分析。在这三个领域中，RAG架构均发挥了强大的跨学科整合能力，能够从化学、物理学、机械工程、电化学等不同领域中提取相关知识，为电池技术提供支持。RAG架构在电池技术的应用中展现出显著的不同点，这些差异主要体现在信息来源的丰富性、数据处理的复杂性以及跨尺度信息的整合上。首先，在材料研发领域，作为电池技术的前端阶段，该领域论文和专利信息相对丰富，RAG架构能够利用大量的文字性描述和构效关系的总结来提炼有价值的信息。然而，在设计制造和电池管理系统中，公开信息和语料的稀缺使得构建专业化的数据库尤为困难。其次，文献中的数据类型也有所不同。材料设计中的数据多为描述性文字，而这些文字可以被RAG架构有效提炼和整合；然而，电池管理系统相关应用中大量涉及的数学公式和计算模型则不容易通过自然语言处理的方式来处理和理解，导致RAG架构在这些场景中的应用受到限制。最后，材料设计的信息主要集中在微观层面，而电池单元的设计与制造以及电池管理系统则需要跨越宏观和微观尺度，整合多种层次的信息。

尽管如此，RAG架构在推动电池技术创新中的潜力依然不容忽视。RAG架构在电池技术的三个维度，从微观材料设计到器件制造再到系统管理，均展现了显著的应用潜力。然而，这些应用的有效性在很大程度上依赖于数据的质量和知识库的完善程度。未来研究应进一步优化RAG在动态环境中的应用，提升其在不同维度上的适用性和可靠性。

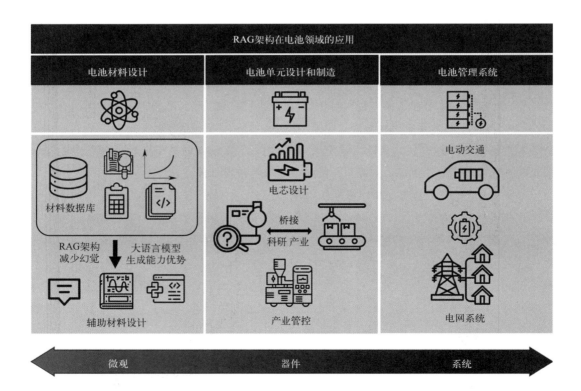

图7.3 RAG架构在电池领域的应用

7.3 小结与展望

7.3.1 多模态 RAG 在电池领域的应用

多模态大模型（multimodal large language models，MM-LLMs）近年来在人工智能领域取得了显著进展[64]。这些模型能够处理和生成涉及多种模态的信息，如文本、图像、视频和音频，极大扩展了传统语言模型的应用范围。通过不同模态信息的高度融合，MM-LLMs 可以实现更加全面的理解和更丰富的内容生成，使得它们在许多复杂任务中表现出色。在此基础上，RAG 架构能进一步提升多模态大模型的能力。如图 7.4 所示，RAG 架构结合了检索和生成的优势，通过检索相关信息来增强生成的准确性和可靠性，尤其适用于处理涉及多个模态的复杂数据集。多模态 RAG 在各个领域都有广泛的应用潜力，电池材料学就是其中一个典型的应用领域。

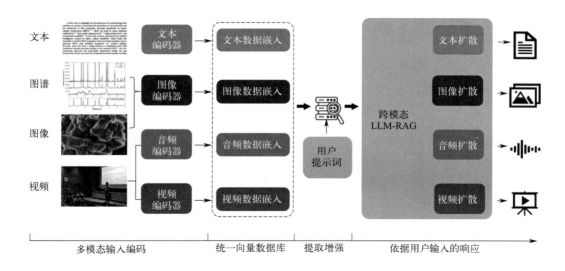

图 7.4　RAG 架构多模态应用展望

7.3.1.1　图像信息的多模态 RAG 应用

电池领域涉及大量的图像数据，如扫描电子显微镜（SEM）图像、透射电子显微镜（TEM）图像以及电池结构的显微图像等。这些图像用于分析电池材料的微观结构、形貌变化以及材料在不同工作条件下的行为。通过多模态 RAG 技术，系统可以从数据库中检索出与当前图像相似的实验结果或案例，并生成解释文本，帮助研究人员快速理解材料特性。此外，多模态 RAG 技术还可以将这些图像与其他模态的数据（如实验报告或材料描述）结合，生成更加详尽的分析报告。这种方法不仅提高了材料研究的效率，还能为优化电池设计提供参考。

7.3.1.2 光谱信息的多模态 RAG 应用

光谱信息在电池材料的表征中扮演着重要角色，常见的包括 X 射线光电子能谱（XPS）、拉曼光谱、核磁共振波谱（NMR）等。这些光谱数据能够揭示材料的化学组成、电子结构和表面特性。多模态 RAG 技术可以通过分析这些光谱数据，与数据库中存储的相关文献或实验数据比对，生成对光谱特征的解释。此外，RAG 还能够将光谱数据与其他模态信息（如图像或文本）结合，帮助研究人员全面理解材料特性。例如，将光谱数据与扫描电子显微镜（SEM）图像结合，可以揭示材料在化学成分和微观结构之间的关系，进而优化材料性能。

7.3.1.3 跨模态信息整合：多模态 RAG 综合应用

多模态 RAG 技术的优势在于其能够整合不同类型的信息，提供更加全面和精确的分析。在电池领域应用多模态 RAG 技术的关键在于如何有效整合跨模态信息。这不仅仅是将图片和文字简单对应，还需要理解图像与图像之间、图谱与文字之间的深层次关联。例如，通过多模态 RAG 技术，可以将电化学测试曲线与材料显微结构图像关联起来，分析不同条件下材料结构变化对电池性能的影响，从而提供更加精准的电池设计建议。多模态 RAG 技术在电池研究中的应用，不仅能加速实验数据的分析和理解，还能帮助研究人员发现新的材料设计思路，从而推动电池技术的进步。这一技术的应用将为电池材料设计、性能优化和故障分析等方面带来革命性的变化，助力电池领域迈向新的高度。

7.3.2 RAG 技术在电池研究中的其他应用展望

7.3.2.1 回答的可解释性

不论在科研领域还是产业领域，大语言模型 RAG 架构的回答都需要极强的可解释性，以确保回答的可信度。例如，回答应标注引述出处，说明检索增强的信息如何影响输出，以及给出可信度和不确定性的计算[65]。当下已经有诸多针对大语言模型 RAG 架构性能的评估方式，如 RGB、RECALL 等评估基准，以及 EM、MRR 等评分机制[17, 66-67]。未来的研究应致力于构造更加透明可视化的 RAG 架构，最大化回答的可解释性。

7.3.2.2 隐私数据保护

在电池技术研究中，数据的隐私和安全性至关重要。首先，对于封装完毕的大语言模型 RAG 架构，攻击者可能通过成员资格推断攻击（membership inference attack）的方式批量获取增强数据库中的数据[68]。另外，用户的输入数据可能涉及专有材料配方、商业秘密和敏感实验结果，如果泄露将带来巨大的风险。如何制定严格的数据加密和访问控制措施应当是未来 RAG 架构研究要解决的问题。

7.3.2.3 系统的智能运维

由于电池系统运行和维护关乎系统安全性，当下仍需大量人力投入，大语言模型只能充当辅助作用。但随着 RAG 架构的透明化、可解释化，大语言模型 RAG 架构可以承担更多的智能决策任务，作为决策中心调控外部资源，进行参数优化、能量分配优化、异常情况处理等任务，减少人力投入，增强系统效率。

综上所述，通过大语言模型 RAG 架构与大语言模型微调的对比，首先展示了 RAG 架构经济、简洁且高效的特点，证明其更适用于研究基数大、增长快的电池领域。然后通过对近期文献的综述和发散，展现了 RAG 结构大语言模型在电池材料设计、电池单元设计和制造、电动交通与电网的电池管理系统三个层面的应用。最后展望了多模态 RAG 技术，探讨了大语言模型 RAG 架构在知识问答、科研建议与产业辅助之上的潜在应用，展现了大语言模型 RAG 架构的广阔前景。大语言模型 RAG 架构在电池领域的应用尚刚刚起步。未来，通过 RAG 的流程优化以及与其他架构的融合，大语言模型 RAG 架构有望成为电池研究人员的重要助手，显著加快电池研究。

参考文献

[1] VASWANI A，SHAZEER N，PARMER N，et al. Attention is all you need[J]. arXiv preprint arXiv：1706.03762，2017.
[2] ZHAO S，CHEN S H，ZHOU J Y，et al. Potential to transform words to Watts with large language models in battery research[J]. Cell Reports Physical Science，2024，5（3）：101844. DOI：10.1016/j.xcrp.2024.101844.
[3] RADFORD A，KIM J W，HALLACY C，et al. Learning transferable visual models from natural language supervision[EB/OL]. 2021：2103.00020. [2024-06-30]. https：//arxiv.org/abs/2103.00020 v1.
[4] OpenAI. Hello GPT-4o[EB/OL]. [2024-06-30]. https：//openai.com/index/hello-gpt-4o/.
[5] OpenAI. SORA[EB/OL]. [2024-06-30]. https：//openai.com/sora.
[6] BUEHLER M J. Generative retrieval-augmented ontologic graph and multiagent strategies for interpretive large language model-based materials design[J]. ACS Engineering Au，2024，4（2）：241-277. DOI：10.1021/acsengineeringau.3c00058.
[7] BRAN A M，COX S，SCHILTER O，et al. Augmenting large language models with chemistry tools[J]. Nature Machine Intelligence，2024，6（5）：525-535. DOI：10.1038/s42256-024-00832-8.
[8] BOIKO D A，MACKNIGHT R，KLINE B，et al. Autonomous chemical research with large language models[J]. Nature，2023，624（7992）：570-578. DOI：10.1038/s41586-023-06792-0.
[9] KANG Y，KIM J. ChatMOF：An artificial intelligence system for predicting and generating metal-organic frameworks using large language models[J]. Nature Communications，2024，15（1）：4705. DOI：10.1038/s41467-024-48998-4.
[10] ZHENG Z L，ZHANG O F，BORGS C，et al. ChatGPT chemistry assistant for text mining and the prediction of MOF synthesis[J]. Journal of the American Chemical Society，2023，145（32）：18048-18062. DOI：10.1021/jacs.3c05819.
[11] JI Z W，LEE N，FRIESKE R，et al. Survey of hallucination in natural language generation[EB/OL]. 2022：2202.03629. [2024-06-30]. https：//arxiv.org/abs/2202.03629v7.
[12] 吴思远，王雪龙，肖睿娟，等. 基于大型语言模型的工具对电池研究的机遇与挑战[J]. 储能科学与技术，2023，12（3）：992-997. DOI：10.19799/j.cnki.2095-4239.2023.0071.

[13] KIRKPATRICK J, PASCANU R, RABINOWITZ N, et al. Overcoming catastrophic forgetting in neural networks[J]. Proceedings of the National Academy of Sciences of the United States of America, 2017, 114 (13): 3521-3526. DOI: 10.1073/pnas.1611835114.

[14] TINN R, CHENG H, GU Y, et al. Fine-tuning large neural language models for biomedical natural language processing[J]. Patterns, 2023, 4 (4): 100729. DOI: 10.1016/j.patter.2023.100729.

[15] MOSBACH M, ANDRIUSHCHENKO M, KLAKOW D. On the stability of fine-tuning BERT: Misconceptions, explanations, and strong baselines[EB/OL]. 2020: 2006.04884.[2024-06-30]. https://arxiv.org/abs/2006.04884v3

[16] KIM Y, OH J, KIM S, et al. How to fine-tune models with few samples: Update, data augmentation, and test-time augmentation[EB/OL]. 2022: 2205.07874.[2024-06-30].https://arxiv.org/abs/2205.07874v3

[17] CHEN J W, LIN H Y, HAN X P, et al. Benchmarking large language models in retrieval-augmented generation[J]. Proceedings of the AAAI Conference on Artificial Intelligence, 2024, 38 (16): 17754-17762. DOI: 10.1609/aaai.v38i16.29728.

[18] GAO Y F, XIONG Y, GAO X Y, et al. Retrieval-augmented generation for large language models: A survey[EB/OL]. 2023: 2312.10997.[2024-06-30]. https://arxiv.org/abs/2312.10997v5

[19] EIBICH M, NAGPAL S, FRED-OJALA A. ARAGOG: Advanced RAG output grading[EB/OL]. 2024: 2404.01037.[2024-06-30]. https://arxiv.org/abs/2404.01037v1

[20] PAN S R, LUO L H, WANG Y F, et al. Unifying large language models and knowledge graphs: A roadmap[J]. IEEE Transactions on Knowledge and Data Engineering, 2024, 36 (7): 3580-3599. DOI: 10.1109/TKDE.2024.3352100.

[21] ZHANG J, SUTING W, ZHAOXIANG W, et al. Solid electrolyte interphase (SEI) on graphite anode correlated with thermal runaway of lithium-ion batteries[J]. Energy Storage Science and Technology, 2023, 12 (7): 2105-2118.

[22] WANG A P, KADAM S, LI H, et al. Review on modeling of the anode solid electrolyte interphase (SEI) for lithium-ion batteries[J]. NPJ Computational Materials, 2018, 4: 15. DOI: 10.1038/s41524-018-0064-0.

[23] WANG X X, NI L, XIE Q X, et al. Highly electrocatalytic active amorphous Al_2O_3 in porous carbon assembled on carbon cloth as an independent multifunctional interlayer for advanced lithium-sulfur batteries[J]. Applied Surface Science, 2023, 618: 156689. DOI: 10.1016/j.apsusc.2023.156689.

[24] LAI G M, JIAO J Y, FANG C, et al. The mechanism of Li deposition on the Cu substrates in the anode-free Li metal batteries[J]. Small, 2023, 19 (3): e2205416. DOI: 10.1002/smll.202205416.

[25] WANG F, SUN Y, CHENG J. Switching of redox levels leads to high reductive stability in water-in-salt electrolytes[J]. Journal of the American Chemical Society, 2023, 145 (7): 4056-4064. DOI: 10.1021/jacs.2c11793.

[26] HAN X, GU L H, SUN Z F, et al. Manipulating charge-transfer kinetics and a flow-domain LiF-rich interphase to enable high-performance microsized silicon-silver-carbon composite anodes for solid-state batteries[J]. Energy & Environmental Science, 2023, 16 (11): 5395-5408. DOI: 10.1039/D3EE01696J.

[27] CHEN G J, YU L W, GAN Y H, et al. Reinforcing the stability of cobalt-free lithium-rich layered oxides via Li-poor Ni-rich surface transformation[J]. Journal of Materials Chemistry A, 2024. DOI: 10.1039/d4ta01403k.

[28] LI J, ZHOU M S, WU H H, et al. Machine learning-assisted property prediction of solid-state electrolyte[J]. Advanced Energy Materials, 2024, 14 (20): 2304480. DOI: 10.1002/aenm.202304480.

[29] MERCHANT A, BATZNER S, SCHOENHOLZ S S, et al. Scaling deep learning for materials discovery[J]. Nature, 2023, 624 (7990): 80-85. DOI: 10.1038/s41586-023-06735-9.

[30] XU J, XIAO R J, LI H. ESM cloud toolkit: A copilot for energy storage material research[J]. Chinese Physics Letters, 2024, 41 (5): 054701. DOI: 10.1088/0256-307x/41/5/054701.

[31] THIK J, WANG S W, WANG C H, et al. Realizing the cooking recipe of materials synthesis through large language models[J]. Journal of Materials Chemistry A, 2023, 11 (47): 25849-25853. DOI: 10.1039/D3TA05457H.

[32] DEB J, SAIKIA L, DIHINGIA K D, et al. ChatGPT in the material design: Selected case studies to assess

the potential of ChatGPT[J]. Journal of Chemical Information and Modeling，2024，64（3）：799-811. DOI：10.1021/acs.jcim.3c01702.

[33] LIU Y，LI C，LI C X，et al. Porous，robust，thermally stable，and flame retardant nanocellulose/polyimide separators for safe lithium-ion batteries[J]. Journal of Materials Chemistry A，2023，11（43）：23360-23369. DOI：10.1039/d3ta05148j.

[34] 凌仕刚，许洁茹，李泓. 锂电池研究中的 EIS 实验测量和分析方法 [J]. 储能科学与技术，2018，7（4）：732-749. DOI：10.12028/j.issn.2095-4239.2018.0092.

[35] LIU X H，HUANG J Y. In situ TEM electrochemistry of anode materials in lithium ion batteries[J]. Energy & Environmental Science，2011，4（10）：3844-3860. DOI：10.1039/C1EE01918J.

[36] KITAHARA A R，HOLM E A. Microstructure cluster analysis with transfer learning and unsupervised learning[J]. Integrating Materials and Manufacturing Innovation，2018，7（3）：148-156. DOI：10.1007/s40192-018-0116-9.

[37] ZHANG Y，LIN X Y，ZHAI W B，et al. Machine learning on microstructure-property relationship of lithium-ion conducting oxide solid electrolytes[J]. Nano Letters，2024，24（17）：5292-5300. DOI：10.1021/acs.nanolett.4c00902.

[38] KUSCHE C，RECLIK T，FREUND M，et al. Large-area，high-resolution characterisation and classification of damage mechanisms in dual-phase steel using deep learning[J]. PLoS One，2019，14（5）：e0216493. DOI：10.1371/journal.pone.0216493.

[39] WANG Z H，ZHOU X Z，ZHANG W G，et al. Parameter sensitivity analysis and parameter identifiability analysis of electrochemical model under wide discharge rate[J]. Journal of Energy Storage，2023，68：107788. DOI：10.1016/j.est.2023.107788.

[40] 黄晟贤，徐会升，王起鹏，等 . 冲击荷载下圆柱型动力锂离子电池的响应特性研究 [J/OL]. 储能科学与技术.[2024-05-05]. https：//doi.org/10.19799/j.cnki.2095-4239.2024.0274.

[41] WU X K，SONG K F，ZHANG X Y，et al. Safety issues in lithium ion batteries：Materials and cell design[J]. Frontiers in Energy Research，2019，7：65. DOI：10.3389/fenrg.2019.00065.

[42] OAKLEY J. Intelligent cognitive assistants [EB/OL].[2024-06-30]. https：//www.src.org/program/ica/.

[43] KERNAN FREIRE S，FOOSHERIAN M，WANG C F，et al. Harnessing large language models for cognitive assistants in factories[C]// Proceedings of the 5th International Conference on Conversational User Interfaces. ACM，2023：1-6. DOI：10.1145/3571884.3604313.

[44] CHEN H S，HOU L，WU S Z，et al. Augmented reality，deep learning and vision-language query system for construction worker safety[J]. Automation in Construction，2024，157：105158. DOI：10.1016/j.autcon.2023.105158.

[45] PERES R S，JIA X D，LEE J，et al. Industrial artificial intelligence in industry 4.0 - Systematic review，challenges and outlook[J]. IEEE Access，2874，8：220121-220139. DOI：10.1109/ACCESS. 2020.3042874.

[46] GUO N L，CHEN S H，TAO J，et al. Semi-supervised learning for explainable few-shot battery lifetime prediction[J]. Joule，2024，8（6）：1820-1836. DOI：10.1016/j.joule.2024.02.020.

[47] TRIVEDI C，BHATTACHARYA P，PRASAD V K，et al. Explainable AI for industry 5.0：Vision，architecture，and potential directions[J]. IEEE Open Journal of Industry Applications，2024，5：177-208. DOI：10.1109/OJIA.2024.3399057.

[48] ZHOU B，LI X Y，LIU T Y，et al. CausalKGPT：Industrial structure causal knowledge-enhanced large language model for cause analysis of quality problems in aerospace product manufacturing[J]. Advanced Engineering Informatics，2024，59：102333. DOI：10.1016/j.aei.2023.102333.

[49] LIN T Z，CHEN S H，HARRIS S J，et al. Investigating explainable transfer learning for battery lifetime prediction under state transitions[J]. eScience，2024：100280. DOI：10.1016/j.esci. 2024.100280.

[50] 朱伟杰，史尤杰，雷博 . 锂离子电池储能系统 BMS 的功能安全分析与设计 [J]. 储能科学与技术，2020，9（1）：271-278. DOI：10.19799/j.cnki.2095-4239.2019.0177.

[51] SHEN M，GAO Q. A review on battery management system from the modeling efforts to its multiapplication and integration[J]. International Journal of Energy Research，2019，43（10）：5042-5075.

[52] RAHIMI-EICHI H，OJHA U，BARONTI F，et al. Battery management system：An overview of its application

in the smart grid and electric vehicles[J]. IEEE Industrial Electronics Magazine，2013，7（2）：4-16. DOI：10.1109/MIE.2013.2250351.

[53] LIU Y，CHEN S H，LI P Y，et al. Status，challenges，and promises of data-driven battery lifetime prediction under cyber-physical system context[J]. IET Cyber-Physical Systems：Theory & Applications，2024. DOI：10.1049/cps2.12086.

[54] LU T，ZHAI X A，CHEN S H，et al. Robust battery lifetime prediction with noisy measurements via total-least-squares regression[J]. Integration，2024，96：102136. DOI：10.1016/j.vlsi. 2023.102136.

[55] LAWDER M T，SUTHAR B，NORTHROP P W C，et al. Battery energy storage system（BESS）and battery management system（BMS）for grid-scale applications[J]. Proceedings of the IEEE，2014，102（6）：1014-1030. DOI：10.1109/JPROC.2014.2317451.

[56] MISHRA S，SWAIN S C，SAMANTARAY R K. A Review on battery management system and its application in electric vehicle[C]// 2021 International Conference on Advances in Computing and Communications（ICACC）. IEEE，2021：1-6. DOI：10.1109/ICACC-202152719.2021.9708114.

[57] WANG J，FENG X N，YU Y Z，et al. Rapid temperature-responsive thermal regulator for safety management of battery modules[J]. Nature Energy，2024，9：939-946. DOI：10.1038/s41560-024-01535-5.

[58] CHEN X J，JIA S B，XIANG Y. A review：Knowledge reasoning over knowledge graph[J]. Expert Systems with Applications，2020，141：112948. DOI：10.1016/j.eswa.2019.112948.

[59] XIONG R，LI L L，TIAN J P. Towards a smarter battery management system：A critical review on battery state of health monitoring methods[J]. Journal of Power Sources，2018，405：18-29. DOI：10.1016/j.jpowsour.2018.10.019.

[60] ZHAO X Z，SUN B X，ZHANG W G，et al. Error theory study on EKF-based SOC and effective error estimation strategy for Li-ion batteries[J]. Applied Energy，2024，353：121992. DOI：10.1016/j.apenergy.2023.121992.

[61] XIONG R，SUN Y，WANG C X，et al. A data-driven method for extracting aging features to accurately predict the battery health[J]. Energy Storage Materials，2023，57：460-470. DOI：10.1016/j.ensm.2023.02.034.

[62] WANG W T，YANG K Y，ZHANG L S，et al. An end-cloud collaboration approach for online state-of-health estimation of lithium-ion batteries based on multi-feature and transformer[J]. Journal of Power Sources，2024，608：234669. DOI：10.1016/j.jpowsour.2024.234669.

[63] 吴思远，李泓. 发展基于"语义检测"的低参数量、多模态预训练电池通用人工智能模型 [J]. 储能科学与技术，2024，13（4）：1216-1224. DOI：10.19799/j.cnki.2095-4239.2024.0092.

[64] WU S Q，FEI H，QU L G，et al. NExT-GPT：Any-to-any multimodal LLM[EB/OL]. 2023：2309.05519. https：//arxiv.org/abs/2309. 05519v3

[65] JABLONKA K M，AI Q X，AL-FEGHALI A，et al. 14 examples of how LLMs can transform materials science and chemistry：A reflection on a large language model hackathon[J]. Digital Discovery，2023，2（5）：1233-1250. DOI：10.1039/d3dd00113j.

[66] BRUCKHAUS T. RAG does not work for enterprises[EB/OL]. 2024：2406.04369.[2024-06-30]. https：//arxiv.org/abs/2406.04369v1

[67] LIU Y，HUANG L Z，LI S C，et al. RECALL：A benchmark for LLMs robustness against external counterfactual knowledge[EB/OL]. 2023：2311.08147.[2024-06-30]. https：//arxiv.org/abs/2311.08147v1

[68] ANDERSON M，AMIT G，GOLDSTEEN A. Is my data in your retrieval database? membership inference attacks against retrieval augmented generation[EB/OL]. 2024：2405.20446.[2024-06-30]. https：//arxiv.org/abs/2405.20446v2.

第 8 章

AI for Science 时代下的电池平台化智能研发

谢莹莹,邓 斌,张与之,王晓旭,张林峰

过去十年中,新能源行业实现了显著发展,尤其是以锂离子电池为代表的电化学储能技术,在消费电子、储能以及电车等领域得到广泛应用。中国也凭借着市场需求、原料成本控制等方面的优势,迅速崛起成为全球最大、最先进的电池生产制造基地[1-2]。

然而,近两年来,电池行业经历了一些变化:一方面,竞争加剧和低端产能过剩导致了原材料、工艺和品质的同质化;另一方面,行业终端场景的多元化带来了新的挑战,如动力电池领域对快充和高续航里程的需求,储能领域对更长循环寿命的要求等[2]。

产品竞争和场景多元化推动了电池材料、化学体系、结构设计、合成制备工艺的创新。然而,当前电池研发仍主要依赖于传统实验设计方法,即通过大量实验优化配方和工艺参数,这导致了研发周期的延长和成本的增加。计算模拟方法尽管已被应用于电池研发,但在处理大规模体系和精确预测电池性能方面仍存在"算不大,算不准"的局限性。

传统研究方法的局限性已成为电池研发创新的主要障碍。然而,AI for Science(AI4S)范式的发展为克服这些挑战提供了新的途径。AI4S 利用前沿的人工智能技术,深入进行数据挖掘、模式识别和预测建模,从而实现电池设计的理性化[3]。基于 AI4S 范式的平台化研发,不仅加速了新材料的发现和电池设计迭代,还提高了计算模拟的准确性和效率,逐渐成为推动电池研发创新的重要趋势。

AI4S 范式的平台化智能研发遵循"四梁 N 柱"的设计理念。"四梁"代表构成 AI4S 科研基础设施的核心要素,包括基于基本原理与数据驱动的算法模型和软件系统,高效率且高精度的实验表征系统,作为文献替代的数据库与知识库,以及高度整合的计算平台,这些要素构成了科研活动的基础架构。在此基础上,针对不同领域的需求构建工业应用软件,即"N 柱",支撑平台的多样化应用。如图 8.1 所示[3]。

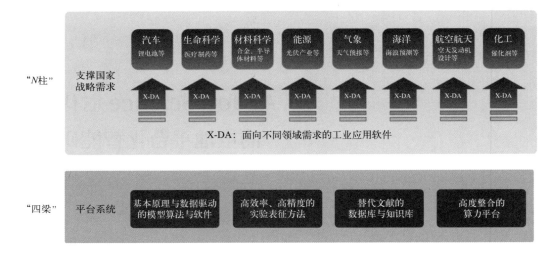

图 8.1 "平台科研"模式"四梁 N 柱"架构[3]

"四梁 N 柱"设计理念最早应用于半导体领域，摩尔定律推动了该领域算法模型、实验测试手段和计算算力的快速发展，最终形成了面向行业的电子设计自动化（electronic design automation，EDA）工业软件[4]。类似地，在电池研发领域，随着精细化分工、AI 多尺度物理建模和预训练模型等新方法的引入，行业的生产方式和工具逐步向智能化演进。电池设计自动化智能研发（BDA）平台通过结合数据驱动和原理驱动两大算法体系，并依托多尺度模拟、预训练模型算法的突破以及软件工程化的实践，显著加速并精确化了电池设计和研发过程，从而持续提升电池研发的创新效能[3]。

本章将介绍 BDA 电池平台化智能研发涵盖电池研发阶段从文献调研到实验设计、合成制备、表征测试，再到分析优化的全流程。从当前各个研发阶段的瓶颈出发，举例说明 AI 技术方法以及当下发展的平台化产品工具如何突破瓶颈并提高研发效率，加速从实验室研发到实际生产的落地。

8.1 AI for Science 时代下的 BDA 平台加速各环节电池研发

8.1.1 电池研发的五个关键阶段

电池研发是一项复杂且系统化的工程，通常划分为五个关键阶段：文献调研（read）、实验设计（design）、合成制备（make）、表征测试（test）、分析优化（analysis），这些阶段共同构成了电池研发的完整流程（图 8.2）[5]。

① 文献调研是研发工作的基础，涵盖广泛的学术论文、专利、技术和行业分析报告的阅读，旨在掌握电池研发技术的最新进展和创新趋势。通过这一过程，研发人员能够确定研究课题的切入点，为后续的实验设计、合成制备、表征测试和分析优化环节奠定理论基

础[6-7]。

② 实验设计阶段，研发人员基于文献调研结果，结合研究目标及实验可行性、成本效益和安全性，规划实验方案，包括电极材料、电解液配方和电池结构设计参数的选择，确定实验的技术路线[8]。

③ 合成制备阶段将设计转化为实际的电池材料和电池组装，包括批量合成制备的操作和控制。在此阶段，精确控制反应条件（如温度、压力、时间等）对于确保材料性能和电池质量至关重要，保障了材料的一致性和可重复性[9-10]。

④ 表征测试阶段对制备的电池进行详细的结构表征和性能测试，以了解材料在微尺度下的形态、结构以及电池的电化学性能和热稳定。这些测试结果为电池性能的进一步优化提供了重要指导[11]。

⑤ 分析优化是电池研发的最后阶段。研发人员通过深入分析测试数据，识别电池性能瓶颈，并探索优化方向，以提高电池的能量密度、循环稳定性、安全性和成本效益，满足研发目标和终端场景的应用需求[12]。

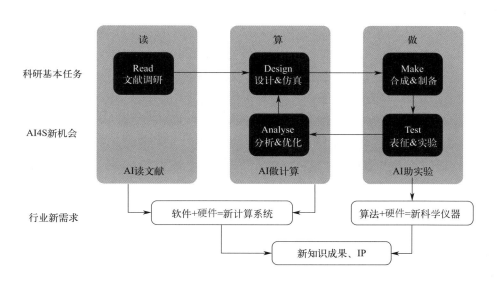

图 8.2　BDA 平台下的电池研发"文献调研、实验设计、合成制备、表征测试、分析优化"流程

8.1.2　BDA平台助力电池研发"设计理性化""开发平台化""制造智能化"

在 AI4S 新兴科研范式的驱动下，电池研发领域实现了显著的能力提升。这包括深入探究基本物理原理，高效生成和处理实验仪器中的复杂数据，深入理解并有效利用文献和专利等知识型文本，以及快速发展新型计算软硬件设施[13]。BDA 平台作为 AI4S 范式指导下电池领域的平台化智能研发实例，利用人工智能等前沿技术，致力于解决电池研发过程中的关键问题。平台集成了领域内先进的算法模型，从微观层面的材料性质出发，预测介观层面材料颗粒的物理化学性质,并模拟宏观层面的电极与电芯性能。通过对加工工艺进行建模,模拟工艺对电池性能的影响,显著缩短了从创新到量产的时间[14]。通过将行业知识、先进算法和软件工程等多方面能力充分结合,平台化研发不仅推动了电池领域"设计理性化""开发平台化"和"制造智能化",而且有效支持电池技术的快速发展和产业升级。

下面将具体介绍AI4S时代下BDA平台如何在算法以及产品工具等方面,为电池研发的五个关键阶段提供支持。

8.2 AI for Science 时代下的电池知识"大脑"构建

8.2.1 电池文献信息量巨大,高效收集和获取信息是瓶颈

在电池研发中,科学文献的阅读和分析是一个重要却又非常耗时的环节。研发人员需要投入大量时间来梳理和分析文献资料,获取研究所需的数据和信息。例如,在电解液配方研究中,需要搜集并分析文献中提及的有效配方和添加剂的物理化学性质。文献调研环节至关重要,然而在实际研发中却占用了研究者相当一部分的工作时间。据估计,电池研发人员大约会将23%的工作时间和精力投入到文献调研中[15]。

电池领域已发表的文献和专利数量庞大。根据谷歌学术[16]、Web of Science[17]以及其他主流公开文献专利数据库的统计,全球范围内已发表的与电池相关的科学文献已经超过400万篇[18],专利数量也已突破30万件[19]。从日发表量来看,全球每日新增的电池领域科学文献和专利成果超过100篇[20]。面对如此庞大的信息量,研发人员在筛选出高质量且具有研究价值的资料时,不可避免地需要投入大量的时间和精力。可见,实现高效的文献追踪和调研,是当下电池研发领域面临的一项重要挑战。

传统的科学文献数据库,如SciFinder[21]和Reaxys[22],虽然提供了信息检索的入口,但它们主要限于基础的检索功能,缺乏深入的信息提取和知识理解能力。研发人员使用这些数据库进行检索后,仍需进一步分析以获得实质性的信息和数据。近年来,大语言模型如ChatGPT[23-24]的出现,开始改变传统的文本信息提取方式,能够直接从文本中提取内容获得答案。然而,科学文献中的多模态内容,如表格、图表、分子结构、化学反应等,即便是这些先进的大语言模型,也面临着理解上的挑战[25]。

8.2.2 多模态模型发展助力科学文献解析

多模态模型[26]的发展为科学文献解析带来了革命性的突破。AI技术的应用不仅提高了处理分析海量数据的效率,还实现了对科学文献中关键信息的自动化识别和提取,显著加快了科学调研的进程。在这一领域中,国内深势科技自主研发的多模态科学文献模型——Universal Science Multimodal Analysis and Research Transformer(简称Uni-SMART)[27]

给出了可行性思路和示范。

Uni-SMART 模型在信息提取、复杂元素识别、科学文献理解和分析以及多模态元素的理解和推理任务上展示出有效的表现，这是因为模型使用了广泛的科学文献数据源，包括专利、科学出版物、新闻、市场报告等，并采用了主动学习的方法来不断增强模型的能力。模型主动学习过程可以分为五个阶段：多模态学习、大模型有监督微调、用户反馈、专家标注、数据增强。在多模态学习阶段，Uni-SMART 模型通过少量科学文献数据训练以识别信息，并进行序列化输出。随后，大模型有监督微调利用序列化输出增强理解多模态信息的能力。在用户反馈阶段，正反馈样本直接用于数据增强，而负反馈样本经专家细致标注后，分析错误类型并优化模型。最后，数据增强环节将专家标注和正反馈样本纳入训练集，不断迭代优化 Uni-SMART 模型性能（图 8.3）[27]。

图 8.3　Uni-SMART 模型原理[27]

模型开发者借助 SciAssess[28] 科学文献理解评估方法对 Uni-SMART 和其他主流的通用大语言模型进行横向对比（表 8.1），可以发现 Uni-SMART 在电池研发人员关注的表格、图表、分子结构、反应式等任务中，都表现出了优于其他模型的效果。

表 8.1　Uni-SMART 模型在电池场景中不同任务下的预测效果[27]

任务		指标	Uni-SMART	GPT-4	GPT-3.5	Gemini
对表格数据进行评估	电解液数据提取	价值召回	0.451	0.420	0.437	0.443
	电解质表格问答	价值召回	0.320	0.274	0.359	0.175
对分子结构式数据进行评估	文档中的分子	准确率	0.889	0.022	0.489	0.500
对化学反应式数据进行评估	化学反应问答	准确率	0.400	0.200	0.000	0.133

Uni-SMART 模型的相关研究论文目前已被 Hugging Face 官方的 Daily Papers 收录，并获得机器学习领域专家 Ahsen Khaliq 的推荐[29]。业界的认可证明了 Uni-SMART 这一类多模态模型在科学文献解析领域的创新性和实用性，也证实了结合科学文献多模态元素和大语言模型的能力，在处理如涉及性质、分子结构和反应信息等复杂科学问题上有显著的突破和效果。

在实际研发中，除了注重文献信息解析和提取的准确性之外，同时处理多篇文献的能力也同样重要[30]。多模态模型的开发者们在评估模型预测准确性的同时，也对其批量处理文献的能力进行了测试。例如，Dagdelen 等[25]在研究中利用自主研发的多模态模型对 30 篇固态掺杂相关文献中宿主材料和掺杂剂关系进行识别，结果准确度达到 80% 以上，对 65 篇材料文献进行公式、应用、结构等信息的提取，准确度同样也达到了 80%。批量的文献处理能力和高精度预测能力结合，让多模态科学文献模型的适用性和效率向着实际研发应用更进一步。

8.2.3　电池研发文献解析工具，助力快速洞察行业动态，提升研发效率

算法快速突破的同时，基于文献解析算法的文献分析工具也在不断发展，如 ChatPDF[31]、Claude[32]、GPT-4[33]、Uni-Finder[34]等。这些工具不仅具备传统专业文献数据库的多模态检索功能，还能通过自然语言交互实现信息提取的自动化。例如，构建电池文献知识库，实时获取最新文献进展，从知识库中汇总并提取电极材料、电解液配方、电芯的性质以及制备工艺参数数据，输出文献调研报告，从而实现电池研发效率的提升。

Uni-Finder 是国内开发的一款文献解析工具，它以科学多模态大模型 Uni-SMART 为算法底座，旨在对科学文献进行全面和精确的分析。该工具针对电池科学文献调研场景提供解决方案，包括但不限于分子/材料结构图识别、多模态信息的综合理解、反应式提取、电池配方或设计参数的识别、性质数据和统计分析图识别等。

AI4S 文献解析工具依托多模态模型卓越的解析能力和平台用户友好的交互设计，创新性突破传统文献调研方式，让文献调研变得更加高效，从而释放了电池研发人员在文献调研阶段的生产力，快速构建起电池知识的综合体系，有效促进了电池科学的深入研究与发展。

8.3　AI for Science 时代下的电池设计

电池设计需求跟市场需求目标紧密相连，不同应用场景对电池性能的要求存在差异。例如，在电动汽车领域，车企和消费者希望电池具有高能量密度和快速充电能力；而在移动设备领域，则更倾向于采用小型化、轻薄化且具有长寿命的电池[35]。这种多样化的需求则要求每种电池在材料选择、设计优化和制造工艺上都具有特定性，这增加了电池研发

的复杂性,并延长了产品从实验室到市场的转化周期。

当前电池设计研发面临诸多挑战,包括研发周期延长、成本增加以及创新难度加大。传统电池研发方法依赖于实验试错,从新材料开发、化学体系整合、电芯样品设计制造测试到大规模量产整个过程,传统方法不仅需要数十年的研发耗时,还需要巨额的资金投入。尽管"传统计算模拟"方法在电池研发中起到了辅助作用,但其在计算效率和精度之间的平衡仍是技术瓶颈,限制了模拟电池工作真实场景和反映电池工作真实问题的能力[36]。因此,电池设计研发需要新的技术方法,以解决研发周期长、成本高和创新难度大等问题,同时提高计算模拟的效率和精度,促进电池技术的发展和应用。

8.3.1 AI for Science 驱动的多尺度算法和预训练模型为电池设计研发带来新的突破

AI4S 的快速发展为解决电池设计研发中的关键问题提供了新的机遇和解决方案。AI 技术在电池设计研发中的创新主要体现在两个方面:多尺度模拟算法及预训练模型。多尺度模拟算法能够模拟电池材料的微观结构和宏观性能,而预训练大模型通过学习大量的电池材料数据来预测新材料的性能。

目前领域内已经发展出多种开源的多尺度模拟算法,其中 Deep Potential[37-39] 系列方法因其广泛应用和快速发展而备受关注。这一系列方法包括原子尺度的 DeePKS[40-41] 方法、分子动力学尺度的 DeePMD[42-43] 方法,以及粗粒化分子动力学尺度的 DeePCG[44] 方法 [图 8.4(a)]。这些多尺度模拟算法在保持较高计算精度的同时,减少了计算资源的限制,更高效地模拟电池的实际表现。

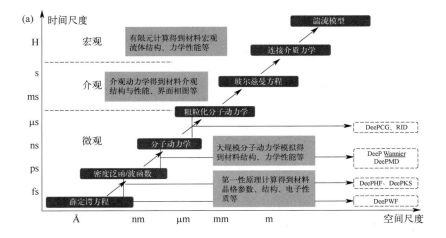

图 8.4

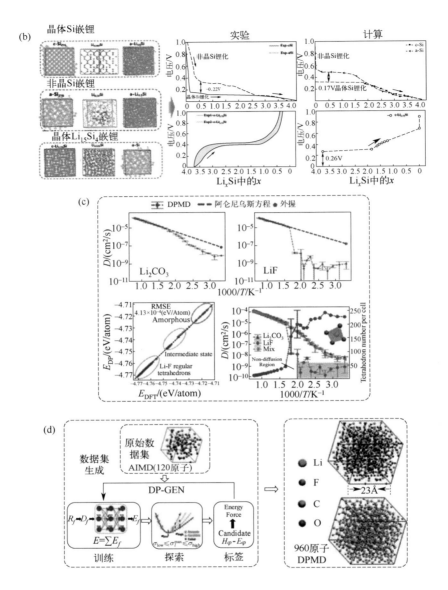

图 8.4　电池研发中的跨尺度模拟算法应用

（a）多尺度算法；（b）DeePMD 突破传统建模方法瓶颈进行负极新体系开发：复现晶体和非晶体的电压平台差距，锂化初态中的两相机，a/c-Li$_{15}$Si$_4$ 之间的相变潜热 0.26 V，对应结晶化影响电压滞后[45]；（c）DeePMD 用于揭示锂离子电池 SEI 膜主要成分中锂离子的扩散机理[46]；（d）AI 助力第一性原理分子动力学研究 SEI 中锂离子运输过程[47]

DeePKS 方法利用第一性原理获得量子力学精度的电池材料晶格参数、结构、电子性质等信息；DeePMD 方法在保持量子力学精度的同时，通过模拟数亿原子级别的分子动力学[43]，理解电池充放电过程中的离子迁移、电子输运以及材料相变等现象；DeePCG 方法在粗粒化分子动力学尺度上也发挥着类似的作用，为电池材料的设计提供更精确的理论指导。

Deep Potential 系列方法在电池领域已经积累了非常多的应用案例［图 8.4（b）～（d）］，如通过构建经典 LiCoO$_2$ 正极材料的 DP 势函数，结合 DeePMD 模拟和增强采样技术，研究了高度去锂的 Li$_x$CoO$_2$ 正极材料中过渡金属迁移和氧二聚体形成的动力学关联，从而揭示掺杂离子对上述过程的影响[48]；利用 DeePMD 探索锂离子在无定形的固态电解质膜（SEI）各组分（LiF、Li_2CO_3 以及二者1∶1混合）中的扩散机理，解决了传统第一性分子动力学模拟受限于空间与时间尺度的限制而无法精确捕捉室温下锂离子的局域环境及扩散机理的难题，对实验中 SEI 膜的设计提出理性指导[49]；通过训练覆盖整个成分空间的高精度 Li-Si 势函数模型，利用势函数模型进行 DeePMD 和 GCMC 模拟，复现了 Si 基负极的锂化/脱锂过程诸多实验现象，如晶体与非晶体之间的电压平台差、$c-Li_{15-\delta}Si_4$ 到 $a-Li_{15-\delta}Si_4$ 的相变引起的电压滞后等，揭示了锂化和脱锂反应路径的差异及原子尺度机理，为硅负极的电化学性能和相变反应提供了重要的见解[45]；利用 DeePMD 模拟锂金属与 $\beta-Li_3PS_4$ 之间 SEI 的形成和生长过程，并对 SEI 的结构、组分和形貌进行了详细分析，为全固态电池中 SEI 复杂的生长过程提供了新的视角[46]；加州大学伯克利分校的 Gupta 等[47]使用 DeePMD 方法为 Ga-F-Li-Cl 体系训练了基于深度学习的原子间势模型，基于该模型揭示了离子固体混合物形成软黏土的微观特征，突破性发现能够在阴离子交换上形成分子固体单元的盐混合物以及此类反应的缓慢动力学是软黏土形成的关键，为制作软黏土固态电解质提供指导；采用深度势能分子动力学和基于第一性原理分子动力学的自由能计算方法研究 SEI 形成的热力学，系统研究了浓度对电解液电化学性质的影响[50]。这些公开发表的应用案例充分验证了 DeePMD 这类多尺度模拟方法在理解电池的微观结构特征和作用机理上的巨大效果和潜力。

在 AI for Science 时代，电池研发依赖于原理驱动和数据驱动两大引擎。多尺度模拟算法主要在原理驱动上发挥作用，而数据驱动则体现在预训练模型的应用上。预训练模型基于先进的机器学习技术，通过学习大量的数据掌握电池材料以及电芯的属性加速电池研发和性能优化。目前已经发表的电池预训练模型中，DPA 深度势能原子间势函数预训练模型[51-52]、Uni-Mol 三维分子预训练模型[53-54]、Uni-ELF 电解液配方预训练模型[55]和数据驱动的电芯健康状态预测预训练模型[56-57]较受关注。

（1）DPA 深度势能原子间势函数预训练模型

DPA 模型旨在通过少量的数据训练出能够精确模拟材料行为的机器学习模型。模型利用深度学习技术，从原子尺度预测材料的力学、热力学和动力学性质。其关键在于捕捉材料的复杂势能面，为分子动力学模拟提供准确的预测。这使得研发人员能够基于 DPA 模型广泛探索材料性能，快速识别出具有潜在应用价值的新材料。Deep Modeling 开源社区的开发者们在 DPA 模型的基础上进一步开发了固态电解质预训练模型，覆盖了共 41 种材料体系，包括 1 种 Li 单质、14 种基础二元化合物和 26 种硫族化合物。该模型在固态电池的电导率和迁移能垒的预测中展现出比 M3GNET、CHGNET 通用力场模型更接近实验的结果［图 8.5（d）和（e）］，体现了更高的精度优势[58]。

（2）Uni-Mol 三维分子预训练模型

Uni-Mol 是通用的三维分子表示学习框架，基于分子构象信息，实现模型下游任务中

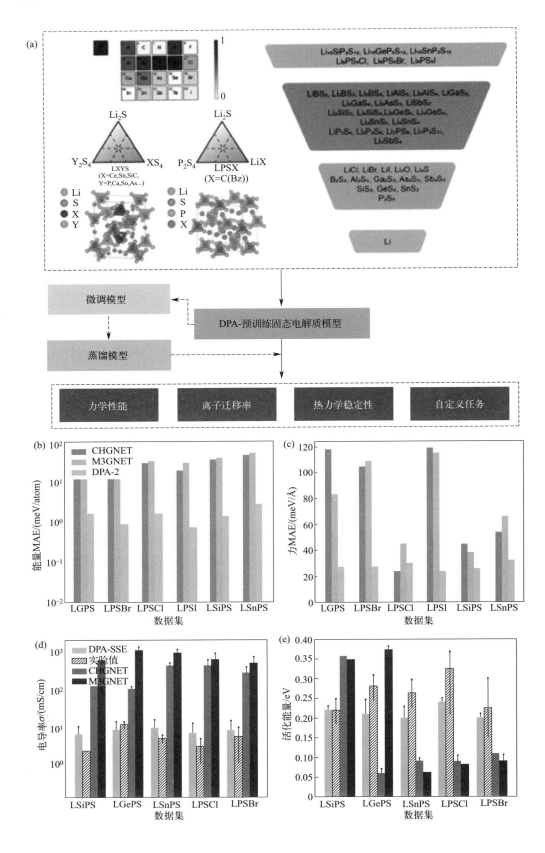

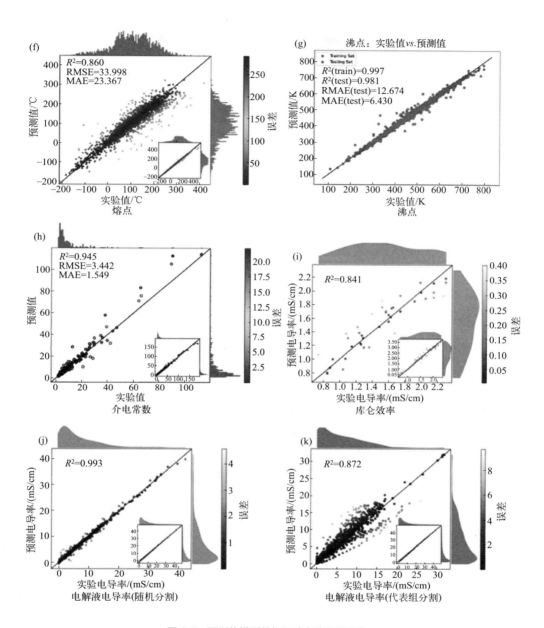

图 8.5 预训练模型数据驱动电池设计研发

（a）～（e）固态电解质预训练模型深入研究微观规律，准确预测 Li 离子的电导率和迁移能垒[58]；
（f）～（h）基于 Uni-Mol 模型进行熔点、沸点、介电常数的预测[55]；（i）～（k）基于 Uni-ELF 模型预测电解液配方的库仑效率和电导率[55]

电解液有机分子的性质预测。模型使用了 2.09 亿个分子三维构象进行预训练。利用电解液分子数据对预训练模型进行微调，实现熔点、沸点、介电常数、密度、折射率等更多物理化学性质的预测。模型能够在数分钟内完成数百个分子的预测，预测的沸点和介电常数结果和验证集数据相比，R^2 超过 94%[55][图 8.5（f）～（h）]。

（3）Uni-ELF 电解液配方预训练模型

Uni-ELF 是通用电解质配方设计框架。Uni-ELF 通过两阶段预训练来实现电解质的多级表示学习：在分子层面，利用 Uni-Mol 模型重建三维分子结构；在混合物层面，从分子动力学模拟中预测统计结构性质（例如径向分布函数）。这种全面的预训练使 Uni-ELF 能够捕捉复杂的分子和混合物级别的信息，从而显著提升预测能力。通过分子与配方阶段的预训练，Uni-ELF 在预测熔点、沸点、可合成性的分子性质和电导率、库仑效率配方性质结果中测试集和验证集结果相比 R^2 超过 84%，效果上优于现有的配方预测方法[55]
[图 8.5（i）～（k）]。

（4）数据驱动的电芯健康状态预测预训练模型

基于弹性网正则化技术或深度迁移学习技术，模型利用大量电化学仿真数据进行预训练，并通过不同的预训练任务学习电池在循环内、循环间、电池间的信息。电池研发人员只需使用少量实验数据对下游电芯预测任务进行微调，即可获得相应的电信号预测能力[56-57]。

8.3.2 AI for Science 依托工程实践，加速研发智能化，率先进行落地探索

掌握先进的算法技术是电池成功研发的关键。尽管多尺度模拟算法和预训练模型在理论上展现了较强的计算和预测能力，但要将其有效应用于实际电池研发，仍需依赖具有深厚专业知识和丰富经验的研发人员。目前行业内这类专业人才相对匮乏，且他们的时间和资源受限，这在一定程度上限制了先进算法在电池研发中的广泛应用。

让更多的研发人员能够利用这些先进模型，结合算法进行软件工程开发和产品化变得越来越重要。基于领域先进算法以及行业专家丰富经验开发的应用工具，能够深入参与到电池设计研发中，推动产业上下游更高效地协作，进一步改变电池研发、制造、运营的整体格局，让电池研发真正实现"全链条"全局优化。

随着算法的快速发展，各类型算法工程化开发工具也应运而生，包括 Notebook、Workflow 以及 App。这些便携的软件产品工具在电池设计平台化智能研发中发挥着重要的作用。例如 Bohrium Notebook[59]、Jupyter Notebook[60] 等 Notebook 记录工具，允许研发人员以交互方式编写和执行代码，同时能更方便地记录、分享和交流研究过程。这些功能不仅促进知识的沉淀和标准化工作流的形成，而且对新入行的电池研发人员来说，是帮助快速掌握电池设计的关键技术和方法的宝贵资源。

Workflow 中比较典型的代表有国内自主开发的 Dflow[61] 以及国外的 AiiDAlab[62] 等工作流框架。这些工作流框架专为科学研究设计，将复杂的计算任务部署在云端，使研发人员能够轻松进行大规模的模拟和数据分析。工作流凭借云原生特性能够灵活地扩展资源，适应不同的计算需求，为电池设计提供了更高效的计算支持。

App 类如 Bohrium App[59]、Hugging Face App[63] 等，使研发人员能够快速部署和运行所需的算法，无需从零开始编写复杂的代码，同时还支持对外部用户展示自定义的交互方式，降低用户使用门槛。这种快速实现的能力让研发人员能够集中精力解决电池设计核心问题。此外，App 还支持算法的快速迭代和优化。随着电池研发的不断深入，研发人员可能需要对算法进行调整以适应新的研究需求，而 App 的模块化设计使得算法的更新和优化变得更加容易和快速，从而确保了电池研发的持续进步。

这些算法软件产品的组合形成了一个强大的 AI4S 电池设计智能化研发平台。平台不仅提供了多尺度建模计算、预训练 AI 模型微调及下游任务预测、数据分析等核心算法和功能，还通过集成不同的应用程序和服务，实现电池研发的平台化，推动电池研发向着自动化和智能化发展。

目前这一系列创新的软件产品已经在电池研发领域进行探索并形成应用案例。例如深势科技自主开发的电池设计智能化研发平台 Piloteye[64]，其电解液设计模块的目标是辅助进行电解液的高通量虚拟筛选。该模块通过集成 Uni-Mol 电解液分子基础物性预测模型、Uni-ELF 电解液配方设计模型以及多尺度计算模拟工具，能够快速辅助电池研发人员在庞大的电解液分子化学空间中预测电导率、扩散系数等关键性质，并快速筛选符合目标要求的电解液配方 [图 8.6（a）]。在电芯研发场景，Piloteye 平台提供了电化学模型参数辨识优化、电化学仿真、电池循环老化模式定量分析以及电芯健康状态预测等功能 [图 8.6（b）]。平台内置钴酸锂三元材料、石墨等主流电池材料体系的伪二维模型[65]，通过参数优化和并行仿真计算进行不同设计参数以及工况条件下的电池短期性能预测，加快实验测试效率。循环老化定量分析功能通过利用老化机制识别模型定量获取循环过程中 LLI 活性锂损失、LAM 活性材料损失和电阻变化曲线，分析不同衰减模式的变化来定量反映电池老化状态，从而预测电芯长时间循环后的容量[66-67]。基于老化机制识别模型与预测电芯的容量保持率的方法也由 Han 等[66] 验证，误差大致在 2% 以内，对比经验拟合式 $Q(t)=at^z$ 预测有了较大的提高。

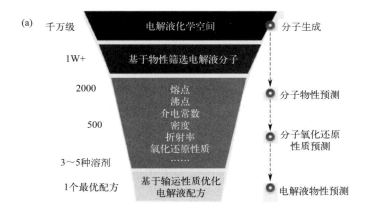

图 8.6

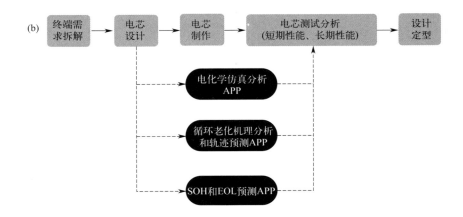

图 8.6 AI4S 产品工具在电解液和电芯场景的应用[64]

（a）用于电解液设计的 App 进行电解液高通量筛选；（b）电化学仿真和预测 App 加速电芯测试分析

先进算法模型和用户友好界面的结合进一步提高了电池研发的效率。软件工程化能力不仅使先进算法变得更加容易使用，而且还支持根据不同的研究需求进行定制和扩展。随着 AI 技术的不断发展，电池平台化智能研发将继续进化，为领域带来更广阔的应用前景和创新潜力。

8.4 AI for Science 时代下的电池材料合成与制备

电池的合成和制备是电池研发过程中的重要阶段，其中涵盖电极材料的合成制备、电解液的合成制备以及电芯的设计制造。这一阶段的核心任务是将理论配方转化为可行的制造工艺，确保电池材料的合成过程高效和稳定，保障最终电池产品性能和质量。然而，合成反应中通常涉及多个参数，参数之间还存在复杂的相互作用关系，这使得反应过程的控制和优化充满挑战。

目前在产品研发和工艺优化方面主要依赖试错法，研发人员通过现有经验和认知来调整反应工艺参数，并进行大量实验和分析来探索最优的工艺条件[68]。这种方法存在局限性：由于材料合成制备工艺反应时间通常较长，且工艺规律尚未完全探索和理解，研发人员难以准确预判实验结果，从而增加了当前工艺优化的成本和复杂性。

为克服这些挑战，需要更先进的理论模型和计算工具，以辅助研发人员深入理解合成过程中的参数关系，优化工艺条件，减少试错次数，提高研发效率。通过随机森林回归[69]、梯度提升回归[70]等算法对合成制备的历史实验数据进行机器学习模型构建，挖掘材料合成制备中的规律，拓宽对材料合成的认知边界[71]。

例如在"正极前驱体 - 正极材料 - 电芯"多尺度模拟场景中，通过利用前期大量小试研发数据，包括正极合成原料信息、合成工艺参数、工艺流程、材料表征数据等，构建机器学习模型，从而实现精度更高的单一关键指标预测[71]。进一步地，将中试和量产的数据导入模型，建立"小试-中试-量产"的对应关系，实现中试和量产的最优工艺模拟。在此基础上，结合多尺度模拟方法，该模型还能输出前驱体生长的相关机理，揭示前驱体形貌与正极物性的对应关系（图 8.7）。

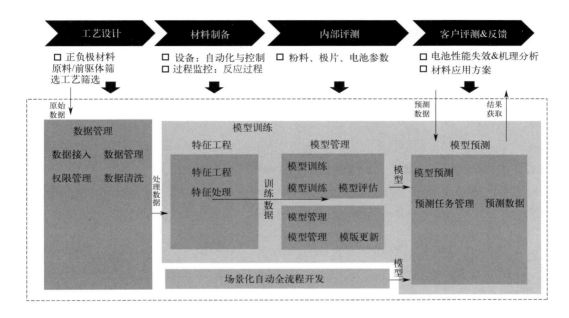

图 8.7　AI 加速材料到电芯制备工艺优化

SimpFine 是针对电池材料合成与制备场景开发的数据建模与分析 AI4S 产品工具[64]。当中包含数据建模、数据预测、采样优化、数据分析等通用功能模块。"数据建模"功能支持应用机器学习技术对原始数据集构建预测模型。生成的模型可以用于"模型预测"模块，以预测工艺参数的变化对电池材料性能的影响。预测结果可以输入到"数据分析"模块，一键生成可视化的结果报告，帮助研发人员直观地进行性能分析评估。SimpFine 还支持工作流形式的操作，实现特定任务工作流程搭建。SimpFine 通过简单便携的使用操作，以及统一化、可视化的方式实现数据操作，快速提高在实验操作和投入生产前进行方案设计和筛选的效率，实现科学和工程领域的材料成分调控和合成制备工艺优化。

8.5　AI for Science 时代下的电池材料表征与性能测试

在电池领域的实际应用中，表征测试对于理解电池材料的形态和粒径分布等电池性能至关重要。合成制备完成后，通过表征分析电池材料的微观结构、化学组成和物理特性，验证材料是否符合目标要求。性能测试则用于评估电池的实际工作表现，包括充放电效率、稳定性和安全性等[72]。这些测试结果对于优化电池设计、指导生产工艺调整以及预测电池寿命至关重要，是电池从实验室走向商业应用的必经之路。

常见的表征测试方法包括电化学性能测试，如循环伏安法测试[73]、恒电流间歇滴定测试[74]、交流阻抗谱测试[75]等，用于评估电池的充放电性能、电化学活性、循环稳定性等；结构表征技术，例如 X 射线衍射[76]、SEM 扫描电子显微镜[77]、STEM 扫描透射电子显微镜[78]等原子尺度表征工具，用于观察材料的晶体结构和微观形貌；热分析技术，如差示扫描量热法[79]和热重分析[80]，用来研究材料的热稳定性；物理性能测试，可测量电导率[81]和机械强度[82]等；安全性测试[83]，用来评估电池在极端条件下的反应。

在传统的材料表征中，通过表征设备获得的图像通常存在噪声和颗粒重叠等问题，这些问题给颗粒准确的识别和表征带来了挑战。随着人工智能的发展，不少研究发现通过深度学习算法，如对抗网络模型[84]、全卷积神经网络[85]、U-Net 架构[86]等，能够对电镜图像中的颗粒进行有效识别[87]。例如 SEM Particle Detector 表征分析工具通过一系列的表征计算[88]，可生成直观全面的统计报告，帮助研发人员更好地理解、识别材料表征图中颗粒的形态、尺寸、组成和分布等特征（图 8.8），从而为领域的研究和应用提供有力支持。

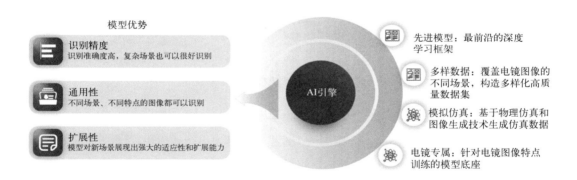

图 8.8　利用 AI4S 表征分析工具识别颗粒

8.6　AI for Science 时代下的电池研发结果分析优化

电池研发中的分析优化过程通常是对材料表征和电化学测试数据的深入分析，以识别电池性能的限制因素并探索改进途径。

在电池材料表征和电化学测试中，数据量庞大、特征提取复杂以及数据维度高的问题普遍存在，这些因素共同构成了数据分析优化的挑战[89]。传统的数据处理和分析方法因其复杂性而效率受限。针对这一问题，人工智能的"降维"能力提供了新的解决方案。例如，卷积神经网络从测试结果数据中提取特征，评估电池状态[90]；遗传算法自动识别电化学测试数据的等效电路模型[91]；随机森林或XGBoost[92]等集成学习方法，通过构建并整合多个弱预测模型，增强了对高维数据集的处理能力和整体预测性能。

除了针对电池数据分析的方法外，一些开源软件包也为电池测试数据的分析处理提供了支持。例如，Cellpy[93]是一个用于处理和分析电池测试数据的开源库，该库提供了电芯测试数据读取、预处理、分析和可视化等功能。另外一个用于电化学阻抗分析的Python软件包impedance.py[94]，也已经实现了EIS数据的拟合、模拟和可视化等功能。

AI for Science先进算法以及产品工具的开发和应用不仅极大提高了数据分析的效率，而且降低了研发人员的使用门槛，可快速从复杂的数据中提取出关键特征，增强了研发人员快速识别有潜力电池设计参数的能力（图8.9）[95]。AI技术的这些优势不仅优化了电池材料的性能，还为电池性能的提升提供了新的视角和工具，有助于推动电池技术的创新和发展。

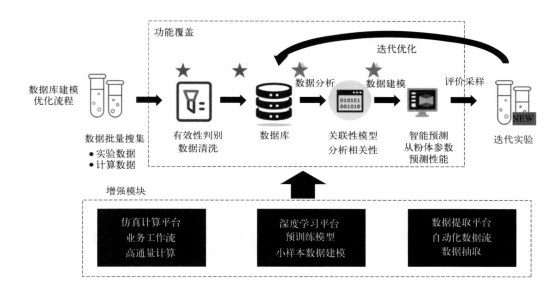

图8.9　电池数据分析管理流程

8.7　小结与展望

在AI for Science范式的推动下，电池研发已经迈入了一个平台化智能研发的新时代。通过构建电池设计智能化BDA平台，实现对文献、专利、计算模拟、表征、测试、工艺和生产数据的自动采集，同时调用多模态电池预训练大模型，高精度预测电池寿命并建立构效关系。BDA平台致力于发展面向文献、材料设计、表征测试、工艺优化和分析优化的五大智能平台，通过采用"软硬件一体化、实验与计算模拟结合"的研发范式，构建一个从理论研究到实验室测试，再到工业应用的完整研发生产闭环，为电池行业提供全面的技术支持与创新解决方案（图8.10）。

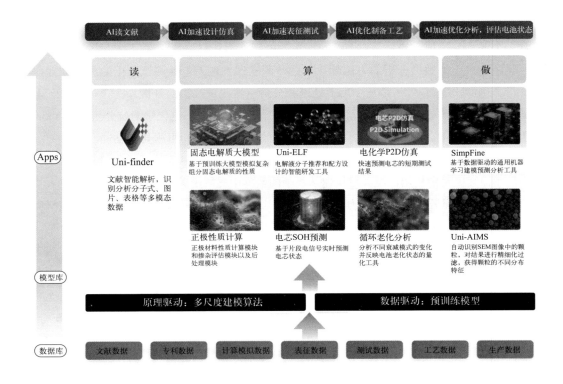

图 8.10 AI for Science 范式下的电池平台化智能研发，实现"软硬一体、干湿闭环"新的研发范式，打造电池全生命周期的智慧大装置和超级实验室，全面赋能电池工业产业升级

AI 技术的应用在电池研发领域发挥着日益重要的作用，特别是在机器学习预训练模型和多尺度建模算法方面。这些技术为电池研发提供了强大的数据分析和预测能力，使得研发人员能够快速处理和分析大量的电池数据，加速了电池材料的发现和电池设计的迭代优化。通过深度整合 AI 与电池仿真、实验设计、合成制备、表征测试以及数据分析技术，形成了一个电池全生命周期的智慧大装置和超级实验室，实现了从材料选择、制备过程到最终应用的每一个环节的智能化研发设计和优化分析，为电池研发提供全面的平台化技术支持。

尽管 AI 技术的融合为电池工业研发带来了革命性变革，并加速了新能源技术的创新和发展，但在电池研发领域持续深耕的过程中，仍面临着一些挑战，例如，深入理解电池中界面形成以及构效关系等关键问题，生产和收集高质量电池表征和测试数据，更高效的多尺度建模算法和机器学习模型，更便携、更贴合电池研发场景的算法工程化工具等。解决这些挑战，需要跨学科的合作和交叉学科人才的培养，以及面向电池研发场景的先进算法和平台工具的持续发展。

我们有理由相信，随着 AI 技术的不断深入，电池研发将变得更加高效、智能，这将为人类社会提供更加清洁、高效的能源解决方案，为可持续发展做出重要贡献。随着技术的不断进步和创新，电池研发的未来充满了无限可能。

参考文献

[1] 魏佳，严菁. 电力系统脱碳新动能电化学储能技术创新趋势报告 [R]. 北京：绿色和平，2022.

[2] 皮秀. 动力电池强势依旧，电池材料大有可为——动力电池产业链全景图 [R]. 深圳：平安证券研究所，2023.

[3] 张林峰，孙伟杰，李鑫宇，等. 科学智能（AI4S）全球发展观察与展望 2023 版 [R]. 北京：北京科学智能研究院，北京深势科技有限公司，络绎科学，2023.

[4] Synopsys. What is EDA（Electronic Design Automation）? [EB/OL]. [2024-07-25]. https://www.synopsys.com/glossary/what-is-electronic-design-automation.html.

[5] GREENWOOD M，WROGEMANN J M，SCHMUCH R，et al. The battery component readiness level（BC-RL）framework：A technology-specific development framework[J]. Journal of Power Sources Advances，2022，14：100089. DOI：10.1016/j.powera. 2022.100089.

[6] COOPER R G. Predevelopment activities determine new product success[J]. Industrial Marketing Management，1988，17（3）：237-247. DOI：10.1016/0019-8501（88）90007-7.

[7] GREWAL A，KATARIA H，DHAWAN I. Literature search for research planning and identification of research problem[J]. Indian Journal of Anaesthesia，2016，60（9）：635-639. DOI：10.4103/0019-5049.190618.

[8] KENDIG C E. What is proof of concept research and how does it generate epistemic and ethical categories for future scientific practice?[J]. Science and Engineering Ethics，2016，22（3）：735-753. DOI：10.1007/s11948-015-9654-0.

[9] GRANT P S，GREENWOOD D，PARDIKAR K，et al. Roadmap on Li-ion battery manufacturing research[J]. Journal of Physics：Energy，2022，4（4）：042006. DOI：10.1088/2515-7655/ac8e30.

[10] XIAO J，SHI F F，GLOSSMANN T，et al. From laboratory innovations to materials manufacturing for lithium-based batteries[J]. Nature Energy，2023，8：329-339. DOI：10.1038/s41560-023-01221-y.

[11] NÖLLE R，BELTROP K，HOLTSTIEGE F，et al. A reality check and tutorial on electrochemical characterization of battery cell materials：How to choose the appropriate cell setup[J]. Materials Today，2020，32：131-146. DOI：10.1016/j.mattod.2019.07.002.

[12] MEUTZNER F，NESTLER T，ZSCHORNAK M，et al. Computational analysis and identification of battery materials[J]. Physical Sciences Reviews，2019，4（1）. DOI：10.1515/psr-2018-0044.

[13] 杜雨，王谌松，张孜铭. AI for Science：人工智能驱动科学创新 [M]. 北京：电子工业出版社，2024.

[14] LOMBARDO T，DUQUESNOY M，EL-BOUYSIDY H，et al. Artificial intelligence applied to battery research：Hype or reality?[J]. Chemical Reviews，2022，122（12）：10899-10969. DOI：10.1021/acs.chemrev.1c00108.

[15] HUBBARD K E，DUNBAR S D. Perceptions of scientific research literature and strategies for reading papers depend on academic career stage[J]. PLoS One，2017，12（12）：e0189753. DOI：10.1371/journal.pone.0189753.

[16] HALEVI G，MOED H，BAR-ILAN J. Suitability of Google Scholar as a source of scientific information and as a source of data for scientific evaluation—Review of the literature[J]. Journal of Informetrics，2017，11（3）：823-834. DOI：10.1016/j.joi.2017.06.005.

[17] BIRKLE C，PENDLEBURY D A，SCHNELL J，et al. Web of Science as a data source for research on scientific and scholarly activity [J]. Quantitative Science Studies，2020，1（1）：363-376. DOI：10.1162/qss_a_00018.

[18] Google Scholar. Battery[EB/OL]. [2024-07-20]. https://scholar.google.com/scholar?hl=zh-CN&as_sdt=0%2C5&q=battery&btnG=.

[19] THISSANDIER F，BARON N. Status of the battery patents 2018[R]. France：KnowMade，2018.

[20] POHL H，MARKLUND M. Battery research and innovation—A study of patents and papers[J]. World Electric Vehicle Journal，2024，15（5）：193. DOI：10.3390/wevj15050193.

[21] GABRIELSON S W. SciFinder[J]. Journal of the Medical Library Association，2018，106（4）：588. DOI：10.5195/jmla.2018.515.

[22] GOODMAN J. Computer software review：Reaxys[J]. Journal of Chemical Information and Modeling，2009，49（12）：2897-2898. DOI：10.1021/ci900437n.

[23] ROUMELIOTIS K I，TSELIKAS N D. ChatGPT and open-AI models：A preliminary review[J]. Future Internet，2023，15（6）：192. DOI：10.3390/fi15060192.

[24] WU T Y, HE S Z, LIU J P, et al. A brief overview of ChatGPT: The history, status quo and potential future development[J]. IEEE/CAA Journal of Automatica Sinica, 2023, 10(5): 1122-1136. DOI: 10.1109/JAS.2023.123618.

[25] DAGDELEN J, DUNN A, LEE S, et al. Structured information extraction from scientific text with large language models[J]. Nature Communications, 2024, 15: 1418. DOI: 10.1038/s41467-024-45563-x.

[26] NGIAM J, KHOSLA A, KIM M, et al. Multimodal deep learning[C]// Proceedings of the 28th international conference on machine learning (ICML-11). 2011: 689-696.

[27] CAI H X, CAI X C, YANG S W, et al. Uni-SMART: Universal science multimodal analysis and research transformer[EB/OL]. [2024-05-01]. https://arxiv.org/abs/2403.10301v2.

[28] CAI H X, CAI X C, CHANG J H, et al. SciAssess: Benchmarking LLM proficiency in scientific literature analysis[EB/OL]. [2024-05-01]. https://arxiv.org/abs/2403.01976v4.

[29] Hugging Face. Paper: Uni-SMART[EB/OL]. [2024-07-20]. https://huggingface.co/posts/akhaliq/187303171643734.

[30] DE LA TORRE-LÓPEZ J, RAMÍREZ A, ROMERO J R. Artificial intelligence to automate the systematic review of scientific literature[J]. Computing, 2023, 105(10): 2171-2194. DOI: 10.1007/s00607-023-01181-x.

[31] PANDA S. Enhancing PDF interaction for a more engaging user experience in library: Introducing ChatPDF[J]. IP Indian Journal of Library Science and Information Technology, 2023, 8(1): 20-25. DOI: 10.18231/j.ijlsit.2023.004.

[32] Anthropic. Meet claude[EB/OL]. [2023-11-30]. https://www.anthropic.com/claude.

[33] ACHIAM J, ADLER S, AGARWAL S, et al. Gpt-4 technical report[J]. arXiv: 2303.08774. https://doi.org/10.48550/arXiv.2303.08774.

[34] Uni-Finder. Uni-Finder[EB/OL]. [2024-08-24]. https://uni-finder.dp.tech/.

[35] 李佳林, 丁秀金, 赵江宇. 化学电池行业深度报告: 缘起, 挑战与机遇[R]. 势乘资本, 光锥智能, 2022.

[36] ENG A Y S, SONI C B, LUM Y, et al. Theory-guided experimental design in battery materials research[J]. Science Advances, 2022, 8(19): eabm2422. DOI: 10.1126/sciadv.abm2422.

[37] ZHANG L F, HAN J Q, WANG H, et al. Deep potential molecular dynamics: A scalable model with the accuracy of quantum mechanics[J]. Physical Review Letters, 2018, 120(14): 143001. DOI: 10.1103/PhysRevLett.120.143001.

[38] HAN J Q, ZHANG L F, CAR R, et al. Deep potential: A general representation of a many-body potential energy surface[EB/OL]. 2017: 1707.01478.[2024-08-24]. https://arxiv.org/abs/1707.01478v2.

[39] WEN T Q, ZHANG L F, WANG H, et al. Deep potentials for materials science[J]. Materials Futures, 2022, 1(2): 022601. DOI: 10.1088/2752-5724/ac681d.

[40] CHEN Y X, ZHANG L F, WANG H, et al. DeePKS: A comprehensive data-driven approach toward chemically accurate density functional theory[J]. J Chem Theory Comput, 2021, 17(1): 170-181. DOI: 10.1021/acs.jctc.0c00872.

[41] LI W F, OU Q, CHEN Y X, et al. DeePKS + ABACUS as a bridge between expensive quantum mechanical models and machine learning potentials[J]. The Journal of Physical Chemistry A, 2022, 126(49): 9154-9164. DOI: 10.1021/acs.jpca.2c05000.

[42] WANG H, ZHANG L F, HAN J Q, et al. DeePMD-kit: A deep learning package for many-body potential energy representation and molecular dynamics[J]. Computer Physics Communications, 2018, 228: 178-184. DOI: 10.1016/j.cpc.2018.03.016.

[43] LU D H, WANG H, CHEN M H, et al. 86 PFLOPS deep potential molecular dynamics simulation of 100 million atoms with ab initio accuracy[J]. Computer Physics Communications, 2021, 259: 107624. DOI: 10.1016/j.cpc.2020.107624.

[44] ZHANG L F, HAN J Q, WANG H, et al. DeePCG: Constructing coarse-grained models via deep neural networks[J]. The Journal of Chemical Physics, 2018, 149(3): 034101. DOI: 10.1063/1.5027645.

[45] FU F J, WANG X X, ZHANG L F, et al. Unraveling the atomic-scale mechanism of phase transformations and structural evolutions during (de)lithiation in Si anodes[J]. Advanced Functional Materials, 2023, 33(37): 2303936. DOI: 10.1002/adfm.202303936.

[46] REN F C，WU Y Q，ZUO W H，et al. Visualizing the SEI formation between lithium metal and solid-state electrolyte[J]. Energy & Environmental Science，2024，17（8）：2743-2752. DOI：10.1039/D3EE03536K.

[47] GUPTA S，YANG X C，CEDER G. What dictates soft clay-like lithium superionic conductor formation from rigid salts mixture[J]. Nature Communications，2023，14（1）：6884. DOI：10.1038/s41467-023-42538-2.

[48] HU T P，DAI F Z，ZHOU G B，et al. Unraveling the dynamic correlations between transition metal migration and the oxygen dimer formation in the highly delithiated LixCoO2 cathode[J]. The Journal of Physical Chemistry Letters，2023，14（15）：3677-3684. DOI：10.1021/acs.jpclett.3c00506.

[49] HU T P，TIAN J X，DAI F Z，et al. Impact of the local environment on Li ion transport in inorganic components of solid electrolyte interphases[J]. Journal of the American Chemical Society，2023，145（2）：1327-1333. DOI：10.1021/jacs.2c11521.

[50] WANG F，SUN Y，CHENG J. Switching of redox levels leads to high reductive stability in water-in-salt electrolytes[J]. Journal of the American Chemical Society，2023，145（7）：4056-4064. DOI：10.1021/jacs.2c11793.

[51] ZHANG D，BI H R，DAI F Z，et al. DPA-1：Pretraining of attention-based deep potential model for molecular simulation[EB/OL]. [2024-07-02]. https：//arxiv.org/abs/2208.08236v4.

[52] ZHANG D，LIU X Z J，ZHANG X Y，et al. DPA-2：Towards a universal large atomic model for molecular and material simulation[J]. arXiv：2312.15492. https：//doi.org/10.48550/arXiv. 2312.15492.

[53] ZHOU G，GAO Z F，DING Q K，et al. Uni-mol：A universal 3d molecular representation learning framework[C]// International Conference on Learning Representations. ICLR，2023.

[54] JI X H，WANG Z，GAO Z F，et al. Uni-Mol2：Exploring molecular pretraining model at scale[EB/OL]. [2024-07-02]. https：//arxiv.org/abs/2406.14969v2.

[55] ZENG B S，CHEN S A，LIU X X，et al. Uni-ELF：A multi-level representation learning framework for electrolyte formulation design[EB/OL]. [2024-07-02]. https：//arxiv.org/abs/2407. 06152v1.

[56] SEVERSON K A，ATTIA P M，JIN N，et al. Data-driven prediction of battery cycle life before capacity degradation[J]. Nature Energy，2019，4：383-391. DOI：10.1038/s41560-019-0356-8.

[57] MA G J，XU S P，JIANG B B，et al. Real-time personalized health status prediction of lithium-ion batteries using deep transfer learning[J]. Energy & Environmental Science，2022，15（10）：4083-4094. DOI：10.1039/D2EE01676A.

[58] WANG R Y，GUO M Y，GAO Y X，et al. A pre-trained deep potential model for sulfide solid electrolytes with broad coverage and high accuracy[EB/OL]. 2024：2406.18263.[2024-08-24]. https：//arxiv.org/abs/2406.18263v2.

[59] Bohrium[EB/OL]. [2024-07-20]. https：//bohrium.dp.tech/apps.

[60] KLUYVER T，RAGAN-KELLEY B，PÉREZ F，et al. Jupyter Notebooks-A publishing format for reproducible computational workflows[M]// Positioning and power in academic publishing：Players，agents and agendas. IOS press，2016：87-90.

[61] LIU X，HAN Y B，LI Z Y，et al. Dflow，a Python framework for constructing cloud-native AI-for-Science workflows[EB/OL]. 2024：[2024-07-02]. https：//arxiv.org/abs/2404.18392v1.

[62] YAKUTOVICH A V，EIMRE K，SCHÜTT O，et al. AiiDAlab-An ecosystem for developing, executing, and sharing scientific workflows[J]. Computational Materials Science，2021，188：110165. DOI：10.1016/j.commatsci.2020.110165.

[63] Hugging Face. Hugging Face Spaces[EB/OL]. [2024-07-20]. https：//huggingface.co/spaces.

[64] Piloteye[EB/OL]. [2024-07-20]. https：//bohrium.dp.tech/org/piloteye.

[65] JOKAR A，RAJABLOO B，DÉSILETS M，et al. Review of simplified pseudo-two-dimensional models of lithium-ion batteries[J]. Journal of Power Sources，2016，327：44-55. DOI：10.1016/j.jpowsour.2016.07.036.

[66] HAN X B，OUYANG M G，LU L G，et al. A comparative study of commercial lithium ion battery cycle life in electrical vehicle：Aging mechanism identification[J]. Journal of Power Sources，2014，251：38-54. DOI：10.1016/j.jpowsour.2013.11.029.

[67] JIA X Y，ZHANG C P，WANG L Y，et al. The degradation characteristics and mechanism of Li[$Ni_{0.5}Co_{0.2}Mn_{0.3}$]O_2

batteries at different temperatures and discharge current rates[J]. Journal of the Electrochemical Society，2020，167（2）：020503. DOI：10.1149/1945-7111/ab61e9.

[68] SATYAVANI T V S L，SRINIVAS KUMAR A，SUBBA RAO P S V. Methods of synthesis and performance improvement of lithium iron phosphate for high rate Li-ion batteries：A review[J]. Engineering Science and Technology，an International Journal，2016，19（1）：178-188. DOI：10.1016/j.jestch.2015.06.002.

[69] BREIMAN L. Random forests[J]. Machine Learning，2001，45：5-32. DOI：10.1023/A：1010933404324.

[70] FRIEDMAN J H. Greedy function approximation：A gradient boosting machine[J]. The Annals of Statistics，2001，29（5）：1189-1232. DOI：10.1214/aos/1013203451.

[71] SZYMANSKI N J，BARTEL C J. Computationally guided synthesis of battery materials[J]. ACS Energy Letters，2024，9（6）：2902-2911. DOI：10.1021/acsenergylett.4c00821.

[72] GIEHL C，SCHÄFFLER M，SEGETS D，et al. Material characterization for battery cell manufacturing along the process chain[R/OL]. Germany：Anton Paar[2024-07-20]. https：//www.theengineer.co.uk/media/qxankjlh/material-characterization-for-battery-cell-manufacturing.pdf.

[73] KISSINGER P T，HEINEMAN W R. Cyclic voltammetry[J]. Journal of Chemical Education，1983，60（9）：702. DOI：10.1021/ed060p702.

[74] DEES D W，KAWAUCHI S，ABRAHAM D P，et al. Analysis of the galvanostatic intermittent titration technique（GITT）as applied to a lithium-ion porous electrode[J]. Journal of Power Sources，2009，189（1）：263-268. DOI：10.1016/j.jpowsour.2008.09.045.

[75] CHANG B Y，PARK S M. Electrochemical impedance spectroscopy[J]. Annual Review of Analytical Chemistry，2010，3：207-229. DOI：10.1146/annurev.anchem.012809.102211.

[76] EPP J. X-ray diffraction（XRD）techniques for materials characterization[M]// Materials Characterization Using Nondestructive Evaluation（NDE）Methods. Amsterdam：Elsevier，2016：81-124. DOI：10.1016/b978-0-08-100040-3.00004-3.

[77] ŚWIATOWSKA J，LAIR V，PEREIRA-NABAIS C，et al. XPS，XRD and SEM characterization of a thin ceria layer deposited onto graphite electrode for application in lithium-ion batteries[J]. Applied Surface Science，2011，257（21）：9110-9119. DOI：10.1016/j.apsusc.2011.05.108.

[78] HUANG R，IKUHARA Y. STEM characterization for lithium-ion battery cathode materials[J]. Current Opinion in Solid State and Materials Science，2012，16（1）：31-38. DOI：10.1016/j.cossms.2011.08.002.

[79] ZHANG Z，FOUCHARD D，REA J R. Differential scanning calorimetry material studies：Implications for the safety of lithium-ion cells[J]. Journal of Power Sources，1998，70（1）：16-20. DOI：10.1016/S0378-7753（97）02611-6.

[80] VELUCHAMY A，DOH C H，KIM D H，et al. Thermal analysis of Li_xCoO_2 cathode material of lithium ion battery[J]. Journal of Power Sources，2009，189（1）：855-858. DOI：10.1016/j.jpowsour.2008.07.090.

[81] RAHMANIAN F，VOGLER M，WÖLKE C，et al. Conductivity experiments for electrolyte formulations and their automated analysis[J]. Scientific Data，2023，10（1）：43. DOI：10.1038/s41597-023-01936-3.

[82] HEMKER K J，SHARPE W N Jr. Microscale characterization of mechanical properties[J]. Annual Review of Materials Research，2007，37：93-126. DOI：10.1146/annurev.matsci.36.062705.134551.

[83] JAGUEMONT J，BARDÉ F. A critical review of lithium-ion battery safety testing and standards[J]. Applied Thermal Engineering，2023，231：121014. DOI：10.1016/j.applthermaleng.2023.121014.

[84] SU M，ZHANG H T，SCHAWINSKI K，et al. Generative adversarial networks as a tool to recover structural information from cryo-electron microscopy data[EB/OL]. BioRxiv，2018：256792. [2024-07-02]. https：//www.biorxiv.org/content/10.1101/256792v1.

[85] PRATT H，WILLIAMS B，COENEN F，et al. FCNN：Fourier convolutional neural networks[C]// Machine Learning and Knowledge Discovery in Databases：European Conference，ECML PKDD 2017. Springer International Publishing，2017：786-798.

[86] RONNEBERGER O，FISCHER P，BROX T. U-net：Convolutional networks for biomedical image segmentation[M]// Lecture Notes in Computer Science. Cham：Springer International Publishing，2015：234-241.

DOI: 10.1007/978-3-319-24574-4_28.

[87] BOTIFOLL M, PINTO-HUGUET I, ARBIOL J. Machine learning in electron microscopy for advanced nanocharacterization: Current developments, available tools and future outlook[J]. Nanoscale Horizons, 2022, 7 (12): 1427-1477. DOI: 10.1039/d2nh00377e.

[88] BALS J, EPPLE M. Artificial scanning electron microscopy images created by generative adversarial networks from simulated particle assemblies[J]. Advanced Intelligent Systems, 2023, 5 (7): 2300004. DOI: 10.1002/aisy.202300004.

[89] TURETSKYY A. Data analytics in battery production systems[D]. Dissertation, Braunschweig: Technische Universität Braunschweig, 2022.

[90] GUO F, HUANG G S, ZHANG W C, et al. State of health estimation method for lithium batteries based on electrochemical impedance spectroscopy and pseudo-image feature extraction[J]. Measurement, 2023, 220: 113412. DOI: 10.1016/j.measurement.2023.113412.

[91] KOZA J R. Genetic programming as a means for programming computers by natural selection[J]. Statistics and Computing, 1994, 4 (2): 87-112. DOI: 10.1007/BF00175355.

[92] CHEN T Q, GUESTRIN C. XGBoost: A scalable tree boosting system[C]// Proceedings of the 22nd ACM SIGKDD International Conference on Knowledge Discovery and Data Mining. ACM, 2016: 785-794. DOI: 10.1145/2939672.2939785.

[93] WIND J, ULVESTAD A, ABDELHAMID M, et al. Cellpy-An open-source library for processing andanalysis of battery testing data[J]. Journal of Open Source Software, 2024, 9 (97): 6236. DOI: 10.21105/joss.06236.

[94] MURBACH M, GERWE B, DAWSON-ELLI N, et al. Impedance.py: A Python package for electrochemical impedance analysis[J]. Journal of Open Source Software, 2020, 5 (52): 2349. DOI: 10.21105/joss.02349.

[95] HASSINI M, REDONDO-IGLESIAS E, VENET P. Lithium-ion battery data: From production to prediction[J]. Batteries, 2023, 9 (7): 385. DOI: 10.3390/batteries9070385.

第 9 章

AI 驱动的电池性能预测与分析

焦君宇,张全櫂,陈宁波,王冀钰,芦秋迪,丁浩浩,彭 鹏,宋孝河,张 帆,郑家新

随着电动汽车和可再生能源存储需求的持续增加,高性能电池的产量正在迅速上升。电池需要在能量密度、安全性、一致性和寿命等方面达到更高的要求[1-2]。这些需求使得电池制造在快速提高生产能力的同时确保产品的高质量和高性能。智能制造在这一过程中扮演了至关重要的角色[3-4]。通过集成自动化技术、信息技术、计算仿真[5]和人工智能[6],智能制造可以极大提高生产效率和灵活性,减少人为错误,挖掘材料的内部机理,提高产品性能。在电池行业,这意味着从原材料处理到电池组装的每一个步骤都可以实现更精细的控制和监测,使得每一块电池都能达到最优性能标准。实现这一目标的关键之一便是能够准确预测和优化电池的各方面性能,例如循环寿命[7]、电池一致性[8]、电池健康状态[9-10]以及低故障度[11-12]等,这需要依赖大量的电池基础数据的收集、分析以及智能算法来支持[13]。

电池大数据分析平台是实现智能制造的重要一环,是专门用于收集、管理、分析各种电池测试数据的大数据管理系统。这些平台的主要作用是通过高级数据分析技术,辅助研发人员开展电池各种性质的预测与性能的优化。目前,市场上已经存在一些电池大数据分析平台,这些平台能够处理从电池测试和监测中得到的大量数据。例如,美国的 Voltaiq 公司推出分析平台 Voltaiq[14],它提供全生命周期的电池数据管理和分析,包括性能测试、电池质量分析、预测维护、数据可视化以及高级电化学指标分析等。德国的 TWAICE[15]是另一家专注于电池分析软件的平台,它提供多种工具用于电池模拟、健康监测、安全监测和性能优化。TWAICE 的软件通过人工智能和机器学习技术,帮助用户快速模拟电池行为,分析电池健康和安全数据,优化电池操作策略,提高电池的使用寿命和经济效益。由美国能源部和桑迪亚国家实验室支持的电池档案平台[16]集成和分享了不同机构的锂离子电池退化数据,该平台允许用户根据实验条件(如电池类型、循环次数和温度)进行数据过滤和检索,提供电压曲线、容量衰减等数据可

视化工具，支持不同数据的比较分析，并允许数据导出，以便于进一步的研究和模型开发。

然而这些平台依然有诸多不足。首先，是数据的集成问题，不同来源和格式的数据往往难以有效整合，导致分析结果的准确性和可用性受限。其次，现有的分析工具往往侧重于特定的数据处理任务，如性能测试或者故障诊断，缺乏一个统一的框架来综合评估电池的整体性能和健康状态。很多分析工具在用户友好性和可扩展性方面也存在不足，使得电池制造商和维护人员难以充分利用这些工具来优化电池设计和维护流程。另外，Voltaiq 与 TWAICE 的主要目标客户是大型新能源企业，国内小型企业与个人往往难以接触到其相关产品。目前，国内也少有针对电池数据进行分析的智能平台。因此，在新能源智能化的背景下，研发人员迫切需要一款电池大数据智能分析平台。

我们基于机器学习技术开发出一系列高效算法，实现电池大数据分析中的特征分析、电池一致性分析、电池健康状态估计以及电池寿命预测等常见的分析。我们还提供了一个标准化的分析框架来全面分析电池数据、预测电池的性能，帮助研发人员直观理解复杂的数据集，并揭示数据中的模式和关系。为了进一步解决现有电池大数据分析平台数据集成度低、分析工具单一和可扩展性不足等问题，我们将上述算法集成到电池大数据分析平台——智芯工坊中。智芯工坊电池大数据分析平台利用先进的数据预处理技术，确保不同来源和不同格式的电池数据能被有效整合和清洗，提供一个统一的分析框架来全面评估电池的性能和健康状态。

本章接下来将介绍各种电池大数据分析任务。首先，介绍电池数据的预处理和集成策略，然后对这些算法所集成的软件平台进行整体的介绍与展示。之后，文章将分节介绍电池中的特征挖掘、一致性分析、电池健康状态估计以及寿命预测等常见的分析任务。在这些节将概括现有的研究进展，并且介绍我们开发的新算法在上述任务中的表现。最后，本章将讨论数据分析平台如何帮助企业实现电池智能制造，预测未来的发展方向和挑战。通过这些详细的软件介绍和案例研究，本章旨在展示电池大数据分析平台在电池数据分析领域的创新应用和实际价值。

9.1 软件功能介绍

9.1.1 数据预处理与标准化

数据预处理在电池大数据分析中具有重要意义，它将来源于不同设备、不同格式的数据进行标准化处理，提高数据的质量和一致性，减少噪声和异常值的影响，进而为电池画像构建、电池性能评估、故障预警和寿命预测等任务提供坚实的数据基础。智芯工坊作为一站式大数据分析平台，目前可管理的数据量可达 TB 级，用户可上传分析大量不同类型的数据。在数据预处理方面，平台通过文件上传、数据类型选择、标准字段提取、异步数据清洗等流程，实现对不同设备、不同类型的数据进行标准化处理（图9.1）。

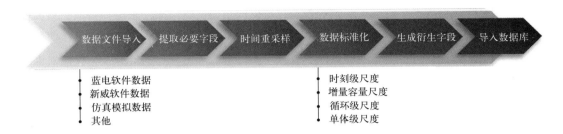

图 9.1　智芯工坊平台数据预处理工作流程

智芯工坊能够接收多种类型的数据，包括蓝电、新威等电化学测试仪采集到的数据、电化学模型仿真数据以及其他符合相关字段标准的电池数据文件，如开源的 NASA 数据集[17]、麻省理工磷酸铁锂数据集[7]等。在数据预处理的过程中会经常遇到缺失、异常以及时间戳的回退、重复、跳变等问题，因此平台会自动清洗基本数据，包括时间重采样、统一单位、异常值筛选以及缺失值填补等，以确保数据的准确性和可靠性。处理过的数据会进入数据库做统一的管理，实现数据的增删改查，也能够让数据在不同系统之间高效地传输和共享，实现跨平台的数据协作和分析。

数据清洗后，平台会产生基础字段以及衍生字段，包括时刻级、增量容量、循环级、单体级等不同颗粒度的数据字段信息。在时刻级尺度上，基础字段包含时间、电流、电压、温度等信息，衍生字段包含充放电容量和能量、功率、温度梯度、电压梯度等。增量容量主要包含充放电的电压随容量变化（V-Q）曲线，增量容量（ICA）随电压变化曲线。在循环尺度上有容量、能量、库仑效率、直流内阻、平均电压、增量容量峰值、平均温度、倍率以及充放电时间等字段。在单体尺度上，提供电芯的性能指标等字段，如初始和最终的容量、能量、标称电压、直流内阻、健康状态、循环寿命以及循环次数等。

9.1.2　数据可视化

在上述标准化数据入库以后，平台为这些数据提供了详细的分析查看功能。图9.2（a）展示了电池电流数据在 1～10 个循环下恒流充放电的数据分布情况。在增量容量尺度上[图9.2（b）]，平台可以标记出增量容量曲线上的峰值点，并在 V-Q 曲线上标注相对应的点。在循环级尺度上[图9.2（c）]，平台可以对一些字段的数据实现异常点分析与拟合分析（表9.1）。通过处理异常值，平台能够消除由于设备故障或外部干扰导致的异常数据点，从而减少对后续拟合分析结果的影响。平台还提供单体电芯画像和数据集画像展示。如图9.2（e）所示，电池单体级画像会展示单体电池的初始和最终的容量、平均温度、标称电压、内阻、能量分布以及循环次数等信息。在数据集画像中，平台使用统计方法展示数据集中多个电池数据的整体数据分布。例如，展示同一批次电池数据的循环分布、寿命分布等［图 9.2（f）］。

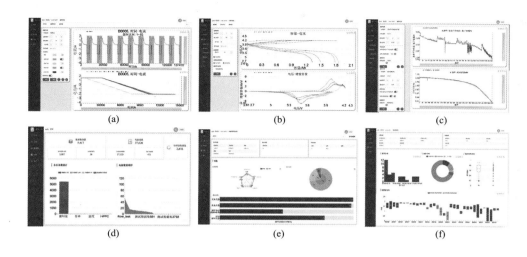

图 9.2　智芯工坊展示功能

（a）时刻级指标；（b）增量容量指标；（c）循环级指标；（d）首页画像；（e）单体级画像；（f）数据集画像

表 9.1　拟合公式

拟合名称	拟合公式
线性拟合	$y=ax+b$
多项式拟合	$y=p_0x^n+p_1x^{n-1}+\cdots+p_n$
单指数拟合	$y=ae^{bx}+c$
双指数拟合	$y=ae^{bx}+ce^{dx}$
指数＋线性	$y=ae^{bx}+cx+d$

9.1.3　高级数据分析

除了基本的数据展示功能外，智芯工坊还提供了多种电池数据分析功能，如特征挖掘与分析、一致性分析、电池健康状态估计、寿命预测等。特征分析［图 9.3（a）］是通过挖掘电池中的大量特征，用统计方法寻找特征之间的规律。例如，图 9.3（b）展示了一个特征组合与循环寿命的相关性矩阵。一致性分析主要关注电池循环与循环之间、电池单体与单体之间在电流、电压、温度、工步上的差异与一致性，从而识别出电池的潜在问题［图 9.3（c）］。寿命分析［图 9.3（d）、图 9.3（e）］主要通过利用电池前期的数据，提取出与电池寿命相关的特征，利用机器学习模型，预测电池全生命周期容量衰减曲线。同时，平台还集成了数据特征整理、模型在线训练与推理部署等功能，这些数据分析功能所涉及的方法与原理将在后文详细介绍。

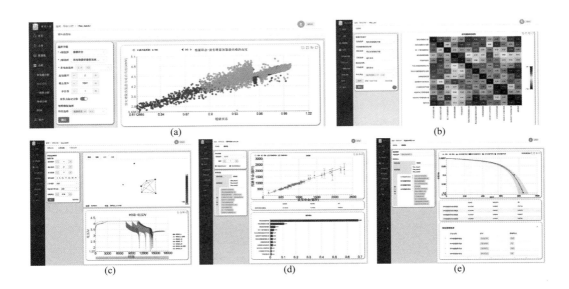

图 9.3 智芯工坊平台分析模块介绍
（a）循环级特征相关性分析；（b）特征相关性矩阵；（c）一致性分析；（d）循环寿命预测；（e）寿命轨迹预测

9.2 指标提取与特征挖掘

智芯工坊在数据标准化的过程中自动计算 200 余种电化学指标。这些指标可按照电池数据的特点分为多个级别，分别是时刻级、容量电压级、循环级和单体级。指标计算的流程是从标准化数据出发，在每个时间戳上计算其余指标，例如电量、功率，并与标准化数据合并形成时刻级指标。容量电压级指标的计算需要对时刻级的电压、容量做重采样。循环级指标的计算需要对前两个级别的数据应用一些基本的统计方法，例如累加、最大化、均值化。单体级指标的计算需要综合电池基本属性和部分循环级指标（图 9.4）。时刻级指标［图 9.5（a）］包含的指标均是时间的函数，比如电流、电压、温度、电量等。容量电压级指标［图 9.5（b）、图 9.5（c）］包含每个循环下电池充放电的电压随容量变化（$V\text{-}Q$）曲线、增量容量（ICA）曲线以及差分电压（DV）曲线。这些曲线上的特征经常作为电池非侵入式的检测信号。例如，Severson 等[7]发现 $V\text{-}Q$ 曲线随着循环次数的变化规律可以反映电池的寿命，Ye 等[18]发现 ICA 的峰值及位点等信息可以反映电池的健康状态。这些指标的人工计算通常耗时较长，为提高效率，智芯工坊会自动计算这些指标并识别峰点。循环级指标是循环周数的函数，比如容量、能量、内阻、效率、平均电压、ICA 峰值、工步对应时间等。循环级指标［图 9.5（d）］反映电池老化过程中各种电化学指标的变化量及变化趋势，有助于研发人员快速了解电池的衰减模式及衰减过程中电池的各种性能表现。单体级指标［图 9.5（e）、图 9.5（f）］代表电池的元信息，例如电池的材料体系记录、电池基本性能及循环寿命评估、测试过程中充放电次数、工步时长占比等。上述示例图使用的数据来自 124 块 1.1 Ah 的 LFP 电池[7]。

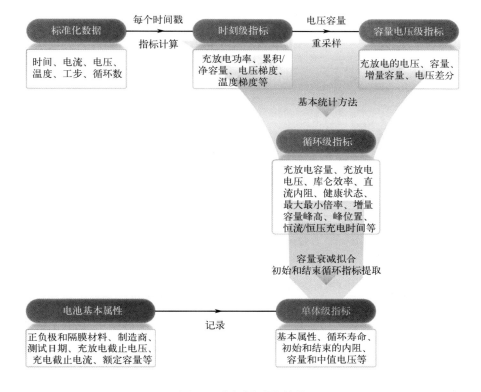

图 9.4 多级指标提取流程

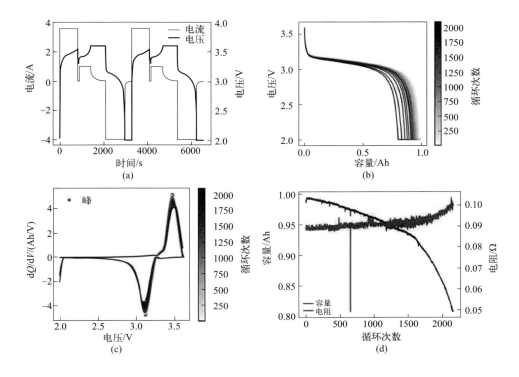

图 9.5

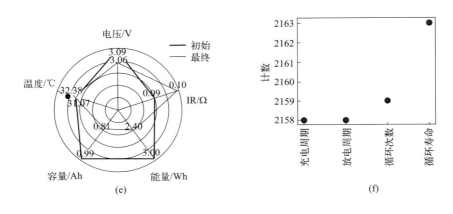

图 9.5 多级指标

(a)时刻级示例;(b)、(c)容量电压级示例;(d)循环级示例;(e)、(f)单体级示例

上述提取的电化学指标仅用来评估电池的基本性能。通常,电池的一致性评估、健康估计、寿命预测、故障预警等具体任务的研究需要结合电化学机理挖掘出与任务高度相关的特征。例如,Lu 等[9]使用完整充电的电压、温度、内阻、电量与容量五个维度的离散系数作为一致性综合打分的特征。Zhu 等[10]从满充后休息阶段的弛豫电压中提取特征估计 SOH。Sun 等[19]挖掘 ICA 相关特征估计 SOH。Severson 等[7]提出早期循环数据中两循环间放电容量差的方差与循环寿命有直接的线性关系。Xiong 等[20]利用早期容量电压曲线的面积变化预测循环寿命。Zhao 等[11]应用电池包充电过程中的电压、温度、容量一致性特征及基本信号的维度和非维度统计特征预测电池是否失效。Aitio 等[21]提取电池的内阻及内阻变化作为电池故障预警的关键特征。

目前,智芯工坊已实现健康状态(SOH)和循环寿命任务相关特征的自动挖掘。这两种任务均依次经历数据获取、特征挖掘、特征筛选(图 9.6)。对于 SOH,需要从特定充电片段中提取不同电池信号的统计值、变化趋势等。其中电池信号包括但不限于电流、电压、温度、时间,统计值包括但不限于面积、熵、方差、最大值、最小值、均值、分位距,变化趋势包括但不限于时间增量、整体变化斜率、整体变化截距。每个循环中的特定充电片段在第 4 节电池健康状态估计说明。对于循环寿命,特征构建需要计算单个循环、两个循环、多个循环下电化学指标的绝对数值、统计值、变化趋势。其中电化学指标包括但不限于等压点放电容量差、中值电压放电容量差、多种衰减方程参数、增量容量、温度、内阻、电压。绝对数值包括但不限于增量容量峰值、峰位置、峰宽、初始 SOH 等。统计值提取方式与 SOH 任务中相同。变化趋势需要考虑相同指标在多个循环下的变化,包括但不限于指标的拟合系数、拟合截距、变化斜率、变化截距。无论哪种任务,提取的原始特征数量多且存在共线性,因此合理的特征筛选有助于理解特征的意义,并且可提升模型的泛化性能。智芯工坊可实现自动特征筛选,具体方法是首先根据皮尔逊相关性阈值去除共线性特征中与相应任务目标相关性低的特征,其次使用基于树模型的特征递归消除技术让模型自主选择和相应任务目标相关性强的重要因子。图 9.7 展示了 SOH 与循环寿命任务原始特征及筛选后特征的相关性矩阵。SOH 任务筛选后特征记录在表 9.2 中，循环寿命任务筛选后特征记录在表 9.3 中。上述的特征挖掘及相关性分析的数据来源是 124 块 1.1 Ah 的 LFP 电池[7]。

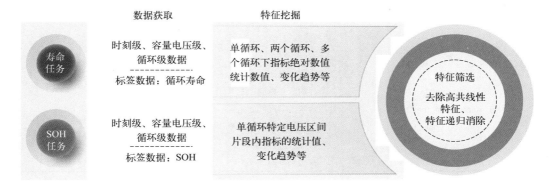

图 9.6　针对循环寿命和 SOH 任务的特征挖掘流程

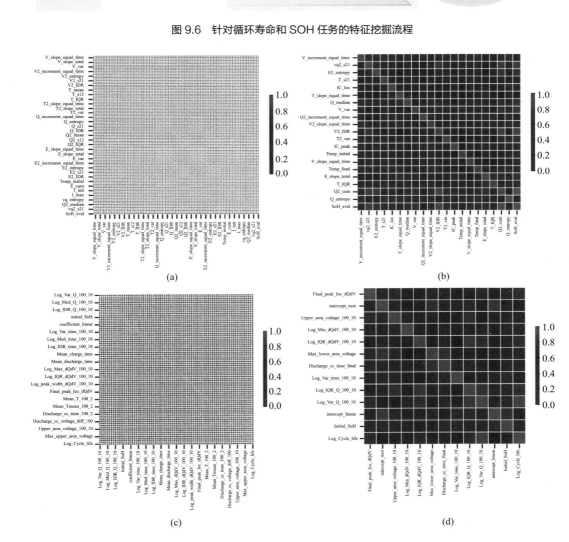

图 9.7　SOH 与循环寿命任务的特征相关性矩阵

（a），（b）循环寿命任务中原始与自动筛选后的特征相关性矩阵；（c），（d）SOH 任务中原始与自动筛选后的特征相关性矩阵

表 9.2　SOH 任务中筛选后特征

特征	名称	皮尔逊相关性系数
Q_sum	片段累计充电量	0.98
V_IDR	片段电压十分位距	0.93
vq_s21	片段容量电压曲线下面积	0.87
E_entropy	片段能量曲线熵	0.82
V_var	片段电压方差	0.76
E_slope_total	片段始末能量变化斜率	0.75
T_slope_equal_time	片段内等时间温度变化斜率	0.64
Q_incremental_equal_time	片段内等时间电量增量	0.58
Q_entropy	片段电量曲线熵	0.48
T_IQR	片段温度四分位距	0.41

表 9.3　循环寿命任务中筛选后特征

特征	名称	皮尔逊相关性系数
Log_Var_Q	等压点容量差方差	0.93
Log_IQR_dQdV	等压点增量容量差四分位距	0.76
Log_IQR_Q	等压点容量差四分位距	0.76
Final_peak_loc_dQdV	结束增量容量曲线峰位置	0.72
Max_lower_area_voltage	电压曲线下面积最大值	0.68
Log_Min_dQdV	等压点增量容量差最小值	0.67
Log_Var_time	等压点放电时间差方差	0.54
intercept_root	均方根衰减模型截距	0.53
intercept_linear	线性衰减模型截距	0.52
Upper_area_voltage	电压曲线上面积差值	0.46
Discharge_cc_time_final	结束循环恒流放电时间	0.34
Initial_SoH	初始 SOH	0.33

9.3　电池一致性分析

电池一致性分析主要用来评估电池组中各电芯单元性能之间的一致性，筛选与分析电池组中存在异常表现的电池，这对电池的安全具有重要意义。在一个电池组中，性能最差的单元将决定整个电池组的性能上限。如果单元之间的一致性差，那么整个电池组的输出功率和能量密度可能会降低，甚至可能会因为单元之间差异性较大而导致部分电池出现过充、过放、过热等问题，进而加速电池的老化或引发热失控[22-23]。因此，电池的各单元一致性分析对改进电池使用过程中的维护和故障诊断有着关键作用，并能保障电池组的稳定运行。

现有的电池一致性算法通常会关注电压、温度、内阻、电量、容量等指标[24]，并通过一些常见的统计方法，如计算均值与方差来评估电池组的一致性。例如，Ouyang 等[25]通过均差模型估计出电池组的电压差，从而判断电压的一致性。Xia 等[26]通过计算电池组电压曲线的差值来判断电池组电压是否一致。当曲线差值大于 0.5V 时，该电池组的电压将会被判定为不一致。Xue 等[27]直接使用 K-means 的聚类方法筛选出电池组中电压异常的电池。方差法、差值法等通常用于衡量电池组中各单元参数（如电压、容量等）的分散程度，能反映出数据的波动大小。但这类方法对异常值比较敏感，当只有一个或少数几个电池单体的性能与众不同时，也可能导致整体方差显著增加，从而影响整体的分析结果。此外，这些衡量方法是在所有电池均有相同的工步条件下才进行一致性分析，这虽然在一些动力电池模组中是满足的，但是对于单体电芯的测试则可能无法严格满足，需要用额外的一致性准入条件来判断。

智芯工坊提出了一种基于图论的电池组一致性分析方法。该方法使用基于图的数据结构将电化学行为一致的电池聚合在一起，而行为不一致的电池则形成孤立子图被区分出来。它不受部分异常电池的指标影响，而且区别于一般的聚类方法，该方法不仅可以展示图内任意点之间的关系，还能进一步分析子图的电池数据，将这些异常电池区分出来。智芯工坊提供三类电池一致性评估，即单个电池中不同循环间的一致性评估、相同电池类型中不同电池单体间的一致性评估以及不同电池单体间与不同循环的一致性评估。具体流程见图 9.8。在获得包括充放电时间、电压、电流、温度和工步在内的多个关键指标数据后，智芯工坊可以选取工步、电流、电压与温度等字段进行一致性评估。评估结果可以反映系统的一致性等级，如果系统一致性等级为 0，则系统是正常的；如果大于 0，则系统异常，等级越高表示系统的异常越严重。对于正常的系统，会给出主系统的一致性值，该系统一致性的定义为：

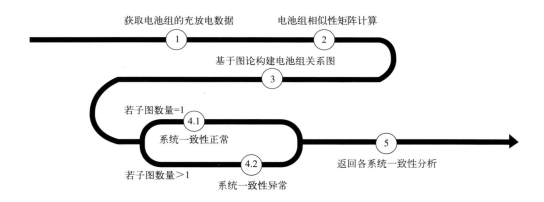

图 9.8　一致性分析流程图

$$C_m = \frac{\sum_{i,j=1}^{n} M_{ij}}{n^2} \quad (9.1)$$

式中，M_{ij} 是电池 i，j 之间的相似度度量；n 是该系统中所有的电池数量。如果孤立子图的数量大于 1，则该电池组会被判定为系统异常，系统的异常等级等于孤立子图的数量。

类似的，对于子系统的一致性，可定义成子体系中所有电池的平均相似性：

$$C_{\text{sub}} = \frac{\sum_{i,j \in \text{sub}} M_{ij}}{n_{\text{sub}}} \tag{9.2}$$

对于每个电池一致性，其一致性评分则定义为该电池与其他所有电池的相似度之和的平均值。其中，一致性取值区间为 0～1，越接近 1 表示电池的一致性越高：

$$b_i = \frac{\sum_{j=1}^{n} M_{ij}}{n} \tag{9.3}$$

图 9.9 展示了电池组中提取两块电池一共 8 个循环数据的电压一致性分析结果。这 8 组数据存在电压不一致的情况，因此被划分成了 3 组系统图。主体系的数据为图 9.9（a）中右边的 4 个蓝色顶点。图 9.9（a）中左边的 3 个蓝色顶点构成了异常体系 1，该体系内的电压数据相似度高，但与主体系中数据的相似性低。图 9.9(a) 中间的红点为异常体系 2，该数据点与其他 7 组数据相似度较低，无法与其余数据点形成边，因此自成一个体系。图 9.9（b）的电压随时间变化的曲线图也可以与图 9.9（a）对应看出这 8 组电池电压的数据情况。该图与时刻级中的电压曲线类似，时间单位为秒。图 9.9（c）展示了各系统的一致性分数。

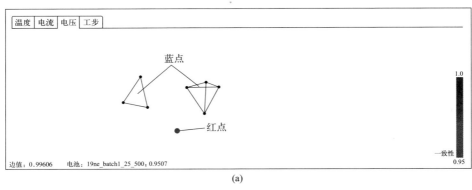

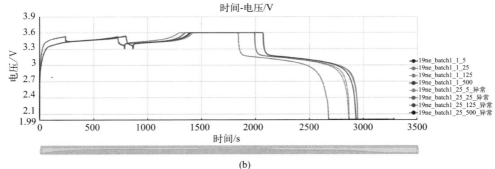

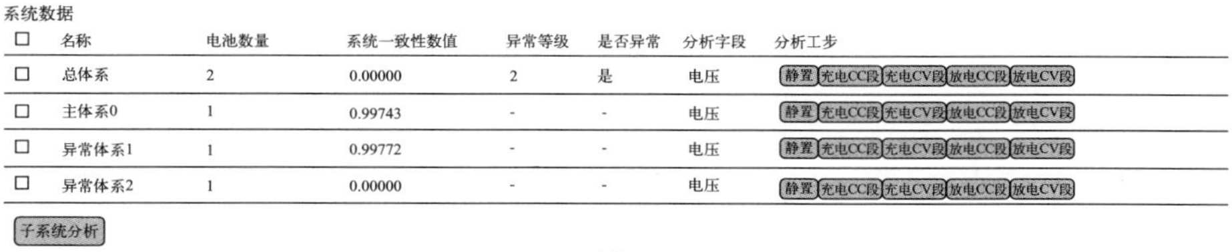

系统数据							
□ 名称	电池数量	系统一致性数值	异常等级	是否异常	分析字段	分析工步	
□ 总体系	2	0.00000	2	是	电压	静置 充电CC段 充电CV段 放电CC段 放电CV段	
□ 主体系0	1	0.99743	-	-	电压	静置 充电CC段 充电CV段 放电CC段 放电CV段	
□ 异常体系1	1	0.99772	-	-	电压	静置 充电CC段 充电CV段 放电CC段 放电CV段	
□ 异常体系2	1	0.00000	-	-	电压	静置 充电CC段 充电CV段 放电CC段 放电CV段	

子系统分析

(c)

图 9.9　一致性分析

（a）整体电压一致性分析图；（b）整体电压曲线图；（c）体系分组表

9.4　电池健康状态估计

健康状态（SOH）是一个关键参数，用于反映电池的整体性能及健康状况。随着电池在不同条件下连续使用，其性能会逐渐下降，从而引发续航降低、功率衰退、异常发热等现象。除此之外，SOH 也能被用于预测电池剩余使用寿命（RUL）及未来衰减轨迹。因此，通过测量和分析电池的运行数据，准确评估电池的健康状态十分必要。尤其是对于优化电池管理、提升电池安全性、指导电池梯次利用等方面具有重要意义，为电池技术的进步和应用的推广提供了支持。通常，电池相比于新电池的容量减少和内阻增加被用来定义 SOH。在本工作中 SOH 定义如式（9.4）[28]，其中 C_i 代表电池在第 i 次循环的容量值，C_1 代表电池在第 1 次循环的容量值：

$$\mathrm{SOH} = \frac{C_i}{C_1} \tag{9.4}$$

当电池的 SOH 降低至 80% 时，电池可以被认为达到了其终点寿命状态。此时该电池的性能无法满足应用的能量和功率需求，因此需要被退役。当下，很多研究致力于 SOH 的估计方法，以期望提升 SOH 估计的准确性，其中，模型法及数据驱动法受到广泛关注。模型法主要包括经验模型、等效电路模型和电化学模型。经验模型通过数学方程建立电池运行工况与 SOH 的关系[29]，但其估计结果的准确性和泛化性较差。等效电路模型需要与一些状态估计算法结合使用，比如卡尔曼滤波、粒子滤波等，使用这些算法可以在估计 SOC 的同时估计 SOH[30]。然而，这种方法受限于模型精度及滤波器的长期收敛。电化学模型包含一系列复杂的偏微分方程来描述电池衰减及估计 SOH[31]。这种方法虽然准确度高，但参数求解却十分困难，不利于工程化使用。数据驱动法不依赖复杂的物理化学知识，可实现快速的 SOH 估计。数据驱动法包括可解释机器学习模型及深度学习模型。可解释机器学习模型通过建立非侵入式的健康状态特征与 SOH 之间的映射关系实现 SOH 估计，模型通常选用高斯过程、线性回归、支持向量机、随机森林等[32]。健康状态特征提取基于电化学机理和专家经验，比如增量容量曲线或者差分电压曲线的峰值、位点、宽度等信息。然而，这些电化学信号的表现高度依赖于特定的工况及环境，在真实使用场景中会失效。深度学习模型不需要特征工程，借助神经网络，使用电池的电流、电压、温度、时间等基本信号直接对 SOH 估计[9]。这类模型能够执行多种复杂任务且具有更高的准确率，但可解释性、稳定性与泛化能力都比较差，可能会出现极其不合理的预测结果。

智芯工坊期望能从大量的离线实验数据中开发适合实际工况的 SOH 估计算法。研究人员基于对电池机理的深入理解，通过实验数据挖掘出适合实际工况的健康状态特征，从而打破实验环境的数据孤岛，与实际环境建立桥梁。在真实场景中，电池通常不会在一次充放电操作中经历完整且稳定的充放电全过程。因此，智芯工坊仅利用每次充电的部分片段数据实现 SOH 的精准估计。具体来说，将充电分成两种模式，即一段恒流充电模式和多段恒流充电模式。一段恒流充电指电压上升至充电截止电压前，这段充电过程中电流保持恒定。多段恒流充电指电压上升至充电截止电压前，这段充电过程中电流可分为多个片段，每个片段中电流保持恒定，但片段间的电流不相同。智芯工坊在一段恒流充电模式下的部分充电片段的选取条件为距离截止电压的一个可变电压间隔至截止电压。在多段恒流充电模式下的部分充电片段的选取条件为最后一段充电开始位点至满充。最后一段充电指在某次充电过程中充电电流所执行的最后一个充电协议。无论在哪种充电模式下，从上述片段中均提取出多个相同属性的特征，特征有效性可跨越工况和环境。具体特征提取方式及相关性分析在第 2 节指标提取与特征挖掘中已阐述。筛选后的特征数据集按照电池号划分出训练集和测试集，分离比在智芯工坊中可自定义。使用训练集训练机器学习模型，使用测试集评估模型的训练效果（图 9.10）。模型使用 XGBoost（极限梯度提升回归树）时估计准确度最高，在不同充电模式、不同电池型号上平均估计误差低于 3%。

图 9.10　电池 SOH 估计流程

SOH 估计结果如图 9.11 所示，对于一段恒流充电模式的实验数据，数据源来自 Maryland CACLE CS2 和 CX2[33]。实验数据中大部分电池的 SOH 衰减至 0.4～0.5，衰减曲线整体呈线性形式，其中存在较多的容量回弹点。对于多段恒流充电模式的实验数据，数据源来自 124 块 1.1Ah LFP 电池[7]，实验数据中大部分电池的 SOH 衰减至 0.83 左右，衰减曲线整体呈指数形式，即先线性后非线性，且曲线平滑，尤其是对于容量回弹现象可以很好地捕捉。智芯工坊通过 4 个指标综合评估电池的 SOH 估计结果，如表 9.4 所示。一段恒流充电模式下均方根误差为 0.02，平均绝对误差为 0.02，平均百分比误差为 2.43%，判定系数为 0.97。在多段恒流充电模式下，均方根误差为 0.01，平均绝对误差为 0.01，平均百分比误差为 0.55%，判定系数为 0.97。与 Baghdadi 等[34]的结果（均方根误差 0.025）

相比较,智芯工坊的估计误差更小。

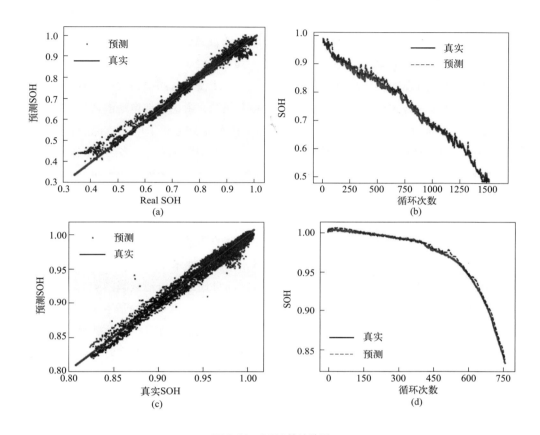

图 9.11 SOH 估计结果

(a),(b) 一段恒流充电模式下真实 SOH 与预测 SOH;(c),(d) 多段恒流充电模式下真实 SOH 与预测 SOH

表 9.4 SOH 估计结果评估

充电模式	均方根误差(RMSE)	平均绝对误差(MAE)	平均百分比误差(MAPE)/%	判定系数(R^2)
一段恒流充电	0.02	0.02	2.43	0.97
多段恒流充电	0.01	0.01	0.55	0.97

9.5 电池寿命预测

锂离子电池的循环寿命相对较长,但随着使用时间的增加,电池的容量会逐渐衰减,导致电池终止使用。循环寿命的定义一般是指新电池的 SOH 衰减至 80% 时所对应的循环次数[35]。不同锂电池的材料属性、制造过程、所处工况与环境各有差异,这导致其寿命及衰减模式差异显著。电池循环寿命测试周期过长,需要耗时半年甚至更久,因此在衰减早期阶段预测锂电池寿命及完整衰减轨迹对于评估电池性能、指导电池设计、降低开发时间及成本具有重要意义。

为解决电池循环寿命测试周期过长的问题，当下的方法可大体分为两类，分别是基于模型的方法和数据驱动的方法。基于模型的方法即通过搭建数学方程来描述电池的衰减，按模型的类别又可分为经验模型和电化学模型。其中，经验模型一般是使用线性、指数、多项式等方程建立容量随循环次数的变化关系[36]。上线使用时需要结合拟合外延或者卡尔曼滤波、粒子滤波等方式估计循环寿命[37]。这种方法没有考虑任何电池的内部电化学机理且需要每块电池的 SOH 至少衰减至 85%。电化学模型充分考虑了电池内部的物理化学变化[38]，因此它的准确度高且可解释性强。然而，电化学模型需要很多的电池内部参数和材料特性参数，同时模型的计算复杂度高，计算时间长。除此之外，由于每块电池的衰减模式各异，电化学模型无法批量化地精准预测所有电池的循环寿命及轨迹。数据驱动的方法则与上述基于模型的方法不同，它不需要具体的数学方程来描述电池的衰减机理，而是借助人工智能算法学习到电池的基本信号与循环寿命的关系。比如 Park 等[39]基于电池历史容量衰减数据，使用 LSTM（长短期记忆网络）预测电池未来的衰减轨迹。这种方法的弊端是不可解释，无法评估预测结果的不确定度，而且通常在电池衰减的中后期使用，无法在早期对循环寿命准确预测。Severson 等[7]结合电化学机理从电池基本信号中挖掘出寿命因子，进而通过弹性网络（elastic net）预测循环寿命。虽然提升了可解释性，但是无法对电池的完整衰减轨迹做出预测。因此，如何在准确预测循环寿命的同时既能预测衰减轨迹，又能保证模型及结果有充分的可解释性变得十分重要。

基于电池衰减机理，平台提出膝点法和 SOH 法。两种方法均能完成早期衰减轨迹及循环寿命预测，同时对预测结果的不确定性做出度量。早期循环指电池并未出现明显衰减趋势的循环周期，本工作中使用前 100 个循环作为电池早期循环。将筛选后的寿命特征按照循环寿命和衰减轨迹两个目标分类，其中衰减轨迹分为膝点法和 SOH 法。将特征按照目标分好后根据电池号划分为训练集与测试集。使用训练集训练机器学习模型，使用测试集评估模型（图 9.12）。对于膝点法，使用式（9.5）从电池衰减曲线中辨识出膝起始点，使用式（9.6）辨识出膝中间点及膝终止点[40]。其中 $z(x)$ 与 $y(x)$ 均为电池 SOH 衰减曲线；$\alpha_0, \alpha_1, \alpha_2, \alpha_3, x_0, x_1, x_2$ 为待辨识参数。x_1 代表膝中间点，x_0 代表膝起始点，x_2 代表膝终止点。γ 是常数，本工作中使用 1×10^{-8}。

$$z(x) = \alpha_0 + \alpha_1(x-x_1) + \alpha_2(x-x_1)\tanh\left(\frac{x-x_1}{\gamma}\right) \tag{9.5}$$

$$y(x) = \alpha_0 + \alpha_1(x-x_0) + \alpha_2(x-x_0)\tanh\left(\frac{x-x_0}{\gamma}\right) + \alpha_3(x-x_2)\tanh\left(\frac{x-x_2}{\gamma}\right) \tag{9.6}$$

在模型构建方面，使用随机森林（random forest）模型可以建立寿命因子与三个膝点及循环寿命之间的映射关系。将以上预测得到的点与电池早期衰减数据汇总，最终通过双指数方程［式（9.7）］拟合这些点得到完整的电池衰减轨迹。其中，Q 表示当前电池的健康程度，x 表示循环次数；a, b, c, d 为待辨识参数。

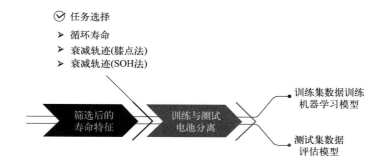

图 9.12 电池寿命预测流程

$$Q(x)=ae^{cx}+be^{dx} \tag{9.7}$$

对于 SOH 方法，使用与膝点法同样的寿命因子作为模型的输入，但是模型的预测目标替换成在不同 SOH 下对应的循环次数。本工作中 SOH 选取 95%、90%、85% 以及 80%。

基于电池衰减早期的数据[7]预测循环寿命及衰减轨迹的结果在图 9.13 中展示。对于循环寿命的预测，预测循环寿命与真实循环寿命接近，且真实循环寿命越高，预测结果的不确定区间越大［图 9.8（a）］。对于衰减轨迹的预测，两种方法的预测轨迹的变化趋势均与真实轨迹几乎一致［图 9.13（b）和（c）］。这说明仅利用电池早期衰减数据提取到的特征完全可以反映出电池的衰减模式。尤其是膝点法，它不仅能准确预测循环寿命和衰减轨迹，还可以准确预测电池的膝点。电池的膝点是指在电池使用过程中，性能（如容量或放电能力）开始快速下降的转折点。这个点通常反映了电池内部某些关键机理特性的变化，例如电极材料的劣化、电解液的分解、固体电解质界面（SEI）层的增长、电池内阻的增加以及析锂等。这两种方法均能给出预测轨迹的不确定区间，这个区间的置信度与循环寿命相同，均为 95%。每个任务在整个数据集上评估结果如表 9.5 所示。轨迹评估不同于循环寿命，自定义的评估公式如式（9.8）～式（9.10）所示。式中，N 代表电池数量，K_i 代表第 i 个电池等间距 SOH 点的数量，此处为 500。$\hat{x}_j$ 代表预测轨迹中按照等间距 SOH 重采样后所对应的循环数。x_j 代表真实轨迹中按照等间距 SOH 重采样后所对应的循环数。从表 9.5 可知，循环寿命预测的均方根误差约 75 个循环，平均绝对误差约 49 个循环，平均百分比误差约 5.4%。与 Severson 等[7]的结果（平均百分比误差 9.1%）相比误差降低了约 3.7%。对于衰减轨迹预测，膝点法表现出较好的准确性，其均方根误差约 47 个循环，平均绝对误差约 38 个循环，平均百分比误差约 6.1%。与 Ibraheem 等[41]的结果（均方根误差约 97 个循环）相比均方根误差降低约 50 个循环。

$$\text{RMSE}(\text{Pred},\text{Actual}) = \frac{\sum_{i=1}^{N}\sqrt{\frac{\sum_{j=1}^{K_i}(\hat{x}_j-x_j)^2}{K_i}}}{N} \tag{9.8}$$

$$\text{MAE}(\text{Pred},\text{Actual}) = \frac{\sum_{i=1}^{N}\frac{\sum_{j=1}^{K_i}|\hat{x}_j-x_j|}{K_i}}{N} \tag{9.9}$$

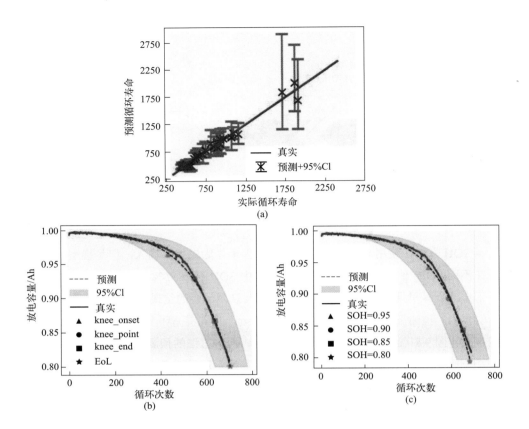

图 9.13 循环寿命及衰减轨迹预测结果

（a）预测循环寿命与真实循环寿命；（b）膝点法预测衰减轨迹与真实衰减轨迹；（c）SOH 法预测衰减轨迹与真实衰减轨迹

$$\mathrm{MAPE}\left(\mathrm{Pred}, \mathrm{Actual}\right) = \frac{\sum_{i=1}^{N} \dfrac{\sum_{j=1}^{K_i}\left(\dfrac{|\hat{x}_j - x_j|}{x_j}\right)}{K_i}}{N} \tag{9.10}$$

表 9.5 不同任务预测结果评估

任务	均方根误差（RMSE）循环	平均绝对误差（MAE）循环	平均百分比误差（MAPE）/%
循环寿命	74.42	48.33	5.39
衰减轨迹膝点法	46.52	37.46	6.14
衰减轨迹 SOH 法	51.52	39.14	6.96

9.6 小结与展望

随着电动汽车及储能产品的需求越来越多，对电池产业链中产品的研发效率也提出了更高的要求，大数据及人工智能（AI）可以在提升电池的研发效率、降低产品的运维成本、提升企业竞争力方面发挥重要作用。智芯工坊基于上述理念，通过结合电池机理与人工智能算法，可实现对电池的寿命、健康、一致性等任务的精准评估与预测。然而，如何保证不同场景下电池数据的分析结果的有效性和通用性仍然具有挑战，尤其是面对不同业界的产品运行数据，例如实车数据、储能数据等。因此，如何让一个 AI 模型预测多个任务，并且可以抹平电池场景间的电化学鸿沟（电池类型、电池材料、应用场景）也是未来需要被解决的问题。针对上述的期望与挑战，我们首先需要拓展更多电池分析与检测任务，例如析锂、内短路、热失控、首容、首效等，并且深入理解电池机理，挖掘相关任务特征并建立可解释机器学习模型。其次，进一步加强与业界企业合作，开发出更多适合真实场景的电池算法。最近出现的预训练大模型范式有可能解决场景多样性的问题，例如多模态非对称掩码自编码器模型[42]可以跨越不同类型的电池，并混合实验与实际多种工况，实现多种任务的准确预测。另一方面，通用大语言模型的普及也让数据分析平台向着更加智能化、自动化的方向发展，未来人们甚至可以通过对话的方式实现电池的性能评估与预测。随着电池的产量进入 TWh 级，大数据分析及人工智能技术成为大规模电池服务的必然选择。智芯工坊作为一款电池数字化平台，将集成更多优秀的电池大数据分析算法，兼容更多的电池预测场景，帮助研究人员最大限度提升电池性能并降低成本，致力于推动下一代智能电池的发展。

参考文献

[1] XU X D, HAN X B, LU L G, et al. Challenges and opportunities toward long-life lithium-ion batteries[J]. Journal of Power Sources, 2024, 603: 234445. DOI: 10.1016/j.jpowsour. 2024. 234445.

[2] FRITH J T, LACEY M J, ULISSI U. A non-academic perspective on the future of lithium-based batteries[J]. Nature Communications, 2023, 14（1）: 420. DOI: 10.1038/s41467-023-35933-2.

[3] SULZER V, MOHTAT P, AITIO A, et al. The challenge and opportunity of battery lifetime prediction from field data[J]. Joule, 2021, 5（8）: 1934-1955. DOI: 10.1016/j.joule.2021.06.005.

[4] FINEGAN D P, ZHU J E, FENG X N, et al. The application of data-driven methods and physics-based learning for improving battery safety[J]. Joule, 2021, 5（2）: 316-329. DOI: 10.1016/j.joule.2020.11.018.

[5] JIAO J Y, LAI G M, QIN S H, et al. Tuning of surface morphology in Li layered oxide cathode materials[J]. Acta Materialia, 2022, 238: 118229. DOI: 10.1016/j.actamat.2022.118229.

[6] JIAO J Y, LAI G M, ZHAO L, et al. Self-healing mechanism of lithium in lithium metal[J]. Advanced Science, 2022, 9（12）: e2105574. DOI: 10.1002/advs.202105574.

[7] SEVERSON K A, ATTIA P M, JIN N, et al. Data-driven prediction of battery cycle life before capacity degradation[J]. Nature Energy, 2019, 4: 383-391. DOI: 10.1038/s41560-019-0356-8.

[8] LU Y F, LI K, HAN X B, et al. A method of cell-to-cell variation evaluation for battery packs in electric vehicles with charging cloud data[J]. eTransportation, 2020, 6: 100077. DOI: 10.1016/j.etran.2020.100077.

[9] LU J H, XIONG R, TIAN J P, et al. Deep learning to estimate lithium-ion battery state of health without additional degradation experiments[J]. Nature Communications, 2023, 14（1）: 2760. DOI: 10.1038/s41467-023-38458-w.

[10] ZHU J G, WANG Y X, HUANG Y, et al. Data-driven capacity estimation of commercial lithium-ion batteries from voltage relaxation[J]. Nature Communications, 2022, 13（1）: 2261. DOI: 10.1038/s41467-022-29837-w.

[11] ZHAO J Y, LING H P, WANG J B, et al. Data-driven prediction of battery failure for electric vehicles[J]. iScience, 2022, 25（4）: 104172. DOI: 10.1016/j.isci.2022.104172.

[12] ZHAO J Y, FENG X N, TRAN M K, et al. Battery safety: Fault diagnosis from laboratory to real world[J]. Journal of Power Sources, 2024, 598: 234111. DOI: 10.1016/j.jpowsour. 2024. 234111.

[13] LI Y, LIU K L, FOLEY A M, et al. Data-driven health estimation and lifetime prediction of lithium-ion batteries: A review[J]. Renewable and Sustainable Energy Reviews, 2019, 113: 109254. DOI: 10.1016/j.rser.2019.109254.

[14] Battery quality analytics for cell manufacturers | Voltaiq[EB/OL]. [2024-07-19]. https: //www.voltaiq.com/

[15] TWAICE battery analytics software[EB/OL]. [2024-07-19]. https: //www.twaice.com.

[16] BatteryArchive.org[EB/OL]. [2024-07-19]. https: //batteryarchive.org.

[17] SAHA B, GOEBEL K. NASA Ames Prognostics Data Repository. NASA Ames Research Center. Battery Data Set[EB/OL].[2024-06-01]. https: //phm-datasets.s3.amazonaws.com/NASA/5.+Battery+Data+Set.zip

[18] YE M, WEI M, WANG Q, et al. State of health estimation for lithium-ion batteries based on incremental capacity analysis under slight overcharge voltage[J]. Frontiers in Energy Research, 2022, 10: 1001505. DOI: 10.3389/fenrg.2022.1001505.

[19] SUN H L, YANG D F, DU J X, et al. Prediction of Li-ion battery state of health based on data-driven algorithm[J]. Energy Reports, 2022, 8: 442-449. DOI: 10.1016/j.egyr.2022.11.134.

[20] XIONG W, XU G, LI Y M, et al. Early prediction of lithium-ion battery cycle life based on voltage-capacity discharge curves[J]. Journal of Energy Storage, 2023, 62: 106790. DOI: 10.1016/j.est.2023.106790.

[21] AITIO A, HOWEY D A. Predicting battery end of life from solar off-grid system field data using machine learning[J]. Joule, 2021, 5（12）: 3204-3220. DOI: 10.1016/j.joule.2021.11.006.

[22] YU C, ZHU J G, WEI X Z, et al. Research on temperature inconsistency of large-format lithium-ion batteries based on the electrothermal model[J]. World Electric Vehicle Journal, 2023, 14（10）: 271. DOI: 10.3390/wevj14100271.

[23] TIAN Y, SHE Y, WU J F, et al. Thermal runaway propagation characteristics of lithium-ion batteries with a non-uniform state of charge distribution[J]. Journal of Solid State Electrochemistry, 2023, 27（8）: 2185-2197. DOI: 10.1007/s10008-023-05496-9.

[24] FENG F, HU X S, HU L, et al. Propagation mechanisms and diagnosis of parameter inconsistency within Li-ion battery packs[J]. Renewable and Sustainable Energy Reviews, 2019, 112: 102-113. DOI: 10.1016/j.rser.2019.05.042.

[25] OUYANG M G, ZHANG M X, FENG X N, et al. Internal short circuit detection for battery pack using equivalent parameter and consistency method[J]. Journal of Power Sources, 2015, 294: 272-283. DOI: 10.1016/j.jpowsour.2015.06.087.

[26] XIA B, SHANG Y L, NGUYEN T, et al. A correlation based fault detection method for short circuits in battery packs[J]. Journal of Power Sources, 2017, 337: 1-10. DOI: 10.1016/j.jpowsour. 2016.11.007.

[27] XUE Q, LI G, ZHANG Y J, et al. Fault diagnosis and abnormality detection of lithium-ion battery packs based on statistical distribution[J]. Journal of Power Sources, 2021, 482: 228964. DOI: 10.1016/j.jpowsour.2020.228964.

[28] WANG Z L, ZHAO X Y, FU L, et al. A review on rapid state of health estimation of lithium-ion batteries in electric vehicles[J]. Sustainable Energy Technologies and Assessments, 2023, 60: 103457. DOI: 10.1016/j.seta.2023.103457.

[29] SALDAÑA G, MARTÍN J I S, ZAMORA I, et al. Empirical electrical and degradation model for electric vehicle batteries[J]. IEEE Access, 2020, 8: 155576-155589. DOI: 10.1109/ACCESS. 2020.3019477.

[30] LIU S L, DONG X, YU X D, et al. A method for state of charge and state of health estimation of lithium-ion battery based on adaptive unscented Kalman filter[J]. Energy Reports, 2022, 8: 426-436. DOI: 10.1016/j.egyr.2022.09.093.

[31] LI J, ADEWUYI K, LOTFI N, et al. A single particle model with chemical/mechanical degradation physics for lithium ion battery State of Health（SOH）estimation[J]. Applied Energy, 2018, 212: 1178-1190. DOI: 10.1016/j.apenergy.2018.01.011.

[32] CHEN Z, SUN M M, SHU X, et al. Online state of health estimation for lithium-ion batteries based on support

vector machine[J]. Applied Sciences, 2018, 8 (6): 925. DOI: 10.3390/app8060925.

[33] XING Y J, MA E W M, TSUI K L, et al. An ensemble model for predicting the remaining useful performance of lithium-ion batteries[J]. Microelectronics Reliability, 2013, 53 (6): 811-820. DOI: 10.1016/j.microrel.2012.12.003.

[34] BAGHDADI I, BRIAT O, GYAN P, et al. State of health assessment for lithium batteries based on voltage-time relaxation measure[J]. Electrochimica Acta, 2016, 194: 461-472. DOI: 10.1016/j.electacta.2016.02.109.

[35] YAO J W, POWELL K, GAO T. A two-stage deep learning framework for early-stage lifetime prediction for lithium-ion batteries with consideration of features from multiple cycles[J]. Frontiers in Energy Research, 2022, 10: 1059126. DOI: 10.3389/fenrg.2022.1059126.

[36] ZHAO J, ZHU Y, ZHANG B, et al. Review of state estimation and remaining useful life prediction methods for lithium-ion batteries[J]. Sustainability, 2023, 15 (6): 5014.

[37] WU T Z, ZHAO T, XU S Y. Prediction of remaining useful life of the lithium-ion battery based on improved particle filtering[J]. Frontiers in Energy Research, 2022, 10: 863285. DOI: 10.3389/fenrg.2022.863285.

[38] WANG X X, YE P L, LIU S R, et al. Research progress of battery life prediction methods based on physical model[J]. Energies, 2023, 16 (9): 3858. DOI: 10.3390/en16093858.

[39] PARK K, CHOI Y, CHOI W J, et al. LSTM-based battery remaining useful life prediction with multi-channel charging profiles[J]. IEEE Access, 2020, 8: 20786-20798. DOI: 10.1109/ACCESS.2020.2968939.

[40] ZHANG H, ALTAF F, WIK T. Battery capacity knee-onset identification and early prediction using degradation curvature[J]. Journal of Power Sources, 2024, 608: 234619. DOI: 10.1016/j.jpowsour.2024.234619.

[41] IBRAHEEM R, WU Y, LYONS T, et al. Early prediction of lithium-ion cell degradation trajectories using signatures of voltage curves up to 4-minute sub-sampling rates[J]. Applied Energy, 2023, 352: 121974. DOI: 10.1016/j.apenergy.2023.121974.

[42] BACHMANN R, MIZRAHI D, ATANOV A, et al. MultiMAE: Multi-modal multi-task masked autoencoders[M] // Lecture Notes in Computer Science. Cham: Springer Nature Switzerland, 2022: 348-367. DOI: 10.1007/978-3-031-19836-6_20.

第四部分

AI 辅助电池状态感知与寿命预测技术

对于锂电池研究与应用，开发出高性能的材料、实现先进的极片设计，进而制备出高性能的电池只是第一步，同样重要的是用好电池，管好电池。对于电池这个复杂的化学体系，其内部材料和界面在不同工况下的衰变机制、性能下降路径、安全边界变化均很复杂。要想精准了解电池或电池系统的真实状态，仅靠监控电池的电压和历史数据远远不够，在电池内部植入气体、压力、温度的内传感器，结合衰变机制模型能够更精准地评估电池的状态。对宏量的电池测试数据进行发掘，能够得出同一化学体系电池衰变规律，进而实现寿命预测。

本篇由 5 章内容组成。第 10 章为北京理工大学陈浩森等人带来的储能电池单体层级数字孪生技术；第 11 章为北京航空航天大学任羿等人撰写的贫数据应用场景下的锂离子电池容量退化轨迹预测方法研究；第 12 章和第 13 章为北京交通大学孙丙香等人带来的宽温域条件下锂离子电池 SOC/SOP 智能估计方法和锂离子电池电化学模型参数智能辨识方法，第 14 章是军事科学院防化研究院朱振威等人带来的 AI 辅助锂电池剩余寿命预测技术进展，第 15 章为航天 811 所谢晶莹研究员撰写的基于电化学原理改进的等效电路模型用于锂离子电池状态估计。

第 10 章

储能电池单体层级数字孪生技术

樊金保，李 娜，吴宜琨，贺春旺，杨 乐，宋维力，陈浩森

为推动能源绿色转型和经济可持续发展，中国在第七十五届联合国大会上提出"2030年前碳达峰、2060年前碳中和"的目标。面对国家"双碳"目标，大力发展能源电池势在必行。在过去的几年中，能源电池，特别是锂离子电池，在电动汽车和储能领域得到了快速发展。然而，由于电池本身的电化学、热力学以及机械稳定性的限制，能源电池在运行期间不可避免会经历老化，而电池老化带来的微小风险会随着时间的推移带来严重的安全隐患，难以保证电池安全稳定地运行[1]。此外，电滥用、热滥用以及机械滥用等极端工况会引发电池热失控，导致电池失效，进而发生起火爆炸[2]。据得克萨斯大学火灾研究小组不完全统计，仅 2016—2022 年，全球共发生 397 起电池起火爆炸事故[3]，造成严重的人员伤亡和财产损失。

准确了解能源电池的健康和安全状态对于提升电池的稳定性至关重要。然而，对于实际工况下运行的电池，传统电池管理系统（BMS）仅收集电流、电压和模组层级的表面温度数据，导致准确检测电池内部的不良现象具有挑战性。目前，随着电池多场耦合理论的不断发展，高精度的电池模型在准确描述电池内部的复杂物理化学行为上取得了较大进步[4]。然而，由于不能捕获电池所有的老化机制，现有的电池模型在预测真实工况下的状态方面仍然存在问题，而且较长的计算时间也制约了其在电池领域的实际应用。因此，亟须发展一种新的技术，实现对电池状态的实时监测和快速精准预测，提升电池的安全性和稳定性。

近年来，数字孪生技术逐渐受到研究人员的关注，并在健康监测[5-6]、故障诊断[7-8]、性能预测[9-10]等方面显示出应用前景。它可以在真实实体和虚拟模型之间建立映射，并且利用孪生数据进行动态更新，以实现复杂系统全生命周期性能的快速预测。作为一种新兴技术，数字孪生被认为是应对上述挑战最为有效的方法之一。数字孪生在电池研究中的

应用主要集中在状态的估计和预测方面[11-17]。Li 等[11]借助云计算和物联网技术，开发了一种基于云 BMS 的电池系统的数字孪生，用于电池荷电状态（SOC）和健康状态（SOH）估计。Qu 等[12]建立了一种基于深度学习的锂离子电池数字孪生模型，对电池容量的衰减实现了有效评估。

虽然数字孪生技术在电池研究领域取得了一些进展，但大多数电池数字孪生可能无法很好地发挥数字孪生的潜力。一方面，大多数电池数字孪生的建立依赖于外部传感技术以及缺乏物理信息的等效电路模型，导致模型预测的精度不高；另一方面，在大多数电池数字孪生中，机器学习算法没有融合物理知识且依赖于数据的质量，导致模型可靠性和可解释性较低。因此，真正意义上的电池数字孪生技术需要结合植入传感技术、高效保真的物理模型以及基于物理的机器学习算法。本工作致力于从电池单体层级数字孪生技术的构成要素出发，调研其关键技术的最新进展，最后对当前的电池单体层级数字孪生技术进行了总结和展望。

10.1 能源电池单体层级数字孪生技术的内涵

数字孪生最初被称为"镜像空间模型"，于 2002 年由密歇根大学 Michael Grieves 教授在产品生命周期管理（PLM）课程上提出。在 2010 年，美国国家航空航天局（NASA）的技术路线图和可持续空间探索的提案中首次出现"数字孪生"。他们将数字孪生描述成集成多物理、多尺度的概率仿真，使用最佳的物理模型、传感器数据以及车队历史数据反映物理车辆的寿命情况[18]。此后，随着传感技术、机器学习、大数据、云计算等技术的兴起，数字孪生被广泛应用于各种复杂系统的状态预测和优化中。能源电池作为一个非线性、多物理场耦合、时间和空间多尺度的复杂系统，在状态估计、寿命预测和电池安全等方面面临诸多挑战。因此，许多研究人员试图将数字孪生技术运用到电池领域解决现有瓶颈。2019 年哈尔滨工业大学彭宇团队[19]首次将数字孪生技术运用到航天器锂离子电池组的老化估计中。随后几年，数字孪生技术被应用于电池的状态估计、寿命预测、故障诊断和优化设计等各个方面，并涉及颗粒、极片、单体到系统等各个尺度。Lee 等[20]基于数字孪生建立了单个 NCM 颗粒的电化力耦合模型，探究了正极活性颗粒在各种工作条件下的衰减机理。Ngandjong 等[21]开发了极片压延数字孪生模型，揭示了极片压延与电化学性能的关系。何向明课题组[22]利用数字孪生技术实现了超高功率锂离子电池单体的合理设计。考虑到传统电池管理系统有限的计算量，研究人员将数字孪生技术和云电池管理系统结合，建立了电池系统数字孪生，实现了电池荷电状态和健康状态的在线估计[11, 14-16]。

由于电池颗粒和极片层级的数字孪生往往需要借助昂贵的设备，难以得到实际运用，而电池模组层级的数字孪生目前只能监测模组层级的信息，模型预测的准确性难以保证。电池单体层级的数字孪生技术，由于可以实时监测电池单体的内外传感信息，最大程度全面感知电池单体的状态，因此更能充分发挥数字孪生的优势。如图 10.1 所示，能源电池单体层级数字孪生技术是在物理空间中通过传感技术实时采集电池单体的内外物理信息，在虚拟空间中建立高效保真的物理模型，并结合机器学习算法，精准预测电池内部状态，实现安全预警与智能管理。

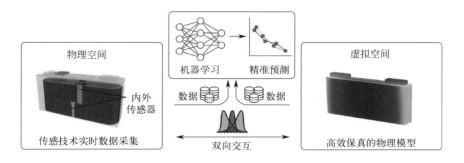

图 10.1　电池数字孪生技术框架

10.2　能源电池单体层级数字孪生的关键技术

10.2.1　电池单体层级的植入传感技术

在电池运行过程中，电池内部会发生复杂的物理化学反应，导致内外部的物理化学信号发生变化，这对电池状态的精准预测带来极大的挑战。因此，实时精准感知电池内外部的物理场信息是预测电池运行状态的重要依据，也是电池数字孪生的关键技术。通过在电池单体内外布设多维传感器，可以实时获取电池内外物理场信息。基于传感器数据传递的物理信息，可以实现电池高保真物理模型快速校准，同时将传感器数据与电池模型数据进行融合，为物理空间中的决策系统做出最佳决策提供支撑。

目前电池单体层级的传感技术可以感知包括温度、应力应变、气压和气体在内的多种传感信息[23]。由于电池内部信号可以直接且准确地反映电池的内部状态，提供外部信号不能提供的关于电池老化机理的详细信息，因此无损可靠的电池植入传感技术对评估电池运行状态具有重要意义。本部分重点介绍电池先进的植入传感技术的最新进展。

10.2.1.1　温度传感

电池在运行过程中，会产生大量的热量，由于电池内外部温度梯度的存在，内部温度要高于外部温度，并且这种温度不均匀现象在高的充放电倍率下以及对于大尺寸的电池尤为明显[24]。目前植入式温度传感器主要有光纤传感器[25-34]和柔性薄膜式温度传感器[35-39]。如图 10.2（a）所示，同济大学戴海峰团队[25]将分布式光纤传感器与极片一体化集成，其中光纤植入到带有凹槽的基板上，实现电池内部温度二维分布的无损测量和全生命周期电化学性能测试。测试结果表明，电池在老化后的放电阶段温升速率增大，内部热点区域在放电末期的温升高达 21℃。实时感知电池全生命周期的内部温度信息有助于准确估计电池的状态，而电池极端热条件（如热失控）下的温度监测对电池的安全预警也至关重要。中科大王青松课题组和暨南大学郭团课题组[29]成功研制出可在 1000 ℃的高温环境下正常工作的光纤布拉格光栅（FBG）和法布里珀罗干涉仪（FPI）集成的多功能光纤传感器，通过植入到 18650 电池的中心空腔内，如图 10.2（b）所示，实现了热失控期间的内部温度和压力的精准测量，并提出了基于内部温度和压力传感器信号的热失控早期预警方案。虽然光纤传感器具有较高的测量精度，但也存在对极片的损坏[40]以及额外的成本问题。因此，有研究人员考虑通过柔性温度传感器来测量电池内部温度。北京理工大学陈浩森课题组[38]研发了耐电池电解液环境的多点薄膜式温度传感器，基于传感器与极片一体化集成工艺，获取了电池内部温度的分布，并通过对比不同循环周次的内部温度数据验证了该传感器的循环稳定性。

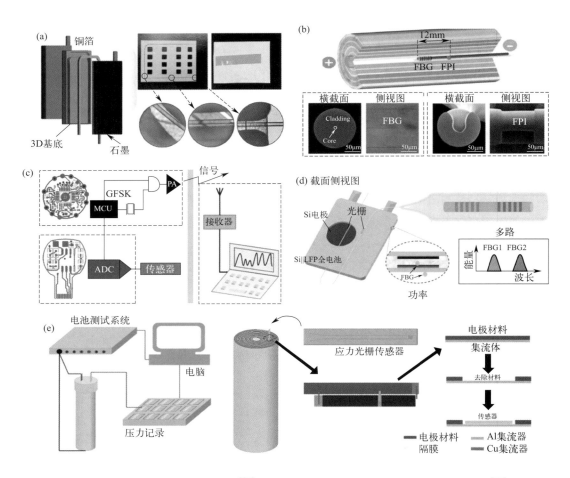

图 10.2 （a）一体化功能极片的示意图和图片[25]；（b）在商用 18650 电池内植入光纤传感器的配置[29]；（c）无线信号传输的示意图[41]；（d）具有单个光纤传感器的全电池示意图[52]；（e）柱状电池内部应变原位测量示意图[55]

虽然以上植入式温度传感器可以准确测量电池的内部温度，但不可否认的是，都会对电池封装结构造成一定程度的损害（例如钻孔）。这种植入方式造成的密封问题和安全隐患严重限制了植入式温度传感器在工业上大规模应用。为此，陈浩森课题组[41]进一步研发了无线温度传感技术，无线信号传输原理如图10.2(c)所示，该技术成功解决了电池封装结构造成的电磁屏蔽问题，基于自行设计的集成芯片，将内部温度传感器与内部正极连接起来，使得温度信号可以无线传输到电池外部，而不损坏电池封装。

10.2.1.2 应力和应变传感

由于存在离子脱嵌的动力学行为，电池在充放电过程中内部会发生膨胀和收缩并产生较大的应力。这种现象伴随着电池老化会进一步加剧，并引起一系列的力学失效问题，例如极片分层和断裂[42]、卷芯失稳[43-45]、壳体破裂[46]等。因此，基于力学信号可以有效评估电池的荷电状态和健康状态[47-49]，并实现力学失效的早期安全预警[50]。与植入式温度传感类似，植入式应力应变传感主要有光纤传感器[33,40,51-54]和柔性薄膜式传感器[55-56]。华中科技大学黄云辉团队[52,54]将光纤传感器分别植入到硫基正极和硅基负极中，如图10.2(d)所示，成功地监测了硫基正极和硅基负极内部的应力演化，为电极的电化学力学行为提供一个全新的视角。Ganguli等[49]将光纤传感器植入到大尺寸的软包电池中，基于获取的内部应变信号，实现了电池SOC和SOH的高精度估计。Zhu等[55-56]将薄膜应变传感器放置在去除活性物质的集流体上，如图10.2(e)所示，原位监测了18650电池在充放电过程中的内部环向应变的演变，发现电池内部应变不仅与电极体积膨胀有关，也与卷芯和钢壳之间的间隙有关。以上研究表明，应力应变传感器可为电池数字孪生提供电池SOC和SOH有效监测手段以及安全预警信号。

10.2.1.3 气压传感

电池老化过程中会伴随着各种副反应，并产生气体副产物。这些气体的积累在电池封闭的结构下会导致内部气压不断增大，从而破坏电池极片之间的电接触，降低电池的性能和增加安全隐患。因此，实时监测电池全生命周期的内部气压变化对于揭示电池的老化机理至关重要。现阶段已经发展出了一些小型化、可植入的电池气压传感器[57-59]。Schmitt等[57]通过将小型化压力传感器集成到大尺寸方形锂离子电池的顶部上，如图10.3(a)所示，测量了数百次循环期间的内部气压演变，揭示了内部气压与SOC和温度的非线性关系以及气压不可逆增加的现象，并表明气压的增加与电池容量损失之间的相关性可以用于SOH估计。Hemmerling等[58]使用商业的陶瓷相对压力传感器，如图10.3(b)所示，测量了不同充放电倍率下18650电池的内部气压，建立了电极锂化程度与内部气压之间的直接相关性。然而，以上方法只能测量电池内部的相对气压，且缺乏较高的测量精度。为此，Tan等[59]结合光纤传感器和微型机电系统（MEMS）技术的优点，将MEMS光纤压力传感器植入到商业18650电池内部，如图10.3(c)所示，高精度原位监测了电池内部的绝对气压。实验结果表明，内部气压变化与电极材料的晶格体积变化密切相关，此外，NCM523电池的气压基线随着循环的进行不断上升，而LFP电池表现出较好的气压稳定性。因此，在电池数字孪生中加入内部气压信号，可以有效了解电池的老化行为。

10.2.1.4 气体传感

电池的整个生命周期伴随着固体电解质界面膜（SEI）的形成和分解、电解质分解以及析出的锂与电解质之间的副反应等，这些过程都将导致气体的产生。此外，有文献已经证明气体信号可以为电池热失控提供快速清晰的早期安全预警[60]。因此，实时检测电池内部气体对于揭示电池失效机理和实现早期安全预警有重要意义。CO_2、CH_4和C_2H_4是电池发生副反应时的主要气体产物。针对以上气体，已经发展出了一些小型化、高精度的气体传感技术，例如非色散红外（NDIR）气体传感[61-62]和基于光纤技术的气体传感[63-65]。NDIR气体传感利用气体分子特定波长的红外光的选择性吸收，通过测量红外光的强度来确定气体浓度。Lyu等[61]开发了一种多气体原位检测方法，通过将多个NDIR气体传感器和电池放置到密封罐中，如图10.3（d）所示，从而实现商业电池的内部CO_2、CH_4和C_2H_4气体快速测量，为深入理解电池相关的副反应提供气体方面的依据。由于该方法属于电池内部气体的外部测量，因此并不能运用到实际应用中。Fujimoto等[65]将精细的光纤传感器插入到锂空气电池中，利用氧分压对光强的影响来监测电池运行期间多孔正极中的氧浓度分布。需要强调的是，该方法只适用于锂空气电池这类氧浓度含量较高的电池，并不适用于能源锂离子电池的气体原位监测。因此，尽管NDIR气体传感器和光纤气体传感器有望完全植入到电池内部进行原位检测，但这部分在文献研究中还处于空白领域。

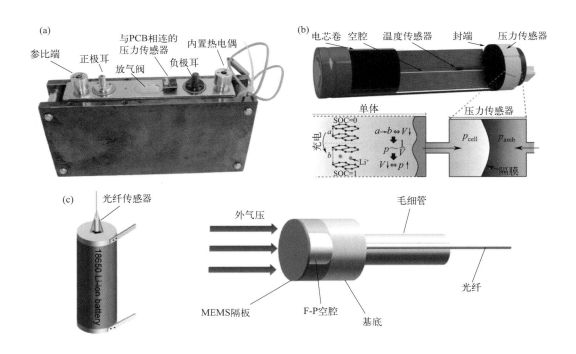

图 10.3 （a）方形锂离子电池顶部的气压传感器[57]；（b）安装在柱状锂离子电池穿孔负极上的相对压力传感器[58]；（c）植入 MEMS 光纤压力传感器的商业锂离子电池[59]；（d）密封罐中基于多种 NDIR 传感器进行锂离子电池内部气体的快速测量[61]

10.2.2 电池单体层级高效保真的物理模型

电池单体层级数字孪生的另一项关键技术是高效保真的物理模型。高效保真的物理模型可以在虚拟空间中快速实现电池实际服役情况的重构，准确刻画真实电池的行为和性能，并基于传感器数据的辅助，进行模型的更新和优化，最终逼近对真实电池的完全映射。目前电池单体层级的物理模型主要有等效电路模型（ECM）和多场耦合模型，并广泛应用于电池数字孪生中。由于 ECM 主要模拟电池电压的信号，提供有限的物理解释，因此，ECM 不能反映电池内部的多种物理化学反应。而在电池全生命周期中，电池内部时刻发生着电化学特性、热特性和力学特性相互耦合的复杂物理化学现象，因此，多场耦合模型更适合运用在电池单体层级的数字孪生中。本部分重点介绍电池单体层级的多场耦合模型。

10.2.2.1 电池电化学模型

电池电化学模型主要有伪二维（P2D）模型[66-67]和单颗粒模型（SPM）[68]。如图 10.4（a）所示，P2D 模型将电池的多孔电极描述为沿厚度方向排列的球形颗粒，电解液填充在多孔电极的空隙和隔膜中。由于 P2D 模型采用浓溶液理论、菲克定律和 Butler-Volmer 方程详细描述了离子和电子在浓度场驱动下的扩散行为，电场驱动下的迁移行为，以及在固液两相界面处电化学反应行为，因此，迄今为止 P2D 模型仍然是最常用的电池模型之一。然而，由于 P2D 模型涉及许多非线性偏微分方程，计算量大，求解过程较为复杂，因此，Zhang 等[68]在 P2D 模型基础上建立了 SPM，SPM 示意图如图 10.4（b）所示。SPM 将正负电极视为单个颗粒，忽略了多孔电极上的电场分布和浓度场分布。由于仅考虑了锂离子在单个颗粒内部的扩散过程以及颗粒表面的电化学反应动力学，因此，计算效率得到了显著提升。但过多的简化也导致 SPM 在模拟较高的充放电倍率下的电压信号误差较大。为了弥补电池电化学模型在描述其他物理场行为方面的不足，可以将其他物理场耦合到 P2D 模型的方程中。

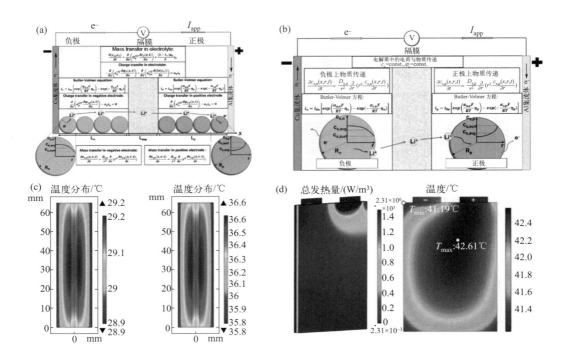

图 10.4 （a）放电过程中 P2D 模型示意图[79]；（b）放电过程中 SPM 模型示意图[79]；（c）在 1C（左边）和 2C（右边）放电结束时 18650 电池内部温度分布的 2D 模拟[71]；（d）在 3C 放电结束时软包电池总产热分布（左边）和温度分布（右边）的 3D 模拟[76]

10.2.2.2 电池电化-热耦合模型

当 P2D 模型与热模型结合时，建立的电化-热耦合模型[69-78]可以描述电池内部的温度分布。Gu 等[69]开发了一种同时预测电池电化学和热行为的电化学热完全耦合建模方法，其中产热是由于电化学反应、相变和焦耳热引起的。Nie 等[71]利用 P2D 电化学模型和热模型建立了不同几何尺寸的柱状电池二维电化热耦合模型。结果表明，电池内部中心和表面之间的温差随着充放电倍率的增加而增加，最高表面温度随电池半径的增大而增大。图 10.4（c）显示了 18650 电池在 1C 和 2C 放电结束时的 2D 模拟的内部温度分布。与二维模型相比，电池的三维模型可以更好地了解电池内部的热量和电流分布。Xu 等[72]开发了方形电池伪三维（P3D）电化热耦合模型。该模型将具有极耳的电池单元和局部电池单元分别视为 3D 和 1D，揭示了电池在放电过程中电压、过电位、电化学反应速率和产热速率的不均匀分布现象。Du 等[73]将 P2D 电化学模型与三维热模型耦合，研究了电池内部不可逆热的演变。结果表明，不可逆产热随放电倍率的增加而迅速增加，极化产热是主导因素。Ghalkhani 等[74]建立了软包电池三维电化热耦合模型，探究了放电过程中电池内部的电流分布和温度分布。结果表明，极耳的位置对电池产热速率以及内部电流密度的分布有显著影响。然而，上述大部分研究仅考虑了电池各向异性和外部散热不均匀，忽略了电池不均匀产热的影响。Lin 等[76]建立了 3D 电化热耦合（ECTC）模型，详细探究了放电倍率、环境温度和传热系数对电池不均匀热分布的影响。研究发现，电池在高放电倍率和低温下会产生更多的热量，从而导致更高的温升和温度梯度。3C 放电结束时软包电池总产热和温度分布如图 10.4（d）所示。

10.2.2.3 电池电化-力耦合模型

锂离子脱嵌过程会导致电池活性材料发生体积变化，在刚性外壳的约束下电池内部会产生显著的应力，进而对电化学行为产生影响。反过来，电化学行为也会影响内部应力的重分布。此外，较大的体积变化会导致电池机械劣化，进而影响电池容量[80]。因此，准确模拟电池运行过程中的电化学行为和力学行为对电池设计和量化老化机理有重要意义。Sauerteig 等[81]建立了电池一维电化力耦合模型，考虑了离子插层诱导的电极膨胀、由机械边界引起的应力产生、电极和隔膜的压缩以及电解质内离子传输的影响。结果表明，较高的外部机械压力会加快电极和隔膜界面处的离子脱嵌过程，导致电极内的锂离子浓度梯度增加。Lee 等[82]开发了一种电池多尺度电化力耦合模型框架，考虑了从颗粒层级到电池单体层级的电化学和机械响应之间的相互作用，可以捕捉外部压力、电极层数量和不均匀电流输入对电化学和力学行为的影响。结果表明，锂离子插层引起的体积变化会产生显著的应力，容易导致黏结剂和颗粒之间的断裂。由于上述方法只考虑了堆叠的多层电极，不能解释卷绕型电芯的电化学机械响应，因此，Shin 等[83]进一步开发了考虑不同几何形状的电池电化力耦合模型。仿真结果表明，对于柱状和方形卷绕电池，圆形区域的存在会导致电池整体应力和变形分布显著不均匀。图 10.5（a）显示了满电状态下柱状电池 2D 模拟的 von Mises 应力分布。Guo 等[84]建立了一种电化力耦合的数字孪生模型，该模型耦合了 SEI 的生长、裂纹扩展和析锂的三种老化机制。模型表明，SEI 生长是电池老化的主要因素，析锂导致的容量衰减比 SEI 生长和裂纹扩展小两个数量级。现有的电化力耦合研究主要集中在电池二维模型，且局限于电池单元，电池三维电化力耦合行为还未得到彻底研究。为了填补这一空白，北卡罗来纳大学许骏课题组[85]开发了一个三维模型来量化电池中的电化力耦合行为，结果表明，在机械约束下，电极孔隙率降低引起的电解质电阻增加，导致电池在充电过程中表现出更高的电压和更短的充电时间。图 10.5（b）显示了充电结束时软包电池 3D 模拟的位移分布。山东大学王亚楠课题组[86]开发了一种基于数据映射技术的锂离子电池三维电化力耦合多尺度精细化建模方法，分析了软包电池单体在充电过程中全场位移分布、应变分布和应力分布，揭示了不同组件的应力具有明显的不均匀性现象。充电结束时软包电池位移和 von Mises 应力分布如图 10.5（c）所示。

10.2.2.4 电池电化-热-力耦合模型

通过建立电化热力耦合模型，可以实现电池温度、应力和电化学特性的同时描述。Duan 等[87]建立了二维螺旋缠绕型电池的电化热力耦合模型，表征了不同放电倍率下锂离子电池的电化学性质、热行为和应力状态。但该模型只做到了单向耦合，没有考虑应力对电化学行为的影响。Zhang 等[88]将一维修正的电化学模型与三维热力模型双向耦合,实现了在电池单体层级上高效准确模拟锂离子电池。仿真结果表明,由于插层引起的体积变化和卷芯的几何形状,会产生局部应力集中,这种局部机械变形会导致不平衡的电化学状态。图10.5(d)显示了在强对流条件下放电结束时柱状电池的温度场和投影应力场分布。在 Zhang 等提出的模型基础上,Qiu 等[89]进一步研究了锂离子电池中析锂的热效应和机械效应。模拟表明,由于较高的应力集中和较低的温度,卷芯的褶皱和边界区域更容易受到析锂的影响。图10.5(e)显示了非等温条件下充电 50 min 后方形电池卷芯的温度场和投影应力场。准确的多场耦合模型可以定量评估电池各种老化机制,深入研究电池在不同工况下的老化行为。Yang 等[90]建立了一个电化热力耦合模型,来研究电池在不同电流和环境温度下的老化行为。仿真结果表明,高温会加速 SEI 的形成,而低温和大电流则会导致严重的析锂现象。Luo 等[91-92]建立了一个广义 P3D 电化热力(ETM)耦合模型,详细研究了应力对电池老化机制和电化学过程的影响。仿真结果表明,外部载荷对锂离子电池的电化学行为有明显影响,降低外部载荷的压应力可以减少电池运行过程中的容量损失。华中科技大学林一歌课题组[93]建立了一种电池电化热力耦合容量衰减(ETMCF)模型,该模型重点分析了应力对 SEI 形成、锂的沉积和剥离(LP-ST)、SEI 再形成和活性材料损失(LAM)等主要衰减行为的影响。以上研究为深入了解电池的老化机理提供了新的见解,但由于大多数模型采用的是电池均质化几何结构,因此,在预测电池局部老化行为上具有局限性。

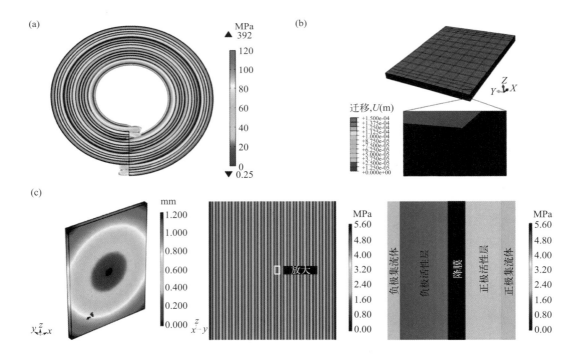

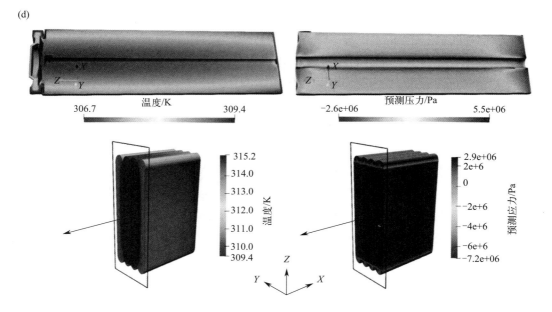

图 10.5 （a）满电状态下柱状电池 von Mises 应力的 2D 模拟[83]；（b）充电结束时软包电池位移分布的 3D 模拟[85]；（c）充电结束时软包电池的位移分布（左边）和 von Mises 应力分布（右边）[86]；（d）在强对流条件下放电结束时柱状电池的温度场（左边）和投影应力场（右边）[88]；（e）非等温条件下充电 50 min 后卷芯的温度场（左边）和投影应力场（右边）[89]

10.2.3 基于机器学习驱动的电池单体层级数字孪生

在电池数字孪生中，基于传感技术和物理模型，虚拟空间的电池模型和物理空间的电池实体之间会产生双向的数据流。通过机器学习，可以将数据进行融合，建立数据与电池性能的映射关系，挖掘出数据背后隐藏的机理，实现电池内部状态的精准预测。机器学习技术由于具有复杂模式的快速学习能力的优势，已经应用于电池数字孪生领域，特别是在电池状态估计[94-104]、寿命预测[105-106]以及诊断[107-108]方面。纯机器学习算法预测的准确性依赖于数据的量以及数据的质量，太少的数据以及低质量的数据往往会导致较差的机器学习预测结果。此外，由于纯机器学习算法仅从当前的数据进行学习，缺乏底层的物理知识，其泛化能力较差，对于训练之外的场景，预测效果往往不尽如人意。针对以上问题，基于物理的机器学习模型，结合了物理模型和纯机器学习模型两者的优势，可以有效提高模型的预测能力。因此，电池数字孪生技术未来的发展趋势将采用基于物理的机器学习算法的驱动方式，以实现更好的电池状态预测。本部分重点介绍现有机器学习算法在电池单体层级数字孪生的应用，以及未来用于电池数字孪生的基于物理的机器学习算法的最新进展。

10.2.3.1 基于数字孪生的状态估计

准确的荷电状态和健康状态估计是电池安全可靠运行的基础。基于数字孪生的框架可以实现电池状态的在线估计。Zhao 等[94]提出了一种用于估计锂离子电池 SOC 的基于长短期记忆（LSTM）和扩展卡尔曼滤波器（EKF）的混合模型的数字孪生驱动框架，其中 LSTM 为 EKF 提供了更准确的初始 SOC 估计和阻抗模型数据。实验结果表明，所开发的电池数字孪生框架对初始 SOC 的依赖性较小，并且与其他算法相比，具有最小的 SOC 估计均方根误差（RMSE）。传统基于数字孪生的 SOH 估计需要完整的充电或放电循环数据，为实现具有部分放电数据的动态操作条件下的 SOH 实时估计，Qin 等[97]提出了一种新的电池数字孪生框架，如图 10.6（a）所示。该框架由三部分组成：第一部分为可变循环数据的同步；第二部分构建了一个时间-注意力 SOH 估计模型；第三部分通过数据匹配和重建实现 SOH 实时估计。实验结果表明，SOH 估计在大多数采样周期中误差小于 1%。Eaty 等[100]开发了一种用于估计电池容量和预测电池 SOH 的电动汽车电池数字孪生框架。该框架由车载 BMS、电池数字模型以及基于云的互联组成。车载 BMS 负责从传感器收集数据，实时估计电池 SOC，并将电流、电压和 SOC 信息传输到云端上的虚拟模型。云托管的虚拟模型根据收集的数据预测 SOH，并将数据传输回物理系统。基于云的互联将物理系统和虚拟模型连接起来，从而实现数据传输。其中 SOH 的预测采用基于增量学习方法的深度学习模型，它可以根据新数据进行增量微调。所提出的框架在 NASA 数据集上进行了实验，均方误差（MSE）为 0.022。为解决真实世界电池数据有限的问题，Pooyandeh 等[101]提出了一种用于锂离子电池状态实时预测和监控的基于云的数字孪生框架，该框架利用时间序列生成对抗网络（TS-GAN）来生成与真实世界数据非常相似的合成数据，如图 10.6（b）所示。与传统方法相比，TS-GAN 集成到数字孪生框架中提高了电池 SOC 估计的准确性。Li 等[102]提出了一个用于分析和预测锂离子电池老化性能的数字孪生框架。该框架采用反向传播神经网络（BPNN）预测实际电池循环的局部放电电压曲线，在此基础上，结合电池的 SOC，采用卷积神经网络-长短期记忆-注意力（CNN-LSTM-Attention）模型实时预测电池的最大可用容量，并揭示电池的退化状态。实验结果表明，最大可用容量的预测精度超过 99%。虽然在数字孪生中采用机器学习可以提高预测能力，但这些机器学习方法具有"黑盒"性质，而提高模型的可解释性对于指导电池状态预测的未来机器学习研究非常重要[109]。为了提高算法的可解释性，Njoku 等[104]提出了一种可解释性的电池数字孪生框架，用于解释深度神经网络（DNN）和 LSTM 的预测。其中采用了 3 种可解释性人工智能（XAI），包括 SHapley Additive exPlanations（SHAP）、Local Interpretable Model-agnostic Explanations（LIME）以及基于线性回归的代理模型。首先，基于 NASA 数据集进行数据预处理，识别和选择出与电池 SOC 和 SOH 相关性最强的特征；其次，建立用于 SOC 和 SOH 估计的 DNN 和 LSTM 模型；最后，采用 XAI 方法量化特征对模型预测的贡献，加深对哪些特征在预测电池状态中起关键作用的理解。结果表明，对于 SOH 估计，DNN 模型优于 LSTM 模型；而对于 SOC 估计，LSTM 具有更高的精度。图 10.6（c）显示了可解释的电池数字孪生框架的示意图。上述电池数字孪生使用了各种先进的机器学习算法用于监测和估计电池状态，然而大多数算法都缺乏对电池老化行为变化和不断变化环境的动态适应能力，从而限制了它们预测的精度。

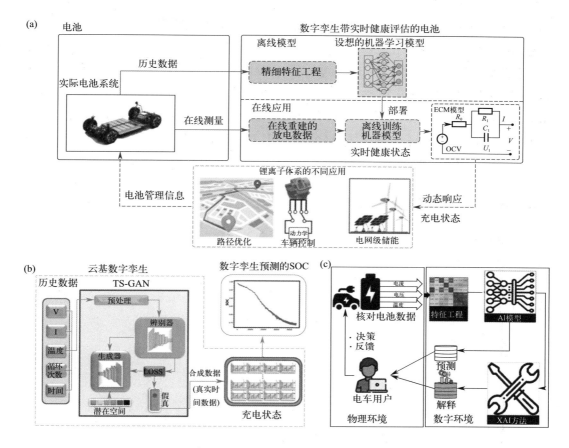

图 10.6 （a）用于实时估计电池 SOH 的数字孪生框架[97]；（b）用于锂离子电池实时监控的数字孪生框架[101]；（c）可解释的电池数字孪生框架[104]

基于物理的机器学习已经成为精确 SOC 估计[110-114]和 SOH 估计[113, 115-122]的一种最有前途的方法。Feng 等[110]建立了电化‑热‑神经网络（ETNN）模型，并将 ETNN 模型与无迹卡尔曼滤波（UKF）集成，实现了大电流和极端温度环境下的电池 SOC 和 SOT（温度状态）共同估计。结果表明，ETNN-UKF 能够快速消除 SOT 和 SOC 中的初始误差，实现宽温度范围下 SOC 估计值的 RMSE 均小于 1%。图 10.7（a）显示了用于电池 SOC 估计的 ETNN 模型结构。北京理工大学熊瑞课题组[112]将两种领域知识整合到基于深度学习（DL）的电池 SOC 估计方法中，并使用真实世界的数据集进行了验证。结果表明，与未整合电池领域知识的 DL 模型相比，该方法可使 SOC 估计均方根误差和最大绝对误差分别锐减 30.89% 和 64.88%。Yu 等[114]在电池 SOC 估计的 DL 框架中，使用简化的电池电化学模型获取的物理信息来增加 DL 模型的输入，提高了电池 SOC 估计的性能。Kohtz 等[116]提出了一个先进的基于物理信息机器学习（PIML）框架用于电池 SOH 估计。在该框架中，基于有限元仿真结果训练了针对给定部分充电电压段的 SEI 厚度估计的高斯过程回归（GPR）模型。同时将有限元结果数据与 NASA 实验数据融合，构建了反映容量损失与 SEI 厚度之间映射关系的多保真度模型。结果表明，该算法可以准确估计电池 SOH，使误差小于 2%。

用于电池 SOH 估计的 PIML 多保真度模型框架如图 10.7（b）所示。西安交通大学陈雪峰课题组[121]提出了一种基于物理信息神经网络（PINN）电池 SOH 估计方法，该网络集成了老化经验方程和状态空间方程，可以有效地捕捉电池老化的动态行为。研究结果强调了 PINN 在电池老化建模和 SOH 估计中的潜力。Tang 等[122]构建了一个通用灵活的编码器-解码器深度学习框架，该框架可以建立具有电池模型物理信息的融合特征和 SOH 之间的映射关系，实现了多动态运行条件下的电池 SOH 精确估计。图 10.7（c）显示了用于电池 SOH 估计的深度学习框架。

10.2.3.2 基于数字孪生的寿命预测

电池剩余使用寿命（RUL）的准确预测可以有效评估电池的性能，实现电池安全可靠运行。模型的动态演化是实现电池数字孪生 RUL 预测的关键之一。基于数字孪生的 RUL 预测可以借助机器学习算法，准确描述锂离子电池老化模型的动态演化和随机不确定性。Yang 等[105]提出了一种用于 RUL 预测的锂离子电池可靠性数字孪生框架。基于提出的框

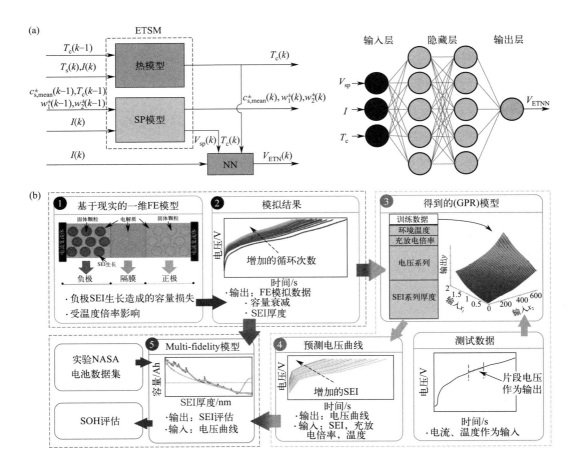

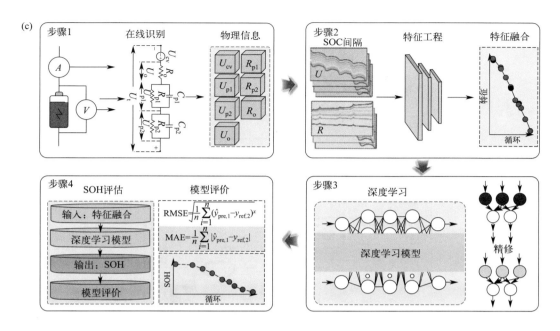

图 10.7 （a）用于电池 SOC 估计的 ETNN 模型结构（左边）和 NN 细节（右边）[110]；（b）用于电池 SOH 估计的 PIML 多保真度模型框架[116]；（c）用于电池 SOH 估计的深度学习框架[122]

架，建立了包含随机老化模型、寿命预测模型和基于贝叶斯算法的演化模型的电池数字孪生模型。通过建立随机老化模型，研究了电池退化的随机性和多个电池寿命的不一致性。结果表明，数字孪生在电池整个生命周期内都具有较好的准确性，使用自适应进化算法可以将误差控制在 5% 左右。Thelen 等[106]建立了一种五维电池数字孪生模型（图 10.8）。该五维数字孪生模型由物理系统（PS）、数字系统（DS）、更新引擎（P2V）、预测引擎（V2P）和优化维度（OPT）组成，其中粒子滤波算法用于预测电池剩余容量和 RUL。在离线阶段，先前收集的电池运行数据用于优化粒子滤波器的初始参数。在线阶段，粒子滤波器用于预测电池未来的容量衰减轨迹。当在线电池容量测量值达到初始值的 95% 时，将触发一次寿命退役优化代码，并使用粒子滤波器预测的容量轨迹来确定将电池从一次寿命服役中移除的最佳循环周期。实验结果表明，模型可以准确预测具有不同寿命的电池 RUL。

电池的老化过程受到内部老化机理和外部操作条件等多因素影响，基于物理的机器学习可以结合物理老化模型和机器学习捕捉老化趋势的优势，解码各种物理行为之间的复杂动态关系。Shi 等[123]构建了一种物理信息长短期记忆（PI-LSTM）模型，模型将基于物理的日历和循环老化（CCA）模型与 LSTM 层相结合，实现了不同工作条件下的电池老化建模和在线 RUL 预测。用于电池 RUL 预测的 PI-LSTM 框架如图 10.9（a）所示。北京航空航天大学冯强团队[117]提出了一种自适应进化增强的基于 PINN 的锂离子电池时变健康预测框架。在该框架中，建立了一个具有动态滑动窗口的长短期记忆神经网络（LSTM NN）模型，并由电池多场耦合模型中得到的物理信息提供输入。结果表明，所提出的方法在不同充电和放电条件下提供了较高的 SOH 估计和 RUL 预测精度，并且可以在长期运行

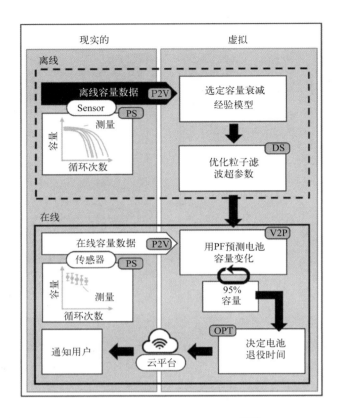

图 10.8　五维电池数字孪生框架[106]

期间通过自适应模型进化来提高预测精度。自适应进化增强的基于 PINN 的时变健康预测框架如图 10.9（b）所示。Wen 等[120]提出了一种基于 PINN 的锂离子电池预测和健康管理（PHM）模型融合框架，其中用一个半经验半物理偏微分方程（PDE）来模拟锂离子电池的老化动力学。公共数据集的验证结果表明，模型融合方案可以提高锂离子电池 PHM 的性能。为了应对在电池寿命的早期阶段预测 RUL 的挑战，Najera-Flores 等[124]提出了一种基于物理和数据驱动的贝叶斯物理约束神经网络。验证结果表明，所提出的物理约束神经网络能够提供比其他使用相同训练数据的方法更准确和精确的电池 RUL 估计。Ma 等[125]提出了一种用于电池 RUL 预测的 PIML 框架，将电池物理信息和机器学习融合在一起，实现了仅使用一个循环的数据就能准确预测电池的 RUL。

10.2.3.3　基于数字孪生的故障诊断

传统的基于 BMS 的故障诊断往往采用阈值法检测简单故障[126]，而基于数字孪生的电池故障诊断可以依赖机器学习算法和云端强大的计算能力实现电池故障的快速预测和诊断。Xie 等[108]提出了云边协同的双重数字孪生（DDT）架构，架构包含 2 个耦合数字孪生模型。主数字孪生模型由 3 个相互关联的子模型（热模型、等效电路模型和电化学模型）组成，是模仿真实电池行为的高保真模型，部署在云端上，用于诊断目的。辅助数字孪生

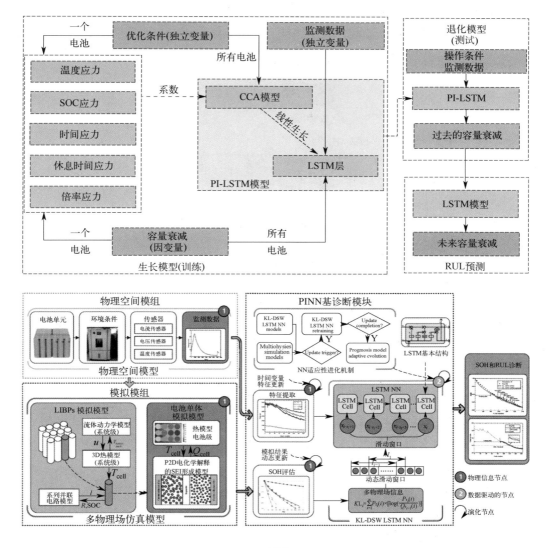

图10.9 （a）用于电池 RUL 预测的 PI-LSTM 框架[123]；（b）自适应进化增强的基于 PINN 的时变健康预测框架[117]

模型作为主数字孪生的简化，采用基于门控循环单元（GRU）神经网络的降阶模型（ROM），部署在边缘侧，用于实时充电控制和状态监控等目的。此外，架构采用增量学习技术来更新 ROM，同时使用 Lyapunov 稳定性定理来构建基于物理信息的 ROM 神经网络更新，以提高与实际电池行为的同步性。数值结果表明，平均降阶模型预测误差为 1.70%。DDT 架构通过设计云边协同在线自适应电池 ROM 框架实现，如图 10.10 所示。

诊断电池的老化模式可以更深入地了解电池内部成分的健康状况，优化电池的使用。为了实现准确且可解释的锂离子电池诊断，Lin 等[127]使用电化学阻抗谱（EIS）提出了一种新的物理信息深度学习（PIDL）框架。该框架将 EIS 测量数据作为研究对象，采用 ECM 对 EIS 进行分析，并从 ECM 中提取与老化相关的物理信息参数，最后将物理信息参

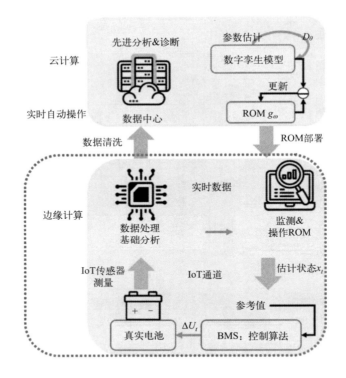

图 10.10　云边协同在线自适应电池 ROM 框架[108]

数和实验 EIS 数据共同作为深度学习模型的输入，进行锂离子电池容量估计。实验结果表明，融合物理信息参数可以使得锂离子电池诊断具有较好的解释性，提高锂离子电池容量估计的准确性。Cui 等[128]基于耦合热电模型、注意力模型和深度神经网络（DNN）建立了一种机理和数据驱动的融合模型，用于预测电池整个生命周期内的充电容量和能量曲线。结果表明，模型能够识别不同工况下的电池老化模式，实现对电池充电容量的准确且稳健的预测，同时还可以在不事先设置安全阈值的情况下检测电池故障。机理和数据驱动的融合模型示意图如图 10.11（a）所示。Thelen 等[129]开发了两种轻量级 PIML 方法，仅使用有限的早期实验老化数据和基于物理模型的模拟数据，实现了电池晚期容量的在线估计以及主要老化模式的诊断。验证的结果表明，与纯数据驱动的方法相比，Thelen 等提出的 PIML 模型能够将电池容量和 3 种主要老化模式状态的估计准确性提高 50% 以上。虽然 PIML 方法在提高电池容量估计的准确性和通用性方面显示出优势，但文献［29］中仍然缺乏对 PIML 在电池老化诊断方面的性能的彻底研究和比较。因此，Navidi 等[130]提出了 4 种用于诊断晚期阶段电池老化的 PIML 方法，并使用了来自长循环实验的电池老化数据对它们进行了综合比较。比较结果表明，与其他 PIML 方法相比，PINN 方法在预测更复杂的老化趋势方面表现出卓越的准确性和一致性，特别是在正负极活性质量的损失方面。图 10.11（b）显示了用于电池老化诊断的 PIML 框架。

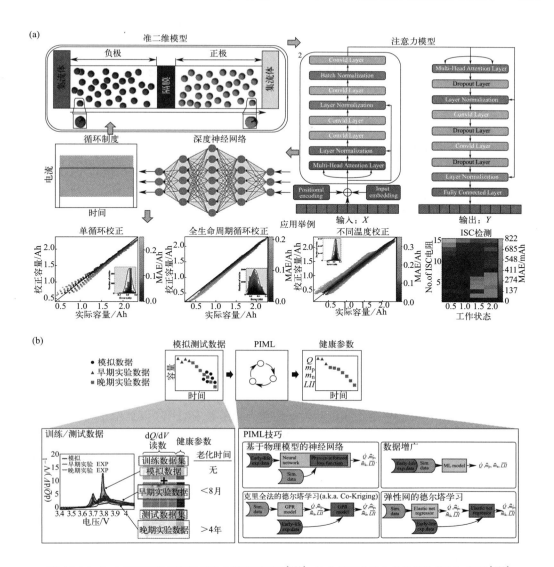

图 10.11 （a）机理和数据驱动的融合模型示意图[128]；（b）用于电池老化诊断的 PIML 框架[130]

10.3 小结与展望

面对能源电池高效安全可靠运行的需求，电池单体层级数字孪生技术由于具有全面感知并预测真实电池行为的潜能使其得到了能源领域的广泛关注。本章概述了电池单体层级数字孪生技术的内涵，并综述了其关键技术的最新进展。其中植入传感技术实现了电池内部信号的实时采集，高效保真的物理模型可以模拟电池多种物理化学行为，基于物理的机器学习算法提高了电池状态预测和诊断方面的精度。

尽管这些技术已经取得了上述进展，但依然面临着以下挑战：①目前通过将植入的传感器和芯片集成，可以初步实现电池内部信号的跨屏传输，但植入传感技术与电池制造工艺完美兼容，并实现电池内部传感信号长期稳定传输仍是制约其实际工业应用的主要问题；②考虑到传感器实时监测电池全生命周期会产生的海量内外多维传感数据，如何高效处理这些数据是确保数据质量和预测准确性的关键；③目前电池模型集中在均质化几何结构下的电化热/电化力耦合仿真，电化热力耦合模型较少，且耦合关系通常为弱单向耦合，缺乏基于真实几何结构的电池电化热力双向耦合模型；④尽管基于物理的机器学习算法在电池状态估计、寿命预测和诊断方面提供了较高的精度，但仍然缺乏用于电池早期安全预警方面的基于物理的机器学习算法。

为了应对以上挑战，我们提出以下建议来促进电池数字孪生进一步发展和应用：①研制可以在电池内部电化学环境下长期稳定工作的微型传感器和芯片。具有有机防腐涂层的柔性薄膜式传感器可以提高耐腐蚀性与电池组件的兼容性。而将传感器直接集成在电池组件上，可以最大程度降低对电池制造工艺的影响。清华大学欧阳明高课题组[131]将电位传感材料直接集成到电池隔膜中，实现负极电位的无损原位实时测量，这给植入传感的长期稳定测量提供了一种可行的方案。②为了克服海量数据造成的存储和处理问题，开发用于数据高效处理的机器学习算法，并将数据的存储和处理放置在具有强大计算能力的云端是潜在可行的方法。③通过改进电池几何模型以及发展高效的多尺度多场耦合计算方法，将多个物理场进行跨尺度关联，做到在不影响计算精度的情况下平衡计算效率。④将基于物理的电池安全模型与机器学习算法结合起来，充分发挥两者的优势，准确高效地预测真实工况下电池的失效情况。

由于电池数字孪生仍然处于初级阶段，迄今为止所做的工作主要集中在物理空间内的外部传感的采集，虚拟空间内的均质化模型的建立，以及结合传统机器学习算法对电池状态的估计和预测。但随着大数据、物联网、云计算等新兴技术的快速发展，未来的电池单体层级数字孪生技术将会融合植入传感技术、高效保真的物理模型以及基于物理的机器学习算法，且具有实时性和双向交互性。电池数字孪生可以依据多源数据进行实时更新，且真实电池与虚拟电池之间持续进行信息的双向交互和反馈。这将最大程度提升能源电池的运行效率、安全性和稳定性，最终实现电池的全生命周期精细化管理（图10.12）。

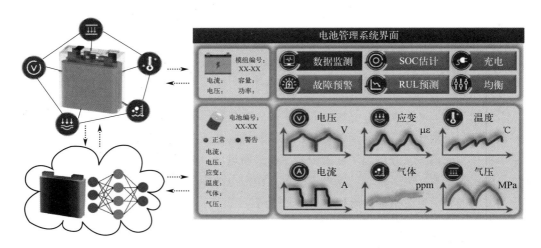

图 10.12　数字孪生驱动的电池全生命周期管理

参考文献

[1] CHEN G Q, SHA Y Y, ZHAO W F, et al. Simulation study on the mechanism and process of thermal runaway induced by aging of lithium-ion batteries[J]. Energy Storage Science and Technology, 2022, 11 (12): 3987-3998.

[2] ZHAO J Y, FENG X N, PANG Q Q, et al. Battery safety: Machine learning-based prognostics[J]. Progress in Energy and Combustion Science, 2024, 102: 101142. DOI: 10.1016/j.pecs.2023.101142.

[3] University of Texas at Austin Mechanical Engineering Cockrell School of Engineering. Battery fire and explosion incidents: Database tools[EB/OL]. [2024-07-14]. http://tools.utfireresearch.com/apps/incident_map.

[4] ZAN W D, ZHANG R, DING F. Development and application of electrochemical models for lithium-ion batteries[J]. Energy Storage Science and Technology, 2023, 12 (7): 2302-2318.

[5] YU J S, SONG Y, TANG D Y, et al. A Digital Twin approach based on nonparametric Bayesian network for complex system health monitoring[J]. Journal of Manufacturing Systems, 2021, 58: 293-304. DOI: 10.1016/j.jmsy.2020.07.005.

[6] TORZONI M, TEZZELE M, MARIANI S, et al. A digital twin framework for civil engineering structures[J]. Computer Methods in Applied Mechanics and Engineering, 2024, 418: 116584. DOI: 10.1016/j.cma.2023.116584.

[7] YANG C, CAI B P, WU Q B, et al. Digital twin-driven fault diagnosis method for composite faults by combining virtual and real data[J]. Journal of Industrial Information Integration, 2023, 33: 100469. DOI: 10.1016/j.jii.2023.100469.

[8] LIU S Z, QI Y S, GAO X J, et al. Transfer learning-based multiple digital twin-assisted intelligent mechanical fault diagnosi[J]. Measurement Science and Technology, 2024, 35 (2): 025133. DOI: 10.1088/1361-6501/ad0683.

[9] WANG M M, FENG S Z, INCECIK A, et al. Structural fatigue life prediction considering model uncertainties through a novel digital twin-driven approach[J]. Computer Methods in Applied Mechanics and Engineering, 2022, 391: 114512. DOI: 10.1016/j.cma.2021.114512.

[10] JANELIUKSTIS R, MCGUGAN M. Control of damage-sensitive features for early failure prediction of wind turbine blades[J]. Structural Control and Health Monitoring, 2022, 29 (1). DOI: 10.1002/stc.2852.

[11] LI W H, RENTEMEISTER M, BADEDA J, et al. Digital twin for battery systems: Cloud battery management system with online state-of-charge and state-of-health estimation[J]. Journal of Energy Storage, 2020, 30: 101557. DOI: 10.1016/j.est.2020.101557.

[12] QU X, SONG Y, LIU D, et al. Lithium-ion battery performance degradation evaluation in dynamic operating conditions based on a digital twin model[J]. Microelectronics Reliability, 2020, 114: 113857. DOI: 10.1016/j.microrel.2020.113857.

[13] MERKLE L, PÖTHIG M, SCHMID F. Estimate e-golf battery state using diagnostic data and a digital twin[J]. Batteries, 2021, 7 (1): 15. DOI: 10.3390/batteries7010015.

[14] YANG S C, ZHANG Z J, CAO R, et al. Implementation for a cloud battery management system based on the CHAIN framework[J]. Energy and AI, 2021, 5: 100088. DOI: 10.1016/j.egyai.2021.100088.

[15] WANG Y J, XU R L, ZHOU C J, et al. Digital twin and cloud-side-end collaboration for intelligent battery management system[J]. Journal of Manufacturing Systems, 2022, 62: 124-134. DOI: 10.1016/j.jmsy.2021.11.006.

[16] TANG H, WU Y C, CAI Y F, et al. Design of power lithium battery management system based on digital twin[J]. Journal of Energy Storage, 2022, 47: 103679. DOI: 10.1016/j.est.2021.103679.

[17] JAFARI S, BYUN Y C. Prediction of the battery state using the digital twin framework based on the battery management system[J]. IEEE Access, 2022, 10: 124685-124696. DOI: 10.1109/ACCESS.2022.3225093.

[18] GLAESSGEN E, STARGEL D. The digital twin paradigm for future NASA and U.S. air force vehicles[C]//53rd AIAA/ASME/ASCE/AHS/ASC Structures, Structural Dynamics and Materials Conference
20th AIAA/ASME/AHS Adaptive Structures Conference
14th AIAA. Honolulu, Hawaii. Reston, Viriginia: AIAA, 2012: AIAA2012-1818. DOI: 10.2514/6.2012-1818.

[19] PENG Y, ZHANG X L, SONG Y C, et al. A low cost flexible digital twin platform for spacecraft lithium-ion

battery pack degradation assessment[C]//2019 IEEE International Instrumentation and Measurement Technology Conference（I2MTC）. May 20-23, 2019, Auckland, New Zealand. IEEE, 2019: 1-6. DOI: 10.1109/I2MTC.2019.8827160.

[20] SONG J H, LIM S H, KIM K G, et al. Digital-twin-driven diagnostics of crack propagation in a single $LiNi_{0.7}Mn_{0.15}Co_{0.15}O_2$ secondary particle during lithium intercalation[J]. Advanced Energy Materials, 2023, 13（23）: 2204328. DOI: 10.1002/aenm. 202204328.

[21] NGANDJONG A C, LOMBARDO T, PRIMO E N, et al. Investigating electrode calendering and its impact on electrochemical performance by means of a new discrete element method model: Towards a digital twin of Li-Ion battery manufacturing[J]. Journal of Power Sources, 2021, 485: 229320. DOI: 10.1016/j.jpowsour.2020.229320.

[22] ZHANG H M, REN D S, MING H, et al. Digital twin enables rational design of ultrahigh-power lithium-ion batteries[J]. Advanced Energy Materials, 2023, 13（1）: 2202660. DOI: 10.1002/aenm.202202660.

[23] XIN Y D, LI N, YANG L, et al. Integrated sensing technology for lithium ion battery[J]. Energy Storage Science and Technology, 2022, 11（6）: 1834-1846.

[24] TRANTER T G, TIMMS R, SHEARING P R, et al. Communication—Prediction of thermal issues for larger format 4680 cylindrical cells and their mitigation with enhanced current collection[J]. Journal of the Electrochemical Society, 2020, 167（16）: 160544. DOI: 10.1149/1945-7111/abd44f.

[25] WANG X W, ZHU J G, WEI X Z, et al. Non-damaged lithium-ion batteries integrated functional electrode for operando temperature sensing[J]. Energy Storage Materials, 2024, 65: 103160. DOI: 10.1016/j.ensm.2023.103160.

[26] GERVILLIÉ-MOURAVIEFF C, ALBERO BLANQUER L, ALPHEN C, et al. Unraveling SEI formation and cycling behavior of commercial Ni-rich NMC Li-ion pouch cells through operando optical characterization[J]. Journal of Power Sources, 2023, 580: 233268. DOI: 10.1016/j.jpowsour.2023.233268.

[27] HUANG J Q, DELACOURT C, DESAI P, et al. Unravelling thermal and enthalpy evolutions of commercial sodium-ion cells upon cycling ageing via fiber optic sensors[J]. Journal of the Electrochemical Society, 2023, 170（9）: 090510. DOI: 10.1149/1945-7111/acf625.

[28] WU Y T, LONG X L, LU J Y, et al. Long-life in situ temperature field monitoring using Fiber Bragg grating sensors in electromagnetic launch high-rate hardcase lithium-ion battery[J]. Journal of Energy Storage, 2023, 57: 106207. DOI: 10.1016/j.est.2022.106207.

[29] MEI W X, LIU Z, WANG C D, et al. operando monitoring of thermal runaway in commercial lithium-ion cells via advanced lab-on-fiber technologies[J]. Nature Communications, 2023, 14（1）: 5251. DOI: 10.1038/s41467-023-40995-3.

[30] LI P F, WEI Z B, WU K, et al. Embedded sensing-enabled distributed thermal modeling and nondestructive thermal monitoring of lithium-ion battery[J]. IEEE Transactions on Transportation Electrification, 2023, PP（99）: 1. DOI: 10.1109/TTE.2023.3340036.

[31] WEI Z B, LI P F, CAO W K, et al. Machine learning-based hybrid thermal modeling and diagnostic for lithium-ion battery enabled by embedded sensing[J]. Applied Thermal Engineering, 2022, 216: 119059. DOI: 10.1016/j.applthermaleng.2022.119059.

[32] YU Y F, VINCENT T, SANSOM J, et al. Distributed internal thermal monitoring of lithium ion batteries with fibre sensors[J]. Journal of Energy Storage, 2022, 50: 104291. DOI: 10.1016/j.est.2022.104291.

[33] YU Y F, VERGORI E, MADDAR F, et al. Real-time monitoring of internal structural deformation and thermal events in lithium-ion cell via embedded distributed optical fibre[J]. Journal of Power Sources, 2022, 521: 230957. DOI: 10.1016/j.jpowsour. 2021. 230957.

[34] HUANG J Q, ALBERO BLANQUER L, BONEFACINO J, et al. operando decoding of chemical and thermal events in commercial Na（Li）-ion cells via optical sensors[J]. Nature Energy, 2020, 5: 674-683. DOI: 10.1038/s41560-020-0665-y.

[35] LING X, ZHANG Q, XIANG Y, et al. A Cu/Ni alloy thin-film sensor integrated with current collector for in situ monitoring of lithium-ion battery internal temperature by high-throughput selecting method[J]. International Journal of Heat and Mass Transfer, 2023, 214: 124383. DOI: 10.1016/j.ijheatmasstransfer.2023.124383.

[36] ZHANG H Y, ZHANG X S, WANG W W, et al. Detection and prediction of the early thermal runaway and control of the Li-ion battery by the embedded temperature sensor array[J]. Sensors, 2023, 23 (11): 5049. DOI: 10.3390/s23115049.

[37] PENG X L, HAN J, ZHANG Q, et al. Real-time mechanical and thermal monitoring of lithium batteries with PVDF-TrFE thin films integrated within the battery[J]. Sensors and Actuators A: Physical, 2022, 338: 113484. DOI: 10.1016/j.sna.2022.113484.

[38] ZHU S X, HAN J D, AN H Y, et al. A novel embedded method for in situ measuring internal multi-point temperatures of lithium ion batteries[J]. Journal of Power Sources, 2020, 456: 227981. DOI: 10.1016/j.jpowsour.2020.227981.

[39] MUTYALA M S K, ZHAO J Z, LI J Y, et al. In-situ temperature measurement in lithium ion battery by transferable flexible thin film thermocouples[J]. Journal of Power Sources, 2014, 260: 43-49. DOI: 10.1016/j.jpowsour.2014.03.004.

[40] FORTIER A, TSAO M, WILLIARD N, et al. Preliminary study on integration of fiber optic Bragg grating sensors in Li-ion batteries and in situ strain and temperature monitoring of battery cells[J]. Energies, 2017, 10 (7): 838. DOI: 10.3390/en10070838.

[41] YANG L, LI N, HU L K, et al. Internal field study of 21700 battery based on long-life embedded wireless temperature sensor[J]. Acta Mechanica Sinica, 2021, 37 (6): 895-901. DOI: 10.1007/s10409-021-01103-0.

[42] MENG D C, XUE Z C, CHEN G K, et al. Multiscale correlative imaging reveals sequential and heterogeneous degradations in fast-charging batteries[J]. Energy & Environmental Science, 2024, 17 (13): 4658-4669. DOI: 10.1039/D4EE01497A.

[43] WALDMANN T, GORSE S, SAMTLEBEN T, et al. A mechanical aging mechanism in lithium-ion batteries[J]. Journal of the Electrochemical Society, 2014, 161 (10): A1742-A1747. DOI: 10.1149/2.1001410jes.

[44] PFRANG A, KERSYS A, KRISTON A, et al. Geometrical inhomogeneities as cause of mechanical failure in commercial 18650Lithium ion cells[J]. Journal of the Electrochemical Society, 2019, 166 (15): A3745-A3752. DOI: 10.1149/2.0551914jes.

[45] WILLENBERG L, DECHENT P, FUCHS G, et al. The development of jelly roll deformation in 18650 lithium-ion batteries at low state of charge[J]. Journal of the Electrochemical Society, 2020, 167 (12): 120502. DOI: 10.1149/1945-7111/aba96d.

[46] PFRANG A, KERSYS A, SCURTU R G, et al. Deformation from formation until end of life: Micro X-ray computed tomography of silicon alloy containing 18650 Li-ion cells[J]. Journal of the Electrochemical Society, 2023, 170 (3): 030548. DOI: 10.1149/1945-7111/acc6f3.

[47] PENG J, JIA S H, YANG S M, et al. State estimation of lithium-ion batteries based on strain parameter monitored by fiber Bragg grating sensors[J]. Journal of Energy Storage, 2022, 52: 104950. DOI: 10.1016/j.est.2022.104950.

[48] PENG J, ZHOU X, JIA S H, et al. High precision strain monitoring for lithium ion batteries based on fiber Bragg grating sensors[J]. Journal of Power Sources, 2019, 433: 226692. DOI: 10.1016/j.jpowsour.2019.226692.

[49] GANGULI A, SAHA B, RAGHAVAN A, et al. Embedded fiber-optic sensing for accurate internal monitoring of cell state in advanced battery management systems part 2: Internal cell signals and utility for state estimation[J]. Journal of Power Sources, 2017, 341: 474-482. DOI: 10.1016/j.jpowsour.2016.11.103.

[50] CHEN S Q, WEI X Z, ZHANG G X, et al. Mechanical strain signal based early warning for failure of different prismatic lithium-ion batteries[J]. Journal of Power Sources, 2023, 580: 233397. DOI: 10.1016/j.jpowsour.2023.233397.

[51] RAGHAVAN A, KIESEL P, SOMMER L W, et al. Embedded fiber-optic sensing for accurate internal monitoring of cell state in advanced battery management systems part 1: Cell embedding method and performance[J]. Journal of Power Sources, 2017, 341: 466-473. DOI: 10.1016/j.jpowsour.2016.11.104.

[52] ZHANG Y, XIAO X P, CHEN W L, et al. In operando monitoring the stress evolution of silicon anode electrodes during battery operation via optical fiber sensors[J]. Small, 2024, 20 (29): e2311299. DOI: 10.1002/smll.202311299.

[53] ALBERO BLANQUER L, MARCHINI F, SEITZ J R, et al. Optical sensors for operando stress monitoring in lithium-based batteries containing solid-state or liquid electrolytes[J]. Nature Communications, 2022, 13 (1): 1153. DOI: 10.1038/s41467-022-28792-w.

[54] MIAO Z Y, LI Y P, XIAO X P, et al. Direct optical fiber monitor on stress evolution of the sulfur-based cathodes for lithium-sulfur batteries[J]. Energy & Environmental Science, 2022, 15 (5): 2029-2038. DOI: 10.1039/D2EE00007E.

[55] ZHU S X, YANG L, WEN J W, et al. In operando measuring circumferential internal strain of 18650 Li-ion batteries by thin film strain gauge sensors[J]. Journal of Power Sources, 2021, 516: 230669. DOI: 10.1016/j.jpowsour.2021.230669.

[56] ZHU S X, YANG L, FAN J B, et al. In-situ obtained internal strain and pressure of the cylindrical Li-ion battery cell with silicon-graphite negative electrodes[J]. Journal of Energy Storage, 2021, 42: 103049. DOI: 10.1016/j.est.2021.103049.

[57] SCHMITT J, KRAFT B, SCHMIDT J P, et al. Measurement of gas pressure inside large-format prismatic lithium-ion cells during operation and cycle aging[J]. Journal of Power Sources, 2020, 478: 228661. DOI: 10.1016/j.jpowsour.2020.228661.

[58] HEMMERLING J, SCHÄFER J, JUNG T, et al. Investigation of internal gas pressure and internal temperature of cylindrical Li-ion cells to study thermodynamical and mechanical properties of hard case battery cells[J]. Journal of Energy Storage, 2023, 59: 106444. DOI: 10.1016/j.est.2022.106444.

[59] TAN K, LI W, LIN Z, et al. operando monitoring of internal gas pressure in commercial lithium-ion batteries via a MEMS-assisted fiber-optic interferometer[J]. Journal of Power Sources, 2023, 580: 233471. DOI: 10.1016/j.jpowsour.2023.233471.

[60] KOCH S, BIRKE K, KUHN R. Fast thermal runaway detection for lithium-ion cells in large scale traction batteries[J]. Batteries, 2018, 4 (2): 16. DOI: 10.3390/batteries4020016.

[61] LYU S Q, LI N, SUN L, et al. Rapid operando gas monitor for commercial lithium ion batteries: Gas evolution and relation with electrode materials[J]. Journal of Energy Chemistry, 2022, 72: 14-25. DOI: 10.1016/j.jechem.2022.04.010.

[62] CAI T, VALECHA P, TRAN V, et al. Detection of Li-ion battery failure and venting with Carbon Dioxide sensors[J]. eTransportation, 2021, 7: 100100. DOI: 10.1016/j.etran.2020.100100.

[63] ALLSOP T, NEAL R. A review: Application and implementation of optic fibre sensors for gas detection[J]. Sensors, 2021, 21 (20): 6755. DOI: 10.3390/s21206755.

[64] CHEN X R, GAN L, GUO X. Optical fiber-based gas sensing for early warning of thermal runaway in lithium-ion batteries[J]. Advanced Sensor Research, 2023, 2 (12). DOI: 10.1002/adsr.202300055.

[65] FUJIMOTO S, UEMURA S, IMANISHI N, et al. Oxygen concentration measurement in the porous cathode of a lithium-air battery using a fine optical fiber sensor[J]. Mechanical Engineering Letters, 2019, 5: 19-95-19-00095. DOI: 10.1299/mel.19-00095.

[66] DOYLE M, FULLER T F, NEWMAN J. Modeling of galvanostatic charge and discharge of the lithium/polymer/insertion cell[J]. Journal of the Electrochemical Society, 1993, 140 (6): 1526. DOI: 10.1149/1.2221597.

[67] FULLER T F, DOYLE M, NEWMAN J. Simulation and optimization of the dual lithium ion insertion cell[J]. Journal of the Electrochemical Society, 1994, 141 (1): 1-10. DOI: 10.1149/1.2054684.

[68] ZHANG D, POPOV B N, WHITE R E. Modeling lithium intercalation of a single spinel particle under potentiodynamic control[J]. Journal of the Electrochemical Society, 2000, 147 (3): 831. DOI: 10.1149/1.1393279.

[69] GU W B, WANG C Y. Thermal-electrochemical modeling of battery systems[J]. Journal of the Electrochemical Society, 2000, 147 (8): 2910. DOI: 10.1149/1.1393625.

[70] LI H H, SAINI A, LIU C Y, et al. Electrochemical and thermal characteristics of prismatic lithium-ion battery based on a three-dimensional electrochemical-thermal coupled model[J]. Journal of Energy Storage, 2021, 42: 102976. DOI: 10.1016/j.est.2021.102976.

[71] NIE P B, ZHANG S W, RAN A H, et al. Full-cycle electrochemical-thermal coupling analysis for commercial lithium-ion batteries[J]. Applied Thermal Engineering, 2021, 184: 116258. DOI: 10.1016/j.applthermaleng.2020.116258.

[72] XU M, ZHANG Z Q, WANG X, et al. A pseudo three-dimensional electrochemical-thermal model of a prismatic LiFePO$_4$ battery during discharge process[J]. Energy, 2015, 80: 303-317. DOI: 10.1016/j.energy.2014.11.073.

[73] DU S L, LAI Y Q, AI L, et al. An investigation of irreversible heat generation in lithium ion batteries based on a thermo-electrochemical coupling method[J]. Applied Thermal Engineering, 2017, 121: 501-510. DOI: 10.1016/j.applthermaleng.2017.04.077.

[74] GHALKHANI M, BAHIRAEI F, NAZRI G A, et al. Electrochemical-thermal model of pouch-type lithium-ion batteries[J]. Electrochimica Acta, 2017, 247: 569-587. DOI: 10.1016/j.electacta.2017.06.164.

[75] LI C S, ZHANG H Y, ZHANG R J, et al. On the characteristics analysis and tab design of an 18650 type cylindrical LiFePO$_4$ battery[J]. Applied Thermal Engineering, 2021, 182: 116144. DOI: 10.1016/j.applthermaleng.2020.116144.

[76] LIN X W, ZHOU Z F, ZHU X G, et al. Non-uniform thermal characteristics investigation of three-dimensional electrochemical-thermal coupled model for pouch lithium-ion battery[J]. Journal of Cleaner Production, 2023, 417: 137912. DOI: 10.1016/j.jclepro.2023.137912.

[77] HUANG Y F, LAI X, REN D S, et al. Thermal and stoichiometry inhomogeneity investigation of large-format lithium-ion batteries via a three-dimensional electrochemical-thermal coupling model[J]. Electrochimica Acta, 2023, 468: 143212. DOI: 10.1016/j.electacta.2023.143212.

[78] ÖZDEMIR T, EKICI Ö, KÖKSAL M. Numerical and experimental investigation of the electrical and thermal behaviors of the Li-ion batteries under normal and abuse operating conditions[J]. Journal of Energy Storage, 2024, 77: 109880. DOI: 10.1016/j.est.2023.109880.

[79] AMIRI M N, HÅKANSSON A, BURHEIM O S, et al. Lithium-ion battery digitalization: Combining physics-based models and machine learning[J]. Renewable and Sustainable Energy Reviews, 2024, 200: 114577. DOI: 10.1016/j.rser.2024.114577.

[80] WU Y K, HE J, YANG L, et al. Multiscale and multiphysics theoretical model and computational method for lithium-ion batteries[J]. Energy Storage Science and Technology, 2023, 12(7): 2141-2154. DOI: 10.19799/j.cnki.2095-4239.2023.0301.

[81] SAUERTEIG D, HANSELMANN N, ARZBERGER A, et al. Electrochemical-mechanical coupled modeling and parameterization of swelling and ionic transport in lithium-ion batteries[J]. Journal of Power Sources, 2018, 378: 235-247. DOI: 10.1016/j.jpowsour.2017.12.044.

[82] LEE Y K, SONG J, PARK J. Multi-scale coupled mechanical-electrochemical modeling for study on stress generation and its impact on multi-layered electrodes in lithium-ion batteries[J]. Electrochimica Acta, 2021, 389: 138682. DOI: 10.1016/j.electacta.2021.138682.

[83] SHIN J, LEE Y K. Multi-scale mechanical-electrochemical coupled modeling of stress generation and its impact on different battery cell geometries[J]. Journal of Power Sources, 2024, 595: 234064. DOI: 10.1016/j.jpowsour.2024.234064.

[84] GUO W D, LI Y Q, SUN Z C, et al. A digital twin to quantitatively understand aging mechanisms coupled effects of NMC battery using dynamic aging profiles[J]. Energy Storage Materials, 2023, 63: 102965. DOI: 10.1016/j.ensm.2023.102965.

[85] YUAN C H, HAHN Y, LU W Q, et al. Quantification of electrochemical-mechanical coupling in lithium-ion batteries[J]. Cell Reports Physical Science, 2022, 3(12): 101158. DOI: 10.1016/j.xcrp.2022.101158.

[86] WANG Y N, NI R K, JIANG X B, et al. An electrochemical-mechanical coupled multi-scale modeling method and full-field stress distribution of lithium-ion battery[J]. Applied Energy, 2023, 347: 121444. DOI: 10.1016/j.apenergy.2023.121444.

[87] DUAN X T, JIANG W J, ZOU Y L, et al. A coupled electrochemical-thermal-mechanical model for spiral-wound Li-ion batteries[J]. Journal of Materials Science, 2018, 53(15): 10987-11001. DOI: 10.1007/s10853-018-

2365-6.
[88] ZHANG X X, CHUMAKOV S, LI X B, et al. An electro-chemo-thermo-mechanical coupled three-dimensional computational framework for lithium-ion batteries[J]. Journal of the Electrochemical Society, 2020, 167(16): 160542. DOI: 10.1149/1945-7111/abd1f2.
[89] QIU T, ZHANG X X, USUBELLI C, et al. Understanding thermal and mechanical effects on lithium plating in lithium-ion batteries[J]. Journal of Power Sources, 2022, 541: 231632. DOI: 10.1016/j.jpowsour.2022.231632.
[90] YANG S C, HUA Y, QIAO D, et al. A coupled electrochemical-thermal-mechanical degradation modelling approach for lifetime assessment of lithium-ion batteries[J]. Electrochimica Acta, 2019, 326: 134928. DOI: 10.1016/j.electacta.2019.134928.
[91] LUO P F, LI P C, MA D Z, et al. A novel capacity fade model of lithium-ion cells considering the influence of stress[J]. Journal of the Electrochemical Society, 2021, 168(9): 090537. DOI: 10.1149/1945-7111/ac24b5.
[92] LUO P F, LI P C, MA D Z, et al. Coupled electrochemical-thermal-mechanical modeling and simulation of lithium-ion batteries[J]. Journal of the Electrochemical Society, 2022, 169(10): 100535. DOI: 10.1149/1945-7111/ac9a04.
[93] LI Y F, LI K, SHEN W J, et al. Stress-dependent capacity fade behavior and mechanism of lithium-ion batteries[J]. Journal of Energy Storage, 2024, 86: 111165. DOI: 10.1016/j.est.2024.111165.
[94] ZHAO K, LIU Y, MING W L, et al. Digital twin-driven estimation of state of charge for Li-ion battery[C]//2022 IEEE 7th International Energy Conference (ENERGYCON). May 9-12, 2022, Riga, Latvia. IEEE, 2022: 1-6. DOI: 10.1109/ENERGYCON53164.2022.9830324.
[95] EATY N D K M, BAGADE P. Electric vehicle battery management using digital twin[C]//2022 IEEE International Conference on Omni-layer Intelligent Systems (COINS). August 1-3, 2022, Barcelona, Spain. IEEE, 2022: 1-5. DOI: 10.1109/COINS54846.2022.9854955.
[96] LI H, HUANG J X, JI W J, et al. Predicting capacity fading behaviors of lithium ion batteries: An electrochemical protocol-integrated digital-twin solution[J]. Journal of the Electrochemical Society, 2022, 169(10): 100504. DOI: 10.1149/1945-7111/ac95d2.
[97] QIN Y, ARUNAN A, YUEN C. Digital twin for real-time Li-ion battery state of health estimation with partially discharged cycling data[J]. IEEE Transactions on Industrial Informatics, 2023, 19(5): 7247-7257. DOI: 10.1109/TII.2022.3230698.
[98] ALAMIN K S S, CHEN Y K, MACII E, et al. Digital twins for electric vehicle SoX battery modeling: Status and proposed advancements[C]//2023 AEIT International Conference on Electrical and Electronic Technologies for Automotive (AEIT AUTOMOTIVE). July 17-19, 2023. Modena, Italy. IEEE, 2023. DOI: 10.23919/aeitautomotive58986.2023.10217251.
[99] YI Y H, XIA C Y, FENG C, et al. Digital twin-long short-term memory (LSTM) neural network based real-time temperature prediction and degradation model analysis for lithium-ion battery[J]. Journal of Energy Storage, 2023, 64: 107203. DOI: 10.1016/j.est.2023.107203.
[100] EATY N D K M, BAGADE P. Digital twin for electric vehicle battery management with incremental learning[J]. Expert Systems with Applications, 2023, 229: 120444. DOI: 10.1016/j.eswa.2023.120444.
[101] POOYANDEH M, SOHN I. Smart lithium-ion battery monitoring in electric vehicles: An AI-empowered digital twin approach[J]. Mathematics, 2023, 11(23): 4865. DOI: 10.3390/math11234865.
[102] LI W, LI Y S, GARG A, et al. Enhancing real-time degradation prediction of lithium-ion battery: A digital twin framework with CNN-LSTM-attention model[J]. Energy, 2024, 286: 129681. DOI: 10.1016/j.energy.2023.129681.
[103] NAIR P, VAKHARIA V, SHAH M, et al. AI-driven digital twin model for reliable lithium-ion battery discharge capacity predictions[J]. International Journal of Intelligent Systems, 2024, 2024: 8185044. DOI: 10.1155/2024/8185044.
[104] NKECHINYERE NJOKU J, IFEANYI NWAKANMA C, KIM D S. Explainable data-driven digital twins for predicting battery states in electric vehicles[J]. IEEE Access, 2024, 12: 83480-83501. DOI: 10.1109/ACCESS.2024.3413075.

[105] YANG D Z, CUI Y D, XIA Q, et al. A digital twin-driven life prediction method of lithium-ion batteries based on adaptive model evolution[J]. Materials, 2022, 15（9）: 3331. DOI: 10.3390/ma15093331.

[106] THELEN A, ZHANG X G, FINK O, et al. A comprehensive review of digital twin: Part 2: Roles of uncertainty quantification and optimization, a battery digital twin, and perspectives[J]. Structural and Multidisciplinary Optimization, 2022, 66（1）: 1. DOI: 10.1007/s00158-022-03410-x.

[107] LI H, KALEEM M B, CHIU I J, et al. An intelligent digital twin model for the battery management systems of electric vehicles[J]. International Journal of Green Energy, 2024, 21（3）: 461-475. DOI: 10.1080/15435075.2023.2199330.

[108] XIE J H, YANG R F, HUI S Y R, et al. Dual Digital Twin: Cloud-edge collaboration with Lyapunov-based incremental learning in EV batteries[J]. Applied Energy, 2024, 355: 122237. DOI: 10.1016/j.apenergy.2023.122237.

[109] WANG F J, ZHAO Z B, ZHAI Z, et al. Explainability-driven model improvement for SOH estimation of lithium-ion battery[J]. Reliability Engineering & System Safety, 2023, 232: 109046. DOI: 10.1016/j.ress.2022.109046.

[110] FENG F, TENG S L, LIU K L, et al. Co-estimation of lithium-ion battery state of charge and state of temperature based on a hybrid electrochemical-thermal-neural-network model[J]. Journal of Power Sources, 2020, 455: 227935. DOI: 10.1016/j.jpowsour.2020.227935.

[111] DINEVA A, CSOMÓS B, KOCSIS SZ S, et al. Investigation of the performance of direct forecasting strategy using machine learning in State-of-Charge prediction of Li-ion batteries exposed to dynamic loads[J]. Journal of Energy Storage, 2021, 36: 102351. DOI: 10.1016/j.est.2021.102351.

[112] TIAN J P, XIONG R, LU J H, et al. Battery state-of-charge estimation amid dynamic usage with physics-informed deep learning[J]. Energy Storage Materials, 2022, 50: 718-729. DOI: 10.1016/j.ensm.2022.06.007.

[113] SINGH S, EBONGUE Y E, REZAEI S, et al. Hybrid modeling of lithium-ion battery: Physics-informed neural network for battery state estimation[J]. Batteries, 2023, 9（6）: 301. DOI: 10.3390/batteries9060301.

[114] YU H Q, ZHANG L S, WANG W T, et al. State of charge estimation method by using a simplified electrochemical model in deep learning framework for lithium-ion batteries[J]. Energy, 2023, 278: 127846. DOI: 10.1016/j.energy.2023.127846.

[115] NASCIMENTO R G, CORBETTA M, KULKARNI C S, et al. Hybrid physics-informed neural networks for lithium-ion battery modeling and prognosis[J]. Journal of Power Sources, 2021, 513: 230526. DOI: 10.1016/j.jpowsour.2021.230526.

[116] KOHTZ S, XU Y W, ZHENG Z Y, et al. Physics-informed machine learning model for battery state of health prognostics using partial charging segments[J]. Mechanical Systems and Signal Processing, 2022, 172: 109002. DOI: 10.1016/j.ymssp.2022.109002.

[117] SUN B, PAN J L, WU Z Y, et al. Adaptive evolution enhanced physics-informed neural networks for time-variant health prognosis of lithium-ion batteries[J]. Journal of Power Sources, 2023, 556: 232432. DOI: 10.1016/j.jpowsour.2022.232432.

[118] HOFMANN T, HAMAR J, ROGGE M, et al. Physics-informed neural networks for state of health estimation in lithium-ion batteries[J]. Journal of the Electrochemical Society, 2023, 170（9）: 090524. DOI: 10.1149/1945-7111/acf0ef.

[119] FU H J, LIU Z G, CUI K X, et al. Physics-informed neural network for spacecraft lithium-ion battery modeling and health diagnosis[J]. IEEE/ASME Transactions on Mechatronics, 2024, PP（99）: 1-10. DOI: 10.1109/TMECH.2023.3348519.

[120] WEN P F, YE Z S, LI Y, et al. Physics-informed neural networks for prognostics and health management of lithium-ion batteries[J]. IEEE Transactions on Intelligent Vehicles, 2024, 9（1）: 2276-2289. DOI: 10.1109/TIV.2023.3315548.

[121] WANG F J, ZHAI Z, ZHAO Z B, et al. Physics-informed neural network for lithium-ion battery degradation stable modeling and prognosis[J]. Nature Communications, 2024, 15（1）: 4332. DOI: 10.1038/s41467-024-48779-z.

[122] TANG A H, XU Y C, HU Y Z, et al. Battery state of health estimation under dynamic operations with physics-driven deep learning[J]. Applied Energy, 2024, 370: 123632. DOI: 10.1016/j.apenergy.2024.123632.

[123] SHI J C, RIVERA A, WU D Z. Battery health management using physics-informed machine learning: Online degradation modeling and remaining useful life prediction[J]. Mechanical Systems and Signal Processing, 2022, 179: 109347. DOI: 10.1016/j.ymssp.2022.109347.

[124] NAJERA-FLORES D A, HU Z, CHADHA M, et al. A Physics-Constrained Bayesian neural network for battery remaining useful life prediction[J]. Applied Mathematical Modelling, 2023, 122: 42-59. DOI: 10.1016/j.apm.2023.05.038.

[125] MA L, TIAN J P, ZHANG T L, et al. Accurate and efficient remaining useful life prediction of batteries enabled by physics-informed machine learning[J]. Journal of Energy Chemistry, 2024, 91: 512-521. DOI: 10.1016/j.jechem.2023.12.043.

[126] WANG Y J, TIAN J Q, SUN Z D, et al. A comprehensive review of battery modeling and state estimation approaches for advanced battery management systems[J]. Renewable and Sustainable Energy Reviews, 2020, 131: 110015. DOI: 10.1016/j.rser.2020.110015.

[127] LIN Y H, RUAN S J, CHEN Y X, et al. Physics-informed deep learning for lithium-ion battery diagnostics using electrochemical impedance spectroscopy[J]. Renewable and Sustainable Energy Reviews, 2023, 188: 113807. DOI: 10.1016/j.rser.2023.113807.

[128] CUI B H, WANG H, LI R L, et al. Ultra-early prediction of lithium-ion battery performance using mechanism and data-driven fusion model[J]. Applied Energy, 2024, 353: 122080. DOI: 10.1016/j.apenergy.2023.122080.

[129] THELEN A, LUI Y H, SHEN S, et al. Integrating physics-based modeling and machine learning for degradation diagnostics of lithium-ion batteries[J]. Energy Storage Materials, 2022, 50: 668-695. DOI: 10.1016/j.ensm.2022.05.047.

[130] NAVIDI S, THELEN A, LI T K, et al. Physics-informed machine learning for battery degradation diagnostics: A comparison of state-of-the-art methods[J]. Energy Storage Materials, 2024, 68: 103343. DOI: 10.1016/j.ensm.2024.103343.

[131] SU A Y, MAO S Y, LU L G, et al. Implanted potential sensing separator enables smart battery internal state monitor and safety alert[J]. eTransportation, 2024, 21: 100339. DOI: 10.1016/j.etran.2024.100339.

第 11 章

贫数据应用场景下的锂离子电池容量退化轨迹预测方法研究

管鸿盛，钱 诚，孙 博，任 羿

  锂离子电池具有能量密度高、自放电率低、寿命长等优点，已被广泛应用于电动汽车、消费电子、航空航天等领域[1]。鉴于电气设备的使用寿命与其电池密切相关，学术和工业界将延长电池寿命作为研究目标，以期最大限度地降低电气设备的维护成本并提升其安全性[2]。电池容量，作为衡量电池储存电量的指标，常用于评估电池的健康状态（SOH）[3]。对于锂离子电池来说，准确地掌握其容量退化规律有助于对其开展预测性维护和指导梯次利用[4]。然而，锂离子电池在实际运行过程中常面临复杂的动态负载和随机充放电条件，导致电池的真实容量数据难以获取[5]。此外，通过实验获取大量完整的容量退化数据不仅耗时而且成本高昂[6]。因此，在缺乏大量完整标记电池数据的贫数据条件下进行容量退化轨迹预测，具有显著的实际应用价值[7]。

  近年来，神经网络算法在锂离子电池容量退化轨迹预测方面得到了广泛应用。例如，Xu 等[8]提出了一种融合物理模型与数据驱动的容量退化预测方法，利用基于 LSTM 的序列到序列模型实现了高精度的电池容量预测。Strange 等[9]采用多层 CNN 模型，结合插值方法构建了锂离子电池在不同老化水平下的容量退化曲线。Zhou 等[10]提出了一种结合循环寿命预测技术的迁移学习策略，在两阶段老化过程中实现了磷酸铁锂电池长期容量退化轨迹的准确预测。Zhao 等[11]开发了一种基于双向长短期记忆网络（Bi-LSTM）的容量退化预测方法，通过老化轨迹匹配和深度迁移学习，在不同老化阶段实现了可靠的容量预测。Che 等[12]提出了一种具有长期正则化的域适应多任务学习方法，在不可见的动态负载和温度条件下，对电池容量退化轨迹进行了短期和长期预测，取得了较高的预测精度。Qian 等[13]针对动态负载条件，开发了一种基于注意力机制和序列到序列模型的 SOH 预测方法，通过输入历史状态信息和未来负载信息，实现了长期退化曲线的预测。唐梓巍等[14]

提出了一种基于 Informer 神经网络的容量退化预测方法，预测结果的平均绝对误差和均方根误差分别控制在 2.57% 和 3.5%。Han 等[15]提出了一种自适应 LSTM 方法，通过提取健康特征并利用自适应 LSTM 模型进行一步预测，容量预测的平均误差为 6%。Li 等[16]提出了一个基于序列到序列模型的预测框架，能够同时预测容量和功率衰减，并准确地预测车辆在寿命早期的容量和内阻退化轨迹。

尽管基于神经网络的容量退化轨迹预测方法已取得较高精度，但其训练过程依赖于大量电池测试数据。在数据匮乏的情况下，神经网络模型难以得到充分训练，严重限制了其容量预测的精度。针对上述问题，本章提出了一种融合容量退化曲线增广技术和常用神经网络算法的锂离子电池容量退化轨迹预测方法，能够仅依赖贫数据条件准确预测出电池的容量退化轨迹。该方法首先利用多项式函数和蒙特卡罗方法，对少量完整标记电池的容量退化数据进行增广得到大量虚拟容量退化曲线，并通过 KL 散度与欧氏距离进行筛选，确保虚拟容量退化曲线能够有效反映电池的退化规律。进一步，构建了包括 MLP、CNN、GRU 和 LSTM 在内的四类常用于锂离子电池容量估计与预测的神经网络模型，采用预训练和微调相结合的两阶段训练策略，将虚拟容量退化曲线数据映射到电池真实容量，从而实现容量退化轨迹预测。

11.1 锂离子电池容量退化轨迹预测方法

本工作提出的锂离子电池容量退化轨迹预测方法主要包括容量退化曲线增广、神经网络模型构建、模型训练与验证等步骤。

11.1.1 容量退化曲线增广

在锂离子电池的使用过程中，固体电解质界面相的形成和分解、石墨剥离和镀锂等多种物理和化学降解机制会改变电极的开路电压，导致电极滑动或收缩，进而引起电池容量退化[17]。这些化学反应受到温度、负载电流和放电深度等因素的影响，导致不同电池的容量退化曲线存在差异。因此，在贫数据条件下开展电池容量退化轨迹预测的关键在于从有限的数据中提取出多样化且具有代表性的容量退化特征。

为此，本工作采用图 11.1 所示的方法，对少量完整标记电池的容量退化曲线进行增广，生成大量能够反映电池退化规律的虚拟容量退化曲线。首先，使用多项式函数和蒙特卡罗方法，从少量完整的容量退化曲线出发，生成初步的虚拟容量退化曲线。其次，根据电池早期的容量退化轨迹与虚拟容量退化曲线的早期数据，以 KL 散度和欧氏距离为标准，筛选出能够反映电池退化特性的虚拟容量退化曲线，形成具有一定规模的虚拟容量退化曲线集合。例如，本工作研究构建的锂离子电池虚拟容量退化曲线集合共包括 16 条增广出的虚拟容量退化曲线。

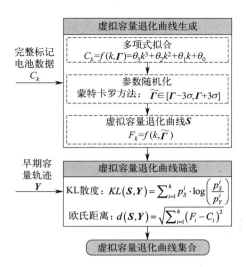

图 11.1　锂离子电池容量退化曲线增广流程

11.1.1.1　基于多项式函数和蒙特卡罗方法的虚拟容量退化曲线生成

假设某只完整标记电池的循环圈数为 $X=[1, 2\cdots n]$，对应的容量为 $Y=[C_1, C_2\cdots C_n]$。使用式（11.1）所示的三次多项式函数对其容量退化曲线进行拟合。

$$C_k=f(k, \boldsymbol{\Gamma})=\theta_3 k^3+\theta_2 k^2+\theta_1 k+\theta_0 \tag{11.1}$$

其中，C_k 表示第 k 圈循环对应的容量，$\boldsymbol{\Gamma}=[\theta_3, \theta_2, \theta_1, \theta_0]$ 为待拟合的参数。

在获取拟合参数 $\boldsymbol{\Gamma}$ 后，使用蒙特卡罗方法对其进行随机化处理。首先，基于参数 $\boldsymbol{\Gamma}$ 建立正态分布，其中均值 μ 设置为 $\boldsymbol{\Gamma}$，标准差 σ 设置为与 $\boldsymbol{\Gamma}$ 数量级相同的基准数（1×10^p，p 为整数）。接着，从正态分布中抽取随机参数 $\widetilde{\boldsymbol{\Gamma}}$。为确保随机抽样范围的合理性，根据 3σ 原则将其设定为 $[\boldsymbol{\Gamma}-3\sigma, \boldsymbol{\Gamma}+3\sigma]$。最后，将随机参数 $\widetilde{\boldsymbol{\Gamma}}$ 用于式（11.1），生成虚拟容量退化曲线。为了覆盖本工作所使用的数据集中电池循环寿命范围，在生成虚拟容量退化曲线时将最大循环圈数设置为 2670。

11.1.1.2　基于 KL 散度和欧氏距离的虚拟容量退化曲线筛选

一般来说，由式（11.1）生成的虚拟容量退化曲线通常会与电池的实际退化行为存在偏差。为此，本工作采用 KL 散度和欧氏距离作为度量标准，评估电池早期容量退化数据与虚拟容量退化曲线之间的相似性，并据此筛选出符合电池退化规律的虚拟容量退化曲线，KL 散度和欧氏距离的阈值分别设置为 2×10^{-4} 和 0.25。

假设电池前 h 圈循环的容量为 $Y=[C_1, C_2\cdots C_h]$，某条虚拟容量退化曲线前 h 圈循环的容量为 $S=[F_1, F_2\cdots F_h]$。根据式（11.2）和式（11.3），分别计算真实容量序列 Y 与虚拟容量序列 S 的 KL 散度和欧氏距离。然后，判断其 KL 散度和欧氏距离是否同时小于设定的阈值。若满足条件，则保留此虚拟容量退化曲线；否则，重新生成并进行筛选。

$$\begin{cases} KL(\boldsymbol{S},\boldsymbol{Y}) = \sum_{i=1}^{h} p_S^i \cdot \log\left(\dfrac{p_S^i}{p_Y^i}\right) \\ p_S^i = \dfrac{F_i}{\sum_{j=1}^{h} F_j} \\ p_Y^i = \dfrac{C_i}{\sum_{j=1}^{h} C_j} \end{cases} \quad (11.2)$$

$$d(\boldsymbol{S},\boldsymbol{Y}) = \sqrt{\sum_{i=1}^{h}(F_i - C_i)^2} \quad (11.3)$$

11.1.2 神经网络模型

本工作选用了锂离子电池容量估计和预测领域中流行的四类神经网络模型进行容量退化轨迹预测研究，包括 MLP[18]、CNN[19]、GRU[20,21] 和 LSTM[22]。

如图 11.2 所示，所选用的 MLP、CNN、GRU 和 LSTM 四类神经网络模型之间的主要差异在于第一层网络（flatten 层与 relu 激活函数除外），分别为全连接层、卷积层、GRU 层和 LSTM 层。其中，CNN 模型的卷积层包括一个一维卷积层和一个最大池化层。四类神经网络模型均以虚拟容量退化曲线数据为输入，实际容量为输出。所有模型都通过 flatten 层进行降维，并使用 relu 激活函数增强非线性能力。最后，模型通过两个串联的全连接层输出容量。

四类神经网络模型采用统一的输入输出格式，并保持相似的超参数规模。以形状为（32,16,1）的输入向量为例，各模型的层结构如表 11.1 所示。特别的，在 CNN 模型中一维卷积层采用 3 个卷积核，最大池化层的步幅设为 2。

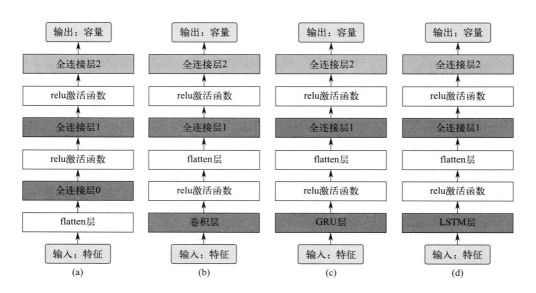

图 11.2 四类典型的神经网络模型：（a）MLP 模型；（b）CNN 模型；（c）GRU 模型；（d）LSTM 模型

表 11.1　四类神经网络模型的超参数

模型	网络层	输出形状	参数量	模型	网络层	输出形状	参数量
MLP	flatten 层	(32,16)	14667	GRU	GRU 层	(32,16,25)	14965
	全连接层 0	(32,298)			flatten 层	(32,400)	
	全连接层 1	(32,32)			全连接层 1	(32,32)	
	全连接层 2	(32,1)			全连接层 2	(32,1)	
CNN	卷积层	(32,64,7)	14657	LSTM	LSTM 层	(32,16,24)	14948
	flatten 层	(32,448)			flatten 层	(32,384)	
	全连接层 1	(32,32)			全连接层 1	(32,32)	
	全连接层 2	(32,1)			全连接层 2	(32,1)	

11.1.3　模型训练与验证

为了提升神经网络模型的收敛速度和精度，采用式（11.4）所示的归一化方法对虚拟容量退化曲线数据和真实容量进行归一化处理，将数据映射到区间 [0, 1]。

$$X^* = \frac{X - X_{\min}}{X_{\max} - X_{\min}} \tag{11.4}$$

式中，$X_{\max}$ 和 $X_{\min}$ 分别为原始数据的最大值和最小值。

用于模型训练的数据集可表示为 $\boldsymbol{D}=\{(\boldsymbol{X}_i, \boldsymbol{Y}_i)\}_{i=1}^{n}$，其中 n 表示训练数据集中的样本总数，$\boldsymbol{Y}_i$ 为第 i 个样本的容量，$\boldsymbol{X}_i$ 为第 i 个样本所属电池的虚拟容量退化曲线的容量值。以某电池第 i 圈循环数据为例，根据虚拟容量退化曲线得到该循环的输入为 $\boldsymbol{X}_i=[F_i^1, F_i^2 \cdots F_i^{16}]$。其中，$F_i^k$ 表示第 k 条虚拟容量退化曲线在第 i 圈循环的容量值。

模型的训练过程包括预训练和微调两个阶段，如图 11.3 所示。在预训练阶段，将少量完整标记电池的容量退化数据作为预训练数据集，对模型进行训练，以学习电池全寿命周期的容量退化规律。在微调阶段，利用早期标记电池的退化数据（前 30% 的数据）对模型的全部参数进行更新，使其适应电池的特定退化行为。预训练和微调过程的具体参数如表 11.2 所示。

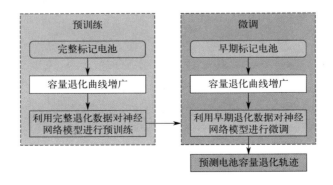

图 11.3　神经网络模型的训练流程

表 11.2　神经网络模型预训练和微调参数设置

训练阶段	预训练	微调
训练轮次	100	30
批量大小	32	16
损失函数	MSE	MSE
优化器	Adam	Adam
学习率	0.001	0.0001

最后，将训练完成的神经网络模型应用于待预测的电池，进行方法的验证。神经网络模型的训练和测试在笔记本计算机（操作系统：Windows11 64 位；CPU：12th Gen Intel（R）Core（TM）i5-12500H；GPU：NVIDIA GeForce RTX 3050Ti Laptop GPU）上进行，在 Pytorch 环境中搭建模型。本工作采用均方根误差（root mean square error, RMSE）和平均绝对百分比误差（mean absolute percentage error, MAPE）作为模型的评价指标，如式（11.5）和式（11.6）所示：

$$\text{RMSE} = \sqrt{\frac{1}{N}\sum_{i=1}^{N}(y_i - \hat{y}_i)^2} \quad (11.5)$$

$$\text{MAPE} = \frac{1}{N}\sum_{i=1}^{N}\left|\frac{y_i - \hat{y}_i}{y_i}\right| \quad (11.6)$$

式中，y_i 和 $\hat{y}_i$ 分别表示容量真实值和预测值，N 表示总循环数。

11.2　结果与分析

11.2.1　锂离子电池老化试验数据

本工作使用的数据来源于华中科技大学提供的锂离子电池老化数据集[23]，包含 77 只标称容量为 1.1 Ah 的 A123 APR18650M1A 电池老化数据。所有电池均采用相同的快速充电方案 C1（5 C 充电至 80%SOC）—C2（1 C 充电至 3.6 V）—CV（3.6 V 恒压充电至 0.05 C）。该数据集考虑了 77 种不同的多级放电方案，电池按照 C1（100%SOC 到 60%SOC）—C2（60%SOC 到 40%SOC）—C3（40%SOC 到 20%SOC）—C4（20%SOC 到 2 V）四步放电方案放电。放电方案中 C1～C4 分别表示 4 个步骤的恒流放电倍率，针对每只电池采用不同的组合。图 11.4 显示了电池放电容量退化曲线，循环圈数范围在 1100～2700。在本章中，图 11.4 所示的电池 B1、B2、B3（3 条虚线对应的电池）被视为完整标记电池，其余电池仅已知前 30% 循环的容量值。

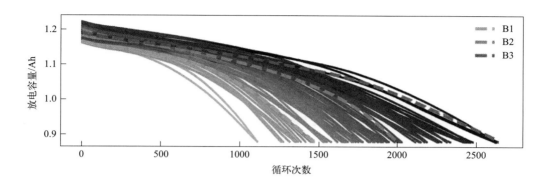

图 11.4　锂离子电池容量退化曲线

11.2.2　容量退化轨迹预测结果

本章通过 3 只完整标记电池的容量退化数据进行预训练，并利用待预测电池的早期容量退化数据进行微调。74 只电池的容量退化轨迹预测结果如表 11.3 所示，四类神经网络模型均展现出较高的预测精度，MAPE 和 RMSE 的均值均低于 2.3% 和 31 mAh。其中，GRU 模型表现最佳，而 CNN 模型的预测精度最低。

表 11.3　容量退化轨迹预测结果

模型	指标	最小值	平均值	最大值
MLP	MAPE/%	0.30	2.08	5.25
	RMSE/mAh	3.3	26.8	65.6
CNN	MAPE/%	0.23	2.28	7.36
	RMSE/mAh	2.8	30.3	91.2
GRU	MAPE/%	0.26	1.91	5.83
	RMSE/mAh	3.4	25.7	80.3
LSTM	MAPE/%	0.16	2.28	5.83
	RMSE/mAh	1.9	29.2	68.7

为进一步分析模型在每只电池上的预测性能，图 11.5 展示了 GRU 模型预测结果的详细误差。其中，图 11.5（a）显示所有电池的容量预测绝对误差。从图中可以看出，大多数电池的最大绝对误差保持在 100 mAh 以下。图 11.5（b）和（c）分别给出了具有最小和最大 MAPE 的两只电池（18 号和 4 号电池）的容量退化轨迹预测结果，其中彩色虚线标示了预测起点。18 号电池的预测结果与实际轨迹高度吻合，MAPE 仅为 0.26%。相反，4 号电池的预测误差随着循环次数的增加而逐渐增大，尽管如此，5.83% 的 MAPE 仍处于可接受范围内。图 11.5（d）和（e）中的直方图及彩色曲线（核密度估计）描述了所有电池预测结果的 MAPE 和 RMSE 分布，大多数电池的 MAPE 和 RMSE 低于 3% 和 40 mAh。上述验证结果表明，本章提出的方法仅需要少量完整标记的电池数据即可实现高精度的容量退化轨迹预测。

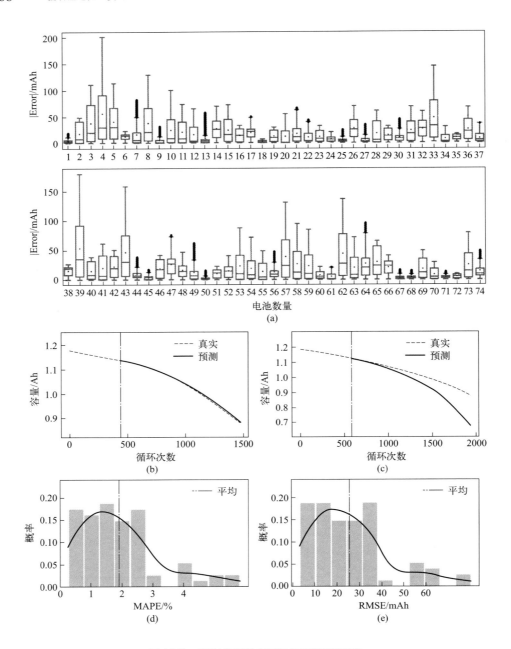

图 11.5 GRU 模型的容量退化轨迹预测结果

(a) 74 只电池的容量预测绝对误差;(b) 最小 MAPE 对应的容量退化轨迹预测结果;(c) 最大 MAPE 对应的容量退化轨迹预测结果;(d) MAPE 分布;(e) RMSE 分布

11.2.3 虚拟容量退化曲线增广敏感性分析

锂离子电池容量退化轨迹预测的准确性高度依赖于容量退化曲线的增广,导致虚拟容量退化曲线的规模成为平衡预测效率与精度的关键参数。为此,本工作开展虚拟容量退化曲线增广敏感性分析研究,增广后的虚拟容量退化曲线数量由 10 条增加至 28 条,并将其分别应用于四类神经网络模型,以预测 74 只电池的容量退化轨迹。

图 11.6 显示了四类神经网络模型的 MAPE 均值。结果表明,四类神经网络模型的 MAPE 均值保持在 1.8%~2.6%。GRU 模型在大多数情况下表现最佳,MAPE 均值始终低于 2.2%。MLP 模型在虚拟容量退化曲线数量不大于 20 条时精度逐渐提升,之后精度有所下降。相比之下,CNN 模型和 LSTM 模型的精度较低,MAPE 均值在大部分情况下超过 2.2%。总体来看,当虚拟容量退化曲线数量≤16 条时,四类神经网络模型的精度整体有所提升;而当虚拟容量退化曲线数量>16 条后,四类神经网络模型的精度波动较大且没有显著提升。

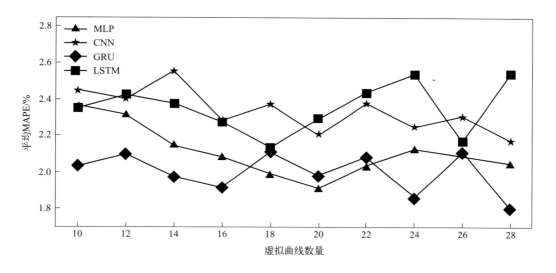

图 11.6　MAPE 均值随虚拟容量退化曲线数量的变化

11.2.4　虚拟容量退化曲线筛选方法的消融实验

为了评估虚拟容量退化曲线筛选方法的选择对锂离子电池容量预测精度的影响,本工作进行了一系列消融实验。实验设置有如下 4 种方案。#1:无筛选,即不对生成的虚拟容量退化曲线进行筛选,标记为"No";#2:仅基于 KL 散度进行筛选,标记为"KL";#3:仅基于欧氏距离进行筛选,标记为"D";#4:同时基于 KL 散度和欧氏距离进行筛选,标记为"KL-D"。

各筛选方法的预测误差对比如图 11.7 所示。结果表明,在不进行筛选的条件下,MLP、CNN 和 GRU 模型的 MAPE 和 RMSE 值均最高,最大值超过了 10% 和 100 mAh。当采用基于 KL 散度和欧氏距离的双重筛选方法时,四类模型的预测精度显著提高。此外,在不同的筛选方法下,CNN 模型的预测精度变化最小,而 GRU 模型的预测精度波动最为显著。

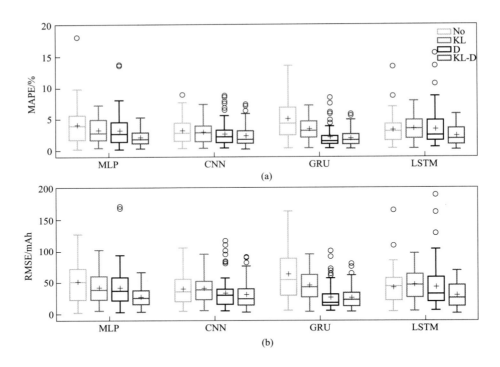

图 11.7　使用不同虚拟容量退化曲线筛选方法的预测误差
（a）MAPE；（b）RMSE

此外，表 11.4 展示了使用不同虚拟容量退化曲线筛选方法时，四类神经网络模型预测结果的误差均值。在各种筛选方法中，CNN 模型显示出较小的变化，其 MAPE 和 RMSE 均值均保持在 3.1% 及 40 mAh 以下。在仅使用基于 KL 散度的筛选方法时，四类模型的误差均值较为接近。然而，在采用基于欧氏距离的筛选方法时，误差均值之间的差异较大，其中 GRU 模型显示出最小的误差。相比之下，当同时基于 KL 散度和欧氏距离进行筛选时，四类模型均实现了最低的 MAPE 均值，表明这种双重筛选方法对提高预测精度较为有效。

11.2.5　模型训练方案的消融实验

为验证预训练和微调结合的训练方案的有效性，本章实施了四类不同的训练策略，并在 74 只电池上测试了这些方案。具体训练方案包括 4 种。#1：使用 3 只完整标记电池进行预训练后直接进行测试，标记为"P"；#2：仅使用待预测电池的早期容量退化数据进行训练，标记为"T"；#3：使用 3 只完整标记电池进行预训练，并用待预测电池的早期容量退化数据对图 11.2 所示模型的全连接层 1 进行微调，其余网络层冻结，标记为"PF-1"；#4：在预训练的基础上，使用待预测电池的早期容量退化数据对所有网络层进行微调，标记为"PF-All"。

表 11.4 使用不同筛选方法的预测误差均值

模型	指标	No	KL	D	KL-D
MLP	MAPE/%	4.06	3.19	3.19	2.08
	RMSE/mAh	50.6	42.2	41.9	26.8
CNN	MAPE/%	3.09	2.96	2.58	2.28
	RMSE/mAh	39.0	40.0	32.5	30.3
GRU	MAPE/%	5.03	3.42	2.04	1.91
	RMSE/mAh	62.7	44.9	25.6	25.7
LSTM	MAPE/%	3.19	3.48	3.37	2.28
	RMSE/mAh	42.1	45.6	42.4	29.2

图 11.8 给出了这些训练方案的预测误差对比。结果显示，仅利用 3 只完整标记电池进行预训练的方案，四类模型的 MAPE 和 RMSE 均值均保持在 4% 和 40 mAh 以下。当仅用待预测电池的早期退化数据进行训练时，预测误差最大，这反映出神经网络模型未能捕捉到电池后期的退化信息。相比之下，基于预训练并全面微调的训练方案（PF-All）显示出更高的精度。在各种训练方案中，MLP 模型的性能变化较小，其 MAPE 和 RMSE 均未超过 8% 和 90 mAh。而 GRU 和 LSTM 模型对训练方案的敏感度更高，特别是在仅使用待预测电池早期数据进行训练时，其 MAPE 和 RMSE 均超过了 9.5% 和 110 mAh。

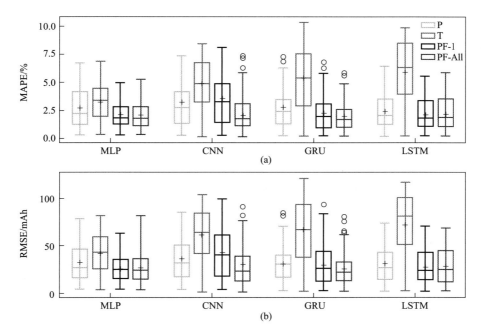

图 11.8 使用不同训练方案的预测误差：(a) MAPE；(b) RMSE

11.3 小结与展望

本工作通过结合容量退化曲线增广和神经网络算法，实现了贫数据条件下锂离子电池容量退化轨迹的准确预测。利用少量完整标记电池的容量退化数据，通过多项式函数和蒙特卡罗方法生成虚拟容量退化曲线，并通过 KL 散度与欧氏距离对其进行筛选。随后，构建了四类神经网络模型，包括 MLP、CNN、GRU 和 LSTM，将虚拟容量退化曲线映射到真实容量。在 77 只具有不同放电方案的电池上进行了验证，结果表明在仅有 3 只完整标记电池的条件下，所提方法能够准确预测电池容量退化轨迹，四类神经网络模型的 MAPE 和 RMSE 均值均低于 2.3% 和 31 mAh。此外，通过消融实验进一步分析了虚拟容量退化曲线筛选方法和模型训练方案，验证了基于 KL 散度与欧氏距离的筛选方法和预训练与全面微调相结合的训练方案的优越性。

综上，本章提出的方法在应对锂离子电池实际运行条件下面临的贫数据挑战时，展现出卓越的预测精度和可靠性，为电池管理系统等应用提供了技术支持。为进一步提升相关研究的深度与广度，未来可从如图 11.9 所示的四个方向展开探索：①嵌入物理知识的机器学习：通过数据-物理混合建模和物理约束神经网络整合电化学机理与数据驱动方法，结合物理知识驱动的特征选择提升模型的外推能力和可靠性，并开展可解释性研究以增强结果的可信度；②半监督或自监督学习：探索伪标签生成、自监督预训练策略与领域自适应技术，有效挖掘无标注数据的潜力，降低对标注数据的依赖，同时通过多任务学习实现对电池多状态的联合优化；③多模态信息融合：聚焦多模态特征协同分析和跨模态关联建模，

图 11.9　锂离子电池健康管理的研究前景

充分利用电化学、热力学和机械数据的互补性，通过动态模态权重分配应对多工况下的复杂状态评估，并设计传感器故障容错机制以提升鲁棒性；④大数据驱动：通过分布式数据采集与存储实现海量数据的高效利用，结合联邦学习技术保护隐私数据，构建知识图谱挖掘退化模式间的潜在关联，并探索大语言模型在复杂数据分析和智能辅助诊断中的应用，推动电池健康管理向智能化发展。

参考文献

[1] LI C，ZHANG H H，DING P，et al. Deep feature extraction in lifetime prognostics of lithium-ion batteries：Advances，challenges and perspectives[J]. Renewable and Sustainable Energy Reviews，2023，184：113576. DOI：10.1016/j.rser.2023.113576.

[2] SEVERSON K A，ATTIA P M，JIN N，et al. Data-driven prediction of battery cycle life before capacity degradation[J]. Nature Energy，2019，4：383-391. DOI：10.1038/s41560-019-0356-8.

[3] QIAN C，XU B H，CHANG L，et al. Convolutional neural network based capacity estimation using random segments of the charging curves for lithium-ion batteries[J]. Energy，2021，227：120333. DOI：10.1016/j.energy.2021.120333.

[4] QIAN C，GUAN H S，XU B H，et al. A CNN-SAM-LSTM hybrid neural network for multi-state estimation of lithium-ion batteries under dynamical operating conditions[J]. Energy，2024，294：130764. DOI：10.1016/j.energy.2024.130764.

[5] LIN C P，XU J，MEI X S. Improving state-of-health estimation for lithium-ion batteries via unlabeled charging data[J]. Energy Storage Materials，2023，54：85-97. DOI：10.1016/j.ensm.2022.10.030.

[6] XIONG R，TIAN J P，SHEN W X，et al. Semi-supervised estimation of capacity degradation for lithium ion batteries with electrochemical impedance spectroscopy[J]. Journal of Energy Chemistry，2023，76：404-413. DOI：10.1016/j.jechem.2022.09.045.

[7] CHE Y H，HU X S，LIN X K，et al. Health prognostics for lithium-ion batteries：Mechanisms，methods，and prospects[J]. Energy & Environmental Science，2023，16（2）：338-371. DOI：10.1039/D2EE03019E.

[8] XU L，DENG Z W，XIE Y，et al. A novel hybrid physics-based and data-driven approach for degradation trajectory prediction in Li-ion batteries[J]. IEEE Transactions on Transportation Electrification，2023，9（2）：2628-2644. DOI：10.1109/TTE.2022.3212024.

[9] STRANGE C，DOS REIS G. Prediction of future capacity and internal resistance of Li-ion cells from one cycle of input data[J]. Energy and AI，2021，5：100097. DOI：10.1016/j.egyai.2021.100097.

[10] ZHOU Z Y，LIU Y G，YOU M X，et al. Two-stage aging trajectory prediction of LFP lithium-ion battery based on transfer learning with the cycle life prediction[J]. Green Energy and Intelligent Transportation，2022，1（1）：100008. DOI：10.1016/j.geits.2022.100008.

[11] ZHAO G C，KANG Y Z，HUANG P，et al. Battery health prognostic using efficient and robust aging trajectory matching with ensemble deep transfer learning[J]. Energy，2023，282：128228. DOI：10.1016/j.energy.2023.128228.

[12] CHE Y H，FOREST F，ZHENG Y S，et al. Health prediction for lithium-ion batteries under unseen working conditions[J]. IEEE Transactions on Industrial Electronics，2024，PP（99）：1-11. DOI：10.1109/TIE.2024.3379664.

[13] QIAN C，XU B H，XIA Q，et al. SOH prediction for lithium-Ion batteries by using historical state and future load information with an AM-seq2seq model[J]. Applied Energy，2023，336：120793. DOI：10.1016/j.apenergy.2023.120793.

[14] TANG Z W，SHI Y P，ZHANG Y S，et al. Prediction of lithium-ion battery capacity degradation trajectory based on Informer[J]. Energy Storage Science and Technology，2024，13（5）：1658-1666. DOI：10.19799/

j.cnki.2095-4239.2023.0812.

[15] HAN C, GAO Y C, CHEN X, et al. A self-adaptive, data-driven method to predict the cycling life of lithium-ion batteries[J]. InfoMat, 2024, 6 (4): e12521. DOI: 10.1002/inf2.12521.

[16] LI W H, ZHANG H T, VAN VLIJMEN B, et al. Forecasting battery capacity and power degradation with multi-task learning[J]. Energy Storage Materials, 2022, 53: 453-466. DOI: 10.1016/j.ensm.2022.09.013.

[17] LIN C P, XU J, JIANG D L, et al. A comparative study of data-driven battery capacity estimation based on partial charging curves[J]. Journal of Energy Chemistry, 2024, 88: 409-420. DOI: 10.1016/j.jechem.2023.09.025.

[18] MA Y, YAO M H, LIU H C, et al. State of health estimation and remaining useful life prediction for lithium-ion batteries by improved particle swarm optimization-back propagation neural network[J]. Journal of Energy Storage, 2022, 52: 104750. DOI: 10.1016/j.est.2022.104750.

[19] RUAN H K, WEI Z B, SHANG W T, et al. Artificial intelligence-based health diagnostic of lithium-ion battery leveraging transient stage of constant current and constant voltage charging[J]. Applied Energy, 2023, 336: 120751. DOI: 10.1016/j.apenergy. 2023.120751.

[20] QIAN C, XU B H, XIA Q, et al. A dual-input neural network for online state-of-charge estimation of the lithium-ion battery throughout its lifetime[J]. Materials, 2022, 15 (17): 5933. DOI: 10.3390/ma15175933.

[21] GUAN H S, QIAN C, XU B H, et al. SAM-GRU-based fusion neural network for SOC estimation in lithium-ion batteries under a wide range of operating conditions[J]. Energy Storage Science and Technology, 2023, 12 (7): 2229-2237. DOI: 10.19799/j.cnki. 2095-4239.2023.0292.

[22] SUN B, PAN J L, WU Z Y, et al. Adaptive evolution enhanced physics-informed neural networks for time-variant health prognosis of lithium-ion batteries[J]. Journal of Power Sources, 2023, 556: 232432. DOI: 10.1016/j.jpowsour.2022.232432.

[23] MA G J, XU S P, JIANG B B, et al. Real-time personalized health status prediction of lithium-ion batteries using deep transfer learning[J]. Energy & Environmental Science, 2022, 15 (10): 4083-4094. DOI: 10.1039/D2EE01676A.

第 12 章

宽温域条件下锂离子电池 SOC/SOP 智能估计方法

刘 莹，孙丙香，赵鑫泽，张珺玮

锂离子电池自放电率低、能量密度高、使用寿命长且对环境污染小，因而广泛应用于电动汽车领域[1]。在电池管理系统（battery management system，BMS）中，状态估计是其核心功能之一，荷电状态（state of charge，SOC）直接决定电动汽车续驶里程，峰值功率（state of power，SOP）代表电池极限充放电能力，SOC 和 SOP 的准确估计可以精准控制电池充放电，优化电动汽车电池能量管理[2]。但是，SOC、SOP 受多因素影响，并且磷酸铁锂电池在中间 SOC 区间存在较长的电压平台区，因此针对磷酸铁锂电池宽温域下 SOC/SOP 联合准确估计是电池管理系统相关研究的热点和难点。

目前电池 SOC 估计方法主要分为安时积分法、数据驱动法，以及基于电路模型的方法[3]。安时积分法较为简便，但不存在反馈环节，会出现误差累积，往往通过结合其他方法提高估计精度，如文献 [4] 中利用开路电压修正安时积分法 SOC 估计值。数据驱动法则需要用离线数据进行训练，需要的数据量大，数据质量要求较高，目前也有学者将数据驱动与滤波算法联合实现 SOC 估计，文献 [5] 列举了一些常用于 SOC 估计的机器学习方法的最新研究，如径向基函数神经网络与扩展卡尔曼滤波算法（extended Kalman filter，EKF）的结合；文献 [6] 联合无迹卡尔曼滤波算法（unscented Kalman filter，UKF）与离散灰色预测和神经网络，进一步降低了误差。基于电路模型的方法通常结合滤波方法来实现 SOC 估计，常用的有 EKF、UKF、粒子滤波等；文献 [7] 将电化学模型与非线性观测器相结合，在引入系统测量误差的情况下仍保持收敛；文献 [8] 分析了噪声的影响，采用哈里斯鹰算法优化 EKF，通过获取协方差矩阵最优值来提高估计精度；文献 [9] 通过分析多种误差源与 SOC 估计误差之间的关系，提出了 EKF 与安时积分法的联合估计方法，在识别传感器故障和纠正模型参数误差方面非常有效。

SOP 估计中常用的有 MAP 图和基于参数模型的方法[10]。MAP 图是基于离线数据建立 MAP 图，然后通过插值或拟合的方式获取 SOP，不能保证足够的精度。基于参数模型的方法中目前考虑较多的是电压、电流以及 SOC 对 SOP 的限制，如文献 [11] 和文献 [12] 分别考虑了电压和 SOC 对 SOP 的约束以及电压、SOC 和电流对 SOP 的约束。现有研究对温度约束考虑较少，但是在高温条件下，由于电池温度较高，加上电池产热，容易超过允许的最高工作温度，若不对温度加以限制，会加速电池衰老甚至引发安全事故。

本章基于锂离子电池电热耦合模型，采用 EKF 算法在线辨识电路参数，引入多新息理论（multi innovation，MI）对 UKF 算法存在的局限性进行改进。考虑磷酸铁锂电池材料体系在充放电过程中存在较长的电压平台期，结合 MIUKF 算法与安时积分法，既利用了 MIUKF 算法对误差的修正能力，也避免了在电压平台区无法反向修正的问题，提高宽温域全 SOC 区间的估计精度。最后在参数在线辨识及 SOC 估计基础上，考虑电压、SOC、温度的限制设计了多约束条件 SOP 估计方法，着重分析了高温条件下温度对 SOP 的影响，验证了温度约束对于 SOP 估计的必要性。

12.1　锂离子电池电热耦合模型

12.1.1　等效电路模型

等效电路模型分为 Rint 模型、n 阶 RC 并联模型和 PNGV 模型等，选择模型应该在保证准确性的前提下尽量降低计算量。文献 [13] 从在线和离线两个方面比较了常用的一阶 RC 模型及二阶 RC 模型，分别采用两种模型的运行时间和仿真精度及贝叶斯准则指标对模型进行评价，结果表明在综合考虑精度和复杂度的情况下，一阶 RC 模型是较优的选择。因此本研究选用一阶 RC 等效电路模型，如图 12.1 所示。

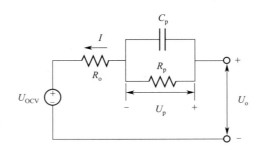

图 12.1　一阶等效电路模型

图中，R_o 为欧姆内阻，U_{OCV} 为开路电压，U_o 为电池端电压，I 为充放电电流（定义充电为正，放电为负），R_p、C_p、U_p 分别为极化电阻、电容、电压。

由基尔霍夫定律得到一阶 RC 电路模型的公式：

$$\begin{cases} \dfrac{I}{C_p} = \dfrac{dU_p}{dt} + \dfrac{U_p}{R_p C_p} \\ U_o = U_{OCV} + R_o I + U_p \end{cases} \tag{12.1}$$

离散化得：

$$\begin{cases} U_{p,k+1} = U_{p,k} e^{-T_s/(R_{p,k} C_{p,k})} + R_{p,k} I_k \left(1 - e^{-T_s/(R_{p,k} C_{p,k})}\right) \\ U_{o,k} = U_{p,k} + R_{o,k} I_k + U_{OCV,k} \end{cases} \tag{12.2}$$

式中，$U_{p,k+1}$ 表示 $k+1$ 时刻极化电压；$U_{p,k}$、$U_{OCV,k}$、$U_{o,k}$、$R_{o,k}$、$R_{p,k}$、$C_{p,k}$、I_k 分别表示 k 时刻极化电压、开路电压、端电压、欧姆内阻、极化电阻、极化电容及电流；T_s 为采样时间间隔，取 1 s。

12.1.2 热模型

锂离子电池热模型可分为集总参数热模型和分布式参数热模型两大类，其中集总参数热模型假定电池各点温度相等，较为简便，而分布式参数热模型则较为详细，但参数较多。本研究选择采用集总参数热模型，如图 12.2 所示。

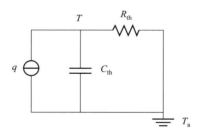

图 12.2 集总参数热模型

图中，T 表示电池温度；T_a 表示环境温度，实验在生化培养箱中进行，即 T_a 为常数；R_{th} 为热阻；C_{th} 为热容；q 为电池的生热速率。

由能量守恒定律可得：

$$C_{th} \dfrac{dT}{dt} + \dfrac{T - T_a}{R_{th}} = q \tag{12.3}$$

离散化得：

$$T_{k+1} = T_k \left(1 - \dfrac{T_s}{R_{th} C_{th}}\right) + T_a \times \dfrac{T_s}{R_{th} C_{th}} + \dfrac{q_k T_s}{C_{th}} \tag{12.4}$$

式中，T_{k+1}、T_k 分别为 $k+1$、k 时刻电池温度，q_k 为 k 时刻电池生热速率。

其中生热速率 q 由电路模型参数计算：

$$q = I^2(R_o + R_p) + \frac{\partial U_{OCV}}{\partial T} IT \tag{12.5}$$

式（12.5）等号右端第一项为电池的不可逆热，主要由电池的欧姆内阻和极化内阻引起；第二项为可逆热，在简化热模型中可忽略，即 $\frac{\partial U_{OCV}}{\partial T} IT = 0$。

12.2 改进MIUKF与安时积分法结合的SOC估计

基于安时积分的SOC定义如式（12.6）：

$$\text{SOC}(t) = \text{SOC}(t_0) + \frac{\int_{t_0}^{t} \eta i(t) \mathrm{d}t}{C_{\max}} \tag{12.6}$$

式中，$C_{\max}$ 为最大可用容量；η 为库仑效率，常设为1；t_0 为起始时间，t 为截止时间；$\text{SOC}(t_0)$ 为初始时刻SOC。

结合电压方程离散化得到电池状态空间方程为：

$$\begin{cases} \begin{bmatrix} U_{p,k+1} \\ \text{SOC}_{k+1} \end{bmatrix} = \begin{bmatrix} e^{-\frac{1}{R_{p,k}C_{p,k}}} U_{p,k} + R_{p,k}\left(1 - e^{-\frac{1}{R_{p,k}C_{p,k}}}\right) I_k \\ \text{SOC}_k + \dfrac{I_k}{3600 C_{\max}} \end{bmatrix} + \boldsymbol{\omega}_k \\ U_{o,k} = U_{p,k} + R_{o,k} I_k + U_{OCV}(\text{SOC}_k) + \upsilon_k \end{cases} \tag{12.7}$$

式中，SOC_{k+1}、SOC_k 分别为 $k+1$ 时刻、k 时刻电池 SOC；$\boldsymbol{\omega}_k$ 为状态噪声，均值为0，协方差为 $\boldsymbol{Q}_k$；υ_k 为观测噪声，均值为0，协方差为 $\boldsymbol{R}_k$。

12.2.1 改进MIUKF算法

考虑如式（12.8）所示的非线性系统：

$$\begin{cases} \boldsymbol{x}_{k+1} = f(\boldsymbol{x}_k, u_k) + \boldsymbol{\omega}_k \\ y_k = g(\boldsymbol{x}_k, u_k) + \upsilon_k \end{cases} \tag{12.8}$$

UKF算法递推流程图如图12.3所示。

图中，n 为状态维数，λ 为缩放比例参数，α 为分布状态参数，β 为非负权重系数。

针对UKF在更新状态量时仅利用当前时刻新息的局限性，引入多新息理论，由于SOC估计更依赖当前时刻数据，引入遗忘因子来调整新旧时刻数据所占权重。

定义 $e_k = y_k - \hat{U}_{o,k|k-1}$ 为 k 时刻的新息，基于多新息理论，将 e_k 扩展为多新息矩阵：

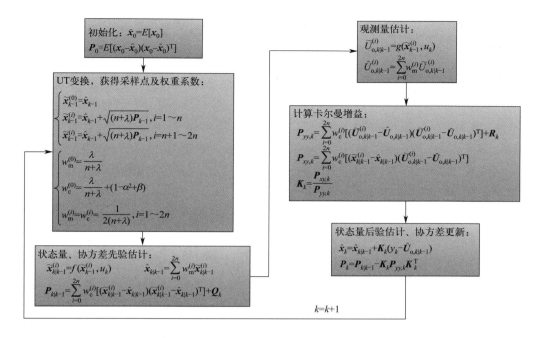

图 12.3 UKF 算法递推流程图

$$E_{p,k} = \begin{bmatrix} e_k \\ e_{k-1} \\ \vdots \\ e_{k-p+1} \end{bmatrix} = \begin{bmatrix} y_k - \hat{U}_{o,k|k-1} \\ y_{k-1} - \hat{U}_{o,k-1|k-2} \\ \vdots \\ y_{k-p+1} - \hat{U}_{o,k-p+1|k-p} \end{bmatrix} \tag{12.9}$$

式中，p 为新息的长度。将增益向量 K_k 也扩展为多新息增益矩阵：

$$K_{p,k} = [K_k \quad K_{k-1} \quad \cdots \quad K_{k-p+1}]^T \tag{12.10}$$

定义遗忘因子 $\alpha_{p,k} = \text{diag}[\lambda_1 \quad \lambda_2 \quad \cdots \quad \lambda_p]$，以此区分新旧信息的重要程度，增强算法对当前时刻输入的响应能力。将式（12.9）和式（12.10）代入状态更新方程可将其扩展为：

$$\hat{x}_k = \hat{x}_{k|k-1} + (\alpha_{p,k} K_{p,k})^T E_{p,k} \tag{12.11}$$

12.2.2 MIUKF 结合安时积分法的切换算法

图 12.4 为磷酸铁锂电池在不同温度下通过小倍率实验获取的开路电压（open circuit voltage，OCV）曲线，可以看到磷酸铁锂电池充放电过程中存在较长的电压平台区，这导致 MIUKF 在中间区域无法根据电压反馈来修正 SOC 估计值，因此考虑将 MIUKF 与安时积分法相结合。首先采用 MIUKF 算法，修正初始误差，由图 12.5 观察到 SOC 的卡尔曼增益值在估计误差减小过程中先增大后减小，因此可将式（12.12）作为 MIUKF 算法切换到安时积分法的判定条件，满足条件后将 MIUKF 算法估计的可信 SOC 值赋予安时积分法作为初值，而后采用安时积分法估计 SOC，使 MIUKF 算法在修正初始误差之后避开电压平

台区，由图 12.4 定义 15%SOC ~ 85% SOC 为电压平台区，因此本章选择安时积分法切换到 MIUKF 算法的判定条件为 $SOC_k < 15\%$，满足该条件后再次切换回 MIUKF，修正安时积分法估计 SOC 阶段存在的误差。MIUKF 结合安时积分法（简称结合算法）估计 SOC 流程如图 12.6 所示。

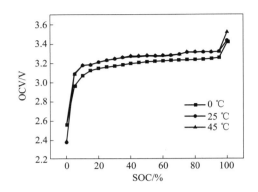

图 12.4　不同温度下磷酸铁锂电池 OCV-SOC 曲线

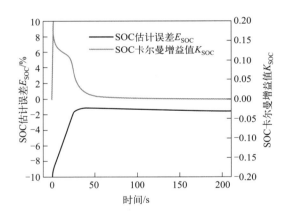

图 12.5　MIUKF 算法收敛过程中 SOC 估计误差与卡尔曼增益值的关系图

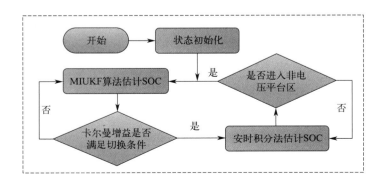

图 12.6　结合算法流程图

$$\begin{cases} K_{\text{SOC},k} \leqslant \varepsilon_1 \\ K_{\text{SOC},k} - K_{\text{SOC},k-1} \leqslant \varepsilon_2 \end{cases} \tag{12.12}$$

式中，$K_{\text{SOC},k}$、$K_{\text{SOC},k-1}$ 分别表示 MIUKF 算法收敛过程中 k 时刻、$k-1$ 时刻的 SOC 卡尔曼增益值；ε_1、ε_2 为判断切换条件的阈值。为使 MIUKF 算法发挥对初始误差的修正能力，又需要避免 MIUKF 算法收敛过程中进入电压平台区导致后续 SOC 估计不准，需要对 ε_1、ε_2 取合适的值，使结合算法及时由 MIUKF 切换到安时积分法，通过分析 MIUKF 的收敛过程，本章选择取值为 0.08、0。

12.3 考虑多约束条件的 SOP 估计

由于峰值功率等于电池极限状态下电压与电流乘积，因此本章以峰值电流表征峰值功率。以电压、SOC 及温度三个参数为约束条件，对宽温域下锂电池放电方向上的 SOP 进行估计。

12.3.1 基于电压约束条件的 SOP 估计

电池放电截止电压用 $U_{\min}$ 表示。k 时刻将电池以电流 I_k 持续放电 n 个采样周期 T_s，本章取 $n=10$，且在放电过程中认为电池参数不变，则 $k+n$ 时刻的端电压 $U_{\text{o},k+n}$ 可表示为：

$$U_{\text{o},k+n} = U_{\text{OCV},k+n}(\text{SOC}_{k+n}) + U_{\text{p},k+n} + R_{\text{o},k} I_k \tag{12.13}$$

由 $k+1$ 时刻的极化电压可得 $k+n$ 时刻的极化电压 $U_{\text{p},k+n}$ 为：

$$U_{\text{p},k+n} = U_{\text{p},k}(\mathrm{e}^{-T_s/(R_{\text{p},k}C_{\text{p},k})})^n + R_{\text{p},k} I_k (1 - \mathrm{e}^{-T_s/(R_{\text{p},k}C_{\text{p},k})})[\sum_{j=0}^{n-1}(\mathrm{e}^{-T_s/(R_{\text{p},k}C_{\text{p},k})})^j] \tag{12.14}$$

为建立 $k+n$ 时刻开路电压 $U_{\text{OCV},k+n}$ 与 I_k 关系，将 $U_{\text{OCV},k+n}(\text{SOC}_{k+n})$ 在 k 点泰勒展开并忽略高阶余项得：

$$U_{\text{OCV},k+n}(\text{SOC}_{k+n}) = U_{\text{OCV},k+n}\left(\text{SOC}_k + \frac{nT_s I_k}{3600 C_{\max}}\right) = U_{\text{OCV},k}(\text{SOC}_k) + \frac{\partial U_{\text{OCV},k}(\text{SOC}_k)}{\partial \text{SOC}_k} \times \frac{nT_s I_k}{3600 C_{\max}} \tag{12.15}$$

将式（12.14）与式（12.15）代入式（12.13），结合 $U_{\text{o},k+n} \geqslant U_{\min}$ 可得放电峰值电流为：

$$I_{\text{discha,max,u}} = -\frac{U_{\text{OCV},k}(\text{SOC}_k) + U_{\text{p},k}(\mathrm{e}^{-T_s/(R_{\text{p},k}C_{\text{p},k})})^n - U_{\min}}{\dfrac{\partial U_{\text{OCV},k}(\text{SOC}_k)}{\partial \text{SOC}_k} \times \dfrac{nT_s}{3600 C_{\max}} + R_{\text{p},k}(1 - \mathrm{e}^{-T_s/(R_{\text{p},k}C_{\text{p},k})})[\sum_{j=0}^{n-1}(\mathrm{e}^{-T_s/(R_{\text{p},k}C_{\text{p},k})})^j] + R_{\text{o},k}} \tag{12.16}$$

12.3.2 基于SOC约束条件的SOP估计

为延长锂电池使用寿命，本工作限制电池放电最低至SOC为5%。则可得n个放电周期后SOC_{k+n}不低于最低限度所允许的放电峰值电流为：

$$I_{\text{discha,max,SOC}} = -\frac{3600 C_{\max}(\text{SOC}_k - \text{SOC}_{\min})}{nT_s} \tag{12.17}$$

12.3.3 基于温度约束条件的SOP估计

由式（12.4）可以得到$k+n$时刻的电池温度为：

$$T_{k+n} = T_k\left(1 - \frac{T_s}{R_{\text{th}}C_{\text{th}}}\right)^n + \left[\sum_{j=0}^{n-1}\left(1 - \frac{T_s}{R_{\text{th}}C_{\text{th}}}\right)^j\right]\frac{T_s}{R_{\text{th}}C_{\text{th}}} \times T_a + \left[\sum_{j=0}^{n-1}\left(1 - \frac{T_s}{R_{\text{th}}C_{\text{th}}}\right)^j\right]\frac{q_k T_s}{C_{\text{th}}} \tag{12.18}$$

为保证电池工作安全性，本工作限制电池在放电过程中最高温度$T_{\max}$不超过50 ℃，代入式（12.18）即得到电池在不超过最高工作温度条件下所允许的最大生热速率为：

$$q_{\max} = \left\{T_{\max} - T_k\left(1 - \frac{T_s}{R_{\text{th}}C_{\text{th}}}\right)^n - \left[\left(1 - \frac{T_s}{R_{\text{th}}C_{\text{th}}}\right)^j\right]\frac{T_a T_s}{R_{\text{th}}C_{\text{th}}}\right\} / \left\{\left[\sum_{j=0}^{n-1}\left(1 - \frac{T_s}{R_{\text{th}}C_{\text{th}}}\right)^j\right]\frac{T_s}{C_{\text{th}}}\right\} \tag{12.19}$$

结合式（12.5）和式（12.19），可得在温度约束下的放电峰值电流为：

$$I_{\text{discha,max,T}} = -\sqrt{\frac{T_{\max} - T_k\left(1 - \frac{T_s}{R_{\text{th}}C_{\text{th}}}\right)^n - \left[\sum_{j=0}^{n-1}\left(1 - \frac{T_s}{R_{\text{th}}C_{\text{th}}}\right)^j\right]\frac{T_a T_s}{R_{\text{th}}C_{\text{th}}}}{\left[\sum_{j=0}^{n-1}\left(1 - \frac{T_s}{R_{\text{th}}C_{\text{th}}}\right)^j\right]\frac{T_s}{C_{\text{th}}}(R_{o,k} + R_{p,k})}} \tag{12.20}$$

12.3.4 基于多约束条件的SOP估计

在峰值电流估计中，由于同时受到多种条件的约束，为保证电池安全运行，需要取各单约束条件下绝对值最小的峰值电流，即代数最大值（放电电流为负值）。综合以上三个约束条件，可得锂电池在多约束条件下的放电峰值电流为：

$$I_{\text{discha,max}} = \max\{I_{\text{discha,max,u}}, I_{\text{discha,max,SOC}}, I_{\text{discha,max,T}}\} \tag{12.21}$$

12.4 仿真及精度验证

为验证电热耦合模型精度及所提SOC/SOP估计算法精度，选取26650磷酸铁锂电池为实验对象，利用Arbin充放电设备、生化培养箱、温度采集设备以及上位机等开展实验，测试电池在不同温度下的电路特性和热学特性。实验平台如图12.7所示。

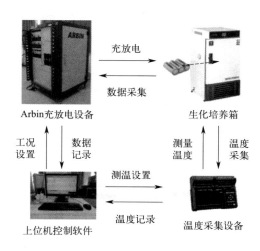

图 12.7　锂离子电池实验平台

12.4.1　电路模型精度验证

本章采用 EKF 算法在线辨识参数并仿真模型端电压，实验工况选择动态应力测试（dynamic stress test，DST）和联邦城市驾驶工况（federal urban driving schedule，FUDS），并分别在 0 ℃、25 ℃、45 ℃下开展实验。以 25 ℃为例，图 12.8 为 DST 和 FUDS 工况模型电压与测量电压对比及误差图，可以看到模型在两种工况下都具有较高的精度，DST 工况电压误差最大不超过 ±0.06 V，FUDS 工况电压误差最大不超过 ±0.04 V。

为分析模型准确性，选择均方根误差（root mean square error，RMSE）和平均绝对误差（mean absolute error，MAE）作为模型的评价指标，三个温度下的电压仿真误差如表 12.1 所示。由表 12.1 可以看出，一阶 RC 等效电路模型在低温、室温及高温条件下的模型电压均方根误差都小于 0.005 V，说明建立的电池模型能够比较准确地模拟电池的电压变化，且能够适用于较宽的温度范围。

表 12.1　电路模型电压仿真误差

温度	工况	RMSE/V	MAE/V
0 ℃	DST	0.0036	0.0016
	FUDS	0.0048	0.0031
25 ℃	DST	0.0013	0.0005
	FUDS	0.0014	0.0008
45 ℃	DST	0.0014	0.0004
	FUDS	0.0011	0.0006

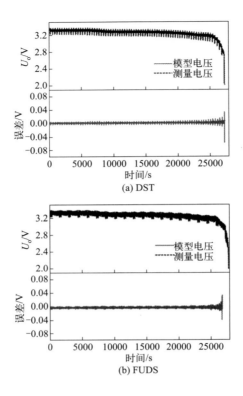

图 12.8　25 ℃电压仿真结果及误差

12.4.2　热模型精度验证

关于电池热模型参数，需要辨识的有热阻 R_{th}、热容 C_{th}，且满足 $R_{th}=1/hS$，$C_{th}=mC$。其中，h 为对流换热系数，由自然冷却法测定，为 19.98 W/(m²·℃)；S 为电池表面最大散热面积，为 0.0053 m²；m 为电池的质量，为 0.087 kg；C 为电池的比热容，测得为 1217 J/(kg·℃)。由此可得热阻和热容分别为 9.44 ℃/W、105.88 J/℃。

根据建立的热模型及得到的电路参数和热参数，选择 1C/2C/3C 恒流放电工况，对 0 ℃、25 ℃、45 ℃下电池放电过程中的温度进行仿真分析，温度仿真及误差如图 12.9 所示。

从三个温度下的温度仿真结果可以看到，温度仿真的最大误差不超过 ±1.5 ℃，各温度不同倍率下的电池温度仿真误差如表 12.2 所示，均方根误差都不超过 0.8 ℃，说明所建立的电池热模型能够比较准确地描述出电池放电过程中的温度变化。

12.4.3　SOC 估计仿真分析

基于电热耦合模型，采用 MIUKF 算法估计非电压平台区的 SOC，以实验室采集设备电流用安时积分法得到的 SOC 值为基准，分析改进前后算法的精度。在赋予模型 10%SOC 初值误差后，25 ℃下 UKF、MIUKF 算法在 DST 和 FUDS 工况的 SOC 估计结果如图 12.10 所示。

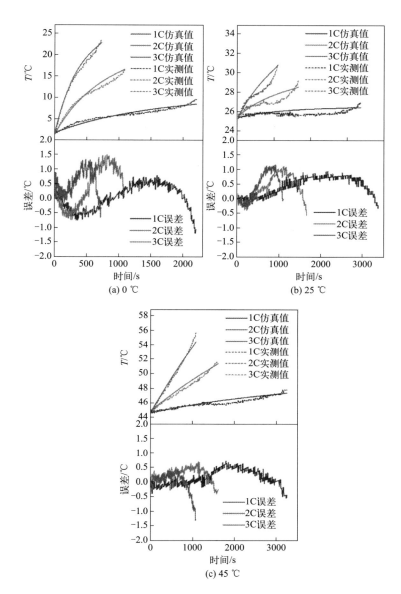

图 12.9 0 ℃ /25 ℃ /45 ℃温度仿真结果及误差

表 12.2 热模型温度仿真误差

温度	工况	RMSE/℃	MAE/℃
0 ℃	1C	0.4328	0.3737
	2C	0.7779	0.6499
	3C	0.6987	0.5860
25 ℃	1C	0.3871	0.3251
	2C	0.5035	0.4113
	3C	0.6616	0.5305
45 ℃	1C	0.3214	0.2525
	2C	0.3612	0.3198
	3C	0.3526	0.2731

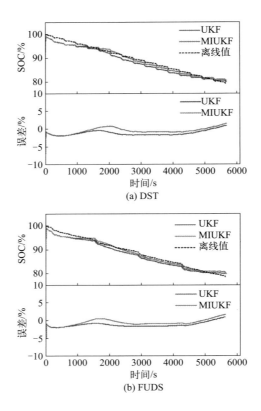

图 12.10　25 ℃非电压平台区 SOC 估计结果及误差

由 25 ℃仿真结果可以看到，UKF 和 MIUKF 在放电初期都迅速由错误初值收敛至真实值附近，以误差小于 3% 为收敛条件，算法改进前后收敛时间均小于 20 s，但 MIUKF 精度明显提高，DST 工况下 UKF 和 MIUKF 的均方根误差分别为 1.744%、1.0675%，减小了 38.79%，FUDS 工况下 UKF 和 MIUKF 的均方根误差分别为 1.6192%、0.9634%，减小了 40.50%。

同样对 0 ℃和 45 ℃下的两种工况进行 SOC 估计，验证算法在宽温域的估计精度，非电压平台区 SOC 估计误差如表 12.3 所示。可以看到，UKF 在不同温度下的均方根误差不超过 2%，而 MIUKF 的均方根误差低于 UKF，仅在 1.2% 以下，说明改进后的 MIUKF 算法在宽温域依然具有良好的适应性，且相比 UKF 具有更高的精度。

表 12.3　UKF/MIUKF 算法估计非电压平台区 SOC 误差

温度	工况	RMSE/%		MAE/%	
		UKF	MIUKF	UKF	MIUKF
0 ℃	DST	1.7888	1.1728	1.365	0.7989
	FUDS	1.8208	1.1508	1.4761	1.0015
25 ℃	DST	1.744	1.0675	1.4035	0.8723
	FUDS	1.6192	0.9634	1.3091	0.7835
45 ℃	DST	1.6289	1.0893	1.4464	0.8127
	FUDS	1.7226	1.0843	1.2476	0.8684

考虑到电池并非都是满充满放,选择从 85%SOC 开始放电,采用结合算法对包含电压平台区的放电过程进行 SOC 估计,同样赋予模型 10%SOC 初始误差,MIUKF、安时积分法和结合算法在 0 ℃、25 ℃、45 ℃下 DST 和 FUDS 工况的 SOC 估计结果与误差如图 12.11～图 12.13 所示。

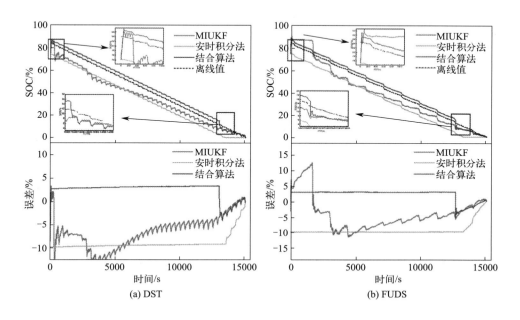

图 12.11　0 ℃ SOC 估计结果及误差

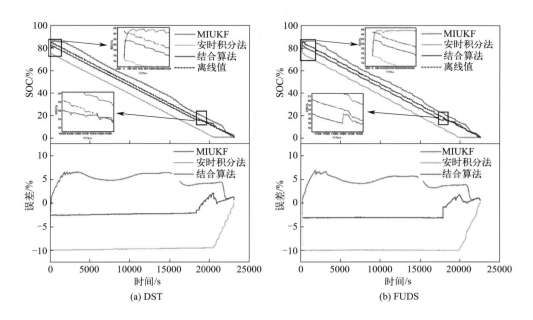

图 12.12　25 ℃ SOC 估计结果及误差

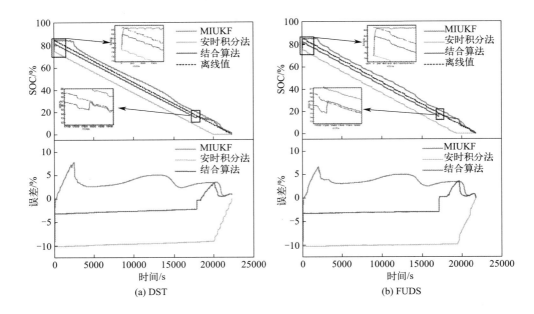

图 12.13　45 ℃ SOC 估计结果及误差

可以看到，MIUKF 具有对初始误差的修正能力，但不能收敛于真实值，这是因为电压平台区的电压差值很小，MIUKF 无法通过电压修正 SOC 估计结果，导致出现了误差，直到进入非电压平台区，误差才开始减小，安时积分法则不具有修正初始误差的能力，估计结果与真实值相差很大，而提出的结合算法在 MIUKF 算法收敛过程中满足切换条件之后便切换为安时积分法，保证了电压平台区较小的误差，并在进入非平台区时，再次切换为 MIUKF 算法，对安时积分法阶段的误差作了修正，进一步降低了误差，提高了 SOC 估计精度。为进一步验证模型准确性和鲁棒性，增加不同 SOC 初始值放电过程的 SOC 估计仿真验证，0 ℃、25 ℃、45 ℃下 SOC 初始值分别为 85%、75%、65% 的 DST 工况误差如表 12.4 所示。从表中可以看到在赋予模型 10%SOC 的初始误差条件下，结合算法在不同 SOC 初始值条件下均具有较好的估计效果，均方根误差不超过 3%，具有较高的估计精度。

表 12.4　DST 工况下不同初值条件下 SOC 估计误差

温度	SOC 初始值	RMSE/%			MAE/%		
		安时积分法	MIUKF	结合算法	安时积分法	MIUKF	结合算法
0 ℃	85%	9.1068	7.1927	2.9904	8.9567	6.4151	2.8962
	75%	9.1440	7.9816	2.2316	8.9671	6.6579	2.0082
	65%	9.1712	7.0164	1.8209	8.9681	5.9782	1.5789
25 ℃	85%	9.4286	5.0121	2.2471	9.2621	4.8139	2.1183
	75%	9.3669	4.7065	2.3812	9.1805	4.5251	2.2826
	65%	8.9333	4.7558	2.5692	8.7375	4.2148	2.4085
45 ℃	85%	9.1792	3.7064	2.4992	9.0160	3.4626	2.3809
	75%	9.1503	3.3483	2.6438	8.9664	3.0561	2.5543
	65%	9.1885	6.5585	2.5788	8.9738	5.6445	2.4626

12.4.4 SOP估计仿真分析

实验所用电池的放电截止电压最低为 2 V，最高工作温度规定为 50 ℃，电池放电时 SOC 最低不低于 5%。分别在 0 ℃、25 ℃、45 ℃下估计 10s 的峰值电流，图 12.14～图 12.16 分别为 0 ℃、25 ℃、45 ℃下 DST、FUDS 工况的单约束峰值电流和多约束条件下的峰值电流。

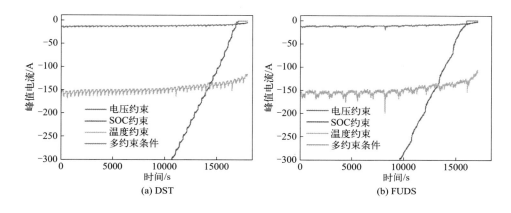

图 12.14　0 ℃峰值电流估计结果

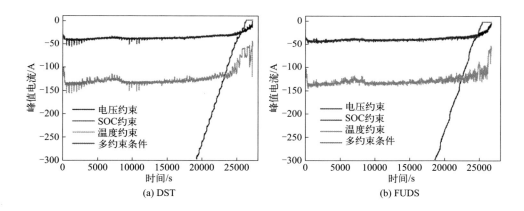

图 12.15　25 ℃峰值电流估计结果

从估计结果上来看 0 ℃峰值电流整体低于 25 ℃和 45 ℃下的峰值电流，这是因为在 0 ℃时电池内阻增大，容量衰减，影响了电池的放电能力，最终导致了 0 ℃的峰值电流较小。在三个温度下的峰值电流估计中，0 ℃和 25 ℃在中高 SOC 区间都是电压约束，低 SOC 区间受到了 SOC 约束，由于距离电池最高工作温度还有较大的温升空间，因此温度在 0 ℃和 25 ℃中没有起到约束作用，而在 45 ℃下中高 SOC 区间则是温度限制了峰值电流，且其绝对值大小明显小于电压约束的峰值电流，差值最大达 5.84 A。从三个温度下的估计结果可以看出，在进行 SOP 估计时，尤其是高温条件下，非常有必要引入温度约束，以避免电池温度过高而引发热失控。

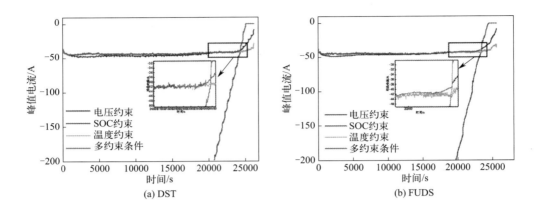

图 12.16　45 ℃峰值电流估计结果

12.5　小结

本章针对磷酸铁锂电池电压平台特性，设计 MIUKF 结合安时积分法估计 SOC，考虑多参数约束条件，实现了宽温域下 SOC/SOP 的在线联合估计。

① 建立了电热耦合模型，在线辨识模型参数及仿真电池电压和温度，模型端电压均方根误差不超过 0.005 V，模型温度均方根误差不超过 0.8 ℃。

② 改进 UKF 算法，进一步提高了 SOC 估计的精度，非电压平台区 SOC 估计均方根误差在 1.2% 以下；针对滤波算法无法应用在磷酸铁锂电池电压平台的问题，将 MIUKF 与安时积分法相结合，并在不同温度、不同 SOC 初始值条件下验证算法准确度，均方根误差不超过 3%。

③ 在 SOP 估计中引入温度限制，提出包括电压约束、SOC 约束、温度约束的 SOP 多约束估计方法，验证了高温条件下温度限制的重要作用，有利于提高电动汽车运行的安全性。

参考文献

[1] WEI Z B, QUAN Z Y, WU J D, et al. Deep deterministic policy gradient-DRL enabled multiphysics-constrained fast charging of lithium-ion battery[J]. IEEE Transactions on Industrial Electronics，2022，69（3）：2588-2598. DOI：10.1109/TIE.2021.3070514.

[2] 赵轩，李美莹，余强，等. 电动汽车动力锂电池状态估计综述 [J]. 中国公路学报，2023，36（6）：254-283. DOI：10.19721/j.cnki.1001-7372.2023.06.021.

[3] TAN B R, DU J H, YE X H, et al. Overview of SOC estimation methods for lithium-ion batteries based

on model[J]. Energy Storage Science and Technology，2023，12（6）：1995-2010. DOI：10.19799/j.cnki.2095-4239.2023.0016.

[4] ZHANG M Y，FAN X B. Design of battery management system based on improved ampere-hour integration method[J]. International Journal of Electric and Hybrid Vehicles，2022，14（1/2）：1. DOI：10.1504/ijehv.2022.125249.

[5] SHAH A，SHAH K，SHAH C，et al. State of charge，remaining useful life and knee point estimation based on artificial intelligence and Machine learning in lithium-ion EV batteries：A comprehensive review[J]. Renewable Energy Focus，2022，42：146-164. DOI：10.1016/j.ref.2022.06.001.

[6] SONG S，LI Y W，ZHAO Y，et al. Research on SOC estimation based on fragment data of lithium-ion battery[J]. Chinese Journal of Power Sources，2022，46（7）：734-738. DOI：10.3969/j.issn.1002-087X.2022.07.008.

[7] LIU Y T，MA R，PANG S Z，et al. A nonlinear observer SOC estimation method based on electrochemical model for lithium-ion battery[J]. IEEE Transactions on Industry Applications，2021，57（1）：1094-1104. DOI：10.1109/TIA.2020.3040140.

[8] ADAIKKAPPAN M，SATHIYAMOORTHY N. A real time state of charge estimation using Harris Hawks optimization-based filtering approach for electric vehicle power batteries[J]. International Journal of Energy Research，2022，46（7）：9293-9309. DOI：10.1002/er.7806.

[9] ZHAO X Z，SUN B X，ZHANG W G，et al. Error theory study on EKF-based SOC and effective error estimation strategy for Li-ion batteries[J]. Applied Energy，2024，353：121992. DOI：10.1016/j.apenergy.2023.121992.

[10] PENG S M，XU L，ZHANG W F，et al. Overview of state of power prediction methods for lithium-ion batteries[J]. Journal of Mechanical Engineering，2022，58（20）：361-378.

[11] XIE Y，JIANG D S，ZHANG Y J，et al. Joint estimation algorithm of SOC-SOP for lithium-ion battery pack in new energy vehicles[J]. Journal of Automotive Safety and Energy，2022，13（3）：580-589. DOI：10.3969/j.issn.1674-8484.2022.03.020.

[12] LI J Y，YAN N，LI C L，et al. Joint estimation of SOC and SOP method for battery modules based on electro-thermal coupling characteristics[C]//2023 IEEE International Conference on Applied Superconductivity and Electromagnetic Devices（ASEMD）. October 27-29，2023，Tianjin，China. IEEE，2023：1-2. DOI：10.1109/ASEMD59061.2023.10368776.

[13] ZHANG Y. Study on estimation method of state of charge of lithium iron phosphate battery considering temperature and aging[D]. Beijing：Beijing Jiaotong University，2023. DOI：10.26944/d.cnki.gbfju.2023.000872.

第 13 章

锂离子电池电化学模型参数智能辨识方法

孙丙香，杨　鑫，周兴振，马仕昌，王志豪，张维戈

锂离子电池因其能量密度高、循环寿命长等优势在电动汽车中得到广泛应用[1]，而其不一致性、热失控和老化等问题可能引起电池性能下降、使用寿命缩短和安全隐患增加[2-5]等问题。电池管理系统（battery management system，BMS）可以通过有效评估并管理电池防止这些问题的出现[6]，但其准确性依赖于电池模型的选择及参数辨识的准确性。

等效电路模型被广泛应用于模拟电池的动态行为和特性。然而，它难以反映电池内部的运作机理，准确性相对较差；黑箱模型从大量实验数据中提取电池行为的规律，无须明确的物理或化学机制，但其参数缺乏物理解释性，难以反映电池内部反应过程；电化学模型基于电池内部电化学机制，尽管其计算复杂、参数众多，但更能真实地模拟电池，得到老化和寿命预测的电化学参数[7-8]。尽管电化学模型在 BMS 中的应用仍存在挑战，但越来越多的研究致力于简化其计算并提高其准确性[9]。由于伪二维（pseudo-two-dimensional，P2D）模型的准确性在很大程度上取决于其参数的准确性，因此准确找到与实际电池相匹配的模型参数至关重要[10]。

目前，参数拟合的方法可以分为两大类：梯度法和元启发式算法。基于梯度的方法通过数学手段解决非线性最小二乘问题，如 Levenberg-Marquardt 法[11]和高斯 - 牛顿法[12]。然而，这些方法需要求解额外的偏微分方程来获取梯度信息，这不仅会占用更多计算资源，而且计算时间会随着参数数量的增加而增加。近年来，元启发式算法越来越受到研究界的关注[13-14]，但目前尚不清楚哪种元启发式算法在参数识别问题上表现最佳。

本工作提出了一种可以获取具有实际物理意义参数的辨识框架，并研究了不同元启发式算法应用于该框架时的辨识效果。框架的核心是由 P2D 模型线性近似得到的简化阻抗模型。将实验频率下 5 个荷电状态（state of charge，SOC）的三电极电化学阻抗谱

（electrochemical impedance spectroscopy，EIS）数据作为输入；分别拟合正负极，设定目标函数为最小化 5 个 SOC 下 EIS 阻抗模值偏差的总和；模型的输出为与实验频率相对应、具有实际物理意义的关于 SOC 的正负极插值电化学参数。在频域中，通过拟合三电极 EIS 获得正负极电化学参数，将参数代入 P2D 模型中，可在时域中验证其准确性。

我们比较了不同算法在该模型中电化学参数拟合的表现，在 66 种元启发式算法中找到了综合效果最佳的算法[15]。从识别精度、计算效率和鲁棒性等方面进行比较：通过加权计算每次拟合正负极、实虚部的拟合值与实际值之间的差值，分析算法的准确性；统计不同算法在正负极收敛时所占用的资源，用于分析算法的速度；分析 10 次参数辨识拟合值的离散程度，从而评估算法的鲁棒性；综合考虑准确性和收敛速度，为不同需求给出选择建议，如果时间资源有限，倾向于选择非重复函数计算次数（non-duplicate function estimation，NFE）较低的算法；如果要求更高的预测精度，则选择平均绝对百分比误差（mean absolute percentage error，MAPE）较低的算法。将拟合得到的参数代入 P2D 模型进行验证，说明了辨识流程的正确性。本工作为如何选择合适的元启发式算法进行锂离子电池电化学参数辨识提供了新的思路。

本工作比较研究了 66 种不同元启发式算法在电化学参数辨识中的性能差异。内容安排如下：首先简要介绍了锂离子电池的三电极阻抗模型，然后介绍了所使用的参数辨识流程、方法与实验，最后对辨识的结果进行了分析并进行仿真验证。

13.1　锂离子电池的三电极阻抗模型

13.1.1　电池阻抗模型介绍

13.1.1.1　阻抗模型假设

P2D 模型将电极颗粒描述为由球形颗粒组成的规则多孔结构，忽略了双电层效应。而对于 EIS 实验中的高频激励，双电层电容的效应变得显著[16]，这降低了 P2D 模型的准确性。多孔电极简化阻抗模型是由 P2D 模型线性近似得到的，它由法拉第阻抗、非法拉第阻抗和固体电解质界面（solid electrolyte interface，SEI）膜阻抗组成。

经典的三尺度锂离子电池物理电化学阻抗模型将多孔电极分为三个尺度。第一个尺度提供了电极颗粒粗糙表面的详细描述，第二个尺度描述了电极颗粒聚合状态下的阻抗，第三个尺度是考虑厚度的单层多孔电极阻抗。该三尺度阻抗模型还考虑了负极 SEI 膜的老化生长机制和双电层电容的影响。尽管其对 EIS 数值模拟非常准确，但由于微观世界下的电极颗粒的粗糙表面的描述过于详细，且没有考虑双电层电容的弥散效应，因此它无法将阻抗模型中的机理参数与 P2D 模型映射结合。为了解决这一问题，本工作在三尺度阻抗模型和 P2D 模型的基础上提出了多孔电极简化阻抗模型。该模型的假设如下：

① 电极颗粒由球形颗粒制成的规则多孔结构组成。
② 使用 Bruggeman 关系描述多孔电极的孔隙特性。
③ 使用常相位角元件（constant phase angle element，CPE）描述了由电极孔隙引起的双电层电容的弥散效应。
④ 忽略了阴极的不重要的 SEI 膜阻抗和阳极 SEI 膜的老化生长机制，并假设阳极 SEI 膜是随着 SOC 而变化的电阻。

电极颗粒中的这些阻抗及其相应的反应过程映射到 P2D 模型中，如图 13.1 所示。

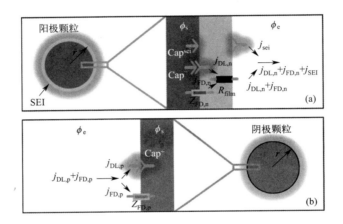

图 13.1 放电过程中电极颗粒的反应过程

图 13.1 中，ϕ_s 为固相电势，ϕ_e 为液相电势，r 为电极颗粒半径，j_{FD} 为法拉第电流，j_{DL} 为非法拉第电流，j_{SEI} 为 SEI 薄膜电容器的非法拉第电流，Z_{FD} 为法拉第阻抗，R_{film} 为 SEI 薄膜的薄膜电阻，$Cap^{\pm}$ 为正负极的双电层电容，Cap^{sei} 为负极 SEI 薄膜的双电层电容。

13.1.1.2 阻抗模型构建

本工作采用系数为 1.5 的 Bruggeman 关系来描述实际情况中锂电池多孔电极的孔隙特性[17]。设定角频率为 ω，则考虑厚度的第三尺度多孔电极阻抗 Z_{pe} 可以用式（13.1）表示。

$$\begin{cases} Z_{pe} = \dfrac{v_1 - v_2}{(v_1 - \gamma)\sqrt{\lambda_1}\tanh(\sqrt{\lambda_1}) - (v_2 - \gamma)\sqrt{\lambda_2}\tanh(\lambda_2)} \times \dfrac{L}{\varepsilon_e^{1.5}\sigma_e} \\ \gamma = \dfrac{F^2 D_{\Delta,e} c_{e,0}}{RT\sigma_e} \\ D_{\Delta,e} = -\dfrac{2RT\sigma_e(1-t_0^+)}{F^2}\left(\dfrac{1}{c_{e,0}} + \dfrac{f'_{\pm,c_{e,0}}}{f_{\pm,c_{e,0}}}\right) \end{cases} \quad (13.1)$$

式中，L 为电极厚度；ε_e 为液相体积分数；σ_e 为液相电导率；F 为法拉第常数；$D_{\Delta,e}$ 为液相阴离子扩散系数和阳离子扩散系数的差值；$c_{e,0}$ 为锂离子液相初始浓度；R 为气体常数；T

为温度；t_0^+ 为锂离子迁移数；$f_{\pm c_{e,0}}$ 为电解液活度系数；$f'_{\pm c_{e,0}}$ 为活度系数对液相锂离子浓度的导数；λ_1、λ_2、v_1 和 v_2 为引入的参数，其定义如下[18-19]：

$$\begin{cases} \lambda_1 = \dfrac{(\theta_1+\theta_4)+\sqrt{(\theta_1-\theta_4)^2+4\theta_2\theta_3}}{2} \\ \lambda_2 = \dfrac{(\theta_1+\theta_4)-\sqrt{(\theta_1-\theta_4)^2+4\theta_2\theta_3}}{2} \\ v_1 = \dfrac{2\theta_2}{(\theta_4-\theta_1)+\sqrt{(\theta_1-\theta_4)^2+4\theta_2\theta_3}} \\ v_2 = \dfrac{2\theta_2}{(\theta_4-\theta_1)-\sqrt{(\theta_1-\theta_4)^2+4\theta_2\theta_3}} \end{cases} \tag{13.2}$$

其中：

$$\begin{cases} \theta_1 = -\left(D_{\Delta,e}\left(1-t_0^+\right)-1\right)\dfrac{a_s}{\varepsilon_e^2}\dfrac{L^2}{Z_{sp}\sigma_e} \\ \theta_2 = j\omega D_{\Delta,e}\dfrac{F^2 R_p^2}{\varepsilon_e RT\sigma_e}c_{e,0} \\ \theta_3 = -\dfrac{(1-t_0^+)}{\varepsilon_e^2}\dfrac{a_s RT L^2}{Z_{sp}F^2 D_e c_{e,0}} \\ \theta_4 = \dfrac{j\omega L^2}{\varepsilon_e D_e} \end{cases} \tag{13.3}$$

忽略活性材料的复杂不规则结构和颗粒的不均匀分布，使用了半径均匀的球形电极颗粒的均匀分布描述电极颗粒聚合阻抗。第二尺度电极颗粒聚合阻抗的简化阻抗计算方法见式（13.4）。

$$Z_{sp} = \dfrac{RT}{F\varepsilon_e^{1.5}} \times \dfrac{(v_3-v_4)/RT\sigma_e}{FR_p\left[v_3\Gamma(\lambda_3)-v_4\Gamma(\lambda_4)\right]-\dfrac{FD_{\Delta,e}c_{e,0}}{R_p}\left[\Gamma(\lambda_3)-\Gamma(\lambda_4)\right]} \tag{13.4}$$

式中，R_p 为颗粒半径；$\Gamma(\lambda)$ 是引入的函数；λ_3、λ_4、v_3 和 v_4 为引入的参数，其定义如下[18-19]：

$$\Gamma(\lambda) = \sqrt{\lambda}\coth(\sqrt{\lambda})-1 \tag{13.5}$$

$$\begin{cases} \lambda_3 = \dfrac{(\theta_5+\theta_8)+\sqrt{(\theta_5-\theta_8)^2+4\theta_6\theta_7}}{2} \\ \lambda_4 = \dfrac{(\theta_5+\theta_8)-\sqrt{(\theta_5-\theta_8)^2+4\theta_6\theta_7}}{2} \\ v_3 = \dfrac{2\theta_2}{(\theta_8-\theta_5)+\sqrt{(\theta_5-\theta_8)^2+4\theta_6\theta_7}} \\ v_4 = \dfrac{2\theta_6}{(\theta_8-\theta_5)-\sqrt{(\theta_5-\theta_8)^2+4\theta_6\theta_7}} \end{cases} \tag{13.6}$$

其中：

$$\begin{cases} \theta_5 = -\left(D_{\Delta,e}\left(1-t_0^+\right)-1\right)\dfrac{a_s R_p^2}{\varepsilon_e^2 Z_{pp}\sigma_e} \\ \theta_6 = j\omega D_{\Delta,e}\dfrac{F^2 R_p^2}{\varepsilon_e RT\sigma_e}c_{e,0} \\ \theta_7 = -\dfrac{\left(1-t_0^+\right)}{\varepsilon_e^2}\dfrac{a_s RTR_p^2}{Z_{pp}F^2 D_e c_{e,0}} \\ \theta_8 = \dfrac{j\omega R_p^2}{\varepsilon_e D_e} \end{cases} \quad (13.7)$$

考虑到实际的多孔电极具有粗糙的表面，产生了电容弥散效应，此时双电层电容与频率为幂相关性，不考虑影响较低的阴极 SEI 膜阻抗，忽略阳极 SEI 膜的老化生长机制，将阳极 SEI 薄膜视为随 SOC 变化而变化的电阻，第一尺度单电极颗粒阻抗的简化阻抗计算方法见式（13.8）：

$$\begin{cases} Z_{pp}^1 = \dfrac{1}{\dfrac{1}{Z_{fradic}+\dfrac{\partial U}{\partial c_s}Y_s}+(j\omega)^{v^\pm}\text{Cap}^\pm} \\ Z_{pp}^2 = \dfrac{1}{\dfrac{1}{Z_{pp}^1+R_{film}}+(j\omega)^{v^-}\text{Cap}^{sei}} \end{cases} \quad (13.8)$$

式中，Z_{fradic} 为电荷转移阻抗；j 为虚数单位；$v^\pm$ 为正负粒子的扩散效应系数；$\text{Cap}^\pm$ 为正负极双电层电容；Cap^{sei} 为 SEI 膜电容；R_{film} 为负极 SEI 膜电阻；$\dfrac{\partial U}{\partial c_s}$ 为电极颗粒平衡电位对颗粒表面锂离子浓度的导数；阴极单颗粒阻抗 $Z_{pp}=Z_{pp}^1$；阳极单颗粒阻抗 $Z_{pp}=Z_{pp}^2$；Y_s 为电极颗粒的扩散阻抗。

Y_s 的计算方法见式（13.9）：

$$Y_s = \dfrac{R_p}{FD_s}\times\dfrac{\sinh\left(\sqrt{\dfrac{j\omega R_p^2}{D_s}}\right)}{\sinh\left(\sqrt{\dfrac{j\omega R_p^2}{D_s}}\right)-\sqrt{\dfrac{j\omega R_p^2}{D_s}}\cosh\left(\sqrt{\dfrac{j\omega R_p^2}{D_s}}\right)} \quad (13.9)$$

式中，D_s 为固体扩散系数。

综上所述，考虑实际电路中的电阻和电感，得到单位面积全电池的简化阻抗 $Z_{battery}$，其定义见式（13.10）：

$$Z_{battery} = \left(j\omega L_{IND}^+ + R_0^+ + Z_{pe}^+\right)+\left(j\omega L_{IND}^- + R_0^- + Z_{pe}^-\right) \quad (13.10)$$

式中，L_{IND}^+、L_{IND}^- 为正极、负极线路上的电感；R_0^+、R_0^- 为正极、负极线路上的电阻。

13.1.2 用于辨识的参数

基于之前的研究[20]，采用如表 13.1 所示正极的 R_0^+、L_{IND}^+、Cap^+、v^+、k^+、D_s^+ 和 $-\dfrac{\partial U^+}{\partial c_s}$ 7 个参数与负极的 R_0^-、L_{IND}^-、Cap^-、v^-、Cap^{sei}、D_s^-、k^-、$-\dfrac{\partial U^-}{\partial c_s}$ 和 R_{film} 等 9 个参数作为识别对象[21]。

表 13.1 参与辨识的参数

类别	参数	单位	简要描述/定义	上下边界
传递参数	D_s^+	m^2/s	阴极固体扩散系数	$10^{-14} \sim 10^{-13}$
	D_s^-	m^2/s	阳极固体扩散系数	$10^{-14} \sim 10^{-13}$
	$-\dfrac{\partial U^+}{\partial c_s}$	$V \cdot m^3/mol$	阴极平衡电位对表面锂离子浓度的导数	$10^{-6} \sim 10^{-3}$
	$-\dfrac{\partial U^-}{\partial c_s}$	$V \cdot m^3/mol$	阳极平衡电位对表面锂离子浓度的导数	$10^{-6} \sim 10^{-3}$
动力学参数	k^+	$m^{2.5}/(mol^{0.5} \cdot s)$	阴极反应速率系数	$10^{-11} \sim 10^{-10}$
	k^-	$m^{2.5}/(mol^{0.5} \cdot s)$	阳极反应速率系数	$10^{-11} \sim 2 \times 10^{-10}$
	R_{film}	$\Omega \cdot m^2$	阳极 SEI 膜电阻	$10^{-3} \sim 10^{-2}$
双电层电容	Cap^+	F/m^2	阳极双电层电容	$0.1 \sim 0.9$
	Cap^-	F/m^2	阴极双电层电容	$0.1 \sim 0.9$
	Cap^{sei}	F/m^2	SEI 膜双电层电容	$0.1 \sim 5$
	v^+	1	阴极弥散效应	$0 \sim 1$
	v^-	1	阳极弥散效应	$0 \sim 1$

13.2 锂离子电池参数辨识方法

13.2.1 阻抗模型辨识框架

在前述简化阻抗模型基础上，提出以下参数辨识流程（图 13.2）：使用不同元启发式算法进行参数（表 13.1）拟合，实验采用 10%SOC、30%SOC、50% SOC、70%SOC 和 100%SOC 共 5 个 SOC 的三电极 EIS 数据，EIS 的频率范围为 0.1 Hz ～ 1 kHz；选取 100 个种群数目和 200 次迭代作为每个算法的终止条件；最后使用元启发式算法生成的电化学参数作为 P2D 模型的输入，在给定电流激励工况下获得对应外电压响应，实现对整个流程的验证。

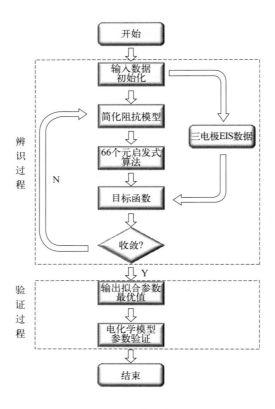

图 13.2 辨识流程

13.2.2 目标函数

在之前的研究中，往往采取基于端电压的拟合手段，这种辨识方法简单；本工作采用基于三电极 EIS 拟合的方式，仪器具有 1 μV 电压精度和 760 fA 电流精度，相对于实验电压数据的 5 mV 电压精度、0.4 A 电流精度得到了显著提升。选择正极的 7 个与负极的 9 个参数作为辨识参数，构成待识别的参数向量；将参数向量输入简化阻抗模型，使用 5 个 SOC 下、范围为 0.1 Hz ~ 1 kHz 的 EIS 数据分别辨识简化阻抗模型的参数：将模型输出阻抗与实际 EIS 的频率对应，计算 EIS 坐标中每个相同频率点下的仿真阻抗与实测阻抗之差，将差值的模值作为优化目标。目标函数见式（13.11）：

$$\begin{cases} \min\{f(\boldsymbol{x})\} \\ \boldsymbol{x}=[\theta_1,\theta_2\cdots\theta_k] \\ f(\boldsymbol{x})=\sqrt{\dfrac{1}{N}\sum_{i=1}^{N}\left[Z_{\exp,i}-Z_{\text{sim},i}(\boldsymbol{x})\right]^2} \end{cases} \quad (13.11)$$

式中，$\boldsymbol{x}$ 是待识别的参数向量；$Z_{\exp,i}$ 是电池第 i 个频率点的阻抗，$Z_{\text{sim},i}(\boldsymbol{x})$ 是模拟获得的第 i 个频率点下的阻抗；N 代表 EIS 实验采集频率点的个数。

13.2.3 实验设计

实验对象是一个三元软包电池,在 1 C 时的容量为 37 Ah。电池主要参数如表 13.2 所示。

表 13.2 电池基本参数汇总

项目内容	性能参数	项目内容	性能参数
额定容量	37Ah	额定电压	3.65V
截止电压	2.75～4.2V	推荐 SOC 范围	15%～95%
可用温度范围	−20～55℃	推荐温度范围	0～40℃
静态内阻	0.45～0.65mΩ	直流内阻	(1.4±0.5) mΩ
能量密度	(200±5) Wh/kg	标准充电电流	37A（1C）
快速充电电流	74A（2C）	脉冲电流	296A（8C）
峰值功率	1300W	循环寿命	≥ 2000 周
重量	(713±15) g	尺寸	209mm×102mm×10.8mm

如图 13.3 所示,实验平台包括 Bio-Logic 公司的 VMP 300 电化学工作站、Arbin BT-5HC 电池充放电测试系统、可编程温箱和主机。VMP-300 是多通道电化学工作站,电压分辨率为 1 μV、电流分辨率为 760 fA,用于测试电化学阻抗谱和产生脉冲激励。Arbin BT-5HC 用于不同工作条件下的充放电测试,电压和电流精度为 ±0.02% 满量程范围（full scale range, FSR）。温箱用于保障测试环境温度,温度波动为 ±0.5 ℃、温度均匀性为 ±2 ℃。

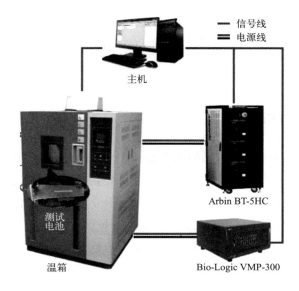

图 13.3 实验平台

实验流程如下：在 25 ℃ 环境温度下，对预先完成活化和标定的电池，以 1 C 的恒定电流放电至 2.75 V，充分静置后以 1 C 的速率对电池充电达到设定容量，依次为 10%SOC、30%SOC、50% SOC、70%SOC 和 100%SOC，在电池充电到每个 SOC 后静置 1 h，并向电池施加幅度为 4 mV、频率范围为 0.1 Hz～1 kHz 的 48 个频率点的正弦波电压，重复以上步骤 3 次。

13.3 结果分析

对一个确定的、已知真实值和预测值的阻抗模型而言，采用阻抗或电化学参数的均方根误差（RMSE）在单个工况下具有较好的评价准确性，但是在多个工况对比时会缺乏统一指标度量；采用电化学参数的 MAPE 虽然具有统一评价指标，但是 P2D 模型的电化学参数缺少实际值，因此本工作采用阻抗的 MAPE 作为一个重要的评价指标。由于修正简化阻抗模型的辨识是基于三电极阻抗谱进行的，在 MAPE 计算上将分为正负极进行讨论分析，在一个极性中，对于阻抗的实部和虚部，采用 MAPE 加权和的方式进行计算[22]。

本工作使用的三电极 EIS 简化阻抗模型，以三电极 EIS 为输入，输出电化学参数。通过拟合 EIS 获得的电化学参数具有实际物理意义，因此使用式（13.12）作为目标函数，通过阻抗来进行模型评价是合理适当的。

$$\mathrm{MAPE}_{Z,j} = \frac{100}{n} \sum_{i=1}^{n} \left| \frac{Z_{i,j} - Z_{i,j}^*}{Z_{i,j}} \right| \tag{13.12}$$

式中，n 为某个 SOC 下三电极 EIS 实验频率点的个数；i 为计算的某个频率点；j 代表正极或负极；$Z_{i,j}$ 为在正极或负极下第 i 个频率点的实际阻抗；$Z_{i,j}^*$ 为在正极或负极下第 i 个频率点的预测阻抗；$\mathrm{MAPE}_{Z,j}$ 为在正极或负极下阻抗的准确度。

13.3.1 准确性分析

通过在预先给定的具有实际意义的上下限中随机选取作为迭代初值，以 5 个 SOC 下的三电极 EIS 阻抗数据作为参考值，尝试分析 66 种不同的元启发式算法在辨识过程的效果。

图 13.4、图 13.5 展示了 66 种不同算法在运行 10 次后的 MAPE 图。横轴表示算法名称。方框的上边界和下边界分别对应数据的上四分位数（$Q3$）和下四分位数（$Q1$），$Q1$ 与 $Q3$ 之间内容表示方框包含数据集的中间 50%；方框的大小代表四分位数间距（IQR），即 75% 位数与 25% 位数之间的差值（IQR=$Q3$−$Q1$）；垂直线表示 1.5 倍 IQR 的范围，水平线表示方框图的上下限：上限为 $Q3$ 加 1.5 倍 IQR，下限为 $Q1$ 减 1.5 倍 IQR。对于超过 1.5 倍 IQR 的数据分布点，在图中使用黑色矩形标识出来。

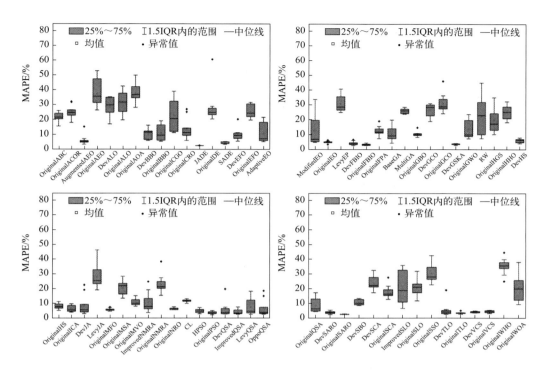

图 13.4　66 种不同算法运行 10 次的正极 MAPE 辨识结果箱线图

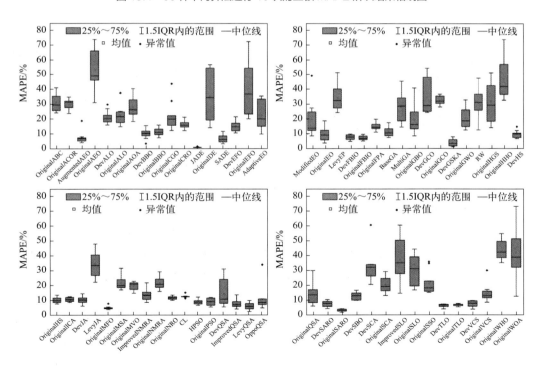

图 13.5　66 种不同算法运行 10 次的负极 MAPE 辨识结果箱线图

对于正极的辨识结果，按照 MAPE 升序排序，排名靠前的 10 个算法为 JADE、OriginalSARO、OriginalFBIO、DevGSKA、OriginalTLO、OriginalPSO、DevSARO、

DevFBIO、DevVCS 和 Improved QSA，其 MAPE 分别为 2.66%、2.79%、3.15%、3.45%、3.62%、3.89%、3.96%、3.99%、4.35%、4.36%，这些算法的正极 MAPE 均在 5% 以下。

对于负极的辨识结果，按照 MAPE 升序排序，排名靠前的 10 个算法为 JADE、OriginalSARO、DevGSKA、OriginalMFO、LevyQSA、DevTLO、OriginalTLO、SADE、DevVCS、DevSARO，其 MAPE 分别为 1.44%、2.98%、4.28%、4.81%、5.90%、6.20%、6.66%、6.97%、7.35%、7.49%，这些算法的负极 MAPE 均在 10% 以下。

综合正极和负极辨识效果来看，在这些算法中 JADE 准确性最高；相比而言某些算法的正极和负极 MAPE 高达 37% 和 52%，表明这些算法由于误差较大，可能并不适合识别电池的电化学参数。

这些算法表现不佳的一个可能原因是其寻优过程不适用于简化阻抗模型；另外一个可能原因是在考虑控制变量的前提下，本工作中所有算法的种群数目和迭代次数被固定为 100 和 200，对某个表现不佳的算法而言，这些初始值可能过小导致算法进入局部最优，这个问题可以通过增加种群数量来降低其陷入局部最优的概率，但与此同时会增加计算量，这对大量算法对比研究而言是一个难点。

13.3.2 迭代速度分析

在进行参数辨识时，对一类精度相当的算法来说，如果其中某个算法在相同条件下需要数天的时间才能收敛，那么即使其精度比那些收敛速度更快的算法要好，在实际使用中也是不现实的。本工作采用 NFE 来衡量算法的收敛性。NFE 是指目标函数计算的次数，不包括重复的种群计算，较小的 NFE 意味着较低的计算需求和更快的收敛速度。相反，NFE 越大，计算量越大，收敛速度越慢。图 13.6 和图 13.7 展示了 66 种不同算法运行 10 次后的 NFE 结果。

正极收敛速度最快的前 10 种算法是 MultiGA、OriginalFBIO、DevFBIO、AugmentedAEO、OriginalSLO、DevSBO、DevTLO、HPSO、OriginalTLO 和 LevyJA，NFE 分别为 8407.1、10859.3、11001.5、12352.1、14130.4、15612.7、15764.6、16272.5、17638.8 和 18135.3。

负极收敛速度最快的前 10 种算法是 MultiGA、OriginalFBIO、AugmentedAEO、DevFBIO、LevyJA、OriginalTLO、OriginalSSO、ImprovedSLO、HPSO 和 DevTLO，NFE 分别为 8305.5、11961.9、12970.2、13028.8、17337、19589.1、19772.4、19910、20810.1 和 21282.8。

但是仅凭 NFE 无法评估算法的性能，因为所得到的最优点可能是局部最优解，因此还需要对准确性进行评估：上述前 10 种收敛速度最快算法平均正、负极 MAPE 分别为 26.90%、5.35%、6.01%、7.09%、30.99%、11.75%、5.93%、7.00%、5.14% 和 29.05%，部分排名前 10 的算法的 MAPE 超过了 25%。该问题的出现一种可能的原因是种群太小，导致过早出现局部收敛，这可以通过增加种群数量来解决，但会增加计算量；另一个可能的原因是算法的机制使其容易陷入局部最优，这个问题可以通过改进算法来解决。

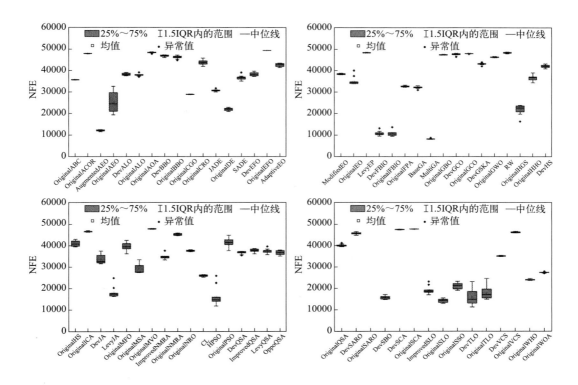

图 13.6　66 种不同算法运行 10 次的正极 NFE 辨识结果箱线图

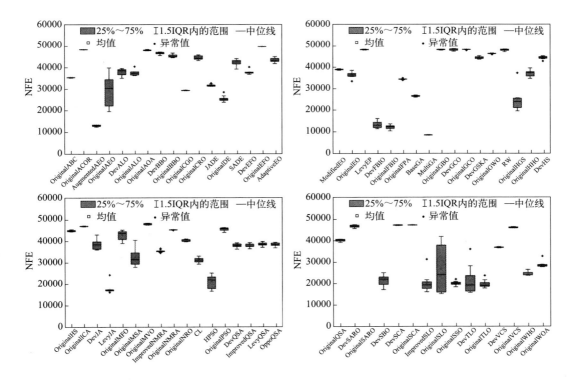

图 13.7　66 种不同算法运行 10 次的负极 NFE 辨识结果箱线图

13.3.3 鲁棒性分析

元启发式算法是基于随机性的优化算法，它们在每次运行时可能会产生不同的结果。算法的鲁棒性也是评价的一个重要指标，在实际应用中，计算结果波动较小、数据较为集中的算法更受青睐。箱线图的四分位数间距可用于反映一组数据的中心位置和离散程度，方框部分代表 50% 数据所处范围，方框的高度反映了数据在一定范围内的波动情况。方框越窄，数据的波动性越小，数据越稳定；反之，方框越宽，数据的波动性越大，数据越不稳定；离群点代表数据的异常值。由于在电化学识别的实际应用中，真实值是未知的，因此没有剔除异常值，而是取平均值作为识别结果。

根据以上分析，认为算法的稳健性取决于方框的宽度。RW、OriginalCGO 和 ImprovedSLO 算法在图 13.4 中表现出较大的离散性，表明它们的鲁棒性有限，这可归因于这些算法在参数估计过程中容易出现局部最优，导致多次计算出现显著差异；而 OriginalNRO、CL、JADE、DevGSKA 和 DevSARO 等算法的结果范围相对较窄，多次计算结果高度集中，表明它们具有出色的鲁棒性。

13.3.4 多维度分析

参数辨识的准确性是评估算法性能的首要标准，但由于一些准确度相对不佳的算法可能会在速度方面取得较大优势，因此需要对算法进行多维度综合分析。考虑列出 66 种元启发式算法的辨识结果比较困难，在此列出 MAPE 综合前 10 的算法：JADE、OriginalSARO、DevGSKA、OriginalTLO、OriginalFBIO、OriginalMFO、DevSARO、SADE、DevVCS 和 DevTLO。依次评估算法在 10 次辨识中正负极的 MAPE、NFE 平均值，将其作为横、纵坐标绘制在图中，如图 13.8 所示。

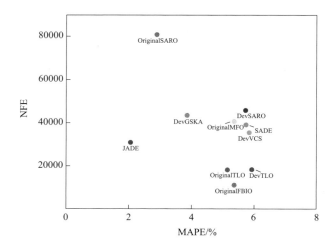

图 13.8　10 种不同算法运行 10 次的平均 MAPE-NFE 值

在 10 种算法中，MAPE 均小于 10%，说明其相对误差较小；从 NFE 来看，OriginalSARO 的占用运算资源最多（80766.4），接近 OriginalFBIO 的 8 倍（11410.6）。

综合来看，JADE 算法展现出最低的 MAPE，同时 NFE 也相对较低，表明其在效率和精度上都表现良好；OriginalSARO 和 DevSARO 算法的 NFE 较高，表明这些算法在寻优过程中需要更多的资源；OriginalMFO、DevVCS 以及 SADE 处于图的右上方，表示这些算法在 MAPE 较高的同时，NFE 也较高，说明它们综合表现不够理想。

通常在优化问题中，良好的算法可以实现效率与精度之间的平衡，JADE 在这方面比较好；DevGSKA 算法虽然 MAPE 较低，但 NFE 相对较高，表明其在提高精度方面花费了更多时间。在选择适当的算法时，需要考虑实际应用场景对效率和精度的需求，如果时间资源有限，倾向于选择 NFE 较低的算法，如 OriginalFBIO；如果要求更高的预测精度，则可以选择 MAPE 较低的算法，如 JADE。

13.3.5 电化学模型验证

将上述综合分析中精度最高的算法（JADE、OriginalSARO 和 DevGSKA）拟合得到的电化学参数输入 P2D 模型中，除了表 13.1 所列举的参数外，其余参数固定为文献 [10] 的参考值；将全城市驾驶（FUDS）的电流时间序列输入 P2D 模型；然后将每个周期的模型输出电压与相应的实验电压进行比较。图 13.9～图 13.11 展示了 JADE、OriginalSARO 和 DevGSKA 算法拟合得到的电化学参数在 P2D 模型 FUDS 动态工况中的表现，良好的拟合效果验证了该参数辨识方法的准确性。

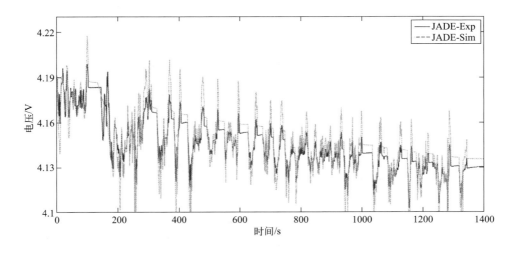

图 13.9　JADE 算法参数在 FUDS 工作条件下模拟电压与实际电压的比较

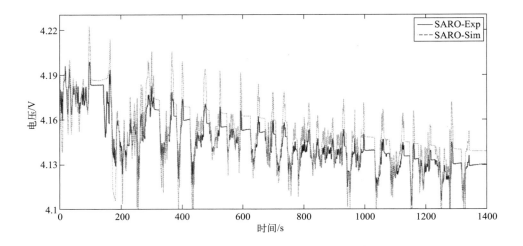

图 13.10　SARO 算法参数在 FUDS 工作条件下模拟电压与实际电压的比较

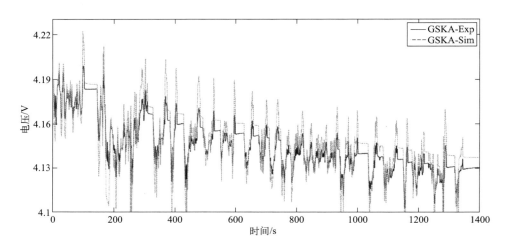

图 13.11　GSKA 算法参数在 FUDS 工作条件下模拟电压与实际电压的比较

表 13.3 展示了不同算法在 FUDS 工况下端电压模拟误差的统计指标，在动态工况下算法准确性排名和在 13.3.1 节中拟合准确度排名吻合，进一步验证了模型的准确性。该结论可用于简化电化学验证步骤，考虑 P2D 动态工况的复杂性，之后可以通过简化阻抗模型拟合准确度确定参数在电化学模型中的表现效果，为迁移至 BMS 中提供理论基础。

表 13.3　不同算法的端电压模拟误差

工况	MAE/mV	RMSE/mV
JADE	7.8	10.1
DevGSKA	8.5	10.7
OriginalSARO	9.7	11.9

注：MAE 为平均绝对误差。

13.4 小结

本工作引入了一个新颖的参数识别框架，在使用简化阻抗模型的同时，对用于锂离子电池电化学模型参数识别的 66 种元启发式算法进行了对比分析。通过三电极 EIS 数据，拟合获取电化学参数以促进电化学参数识别。为了进行识别，确定了 16 个具有高灵敏度的参数。本工作对元启发式算法的准确性、收敛速度和鲁棒性进行了全面评估。其中，JADE、OriginalSARO、DevGSKA、OriginalTLO、OriginalFBIO、OriginalMFO、DevSARO、SADE、DevVCS 和 DevTLO 为准确率最高的算法。综合表现最好算法为 JADE，其平均 MAPE 为 2.05%、平均 NFE 为 31138.1、平均标准差为 0.142，该算法在达到最大准确度的同时运算量较低。与 JADE 相比，OriginalFBIO 以牺牲部分准确度（5.35%）为代价获得了更低的运算负担（11410.6），它在需要快速计算的条件下可能会表现出更优良的性能。此外，本工作还就拟合参数精度与电化学模型精度进行了验证，证明拟合参数精度可以一定程度上代替电化学模型进行精度排序。该方法证明了元启发式算法在各种应用环境下对电化学参数识别的适应性，对提高锂离子电池建模的准确性和计算效率具有重要意义。

参考文献

[1] AN F Q，ZHAO H L，CHENG Z，et al. Development status and research progress of power battery for pure electric vehicles[J]. Chinese Journal of Engineering，2019，41（1）：22-42. DOI：10.13374/j.issn2095-9389.2019.01.003.

[2] CHEN T Y，GAO S，FENG X N，et al. Recent progress on thermal runaway propagation of lithium-ion battery[J]. Energy Storage Science and Technology，2018，7（6）：1030-1039. DOI：10.12028/j.issn.2095-4239.2018.0167.

[3] WANG L，XIE L Q，ZHANG G，et al. Research progress in the consistency screening of Li-ion batteries[J]. Energy Storage Science and Technology，2018，7（2）：194-202. DOI：10.19799/j.cnki.2095-4239.2020.0345.

[4] KARIMI G，DEHGHAN A R. Thermal analysis of high-power lithium-ion battery packs using flow network approach[J]. International Journal of Energy Research，2014，38（14）：1793-1811. DOI：10.1002/er.3173.

[5] JIANG Z Y，QU Z G，ZHANG J F，et al. Rapid prediction method for thermal runaway propagation in battery pack based on lumped thermal resistance network and electric circuit analogy[J]. Applied Energy，2020，268：115007. DOI：10.1016/j.apenergy.2020.115007.

[6] ZOU C F，ZHANG L，HU X S，et al. A review of fractional-order techniques applied to lithium-ion batteries，lead-acid batteries，and supercapacitors[J]. Journal of Power Sources，2018，390：286-296. DOI：10.1016/j.jpowsour.2018.04.033.

[7] WANG Z L，FENG G J，ZHEN D，et al. A review on online state of charge and state of health estimation for lithium-ion batteries in electric vehicles[J]. Energy Reports，2021，7：5141-5161. DOI：10.1016/j.egyr.2021.08.113.

[8] ZHOU Y，WANG B C，LI H X，et al. A surrogate-assisted teaching-learning-based optimization for parameter identification of the battery model[J]. IEEE Transactions on Industrial Informatics，2021，17（9）：5909-5918. DOI：10.1109/TII.2020.3038949.

[9] LI Y M，LIU G X，DENG W，et al. Comparative study on parameter identification of an electrochemical model for lithium-ion batteries via meta-heuristic methods[J]. Applied Energy，2024，367：123437. DOI：10.1016/j.apenergy.2024.123437.

[10] LI W H，CAO D C，JÖST D，et al. Parameter sensitivity analysis of electrochemical model-based battery management systems for lithium-ion batteries[J]. Applied Energy，2020，269：115104. DOI：10.1016/

j.apenergy.2020.115104.

[11] SANTHANAGOPALAN S, GUO Q Z, WHITE R E. Parameter estimation and model discrimination for a lithium-ion cell[J]. Journal of the Electrochemical Society, 2007, 154(3): A198. DOI: 10.1149/1.2422896.

[12] BOOVARAGAVAN V, HARINIPRIYA S, SUBRAMANIAN V R. Towards real-time (milliseconds) parameter estimation of lithium-ion batteries using reformulated physics-based models[J]. Journal of Power Sources, 2008, 183(1): 361-365. DOI: 10.1016/j.jpowsour.2008.04.077.

[13] SHUI Z Y, LI X H, FENG Y, et al. Combining reduced-order model with data-driven model for parameter estimation of lithium-ion battery[J]. IEEE Transactions on Industrial Electronics, 2023, 70(2): 1521-1531. DOI: 10.1109/TIE.2022.3157980.

[14] FAN G D. Systematic parameter identification of a control-oriented electrochemical battery model and its application for state of charge estimation at various operating conditions[J]. Journal of Power Sources, 2020, 470: 228153. DOI: 10.1016/j.jpowsour.2020.228153.

[15] VAN THIEU N, MIRJALILI S. MEALPY: An open-source library for latest meta-heuristic algorithms in Python[J]. Journal of Systems Architecture, 2023, 139: 102871. DOI: 10.1016/j.sysarc.2023.102871.

[16] ONG I J, NEWMAN J. Double-layer capacitance in a dual lithium ion insertion cell[J]. Journal of the Electrochemical Society, 1999, 146(12): 4360-4365. DOI: 10.1149/1.1392643.

[17] SUTHAR B, NORTHROP P W C, RIFE D, et al. Effect of porosity, thickness and tortuosity on capacity fade of anode[J]. Journal of the Electrochemical Society, 2015, 162(9): A1708-A1717. DOI: 10.1149/2.0061509jes.

[18] HUANG J, GE H, LI Z, et al. An agglomerate model for the impedance of secondary particle in lithium-ion battery electrode[J]. Journal of the Electrochemical Society, 2014, 161(8): E3202-E3215. DOI: 10.1149/2.027408jes.

[19] HUANG J, LI Z, ZHANG J B, et al. An analytical three-scale impedance model for porous electrode with agglomerates in lithium-ion batteries[J]. Journal of the Electrochemical Society, 2015, 162(4): A585-A595. DOI: 10.1149/2.0241504jes.

[20] ZHOU X Z, WANG Z H, ZHANG W G, et al. Construction of simplified impedance model based on electrochemical mechanism and identification of mechanism parameters[J]. Journal of Energy Storage, 2024, 76: 109673. DOI: 10.1016/j.est.2023.109673.

[21] LANDESFEIND J, GASTEIGER H A. Temperature and concentration dependence of the ionic transport properties of lithium-ion battery electrolytes[J]. Journal of the Electrochemical Society, 2019, 166(14): A3079-A3097. DOI: 10.1149/2.0571912jes.

[22] LI W H, DEMIR I, CAO D C, et al. Data-driven systematic parameter identification of an electrochemical model for lithium-ion batteries with artificial intelligence[J]. Energy Storage Materials, 2022, 44: 557-570. DOI: 10.1016/j.ensm.2021.10.023.

第 14 章

AI 辅助锂电池剩余寿命预测研究进展

朱振威，苗嘉伟，祝夏雨，王晓旭，邱景义，张　浩

随着规模储能、电动汽车用锂电池的循环寿命达到上千次、服役时间达到 5 年甚至 8 年以上，对锂电池的剩余寿命进行精准预测评估成为影响锂电池应用的重要科研方向。然而，锂电池性能衰变是涉及其内部从材料、界面到多孔电极、器件多尺度复杂化学、电化学反应的复杂过程。采用信息学的方法研究锂电池性能衰变、将数据科学与电池物质科学交叉是一个近年来蓬勃发展的新兴领域，有望推进电池状态建模、性能管理和寿命预测等复杂问题的加速解决。各种机器学习（machine learning，ML）的方法是建模处理复杂数据、寻找规律、反馈应用的重要手段。通过深度融合传统电池科学与前沿信息学技术，期望攻克电池管理系统（battery management system，BMS）中的一系列核心难题，诸如精准估算电池的充电状态（state of charge，SOC）、健康状态（state of health，SOH）、优化热管理策略及有效预测电池老化进程。BMS 作为保障锂离子电池安全高效运行的关键系统，通过实时采集并分析电池的充电/放电循环、电压、电流、温度变化及潜在故障状态等多维度信息，为电池状态预测提供关键输入数据。理想的 BMS 系统应当能够不仅精准预测电池的 SOH、SOC 及剩余使用寿命（remaining useful life，RUL），还应具备高效的故障检测与诊断能力，从而全面提升电池系统的整体性能、可靠性及安全性。

文献中关于 BMS 参数预测（涵盖 SOC、SOH、RUL 及故障检测）的技术主要分为两大类：基于物理模型的方法和基于 ML 的方法。前者依托电池的电化学动力学原理构建模型，并基于这些模型做出假设以估算参数；而后者则主要利用 BMS 的输入输出数据集来训练多种模型，从而预测电池在特定输入条件下的状态。鉴于不同实验室测试条件的差异性，BMS 预测任务所依赖的输入输出数据间自然存在差异，数据收集框架承担记录这些差异并基于电池或电池组模型生成额外数据的重任。至于电池故障信息的获取，则更多依

赖于实验测试的直接结果[1]。对比而言，基于物理模型的方法因需深入探究电池系统的基本物理和化学特性，其开发过程相对漫长且复杂，可能难以面面俱到且耗时较多。数据驱动的方法通过 ML 算法从海量数据中学习规律，这一过程在开发效率上往往更具优势。然而，为数据驱动方法搜集高质量的数据集同样是一项充满挑战且可能耗时的任务。因此，在方法选择上仍然需综合考虑资源条件、精度要求及具体应用场景等多种因素，以做出最适宜的决策。值得注意的是，近期将电化学模型与数据驱动方法相结合，构建了一种混合模型，通过提供更为全面的电池动态性能，为设计更安全、更高效的电池系统开辟了新的路径[2]。

近期的研究重点聚焦于利用数据驱动策略来优化 BMS，寻找与电池容量衰减相关性更高的特征变量、探索性能更优的数模融合模型。通过收集电池组内各类传感器在电池服役全周期内的详尽数据，构建复杂的预测模型，以精准刻画电池在不同工况条件下的行为特性。其中，基于人工神经网络（artificial neural networks，ANN）的锂离子电池状态预测方法表现尤为出色。ANN 最初构想为模拟人脑信息处理机制的计算机系统组件，现已发展成为一种强大的算法框架，其独特的从数据中学习并推广知识至新情境的能力，使得 ANN 在模式识别、优化及预测等多个领域均展现出广泛应用价值。在 BMS 领域，神经网络（neural networks，NN）的引入为解决传统技术难题开辟了新路径。以 SOC 的精确测量为例，传统的 SOC 估算方法，如安时积分法，常因测量误差、电池老化及温度变化等因素的干扰而使结果误差较大[3-4]。相比之下，NN 通过深度学习与电池各项指标间的复杂非线性关联，即便面对含噪声或不确定性的数据，也能有效提升 BMS 在参数估算上的可靠性与准确性，为电池管理策略的优化提供了坚实的数据支撑[5]。

锂离子电池是目前最广泛使用的储能设备，对其 RUL 的准确预测对于确保其可靠运行和预防事故至关重要。本章综述了 ML 算法在 RUL 预测中的发展趋势，并探讨了未来的改进方向。此外，探讨了利用 RUL 预测结果延长锂离子电池寿命的可能性。首先介绍用于 RUL 预测的最常用的 ML 算法。然后，介绍了 RUL 预测的一般流程，及 RUL 预测中最常用的四种信号预处理技术。本章给出了常见 ML 算法准确性和特性方面的比较，并进一步展望了可能的改进方向，包括早期预测、局部再生建模、物理信息融合、广义迁移学习和硬件。最后，总结了延长电池寿命的方法，并展望了将 RUL 作为延长电池寿命指标的可行性。未来，可以根据在线 RUL 准确预测结果多次优化充电曲线，从而延长电池寿命。本章旨在为电池 RUL 预测和寿命延长策略的 ML 算法未来改进提供启示。

14.1　老化轨迹预测建模和仿真

准确预测锂离子电池 RUL 对其可靠运行和事故预防至关重要。通常，当电池的容量达到其初始值的 80% 时，视为处于寿命结束（end of life，EOL）[6]。如果电池的使用超出了 EOL 标准，可能会导致用电系统性能不佳，有时甚至会引起灾难性事件。BMS 可以参考 RUL 预测结果来控制电池的运行，帮助用户及时维护或更换电池[7]。由于容量恶化和复杂的内部特性，RUL 预测对于评估电动汽车退役电池同样很重要[8]。基于电池早期循环数据的 RUL 预测可以减少老化测试的成本和时间，加速电池设计、生产和优化。

在讨论 RUL 预测方法之前，有必要明确 RUL 预测问题的定义。RUL 预测主要分为两类：一类是预测电池达到 EOL 时的循环次数，另一类是预测剩余所有循环的剩余容量——即容量老化轨迹。这两类问题在输入输出和模型选择上往往有所不同。本章主要聚焦于第二类问题，即预测剩余所有循环的剩余容量或者 SOH。这种方法不仅能提供电池何时达到 EOL 的信息，还能描绘出电池整个生命周期的容量衰减过程，为电池管理系统提供更全面、更细致的信息。

容量老化轨迹预测是一个更具挑战性的任务，因为它需要模型能够捕捉电池容量衰减的长期趋势和短期波动。这种预测通常需要处理长时间序列数据，考虑多种影响因素，如充放电条件、环境温度、使用模式等。

14.1.1　RUL 预测常用的机器学习算法

RUL 预测的实现途径通常有基于物理的方法和数据驱动的方法，以及逐渐受到关注的将二者结合的数模混合方法。基于物理的方法包括电化学模型[9]、等效电路模型[10]和经验退化模型[11]。物理模型基本都限定具体的电池材料、使用环境、充放电条件，参数一般都基于电极的物理性质，导致模型难以跟踪电池的动态变化，加之电池衰变因素复杂，也难以建立完善的衰变模型，为了实现较为可靠的预测数据，最终都要依赖大量的电化学模型和等效电路模型。而数据驱动的方法则较少依赖物理规律，更多是学习电池使用过程和实时的电性能数据。电池 RUL 预测的难点是如何根据有限的数据准确预测锂离子电池数百乃至数千周循环后的衰变特性。ML 作为非线性建模方面表现出色的数据驱动方法，为锂离子电池 RUL 预测提供了不同于物理模型方法的有力工具。如图 14.1 所示，在众多 ML 算法中，循环神经网络（recurrent neural networks，RNN），包括基本 RNN、回声状态网络（echo status network，ESN）、长短期记忆网络（long short-term memory，LSTM）和门控循环单元（gated recirculation unit，GRU），已成为电池 RUL 预测的主流算法。此外，人工神经网络（ANN）中的经典前馈神经网络（feed forward neural networks，FFNN），作为非 RNN 和卷积神经网络（CNN）的补充，也发挥着重要作用。近年来，基于注意力机制的 Transformer 架构也逐渐成为 RUL 预测领域的热门选择，其优秀的长序列建模能力和并行计算效率使其在处理电池长期性能退化数据方面表现出色。

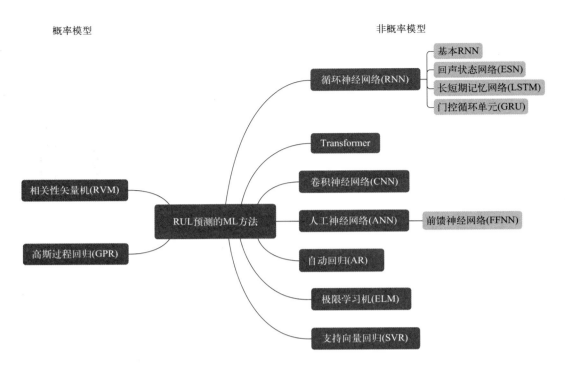

图 14.1　RUL 预测常用的机器学习算法

14.1.2　RUL 预测的一般流程

基于 ML 的 RUL 预测的一般结构包括三个步骤，如图 14.2 所示，第一步，从电池老化测试中收集数据，并提取有效特征。电池老化特性可以通过充放电电压和电流、充放电时间、温度、内阻、循环圈数等常见的直接特征，以及等电压差时间间隔（time interval of an equal charging voltage difference，TIECVD）、增量容量分析（incremental capacity analysis，ICA）、差分电压分析（differential voltage analysis，DVA）和差分热伏安法（differential thermal voltammetry，DTV）的时序变化等间接特征反映[12]。近年来，从电化学阻抗谱（electrochemical impedance spectroscopy，EIS）数据中提取特征作为 ML 算法的输入也逐渐成为主流。常见的 EIS 特征提取方法有三种：全面分析所有频率点的 EIS 数据、从 EIS 推导出的等效电路模型中提取参数以及聚焦于特定频率下的阻抗值[13]。利用像 ANN 这样的 ML 方法从 EIS 中提取特征已被证明是一种高效且准确的手段[14]。鉴于 EIS 对温度、SOC 和弛豫效应的敏感性，这些参数在 RUL 预测中尤为重要[15]。例如，Faraji-Niri 等[16]通过 GPR 模型和 EIS 测试，深入量化了温度和 SOC 对电池 SOH 估计精度的影响，强调了它们在模型构建中的不可或缺性。第二步，通过 ML 算法发现提取的特征与电池 RUL 之间的潜在关系。一种常见的策略是先利用模型估算 SOH，再基于 SOH 的估计值进一步预测 RUL，直至 SOH 降至预设的阈值以下。值得注意的是，尽管 SOH 估计与 RUL 预测在算法层面多有共通，但两者的输入变量存在显著差异。SOH 预测倾向于直接利用与

SOH 紧密相关的特征，而 RUL 预测则更多依赖于电池的历史 SOH 记录或容量数据。例如，Severson 等[17]成功利用早期循环的放电电压曲线预测了 124 个快充磷酸铁锂/石墨电池的循环寿命。第三步，模型评估阶段通过对比预测结果与实际测试数据，量化模型的性能表现。常用的评估指标包括绝对误差（absolute error，AE）、平均绝对百分比误差（mean absolute percentage error，MAPE）、均方误差（mean square error，MSE）、均方根误差（root mean square error，RMSE）、均绝对误差（mean absolute error，MAE）以及最大绝对误差（max absolute error，MaxAE）。详细评估标准确立途径则包括精确性、召回率、置信区间、及时性和稳定性。精确性衡量了模型预测为正类的样本中实际为正类的比例。在 RUL 预测中，可以设定一个阈值，将预测结果分为"即将失效"和"正常"两类，然后计算精确性。精确性高意味着模型在预测电池即将失效时，有较高的把握。召回率衡量了实际为正类的样本中被模型预测为正类的比例。在 RUL 预测中，召回率高意味着模型能够识别出大部分即将失效的电池。精确性和召回率之间往往存在权衡关系，需要根据具体应用场景进行调整。对于 RUL 预测来说，除了给出具体的预测值外，还需要提供预测的置信区间。置信区间表示了预测结果的不确定性范围，有助于决策者更好地了解预测结果的可靠性。及时性衡量了模型在预测 RUL 时是否能够提前足够的时间给出预警。对于需要预防性维护的系统来说，及时性至关重要。稳定性评估了模型在不同数据集或不同时间点上预测结果的一致性。稳定性好的模型能够更可靠地应用于实际场景中。这些指标共同构成了评估模型准确性和可靠性的重要依据。

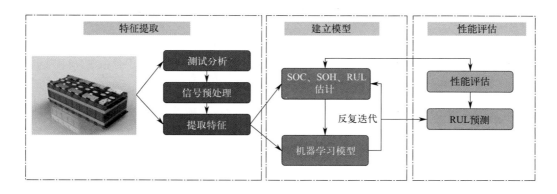

图 14.2 基于 ML 的 RUL 预测的一般流程

14.1.3 RUL 预测中的信号预处理技术

对于电池的 RUL 预测，大多数研究主要关注电池衰退曲线的趋势分析。相较于直接处理包含噪声的真实测试数据，从经过降噪处理的容量或 SOH 平滑曲线中提取 RUL 信息更为高效。信号预处理技术便是为了将特征曲线中的噪声和波动剔除。在 RUL 预测过程中，所选取的特征值往往与电池容量或 SOH 存在线性关联[14]，强化这种线性相关性成为提高预测速度和准确性的重要途径。当前，多种信号预处理技术被广泛应用于 RUL 预测，常见的有经验模态分解（empirical modal decomposition，EMD）、变分模态分解（variational modal decomposition，VMD）、Box-Cox 变换（Box-Cox transform，BCT）以及小波分解技术（wavelet decomposition technique，WDT）等[14]。VMD 在 NASA 5# 电池的 RUL 预测，通过去噪处理，将预测准确率从 78% 提升至 93%[18]。Wang 等[19]利用 WDT 提出了一种直接基于分解后的端电压数据进行预测，进一步拓宽了 WDT 在 RUL 预测中的应用范围。作为小波变换的深化应用，小波包分解（wavelet packet decomposition，WPD）不仅能够处理低频带信号，还能对高频带信号进行细致分解，有效消除了充放电循环数据中的噪声干扰[20]。Chen 等[21]则将 WPD 与信息熵理论相结合，提出了小波包能量熵（wavelet packet energy entropy，WPEE）理论，这一方法进一步提升了 RUL 预测的准确性。

14.1.4 机器学习方法

机器学习算法大致可划分为非概率方法与概率方法两大类别。支持向量回归（support vector regression，SVR）与自回归（autoregression，AR）等概率模型在 2012 年首次被引入到电池 RUL 预测的研究中。非概率方法中，循环神经网络（RNN）与前馈神经网络（FFNN）自 2013 年起被广泛应用于电池 RUL 的预测，并迅速成为该领域的主流技术。

14.1.4.1 非概率方法

循环神经网络（RNN）算法其基本结构包含一个输入层，隐藏层和输出层［图 14.3（a）］，重量矩阵连接输入层和隐藏层，这种结构确保 RNN 可以使用过去和现在的信息预测未来。充放电循环中收集的电池老化数据为时间序列数据，非常适合作为 RNN 算法的输入来预测电池 RUL。Kwon 等[22]使用 RNN 学习内部电阻实现电池 RUL 预测。Ansari 等[23]提高了 RNN 算法的输入数据维度，用每个周期的电压、电流和温度组成的数据集来预测 RUL。RNN 虽然能够准确获取时间依赖关系，但在处理长序列时容易出现梯度消失问题。处理某些复杂的序列数据时，随着隐藏层或单元数量的增加超过了模型容量，同样会加剧梯度消失的问题。

RNN 算法还有很多变体，其中，回声状态网络（ESN）由于其结构简单［图 14.3（b）］，是一种快速高效的类型。长短期记忆网络（LSTM）使用独特的信息控制机制［图 14.3（c）］，解决 RNN 中消失梯度的问题。门控循环单元（GRU）是 LSTM 的变体，它将 LSTM 的遗忘门和输入门集成到更新门中，并引入了额外的重置门来控制信息流。为预测锂离子电池 RUL 构建的 RNN 模型，以及变体 LSTM、GRU，基于相同数据集进行预测时，LSTM 效果最佳[24]。LSTM 通常与 CNN 结合，从数据中提取空间和时间信息。

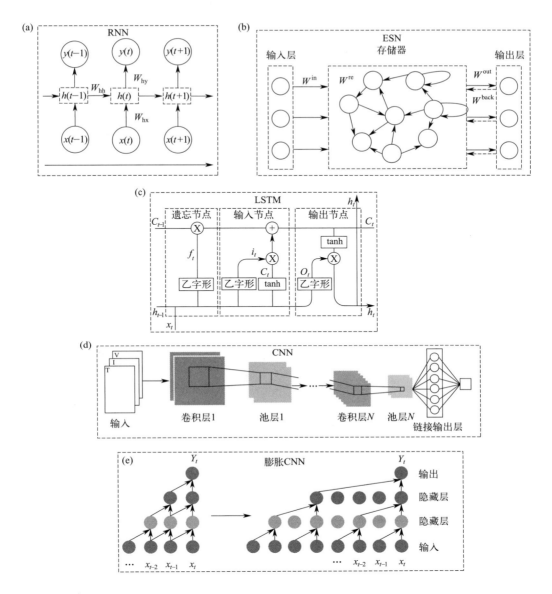

图 14.3 （a）RNN 的基本结构，x 是输入层，h 是隐藏层，y 是输出层，W 是权重矩阵；（b）ESN 的基本结构，W 是权重矩阵；（c）LSTM 的基本结构，x、h、C 是输入、输出和单元存储；（d）CNN 的基本结构；（e）常规卷积到膨胀卷积，x 是输入，y 是输出[14]

Zhang 等[25]提出 LSTM 是为了捕捉长期电池老化趋势，却发现 LSTM 可以实现 RUL 早期预测，只需要整个电池衰变数据的 20%～25% 就可以实现 RUL 准确预测。Tong 等[26]也得出了类似的结论。在 LSTM 的输入功能中，一对一结构被多对一结构所取代[27]。多对一结构是指同时使用多个输入向量，如电流、电压和温度。事实证明，即使在存在电池容量再生的情况下，多对一结构也可以提高 RUL 预测的准确性[28]。Zhang 等[29]提出了一个结合 LSTM 和广泛学习系统（broad learning system，BLS）的模型，增加参数输入节点数，获取更多信息。通过采用自适应滑动窗口，LSTM 可以同时学习局部波动和长期依赖性[30]。通过结合多个模型的预测结果，集成学习可以减少单个模型的偏差和方差。Liu等[31]使用贝叶斯模型集成LSTM模型，获得更高的预测准确性。Wang等[32]提出了多层堆叠LSTM的集成模型来预测RUL。Pan等[33]提出了基于转移学习（TL-LSTM）的LSTM，以预测锂离子电池容量和不同工作条件下的RUL。

电池RUL预测中GRU的研究主要集中在基本应用、深度信息提取和传输学习上。GRU比LSTM具有更简单的结构，训练速度更快，同时能够缓解数据爆炸和梯度消失的问题。Song等[34]利用GRU建立了电池RUL预测方法，其中隐藏层的数量为4个，NASA B0006电池上RUL预测的最大误差仅11个循环周期。Wei等[35]使用GRU与Monte Carlo Dropout预测RUL，其中MC主要用于生成RUL预测点的概率分布和95%置信区间，以及隐藏层权重衰变避免过度拟合。Tang等[36]利用双向门控循环单元（BiGRU）可以同时捕获过去和未来两个方向的电池容量信息，因此增加了特征信息的多样性。迁移学习可以减少在线应用程序的训练数据和训练时间，迁移学习和GRU的结合，以预测具有相似衰变趋势电池的RUL[37]。

Transformer是一种深度神经网络架构，其核心完全基于注意力机制，这一特性使得它不仅能够高效处理并建模序列数据中的长期依赖关系，还具备并行处理数据的能力，这在处理大规模数据集时尤为重要。通过动态聚焦输入序列，Transformer能够以较少的训练数据更有效地学习数据的内在特征[38]。此外，Transformer模型的架构设计支持对输入序列的并行化处理显著加速了训练过程，提高了模型的训练效率。基于Transformer的电池RUL预测模型，在预测准确性和计算效率方面均超越了LSTM和GRU模型。拓宽了Transformer在预测性维护领域的应用前景[39]。

支持向量回归（SVR）可以绘制输入和输出数据之间的非线性关系，也适用于RUL预测[40]，关键是将复杂的非线性问题转换为简单的线性问题。Zhao等[41]利用SVR与特征矢量选择（feature vector selection，FVS）集成模型来预测RUL。RUL预测中关于SVR的研究主要集中在超参数优化和模型融合上。SVR与粒子系统[42]和卡尔曼滤波器[43]结合作为测量方程，可以实现前瞻性的预测。此外，SVR可以作为增强工具提高BiLSTM-AM模型的预测精度[44]。SVR还与其他方法融合，如基于加权原理的多层感知器（multi-layer perceptrons，MLP），这些融合策略进一步拓宽了其应用范围。展望未来，SVR可能朝着更加精细化和定制化的方向发展，例如，利用包含训练数据特定区域的不同超参数的多个SVR组合，采用混合内核功能的SVR可能成为一种趋势。此外，针对车辆中央控制器中的具体应用环境，特别是考虑到多变的负载条件，对SVR算法的实现进行更深入的研究和优化[45]，也将是未来值得探索的重要方向。

自动回归（AR）是一个时间序列模型，擅长预测序列中即将发生的值，尤其在捕捉时间序列长期趋势方面有显著优势。例如，Vilsen等[46]使用AR来追踪电池内部电阻的长期变化模式。确定AR模型的阶数（即模型中的延迟项数量）对于预测精度至关重要。常见的确定方法包括Box-Jenkins方法、Akaike信息标准（Akaike information standards，AIC）和贝叶斯信息标准（Bayesian information standards，BIC）。为了进一步提升模型适应性，

Long 等[47]引入了粒子群优化（particle swarm optimization，PSO）算法来搜索 AR 模型的最优阶数，并通过计算均方根误差（RMSE）来评估不同阶数的效果，并能根据新数据的引入自适应地调整模型阶数，保证预测性能的稳定与提升。AR 模型的研究焦点正逐渐转向电池非线性老化现象的建模以及不同算法的有效组合策略，这些探索旨在进一步提升模型在复杂时间序列数据上的预测能力和鲁棒性。

锂离子电池的老化过程是非线性的，随着循环圈数增加，其性能衰变速率通常会逐渐加快。为了提高 AR 模型在处理这种非线性老化现象上的能力，引入了与老化周期及时效变化紧密相关的非线性加速老化因子。这一因子被设计为预测步骤的函数，从而构建出非线性老化自回归（ND-AR）模型[48]。Guo 等[49]进一步对 ND-AR 模型中的老化因子进行优化，提出了基于非线性尺度老化参数的 AR（NSDP-AR）模型。模型中，降解因子与电池当前生命周期长度的百分比直接相关，并通过扩展卡尔曼滤波技术精确求解相关参数，以提升模型的准确性和适应性。此外，AR 模型还常与不同的粒子滤波（particle filter，PF）方法相结合，利用 AR 模型的预测输出作为 PF 中的观测或测量数据，旨在优化 PF 的长期及迭代预测性能。这一思路不仅催生了 ND-AR 模型的应用，还促成了迭代非线性降解自回归（IND-AR）模型的诞生[50]。同时，研究者们还探索了将 AR 模型与正则化粒子滤波（regularized particle filter，RPF）以及基于变形双指数经验降解模型的 PF 等高级算法相结合的可能性，以进一步提升预测精度[51]。在电池 RUL 预测中，PF 通过模拟电池状态的概率分布来估计电池的剩余寿命。将双指数模型与 PF 结合，可以利用 PF 的强非线性处理能力来更新双指数模型的参数，从而更准确地预测电池的 RUL。然而，该方法面临模型复杂性、粒子贫化及数据依赖等挑战。为克服这些难题，未来研究将聚焦于模型优化（如多因素耦合与混合模型）、算法改进（如自适应 PF 与多源数据融合）以及实验验证与评估（包括多样化数据集与量化评估指标），以进一步提升电池 RUL 预测的准确性和可靠性。此外，Lin 等[52]将衰变轨迹视为多变点线性模型，而非固定形态，并借助带有协变量的 AR 模型来捕捉各段之间的斜率变化，为锂离子电池的老化预测提供了新思路。

卷积神经网络（convolutional neural networks，CNN）架构，典型的 CNN 包含卷积层、汇集层和完全连接层［图 14.3（d）］，基本逻辑是通过过滤器卷积操作从输入数据中提取空间信息，并利用池化层简化特征维度，最终通过全连接层进行回归预测。CNN 的核心优势在于其高效的空间信息提取与降维能力[53]。在电池 RUL 预测领域，Hsu 等[54]利用双 CNN 模型缩减数据维度，结合人工特征提取，通过深度神经网络（deep neural networks，DNN）实现了 6.46% 的 MAPE 电池 RUL 预测精度。Xiong 等[55]则采用半监督学习方法，直接将 EIS 数据输入 CNN 进行特征提取，无需容量标签即可估算容量。目前，CNN 的研究热点聚焦于超参数优化、与 LSTM 的结合、膨胀 CNN 的应用以及迁移学习。超参数优化通过贝叶斯优化等方法提升模型性能。与 LSTM 结合，CNN-LSTM 模型能同时捕捉空间与时间信息，显著提高 RUL 预测精度[56]。Ren 等[57]进一步引入自动编码器，通过增加数据维度优化 CNN-LSTM 模型。Zhang 等[58]则利用 CNN-LSTM 结合卷积循环生成对抗网络（generate adversarial networks，GAN），生成更贴近实际的时间序列数据，减少预测误差。Yang 等[59]则将 CNN 与双向 LSTM（Bi-LSTM）结合，提升学习效果与泛化能力。膨胀 CNN 通过增加层数实现接收域数量的指数级增长［图 14.3（e）］，有效提升模型捕捉长时间依赖的能力。Hong 等[60]基于此提出五层膨胀 CNN 框架，显著提升 RUL 预测表现。Zhou 等[61]提出时间卷积网络（temporal convolutional networks，TCN）利用因果卷积与膨胀卷积技术，提高局部容量再生现象的捕捉能力，增强预测准确性。迁移学习为解决小数据集问题提供了有效途径。Shen 等[62]通过预训练深度卷积神经网络（deep convolutional neural networks，DCNN）模型，并将其参数迁移至目标域，结合集成学习方法，构建 DCNN-ETL 模型，显著提升了 RUL 预测的准确性和鲁棒性。未来，如何在有限数据集条件下实现快速稳定的 RUL 预测，仍将是研究的重要方向。

极限学习机（ELM）作为一种前馈神经网络（FFNN），特色在于其仅含一层隐藏层，位于输入与输出层之间。ELM 的隐藏层参数（权重与偏差）随机生成且无需训练，仅输出权重需通过学习调整，常用广义 Moore-Penrose 逆求解，因此具备参数少、学习快的优势，适合在线及快速 RUL 预测。在电池 RUL 预测领域，ELM 展现出出色的潜力。例如，通过集成框架应对数据缺失时的 RUL 预测[63]，利用两相维纳过程结合 ELM 捕捉锂电池老化特征[64]，并引入粒子滤波[65]、优化算法（如 PSO[66]、GAAA、HGWO[18]）优化初始参数以提升预测精度。然而，ELM 的浅层结构限制其高维数据特征提取能力，难以应对大规模电池数据集。对此，BL-ELM 通过扩展隐藏层节点数而非增加层数，显著增强了 ELM 处理大数据的能力。为缩短 RUL 预测时间，OS-ELM 被提出，其利用新数据在线更新模型参数而非重新训练。Tang 等[67]进一步开发了 OS-PELM，通过引入卷积和池化操作优化连接结构，提升训练效率。Fan 等[18]提出的 FOS-ELM 是在 OS-ELM 基础上增加了遗忘机制，自动剔除过时数据，保持模型时效性。Zhang 等[68]则基于深度学习方法，提出了 CTC-ELM，其设计灵感来源于 RNN 的时间变化处理，但保持了 ELM 的快速学习优势。CTC-ELM 通过级联子网络，每个子网络输入结合了前一输出与原始时间序列数据，非常适用于小数据集场景。尽管 ELM 具有诸多优势，其浅层结构仍是处理复杂数据集的瓶颈[69]。

非概率方法的优点主要体现在计算复杂度低，计算效率高，能够快速给出预测结果，适用于实时性要求较高的场景。相对于概率方法，非概率方法对数据的需求通常较低，能够在数据量有限的情况下进行预测。非概率方法的预测结果通常以具体的数值形式呈现，便于直接理解和解释。非概率方法的缺点主要体现在，非概率方法无法直接量化预测结果的不确定性，这可能导致在某些应用场景下决策的风险增加。由于非概率方法通常基于较简单的数学模型或规则进行预测，其泛化能力有限，难以适应复杂的电池老化过程和多种影响因素。在面临高度非线性和不确定性的电池老化过程时，非概率方法的预测精度有限。

14.1.4.2 概率方法

相关性矢量机（RVM）是一种基于贝叶斯框架的稀疏概率模型，其结构类似于支持向量回归（SVR），但不受 Mercer 定理约束，具有更高的灵活性。RVM 能利用不确定性表达优势，集成多个内核函数，且通过减少超参数和稀疏相关向量的数量来优化计算效率[70]。在锂离子电池的剩余使用寿命（RUL）预测中，RVM 将特定周期内的容量衰变数据视为相关向量，有效实现了数据降维[71]。

在 RUL 预测模型中，RVM 常用于构建特征与电池容量之间的关系，特征选择广泛，如电流电压样本熵[72]、充电过程中的电流变化率[73]、充电时间、环境温度，以及放电/充电电压差持续时间等。为提高预测精度，RVM 常与卡尔曼滤波器（Kalman filter，KF）或无迹卡尔曼滤波器（unscented Kalman filter，UKF）集成使用，如预测 UKF 残差演变[74]或生成新的误差序列以校正预测结果[75]。此外，RVM 还擅长融合不同预测方法的输出，特别是当这些方法缺乏概率分布或预测起点不同时，RVM 通过提供输出的后验概率分布来增强整体预测的稳定性和准确性[76]。RVM 的内核参数选择常依赖于经验，但优化策略如人工鱼群算法（artificial fish swarm algorithm，AFSA）[77]和粒子群优化（particle swarm optimization，PSO）[78]等，被用来寻找高斯内核函数的最佳参数，以提升预测准确性。多重内核学习通过结合多个内核的优势，并利用 PSO[79]或网格搜索[80]等方法优化其权重和参数，进一步增强了 RVM 的性能。针对 RVM 在长期预测表现不佳的问题，增量学习策略通过引入新在线数据样本并更新相关性向量和系数矩阵，显著提高了多步预测精度[81]。结合卡尔曼滤波器或 deep belief network 等方法，进一步优化了长期预测的稳定性[82]。此外，RVM 与灰色模型（gray model，GM）的交替使用，考虑了容量再生的特性，为 RUL 长期预测提供了新的思路[83]。未来，将 RVM 生成的相关向量与其他先进算法融合，有望成为提升长期预测性能的重要途径。同时，RVM 的硬件实现研究也值得关注，这将进一步推动其实际应用[84]。

高斯过程回归（Gaussian process regression，GPR）作为一种非参数化且基于概率的建模方法，其核心在于处理遵循高斯分布的随机变量集合。在 RUL 预测中，GPR 常通过提取如增量容量分析（incremental capacity analysis，ICA）曲线的峰值、面积、斜率等几何特征[85-87]，以及电压依赖性[88]和 EIS 频谱特征[89]等，作为输入数据来预测 RUL。研究人员致力于增强 GPR 的内核功能，如结合电化学或物理定律（如 Arrhenius 定律）来优化协方差函数，或修改基本平方指数函数以剔除无关输入，从而显著提高预测精度[90]。此外，结合不同内核函数（如平方指数与周期协方差函数）的混合 GPR 模型，也被证明能更全面地描述电池的老化模式，包括再生现象[91]。模型组合是另一项重要策略，通过集成多个基于不同输入和内核函数的 GPR 模型结果，来构建最终预测模型。例如，利用 VMD 分解的剩余序列、时间指数等作为输入，再结合滞后矢量等，以捕捉全局趋势与局部波动[92]。Li 等[93]使用多个指数和线性模型作为 GP 模型的趋势函数，以反映锂离子电池在不同降解阶段的容量衰减。GPR 在 RUL 预测中的发展聚焦于内核功能的增强与模型组合的创新，旨在实现更精确、更全面的电池健康状态评估。

概率方法的优点主要体现在，能够量化预测结果的不确定性，这对于需要高度可靠性的应用场景尤为重要。通过提供预测结果的概率分布，用户可以更全面地了解电池 RUL

的可能范围。概率模型能够处理复杂的非线性关系和数据不确定性，因此在面对复杂的电池老化过程和多种影响因素时表现出色。在基于概率的预测结果上，可以进一步进行风险评估和决策分析，为电池维护和管理提供更科学的依据。概率方法的不足主要体现在，通常需要大量的计算资源来估计概率分布和进行模型训练，因此计算复杂度高，这在资源受限的环境下可能是一个挑战。为了获得准确的概率预测，通常需要大量的高质量数据来训练模型。数据不足或质量不高可能导致预测结果的不准确。概率模型的结果往往以概率分布的形式呈现，这可能导致对预测结果的直接解释较为困难。

14.2 RUL 预测方法的比较

从准确性和算法特征双重维度评估 ML 算法，包括在线更新能力、不确定性量化、泛化能力及便捷性，表 1 汇总了相关结果，各算法均展现出高准确度。RVM 与 GPR 擅长不确定性量化且精度高，但泛化较弱；RNN 与 CNN 在性能与信息提取上表现优秀；SVR 与 ELM 以其在线更新和预测迅速见长；AR 以其简单性、可接受的准确度和易实现性脱颖而出。然而，每种算法在电池剩余使用寿命（RUL）预测中均存在局限。SVM 在处理长期依赖预测时易过拟合、不收敛，尤其面对全寿命数据匮乏时[96]；其无法捕捉电池容量再生现象，跨电池预测误差波动大[35]。GPR 同样无法捕捉容量再生，预测曲线可能与真实数据大相径庭，如呈现直线形态，导致 RMSE 偏高[70]。RVM 适用的范围有限，较短训练数据下预测 RUL 易失准。事实上，SVM、RVM 和 GPR 的内核函数设置对结果影响都很大，如果设置不当，预测结果必然偏离真实数据。AR 则缺乏长期记忆能力。ELM 预测误差较大[41]；CNN 单独使用时预测偏差显著[36]；LSTM 虽能预测老化趋势，但速度较慢[96]，且易受短期波动影响[98]降低预测精度；因结构简化且依赖大量数据，GRU 预测误差高于 LSTM，数据不足时预测曲线趋于平直，无法实现 RUL 预测。

物理模型和算法组合的数模混合模型不仅能反映电池的衰变的物理机制，还能从数据中获取电池 RUL 的实时信息和变化规律，在电池 RUL 预测中表现出更优越的性能，是当前和未来研究的重要方向。比如，建立双指数模型来描述锂电池退化，引入自适应卡尔曼滤波算法更新过程噪声和观测噪声的协方差，并使用遗传算法优化 SVR 的关键参数，最终实现 RUL 多步预测。结合自适应卡尔曼滤波、完全经验模态分解和 RVM，提出一种基于误差修正思想的锂离子 RUL 预测方法[11]。此类融合方法需要仔细平衡模型的参数设置和数据的质量，过度依赖先验假设或数据也会造成模型性能下降。正如第 1 部分举的大部分例子完成一个可靠的训练，并不是仅仅靠单一的算法或模型，更多是通过加权或其他方式组合两种或多种数据驱动方法。数模融合以及多种算法组合可以有效弥补单一机器学习算法的不足，充分利用不同算法的优点，从而获得更好的性能。

表 14.1　不同 ML 方法在 RUL 预测方面的表现

年份	机器学习方法	参考文献	预测性能	电池类型	精度	备注
2021	RNN	[94]	容量	LCO/石墨（NASA 5#）	0.0030 RMSE	较好的泛化性能
2021	ESN	[95]	容量	LCO/石墨（NASA 5#）	3 周	预测精度高，稳定
2021	LSTM	[27]	SOH	CALCE CS2-34#	0.0017 RMSE（1 周）	不同电池不同工况下误差小，精度高
2021	GRU	[96]	容量	LCO/石墨（NASA 5#）	0.0156 RMSE	效率和精度都较高
2022	SVR-PSO	[97]	电压对时间的积分	LCO/石墨（NASA 5#）	0.0133 RMSE	高精度在线预测
2022	CNN	[54]	自定义	LFP/石墨（MIT）	6.46%MAPE	只需要一圈循环数据即可以实现预测
2022	CTC-ELM	[68]	容量	LCO/石墨（NASA，Oxford）	0.000036MES（NASA），0.000001MES（Oxford）	高精度预测
2021	RVM	[76]	容量	LCO/graphite（NASA 5#）	0.0105 RMSE	具有长预测能力，预测稳定性高
2021	GPR	[87]	峰位置、峰高、峰面积	CALCE CS2-35#	5 周	高精度，适配不同电池，预测实际变化曲线表现良好

14.3　电池延寿

RUL 预测不仅在于电池寿命评估，更核心目的在于辅助电池寿命延长。当前，主要的电池延寿策略有：优化充放电控制、热管理、均衡及维护、故障的有效识别及必要管控、安全风险及时预警及抑制等。优化充放电控制通过精细管理电池的充放电过程，减少不必要的损耗，是延长电池寿命的基础。2023 年瑞典皇家理工学院 Strandberg 团队[99]发现使用基于脉冲电流的充电协议时，锂离子电池的健康状况得到了明显改善。柏林洪堡大学 Philipp Adelhel 团队[100]发现，通过优化循环条件，锂离子电池有望使用长达数十年。脉冲充电，其不仅促进锂离子在石墨中均匀分布，从而减少了石墨颗粒中的机械应力和裂纹，还能抑制 NCM523 阴极结构的退化。这将使电池可进行的充电周期数从恒定电流的大约 500 增加到 1000 以上。斯坦福大学崔毅团队[101]最近发现了一种简单且低成本的电池延寿策略，只需让电池耗尽电量并静置几小时，不仅能恢复电池容量，还能提升整体性能。

热管理策略通过维持电池工作在适宜的温度范围内，防止过热导致的性能下降和寿命缩短。均衡及维护策略确保电池组内各单体电池性能一致，防止因单体电池差异导致的整体性能衰退。故障的有效识别及必要管控能够及时发现并解决潜在问题，避免故障扩大影响电池寿命。而安全风险及时预警及抑制策略则是通过实时监控和预警机制，降低电池使用过程中的安全风险。这些策略相辅相成，共同作用于电池系统，以实现更长的使用寿命、更高的安全性和更优的性能表现。在实际应用中，需要根据具体需求和场景灵活选择和组合这些策略，以达到最佳的延寿效果。Wu 等[102]通过电池/超级电容器混合系统，有效降低了城市行车中的电池容量衰减。

然而，多数研究尚未将 RUL 预测直接用于指导电池寿命延长实践。从用户视角出发，充电配置优化是延长电池寿命最为切实可行的方法，在不牺牲充电效能的情况下减少充电过程中的不可逆容量损失。研究表明，低频正脉冲电流（positive pulse current，PPC）充电相较于恒流（constant current，CC）充电能显著延长电池寿命[103]。而由电池健康状态（SOH）决定的动态充电策略，如四阶段恒流（four-stage constant current，4SCC）充电和多步快速充电协议，亦展现出延长寿命的潜力[104]。此外，通过电化学模型优化传统恒流恒压（CC-CV）充电策略，同样能有效提升电池使用寿命[105-106]。目前大多数方法在模型中都已经考虑了 SOH。

RUL 预测作为评估电池寿命延长效果的指标，结合贝叶斯优化等方法，能以较低成本筛选出最佳充电配置[107]。进一步地，基于实时 RUL 预测动态调整充电策略，针对不同用户放电模式定制优化方案，是延长电池寿命的另一种思路。通过构建反映充电过程不可逆损失的电化学模型，优化算法可生成定制化充电曲线，并依据 RUL 预测结果持续迭代优化，直至达到预设的 RUL 上限，从而实现电池寿命的最大化延长。电池寿命预测为电池寿命延长提供了重要的数据支持。通过对电池寿命的准确预测，可以及时发现电池性能下降的趋势和潜在的安全隐患，从而有针对性地采取延寿措施。同时，电池寿命延长的实践也为电池寿命预测提供了宝贵的反馈和验证机会，有助于不断完善预测模型和方法。通过不断优化预测方法和延寿技术，可以进一步提升电池的使用效率和安全性，为新能源产业的发展提供有力保障。

14.4 前景和挑战

近年来，基于 ML 算法的 RUL 预测研究取得了显著进展，研究的重点聚焦于算法参数优化、结构改进、寻找与电池容量衰减相关性更高的特征变量及探索性能更优的融合模型。审视当前研究，为推动领域发展，以下六个方面亟待加强。

① 提高 RUL 预测精度。关键在于构建全面且高质量的数据基础，涵盖电池全寿命周期的充放电电流、电压、温度等传感器数据，并通过精细的数据清洗与预处理，去除噪声与异常值。随后，通过特征工程与选择，运用统计方法或机器学习算法提炼出对预测至关重要的特征。在此基础上，采用多种机器学习算法构建预测模型，并通过交叉验证优选最佳模型，进而进行细致的模型训练与参数调优。模型的验证则依赖于独立的验证集及多种评估指标，确保模型的泛化能力与预测精度。实际应用中，持续更新模型以应对电池寿命变化，实现高精度预测。未来，深度学习技术如 Transformer-LSTM 与 GRU 神经网络，融合方法如粒子滤波与神经网络的结合，以及自适应滤波与 Autoformer 等先进模型的联合应用，均展现出强大的潜力，为 RUL 预测精度的进一步提升提供了广阔的技术路径。

② 早期预测能力。早期预测旨在利用有限的初始循环数据精准预测 RUL，提前实现故障检测并减少资源消耗。尽管早期预测面临有效老化信息稀缺的难点，LSTM[25]与CNN[54]等算法已初步展现出潜力。早期预测的先决条件是有效提取数据特征，提升途径包括采用 ML 自动特征提取技术，减少对手动特征选择的依赖，并探索如广泛学习等新型 ML 方法以增强早期预测能力。

③ 容量再生建模。容量再生是电池老化过程中的普遍现象，影响 RUL 预测准确性。研究表明，放电深度（depth of discharge，DOD）及高温容易加重容量再生现象[108]。ML 算法需具备学习容量再生特性的能力，RUL 预测的准确性将进一步得到提高，特别是基于 SOH 估计的预测。当前，信号分解结合 ML 预测是主流方法，但未来应探索在整个老化周期内动态调整 ML 策略，即根据不同容量再生间隔采用最合适的算法，确保信息捕捉的全面性和准确性。

④ 融合物理原理。物理原理与 ML 算法的深度融合展现出诸多优势，包括提升预测准确性、增强长期预测的稳定性，以及拓宽算法的泛化能力。当前，已有研究成功将物理学原理融入神经网络模型[109-110]，这一领域未来依然有很大探索潜力，几乎所有 ML 算法都有与物理原理相结合的可能性，以进一步提升性能。例如，在采用基于 Arrhenius 定律核函数的 ML 算法时，通过调整内核函数，将温度、DOD 和再生容量等物理因素纳入协方差函数的多项式方程或周期协方差函数中，可以实现对复杂物理过程更精准地建模。未来，探索物理原理与 ML 算法更多样化的融合方式将成为重要研究的重要方向。

⑤ 广义迁移学习。这一概念涵盖了迁移学习与增量学习的精髓，旨在面对数据分布相似的新情况时，通过保持并微调原有 RUL 预测模型的大部分参数，而非从头开始训练，从而提高模型的应用效率。数据的相似性可通过相关系数等统计指标来量化。迁移学习允许根据目标数据对原始模型进行微调，而增量学习则能够无缝地整合新数据与旧数据，无需重建整个模型，这对于提升 ML 算法的学习效率及支持未来在线应用的实现具有重要意义。

⑥ 硬件层面。尽管 ML 算法在 RUL 预测领域的研究取得了显著进展，但相关的硬件尚显薄弱，仅有少数研究[84]探讨了相关的软件与硬件架构设计。然而，电动汽车等实际应用场景对硬件的需求与实验室条件存在显著差异，且行业对高计算需求的 RUL 预测算法的接受度高度依赖于硬件平台的成本效益与实用性。因此，从硬件角度如何高效、经济地实现 ML 算法，以满足实际应用的需求，仍是一个亟待深入研究的课题。

通过这些方向的深化研究，ML 在 RUL 预测中的应用将更加精准高效，为电池管理及维护策略提供有力支持。

14.5 小结

在过去十年中，利用 ML 算法预测锂离子电池的 RUL 取得了巨大进展。本章总结了用于电池 RUL 预测的常见 ML 方法的发展趋势，概述了延长电池寿命的方法，并分析了基于 RUL 预测延长锂离子电池寿命的可能性。概述了 RUL 预测的可能改进方向，包括早期预测、局部再生建模、物理信息融合、广义迁移学习和硬件实现，最终用户可以基于在线 RUL 预测结果个性化优化充电配置文件，从而延长电池寿命。本工作期望帮助研究人员清楚了解不同 ML 算法在 RUL 预测中的研究发展方向，并在未来提出更多有用的算法，也期望可以为使用 RUL 预测结果延长电池寿命提供一些启发。

参考文献

[1] SAMANTA A，CHOWDHURI S，WILLIAMSON S S. Machine learning-based data-driven fault detection/diagnosis of lithium-ion battery：A critical review[J]. Electronics，2021，10（11）：1309. DOI：10.3390/electronics10111309.

[2] ALKHEDHER M，AL TAHHAN A B，YOUSAF J，et al. Electrochemical and thermal modeling of lithium-ion batteries：A review of coupled approaches for improved thermal performance and safety lithium-ion batteries[J]. Journal of Energy Storage，2024，86：111172. DOI：10.1016/j.est.2024.111172.

[3] CHANG W Y. The state of charge estimating methods for battery：A review[J]. ISRN Applied Mathematics，2013，2013：953792. DOI：10.1155/2013/953792.

[4] NDECHE K C，EZEONU S O. Implementation of coulomb counting method for estimating the state of charge of lithium-ion battery[J]. Physical Science International Journal，2021：1-8. DOI：10.9734/psij/2021/v25i330244.

[5] HOW D N T，HANNAN M A，HOSSAIN LIPU M S，et al. State of charge estimation for lithium-ion batteries using model-based and data-driven methods：A review[J]. IEEE Access，2019，7：136116-136136. DOI：10.1109/ACCESS.2019.2942213.

[6] LI Y，LIU K L，FOLEY A M，et al. Data-driven health estimation and lifetime prediction of lithium-ion batteries：A review[J]. Renewable and Sustainable Energy Reviews，2019，113：109254. DOI：10.1016/j.rser.2019.109254.

[7] MENG H X，LI Y F. A review on prognostics and health management （PHM） methods of lithium-ion batteries[J]. Renewable and Sustainable Energy Reviews，2019，116：109405. DOI：10.1016/j.rser.2019.109405.

[8] ZHANG Q S，YANG L，GUO W C，et al. A deep learning method for lithium-ion battery remaining useful life prediction based on sparse segment data via cloud computing system[J]. Energy，2022，241：122716. DOI：10.1016/j.energy.2021.122716.

[9] HASHEMZADEH P，DÉSILETS M，LACROIX M，et al. Investigation of the P2D and of the modified single-particle models for predicting the nonlinear behavior of Li-ion batteries[J]. Journal of Energy Storage，2022，52：104909. DOI：10.1016/j.est.2022.104909.

[10] LIN X Y，TANG Y L，REN J，et al. State of charge estimation with the adaptive unscented Kalman filter based on an accurate equivalent circuit model[J]. Journal of Energy Storage，2021，41：102840. DOI：10.1016/j.est.2021.102840.

[11] ZHANG Y，TU L，XUE Z W，et al. Weight optimized unscented Kalman filter for degradation trend prediction of lithium-ion battery with error compensation strategy[J]. Energy，2022，251：123890. DOI：10.1016/j.energy.2022.123890.

[12] LI Y Y，STROE D I，CHENG Y H，et al. On the feature selection for battery state of health estimation based on charging-discharging profiles[J]. Journal of Energy Storage，2021，33：102122. DOI：10.1016/j.est.2020.102122.

[13] JIANG B，ZHU J G，WANG X Y，et al. A comparative study of different features extracted from electrochemical impedance spectroscopy in state of health estimation for lithium-ion batteries[J]. Applied Energy，2022，322：119502. DOI：10.1016/j.apenergy.2022.119502.

[14] LI X J，YU D，SØREN BYG V，et al. The development of machine learning-based remaining useful life prediction

for lithium-ion batteries[J]. Journal of Energy Chemistry, 2023, 82: 103-121. DOI: 10.1016/j.jechem.2023.03.026.

[15] GASPER P, SCHIEK A, SMITH K, et al. Predicting battery capacity from impedance at varying temperature and state of charge using machine learning[J]. Cell Reports Physical Science, 2022, 3 (12): 101184. DOI: 10.1016/j.xcrp.2022.101184.

[16] FARAJI-NIRI M, RASHID M, SANSOM J, et al. Accelerated state of health estimation of second life lithium-ion batteries via electrochemical impedance spectroscopy tests and machine learning techniques[J]. Journal of Energy Storage, 2023, 58: 106295. DOI: 10.1016/j.est.2022.106295.

[17] SEVERSON K A, ATTIA P M, JIN N, et al. Data-driven prediction of battery cycle life before capacity degradation[J]. Nature Energy, 2019, 4: 383-391. DOI: 10.1038/s41560-019-0356-8.

[18] FAN J M, FAN J P, LIU F, et al. A novel machine learning method based approach for Li-ion battery prognostic and health management[J]. IEEE Access, 2019, 7: 160043-160061. DOI: 10.1109/ACCESS.2019.2947843.

[19] WANG Y J, PAN R, YANG D, et al. Remaining useful life prediction of lithium-ion battery based on discrete wavelet transform[J]. Energy Procedia, 2017, 105: 2053-2058. DOI: 10.1016/j.egypro.2017.03.582.

[20] HAN X J, WANG Z R, WEI Z X. A novel approach for health management online-monitoring of lithium-ion batteries based on model-data fusion[J]. Applied Energy, 2021, 302: 117511. DOI: 10.1016/j.apenergy.2021.117511.

[21] CHEN L, DING Y H, LIU B H, et al. Remaining useful life prediction of lithium-ion battery using a novel particle filter framework with grey neural network[J]. Energy, 2022, 244: 122581. DOI: 10.1016/j.energy.2021.122581.

[22] KWON S J, HAN D, CHOI J H, et al. Remaining-useful-life prediction via multiple linear regression and recurrent neural network reflecting degradation information of 20 Ah $LiNi_xMn_yCo_{1-x-y}O_2$ pouch cell[J]. Journal of Electroanalytical Chemistry, 2020, 858: 113729. DOI: 10.1016/j.jelechem.2019.113729.

[23] ANSARI S, AYOB A, HOSSAIN LIPU M S, et al. Remaining useful life prediction for lithium-ion battery storage system: A comprehensive review of methods, key factors, issues and future outlook[J]. Energy Reports, 2022, 8: 12153-12185. DOI: 10.1016/j.egyr.2022.09.043.

[24] CHEN J C, CHEN T L, LIU W J, et al. Combining empirical mode decomposition and deep recurrent neural networks for predictive maintenance of lithium-ion battery[J]. Advanced Engineering Informatics, 2021, 50: 101405. DOI: 10.1016/j.aei.2021.101405.

[25] ZHANG Y Z, XIONG R, HE H W, et al. Long short-term memory recurrent neural network for remaining useful life prediction of lithium-ion batteries[J]. IEEE Transactions on Vehicular Technology, 2018, 67 (7): 5695-5705. DOI: 10.1109/TVT.2018.2805189.

[26] TONG Z M, MIAO J Z, TONG S G, et al. Early prediction of remaining useful life for Lithium-ion batteries based on a hybrid machine learning method[J]. Journal of Cleaner Production, 2021, 317: 128265. DOI: 10.1016/j.jclepro.2021.128265.

[27] CHENG G, WANG X Z, HE Y R. Remaining useful life and state of health prediction for lithium batteries based on empirical mode decomposition and a long and short memory neural network[J]. Energy, 2021, 232: 121022. DOI: 10.1016/j.energy.2021.121022.

[28] PARK K, CHOI Y, CHOI W J, et al. LSTM-based battery remaining useful life prediction with multi-channel charging profiles[J]. IEEE Access, 2020, 8: 20786-20798. DOI: 10.1109/ACCESS.2020.2968939.

[29] ZHANG M, WU L F, PENG Z. The early prediction of lithium-ion battery remaining useful life using a novel long short-term memory network[C]// 2021 IEEE 16th Conference on Industrial Electronics and Applications (ICIEA). IEEE, 2021: 1364-1371[2024-09-01]. DOI: 10.1109/ICIEA51954.2021.9516254.

[30] WANG Z Q, LIU N, GUO Y M. Adaptive sliding window LSTM NN based RUL prediction for lithium-ion batteries integrating LTSA feature reconstruction[J]. Neurocomputing, 2021, 466: 178-189. DOI: 10.1016/j.neucom.2021.09.025.

[31] LIU Y F, ZHAO G Q, PENG X Y. Deep learning prognostics for lithium-ion battery based on ensembled long short-term memory networks[J]. IEEE Access, 2019, 7: 155130-155142. DOI: 10.1109/ACCESS.2019.2937798.

[32] WANG F K, HUANG C Y, MAMO T. Ensemble model based on stacked long short-term memory model for cycle

life prediction of lithium-ion batteries[J]. Applied Sciences, 2020, 10（10）: 3549. DOI: 10.3390/app10103549.

[33] PAN D W, LI H F, WANG S J. Transfer learning-based hybrid remaining useful life prediction for lithium-ion batteries under different stresses[J]. IEEE Transactions on Instrumentation and Measurement, 2022, 71: 3501810. DOI: 10.1109/TIM.2022.3142757.

[34] SONG Y C, LI L, PENG Y, et al. Lithium-ion battery remaining useful life prediction based on GRU-RNN[C]// 2018 12th International Conference on Reliability, Maintainability, and Safety（ICRMS）. IEEE, 2018: 317-322[2024-09-01]. DOI: 10.1109/ICRMS.2018.00067.

[35] WEI M, GU H R, YE M, et al. Remaining useful life prediction of lithium-ion batteries based on Monte Carlo Dropout and gated recurrent unit[J]. Energy Reports, 2021, 7: 2862-2871. DOI: 10.1016/j.egyr.2021.05.019.

[36] TANG T, YUAN H M. A hybrid approach based on decomposition algorithm and neural network for remaining useful life prediction of lithium-ion battery[J]. Reliability Engineering & System Safety, 2022, 217: 108082. DOI: 10.1016/j.ress.2021.108082.

[37] CHE Y H, DENG Z W, LIN X K, et al. Predictive battery health management with transfer learning and online model correction[J]. IEEE Transactions on Vehicular Technology, 2021, 70（2）: 1269-1277. DOI: 10.1109/TVT.2021.3055811.

[38] VASWANI A, SHAZEER N M, PARMAR N, et al. Attention is all you need[J/OL]. Neural Information Processing Systems, 2017[2024-07-31]. https://doi.org/10.48550/arXiv.1706.03762.

[39] CHEN D Q, HONG W C, ZHOU X Z. Transformer network for remaining useful life prediction of lithium-ion batteries[J]. IEEE Access, 1975, 10: 19621-19628. DOI: 10.1109/ACCESS.2022.3151975.

[40] YU J S, YANG J, WU Y, et al. Online state-of-health prediction of lithium-ion batteries with limited labeled data[J]. International Journal of Energy Research, 2020, 44（14）: 11345-11360. DOI: 10.1002/er.5750.

[41] ZHAO Q, QIN X L, ZHAO H B, et al. A novel prediction method based on the support vector regression for the remaining useful life of lithium-ion batteries[J]. Microelectronics Reliability, 2018, 85: 99-108. DOI: 10.1016/j.microrel.2018.04.007.

[42] LI X, MA Y, ZHU J J. An online dual filters RUL prediction method of lithium-ion battery based on unscented particle filter and least squares support vector machine[J]. Measurement, 2021, 184: 109935. DOI: 10.1016/j.measurement.2021.109935.

[43] DONG H C. Prediction of the remaining useful life of lithium-ion batteries based on Dempster-Shafer theory and the support vector regression-particle filter[J]. IEEE Access, 2021, 9: 165490-165503. DOI: 10.1109/ACCESS.2021.3136131.

[44] WANG F K, AMOGNE Z E, TSENG C, et al. A hybrid method for online cycle life prediction of lithium-ion batteries[J]. International Journal of Energy Research, 2022, 46（7）: 9080-9096. DOI: 10.1002/er.7785.

[45] NUHIC A, TERZIMEHIC T, SOCZKA-GUTH T, et al. Health diagnosis and remaining useful life prognostics of lithium-ion batteries using data-driven methods[J]. Journal of Power Sources, 2013, 239: 680-688. DOI: 10.1016/j.jpowsour.2012.11.146.

[46] VILSEN S B, SUI X, STROE D I. A time-varying log-linear model for predicting the resistance of lithium-ion batteries[C]// 2020 IEEE 9th International Power Electronics and Motion Control Conference（IPEMC2020-ECCE Asia）. IEEE, 2020: 1659-1666. DOI: 10.1109/IPEMC-ECCEAsia48364.2020.9367839.

[47] LONG B, XIAN W M, JIANG L, et al. An improved autoregressive model by particle swarm optimization for prognostics of lithium-ion batteries[J]. Microelectronics Reliability, 2013, 53（6）: 821-831. DOI: 10.1016/j.microrel.2013.01.006.

[48] LIU D T, LUO Y, LIU J, et al. Lithium-ion battery remaining useful life estimation based on fusion nonlinear degradation AR model and RPF algorithm[J]. Neural Computing and Applications, 2014, 25（3）: 557-572. DOI: 10.1007/s00521-013-1520-x.

[49] GUO L M, PANG J Y, LIU D T, et al. Data-driven framework for lithium-ion battery remaining useful life estimation based on improved nonlinear degradation factor[C]// 2013 IEEE 11th International Conference on Electronic Measurement & Instruments. IEEE, 2013, 2: 1014-1020[2024-09-01]. DOI: 10.1109/

ICEMI.2013.6743205.

[50] SONG Y C, LIU D T, YANG C, et al. Data-driven hybrid remaining useful life estimation approach for spacecraft lithium-ion battery[J]. Microelectronics Reliability, 2017, 75: 142-153. DOI: 10.1016/j.microrel.2017.06.045.

[51] LIN J, WEI M H. Remaining useful life prediction of lithium-ion battery based on auto-regression and particle filter[J]. International Journal of Intelligent Computing and Cybernetics, 2021, 14(2): 218-237. DOI: 10.1108/ijicc-09-2020-0131.

[52] LIN C P, CABRERA J, YANG F F, et al. Battery state of health modeling and remaining useful life prediction through time series model[J]. Applied Energy, 2020, 275: 115338. DOI: 10.1016/j.apenergy.2020.115338.

[53] ZHOU B T, CHENG C, MA G J, et al. Remaining useful life prediction of lithium-ion battery based on attention mechanism with positional encoding[J]. IOP Conference Series: Materials Science and Engineering, 2020, 895(1): 012006. DOI: 10.1088/1757-899x/895/1/012006.

[54] HSU C W, XIONG R, CHEN N Y, et al. Deep neural network battery life and voltage prediction by using data of one cycle only[J]. Applied Energy, 2022, 306: 118134. DOI: 10.1016/j.apenergy.2021.118134.

[55] XIONG R, TIAN J P, SHEN W X, et al. Semi-supervised estimation of capacity degradation for lithium ion batteries with electrochemical impedance spectroscopy[J]. Journal of Energy Chemistry, 2023, 76: 404-413. DOI: 10.1016/j.jechem.2022.09.045.

[56] KONG D P, WANG S H, PING P. State-of-health estimation and remaining useful life for lithium-ion battery based on deep learning with Bayesian hyperparameter optimization[J]. International Journal of Energy Research, 2022, 46(5): 6081-6098. DOI: 10.1002/er.7548.

[57] REN L, DONG J B, WANG X K, et al. A data-driven auto-CNN-LSTM prediction model for lithium-ion battery remaining useful life[J]. IEEE Transactions on Industrial Informatics, 2021, 17(5): 3478-3487. DOI: 10.1109/TII.2020.3008223.

[58] ZHANG X W, QIN Y, YUEN C, et al. Time-series regeneration with convolutional recurrent generative adversarial network for remaining useful life estimation[J]. IEEE Transactions on Industrial Informatics, 2021, 17(10): 6820-6831. DOI: 10.1109/TII.2020.3046036.

[59] YANG H, WANG P L, AN Y B, et al. Remaining useful life prediction based on denoising technique and deep neural network for lithium-ion capacitors[J]. eTransportation, 2020, 5: 100078. DOI: 10.1016/j.etran.2020.100078.

[60] HONG J, LEE D, JEONG E R, et al. Towards the swift prediction of the remaining useful life of lithium-ion batteries with end-to-end deep learning[J]. Applied Energy, 2020, 278: 115646. DOI: 10.1016/j.apenergy.2020.115646.

[61] ZHOU D H, LI Z Y, ZHU J L, et al. State of health monitoring and remaining useful life prediction of lithium-ion batteries based on temporal convolutional network[J]. IEEE Access, 2020, 8: 53307-53320. DOI: 10.1109/ACCESS.2020.2981261.

[62] SHEN S, SADOUGHI M, LI M, et al. Deep convolutional neural networks with ensemble learning and transfer learning for capacity estimation of lithium-ion batteries[J]. Applied Energy, 2020, 260: 114296. DOI: 10.1016/j.apenergy.2019.114296.

[63] RAZAVI-FAR R, CHAKRABARTI S, SAIF M, et al. An integrated imputation-prediction scheme for prognostics of battery data with missing observations[J]. Expert Systems with Applications, 2019, 115: 709-723. DOI: 10.1016/j.eswa.2018.08.033.

[64] CHEN X W, LIU Z, WANG J Y, et al. An adaptive prediction model for the remaining life of an Li-ion battery based on the fusion of the two-phase Wiener process and an extreme learning machine[J]. Electronics, 2021, 10(5): 540. DOI: 10.3390/electronics10050540.

[65] SUN T F, XIA B Z, LIU Y F, et al. A novel hybrid prognostic approach for remaining useful life estimation of lithium-ion batteries[J]. Energies, 2019, 12(19): 3678. DOI: 10.3390/en12193678.

[66] YANG J, PENG Z, WANG H M, et al. The remaining useful life estimation of lithium-ion battery based on improved extreme learning machine algorithm[J]. International Journal of Electrochemical Science, 2018, 13(5): 4991-5004. DOI: 10.20964/2018.05.84.

[67] TANG T, YUAN H M. The capacity prediction of Li-ion batteries based on a new feature extraction technique and an improved extreme learning machine algorithm[J]. Journal of Power Sources, 2021, 514: 230572. DOI: 10.1016/j.jpowsour. 2021.230572.
[68] ZHANG M, KANG G Q, WU L F, et al. A method for capacity prediction of lithium-ion batteries under small sample conditions[J]. Energy, 2022, 238: 122094. DOI: 10.1016/j.energy.2021.122094.
[69] MA Y Y, WU L F, GUAN Y, et al. The capacity estimation and cycle life prediction of lithium-ion batteries using a new broad extreme learning machine approach[J]. Journal of Power Sources, 2020, 476: 228581. DOI: 10.1016/j.jpowsour. 2020.228581.
[70] FENG H L, SONG D D. A health indicator extraction based on surface temperature for lithium-ion batteries remaining useful life prediction[J]. Journal of Energy Storage, 2021, 34: 102118. DOI: 10.1016/j.est.2020.102118.
[71] ZHANG Y Z, XIONG R, HE H W, et al. Validation and verification of a hybrid method for remaining useful life prediction of lithium-ion batteries[J]. Journal of Cleaner Production, 2019, 212: 240-249. DOI: 10.1016/j.jclepro.2018.12.041.
[72] JIA S, MA B, GUO W, et al. A sample entropy based prognostics method for lithium-ion batteries using relevance vector machine[J]. Journal of Manufacturing Systems, 2021, 61: 773-781. DOI: 10.1016/j.jmsy.2021.03.019.
[73] WANG R R, FENG H L. Remaining useful life prediction of lithium-ion battery using a novel health indicator[J]. Quality and Reliability Engineering International, 2021, 37(3): 1232-1243. DOI: 10.1002/qre.2792.
[74] ZHENG X J, FANG H J. An integrated unscented Kalman filter and relevance vector regression approach for lithium-ion battery remaining useful life and short-term capacity prediction[J]. Reliability Engineering & System Safety, 2015, 144: 74-82. DOI: 10.1016/j.ress.2015.07.013.
[75] CHANG Y, FANG H J, ZHANG Y. A new hybrid method for the prediction of the remaining useful life of a lithium-ion battery[J]. Applied Energy, 2017, 206: 1564-1578. DOI: 10.1016/j.apenergy.2017.09.106.
[76] CHEN Z W, SHI N, JI Y F, et al. Lithium-ion batteries remaining useful life prediction based on BLS-RVM[J]. Energy, 2021, 234: 121269. DOI: 10.1016/j.energy.2021.121269.
[77] CAI Y S, YANG L, DENG Z W, et al. Prediction of lithium-ion battery remaining useful life based on hybrid data-driven method with optimized parameter[C]// 2017 2nd International Conference on Power and Renewable Energy (ICPRE). IEEE, 2017: 1-6. DOI: 10.1109/ICPRE.2017.8390489.
[78] ZHOU Y, GU H H, SU T, et al. Remaining useful life prediction with probability distribution for lithium-ion batteries based on edge and cloud collaborative computation[J]. Journal of Energy Storage, 2021, 44: 103342. DOI: 10.1016/j.est.2021.103342.
[79] ZHANG C L, HE Y G, YUAN L F, et al. Capacity prognostics of lithium-ion batteries using EMD denoising and multiple kernel RVM[J]. IEEE Access, 2017, 5: 12061-12070. DOI: 10.1109/ACCESS.2017.2716353.
[80] SUN X F, ZHONG K, HAN M. A hybrid prognostic strategy with unscented particle filter and optimized multiple kernel relevance vector machine for lithium-ion battery[J]. Measurement, 2021, 170: 108679. DOI: 10.1016/j.measurement.2020.108679.
[81] LIU D T, ZHOU J B, PAN D W, et al. Lithium-ion battery remaining useful life estimation with an optimized relevance vector machine algorithm with incremental learning[J]. Measurement, 2015, 63: 143-151. DOI: 10.1016/j.measurement.2014.11.031.
[82] SONG Y C, LIU D T, HOU Y D, et al. Satellite lithium-ion battery remaining useful life estimation with an iterative updated RVM fused with the KF algorithm[J]. Chinese Journal of Aeronautics, 2018, 31(1): 31-40. DOI: 10.1016/j.cja.2017.11.010.
[83] ZHAO L, WANG Y P, CHENG J H. A hybrid method for remaining useful life estimation of lithium-ion battery with regeneration phenomena[J]. Applied Sciences, 2019, 9(9): 1890. DOI: 10.3390/app9091890.
[84] WANG S J, LIU D T, ZHOU J B, et al. A run-time dynamic reconfigurable computing system for lithium-ion battery prognosis[J]. Energies, 2016, 9(8): 572. DOI: 10.3390/en9080572.
[85] DONG G Z, XU Y, WEI Z B. A hierarchical approach for finite-time $H\text{-}\infty$ state-of-charge observer and probabilistic lifetime prediction of lithium-ion batteries[J]. IEEE Transactions on Energy Conversion, 2022, 37(1):

718-728. DOI: 10.1109/TEC.2021.3109896.

[86] LI X Y, YUAN C G, WANG Z P. Multi-time-scale framework for prognostic health condition of lithium battery using modified Gaussian process regression and nonlinear regression[J]. Journal of Power Sources, 2020, 467: 228358. DOI: 10.1016/j.jpowsour.2020.228358.

[87] PAN W J, LUO X S, ZHU M T, et al. A health indicator extraction and optimization for capacity estimation of Li-ion battery using incremental capacity curves[J]. Journal of Energy Storage, 2021, 42: 103072. DOI: 10.1016/j.est.2021.103072.

[88] KONG J Z, YANG F F, ZHANG X, et al. Voltage-temperature health feature extraction to improve prognostics and health management of lithium-ion batteries[J]. Energy, 2021, 223: 120114. DOI: 10.1016/j.energy.2021.120114.

[89] ZHANG Y W, TANG Q C, ZHANG Y, et al. Identifying degradation patterns of lithium ion batteries from impedance spectroscopy using machine learning[J]. Nature Communications, 2020, 11: 1706. DOI: 10.1038/s41467-020-15235-7.

[90] LIU K L, HU X S, WEI Z B, et al. Modified Gaussian process regression models for cyclic capacity prediction of lithium-ion batteries[J]. IEEE Transactions on Transportation Electrification, 2019, 5(4): 1225-1236. DOI: 10.1109/TTE.2019.2944802.

[91] LIU J, CHEN Z Q. Remaining useful life prediction of lithium-ion batteries based on health indicator and Gaussian process regression model[J]. IEEE Access, 2019, 7: 39474-39484. DOI: 10.1109/ACCESS.2019.2905740.

[92] ZHANG C L, ZHAO S S, HE Y G. An integrated method of the future capacity and RUL prediction for lithium-ion battery pack[J]. IEEE Transactions on Vehicular Technology, 2022, 71(3): 2601-2613. DOI: 10.1109/TVT.2021.3138959.

[93] LI M, SADOUGHI M, SHEN S, et al. Remaining useful life prediction of lithium-ion batteries using multi-model Gaussian process[C]// 2019 IEEE International Conference on Prognostics and Health Management (ICPHM). IEEE, 2019[2024-09-01]. DOI: 10.1109/ICPHM.2019.8819384.

[94] ANSARI S, AYOB A, HOSSAIN LIPU M S, et al. Data-driven remaining useful life prediction for lithium-ion batteries using multi-charging profile framework: A recurrent neural network approach[J]. Sustainability, 2021, 13(23): 13333. DOI: 10.3390/su132313333.

[95] JI Y F, CHEN Z W, SHEN Y, et al. An RUL prediction approach for lithium-ion battery based on SADE-MESN[J]. Applied Soft Computing, 2021, 104: 107195. DOI: 10.1016/j.asoc.2021.107195.

[96] ROUHI ARDESHIRI R, MA C B. Multivariate gated recurrent unit for battery remaining useful life prediction: A deep learning approach[J]. International Journal of Energy Research, 2021, 45(11): 16633-16648. DOI: 10.1002/er.6910.

[97] ZOU L, WEN B Y, WEI Y Y, et al. Online prediction of remaining useful life for Li-ion batteries based on discharge voltage data[J]. Energies, 2022, 15(6): 2237. DOI: 10.3390/en15062237.

[98] PAN H P, CHEN C T, GU M M. A method for predicting the remaining useful life of lithium batteries considering capacity regeneration and random fluctuations[J]. Energies, 2022, 15(7): 2498. DOI: 10.3390/en15072498.

[99] STRANDBERG J. Pulse charging of Li-ion batteries for enhanced life performance[D]. KTH Royal Institute of Technology, 2023.

[100] GUO J, XU Y L, EXNER M, et al. Unravelling the mechanism of pulse current charging for enhancing the stability of commercial $LiNi_{0.5}Mn_{0.3}Co_{0.2}O_2$/graphite lithium-ion batteries[J]. Advanced Energy Materials, 2024, 14(22): 2400190. DOI: 10.1002/aenm.202400190.

[101] ZHANG W B, SAYAVONG P, XIAO X, et al. Recovery of isolated lithium through discharged state calendar ageing[J]. Nature, 2024, 626: 306-312. DOI: 10.1038/s41586-023-06992-8.

[102] WU Y, HUANG Z W, LIAO H T, et al. Adaptive power allocation using artificial potential field with compensator for hybrid energy storage systems in electric vehicles[J]. Applied Energy, 2020, 257: 113983. DOI: 10.1016/j.apenergy.2019.113983.

[103] HUANG X R, LIU W J, MENG J H, et al. Lifetime extension of lithium-ion batteries with low-frequency pulsed

current charging[J]. IEEE Journal of Emerging and Selected Topics in Power Electronics, 2023, 11 (1): 57-66. DOI: 10.1109/JESTPE. 2021.3130424.

[104] LEE C H, WU Z Y, HSU S H, et al. Cycle life study of Li-ion batteries with an aging-level-based charging method[J]. IEEE Transactions on Energy Conversion, 2020, 35 (3): 1475-1484. DOI: 10.1109/TEC.2020.2984799.

[105] MAIA L K K, DRÜNERT L, LA MANTIA F, et al. Expanding the lifetime of Li-ion batteries through optimization of charging profiles[J]. Journal of Cleaner Production, 2019, 225: 928-938. DOI: 10.1016/j.jclepro.2019.04.031.

[106] LI Y Q, GUO J, PEDERSEN K, et al. Investigation of multi-step fast charging protocol and aging mechanism for commercial NMC/graphite lithium-ion batteries[J]. Journal of Energy Chemistry, 2023, 80: 237-246. DOI: 10.1016/j.jechem. 2023.01.016.

[107] ATTIA P M, GROVER A, JIN N, et al. Closed-loop optimization of fast-charging protocols for batteries with machine learning[J]. Nature, 2020, 578: 397-402. DOI: 10.1038/s41586-020-1994-5.

[108] GUO J, LI Y Q, MENG J H, et al. Understanding the mechanism of capacity increase during early cycling of commercial NMC/graphite lithium-ion batteries[J]. Journal of Energy Chemistry, 2022, 74: 34-44. DOI: 10.1016/j.jechem.2022.07.005.

[109] NASCIMENTO R G, CORBETTA M, KULKARNI C S, et al. Hybrid physics-informed neural networks for lithium-ion battery modeling and prognosis[J]. Journal of Power Sources, 2021, 513: 230526. DOI: 10.1016/j.jpowsour.2021.230526.

[110] GUO W D, SUN Z C, VILSEN S B, et al. Review of "grey box" lifetime modeling for lithium-ion battery: Combining physics and data-driven methods[J]. Journal of Energy Storage, 2022, 56: 105992. DOI: 10.1016/j.est.2022.105992.

第 15 章

基于电化学原理改进的等效电路模型用于锂离子电池状态估计

李清波,张懋慧,罗 英,吕桃林,马常军,杨 文,解晶莹

锂离子电池作为电动汽车和混合动力汽车的主要动力来源,其高能量密度、长循环寿命和环保特性使其成为电动交通领域的首选能源储存技术。准确的荷电状态估计(state of charge,SOC)直接影响锂离子电池的性能与安全,是电池管理系统(battery management system,BMS)的基础与核心功能之一[1]。当前,SOC 估计方法主要可以被划分为三大类别:基于电池物理属性的方法,基于数据驱动的方法,依据电池模型进行 SOC 估计的方法。

基于电池物理特性的剩余电量计算方法分为开路电压法(open circuit voltage,OCV)和安时积分法[2]。开路电压法容易受电池工况影响。安时积分法对 SOC 的初始值和电流传感器的精度高度依赖。初始值不准确或电流误差将导致计算偏差[3]。数据驱动方法不涉及电池内部反应机理,然而其估计精度极其依赖电池数据的数量与质量。

基于模型的估计主要包括电化学模型和等效电路模型[4-5]。在电化学模型中,SOC 的物理意义是电池电极活性材料的平均浓度与最大浓度之间的比例关系。因此,若获得电极活性材料的浓度,即可获取电池的 SOC。Santhanagopalan 等[6]采用单粒子模型和扩展卡尔曼滤波算法求取电池电极活性材料浓度,而 Di Domenico 等[7]则通过运用均值电子学理论并结合了扩张式 Kalman 滤波技术的手段去测算出这些元素的具体浓度。尽管电化学模型的参数具有实际的物理意义,可以反映电池内部真实的电化学反应,但是因为涉及处理大量复杂数学问题的问题,所以实用性和可行度都受到了限制。

等效电路模型在电池 SOC 估计中得到了广泛应用[8],与电化学模型相比,这归功于其仅通过电路元件进行建模,具有参数少且获取简单的优点。具体来说,基于等效电路模型

的 SOC 估计方法包括多种类型的观测器以及滤波器技术，如 PI 观测器[9]、滑模观测器[10]、H∞ 滤波[11] 以及卡尔曼滤波[12] 相关算法，这些观测器方法的不同之处在于增益的求取方式。然而，基于等效电路模型的 SOC 估计方法模型需要参数精度具有较高的标准。由于工况或外部环境的变化，会出现模型参数失真而导致 SOC 估计精度下降的问题。因此，一些研究者提出了包括基于最小二乘法的参数在线辨识技术。为解决参数变化导致的估计精度下降问题，可以将观测器技术与在线参数辨识技术相结合，构建状态和参数联合估算的方法[12]。尽管如此，目前的联合估算技术仍在模拟阶段，并没有被广泛运用于 BMS 系统。

此外传统的等效电路模型并未对电池内部的电化学过程充分考虑，电池在快速充放电或负载变化较大时，固相扩散的动态特性对电池的即时性能有显著影响。模型如果忽略这些过程机制，则可能无法准确反映电池在这些条件下的实际表现。

因此本章在一阶 RC 模型的基础上结合电化学原理对模型进行改进，通过补偿开路电压部分将欧姆内阻在不同 SOC 区间的变化解耦出来，在保证较低的计算复杂性的前提下，减小了等效电路模型与更准确的机理模型之间存在的误差，实现了模型性能优化。然后，基于动态工况数据使用寻优能力较强的标准粒子群算法对改进模型进行参数辨识，同时，由于引入的新的待辨识参数会增加辨识过程的计算复杂性，本研究通过解耦的方式简化了辨识过程且提升了辨识精度。最后，在此基础上，选取无迹卡尔曼滤波并融合了加权滑动窗口的思想实现 SOC 估算，其中加权滑动窗口包括了更大时间段内的误差信息，优化了状态更新过程，提升了估计准确度。在 UDDS 以及 DST 两种动态工况下的验证结果表明，所提出的模型与 SOC 估计算法相对传统方法实现了显著的性能提升并表现出快速的收敛能力。

15.1 电池建模与参数辨识

15.1.1 融合电化学原理的等效电路模型

15.1.1.1 一阶 RC 模型

为研究锂电池状态估计，通常需数学建模。模型选择的依据主要包括准确性和复杂性两方面，在权衡这两者时，选择适宜的模型显得尤为关键。其中，等效电路模型将电池简化为电路元件，拥有低复杂度和高准确度的特点。本章选取综合考虑精度与复杂度的一阶 RC 模型，如图 15.1 所示。

R_p 和 C_p 代表了电池的极化内阻和极化电容，通过引入 RC 网络，一阶 RC 模型能够更准确地模拟电池极化电压的变化过程。一阶 RC 模型的数学特性如式（15.1）所示：

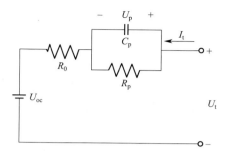

图 15.1 一阶 RC 模型

$$\begin{cases} U_t = U_{oc} + I_t R_0 + U_p \\ \dot{U}_p = \dfrac{I_t}{C_p} - \dfrac{U_p}{\tau} \end{cases} \quad (15.1)$$

式中，$\tau = R_p \times C_p$，为时间常数；$\dot{U}_p$ 为极化电压；R_p 为极化电阻；C_p 为极化电容。

15.1.1.2 模型改进

本章在一阶 RC 模型的基础上，结合电化学原理进行改进，在保证复杂性的基础上提升其准确性能。

固相扩散机制。

电化学模型对锂离子电池的建立是基于其内部反应机制，而在传统 P2D 模型[13]中，电池的开路电压被定义为：

$$U_{P2D}(t) = u_p \left[\dfrac{c_{s,surf,p}(t)}{c_{s,max,p}(t)} \right] - u_n \left[\dfrac{c_{s,surf,n}(t)}{c_{s,max,n}(t)} \right] \quad (15.2)$$

式中，u_p 和 u_n 分别为正极电势与负极电势；$c_{s,surf,p}$ 和 $c_{s,surf,n}$ 分别为正极固相颗粒表面锂离子浓度和负极固相颗粒表面锂离子浓度；$c_{s,max,p}$ 和 $c_{s,max,n}$ 分别为正极固相颗粒最大锂离子浓度和负极固相颗粒最大锂离子浓度。

在图 15.1 所示的一阶 RC 模型中，U_{oc} 对应在 P2D 模型中为

$$U_{oc}(t) = U_p \left[\dfrac{c_{s,mean,p}(t)}{c_{s,max,p}(t)} \right] - U_n \left[\dfrac{c_{s,mean,n}(t)}{c_{s,max,n}(t)} \right] \quad (15.3)$$

式中，$c_{s,mean,p}$ 和 $c_{s,mean,n}$ 分别为正极固相颗粒平均锂离子浓度和负极固相颗粒平均锂离子浓度。

对比式（15.2）和式（15.3）可知，直接使用等效电路模型与更准确的机理模型之间存在误差，因此在一阶 RC 的 OCV 模块加上改进误差项可以增加模型的准确性。

在锂离子电池 P2D 模型中固相扩散过程中，直接影响电池电动势的因素是锂离子电池固相颗粒表面浓度，而在等效电路模型中与 OCV 直接相关的因素是锂离子电池固相颗粒平均浓度，因此求解两者之间的关系是提升模型精度的关键所在。有关求解两者之间关系

的研究有很多，例如二阶以及高阶的多项式近似方法，带权系数的一阶惯性近似等；其中后者有着更好的准确度，具体表达式为：

$$\begin{cases} w_1(t_k) = \exp\left(-\dfrac{\Delta t}{\tau_1}\right) w_1(t_{k-1}) + \dfrac{j_n R_s}{5D_s}\left[1 - \exp\left(-\dfrac{\Delta t}{\tau_1}\right)\right] \\ w_2(t_k) = \exp\left(-\dfrac{\Delta t}{\tau_2}\right) w_2(t_{k-1}) + \dfrac{j_n R_s}{5D_s}\left[1 - \exp\left(-\dfrac{\Delta t}{\tau_2}\right)\right] \\ w_3(t_k) = \exp\left(-\dfrac{\Delta t}{\tau_3}\right) w_3(t_{k-1}) + \dfrac{j_n R_s}{5D_s}\left[1 - \exp\left(-\dfrac{\Delta t}{\tau_3}\right)\right] \\ \vdots \\ w_n(t_k) = \exp\left(-\dfrac{\Delta t}{\tau_n}\right) w_n(t_{k-1}) + \dfrac{j_n R_s}{5D_s}\left[1 - \exp\left(-\dfrac{\Delta t}{\tau_n}\right)\right] \end{cases} \quad (15.4)$$

式中，Δt 为采样周期；τ 为时间常数。

研究[13]表明，固相颗粒的表面锂离子浓度与平均锂离子浓度的差值 $\Delta c_{s,k}$ 可表示为：

$$\Delta c_{s,k} = \lambda_1 w_1(t_k) + \lambda_2 w_2(t_k) + \cdots + \lambda_n w_n(t_k) \quad (15.5)$$

式中需满足：

$$\sum_{i=1}^{n} \lambda_i = 1 \quad (15.6)$$

为保证模型较低的计算量，使得 $\lambda_1 = 1$，即只有一个一阶惯性环节，结合 P2D 模型固相扩散过程，$\Delta c_{s,k}$ 的表达式为：

$$\Delta c_{s,k} = \exp\left(-\dfrac{\Delta t}{\tau}\right) \Delta c_{s,k-1} + \dfrac{j_n R_s}{5D_s}\left[1 - \exp\left(-\dfrac{\Delta t}{\tau}\right)\right] \quad (15.7)$$

式中，R_s 为粒子的半径；D_s 为锂离子固相颗粒扩散系数；j_n 为固相颗粒的孔壁流量。

为了简化模型，此处假设正负极最大以及平均锂离子浓度一致，且正负极表面与平均锂离子浓度差值一致，则在宏观上，荷电状态与锂离子浓度之间存在如下关系：

$$\text{SOC} = \dfrac{c_{s,\text{mean}}}{c_{s,\max}} \quad (15.8)$$

基于文献[14]的分析，微观层面的锂离子表面与平均浓度差可转换为宏观上荷电状态的差值，表示为：

$$\text{SOC}_{\text{surf}} = \dfrac{c_{s,\text{surf}}}{c_{s,\max}} = \dfrac{c_{s,\text{mean}} + \Delta c_s}{c_{s,\max}} = \text{SOC} + \Delta\text{SOC} \quad (15.9)$$

式中，SOC_{surf} 为以锂离子表面浓度定义的荷电状态；SOC 为宏观上的荷电状态；ΔSOC 为两者差值，即微观层面锂离子表面与平均浓度差在宏观上的表现。结合单颗粒模型以及式（15.7）、式（15.9），可以得出 ΔSOC 的计算公式：

$$\Delta\text{SOC}_k = \exp\left(-\dfrac{\Delta t}{\tau_{\text{sd}}}\right) \Delta\text{SOC}_{k-1} + I_{k-1} k_{\text{sd}}\left[1 - \exp\left(-\dfrac{\Delta t}{\tau_{\text{sd}}}\right)\right], \quad (15.10)$$

其中 $k_{\text{sd}} = \dfrac{R_s}{5 A \delta a_s F D_s}$

式中，τ_{sd} 和 k_{sd} 分别为固相扩散的时间常数和影响因子系数。

15.1.1.3　基于电化学原理的一阶 RC 模型

基于式（15.1）与15.1.1.2节中的分析可知，改进后的一阶RC模型端电压表达式为：

$$U_t = U_{P2D}(SOC_{surf}) + U_p + IR_0 \tag{15.11}$$

其中式（15.1）中的 U_{oc} 替换为 U_{P2D}，实现了模型对电池内部固相扩散机制这一电化学原理的补充。

SOC_{surf} 与 U_{P2D} 的关系与一阶RC模型中一致，将 U_p 离散化可得：

$$U_{p,k} = \exp\left(-\frac{\Delta t}{\tau_p}\right)U_{p,k-1} + I_{k-1}R_p\left[1 - \exp\left(-\frac{\Delta t}{\tau_p}\right)\right] \tag{15.12}$$

具体的模型结构如图15.2所示，其中 U_{P2D} 与 w 关系和 U_{oc} 与 SOC 的关系保持一致[15]。

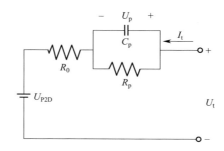

图 15.2　基于电化学原理的一阶 RC 模型

在结合了电化学原理的一阶RC模型中，由于结合了固相扩散原理，通过补偿开路电压部分将欧姆内阻在不同SOC区间的变化解耦出来，进而可以使用一组参数反映整个SOC区间的特性变化，以实现对电池内部固相扩散过程更为完善的建模，提升模型准确性。

15.1.2　电池模型参数辨识

对于15.1.1节中提出的改进一阶RC模型，需要辨识的参数有 R_0、R_p、τ_p、固相扩散系数 k_{sd} 以及固相扩散时间常数 τ_{sd} 共五个，粒子群算法相较于遗传算法等方法可在更短的时间内找到参数最优解。

15.1.2.1　粒子群算法原理与流程

粒子群算法（PSO）是一种基于群体智能的搜索技术[16]。算法流程主要包含初始化、评估个体适应度、更新个体位置、更新全局位置、更新速度以及位置等操作，流程如图 15.3 所示，具体过程如下。

① 初始设定：众多粒子经由随机产生，其中每一个粒子均象征一个可能的问题解答。

② 评估适应度：对每个粒子，计算其对应解的适应度值，即目标函数的值。

③ 更新个体最优位置：对于每个粒子，将其当前位置作为个体最优位置，如果新位置的适应度更好，则更新个体最优位置。

④ 更新全局最优位置：遍历所有粒子以确定拥有最高适应值者，并将此一点定位为群体的最优解。

⑤ 更新速度和位置：根据个体和全局最优位置，更新每个粒子的速度和位置。速度更新公式包含了三个重要参数：惯性权重、个体加速度项和社会加速度项。

⑥ 循环执行：不断进行第②~⑤步的操作，直到出现终止信号（例如完成设定的最高迭代轮数或当目标函数稳定到特定的精确度水平）才结束。

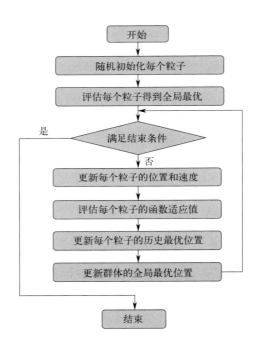

图 15.3　粒子群算法流程

15.1.2.2　基于解耦的参数辨识方法

直接使用上述粒子群算法对全部参数进行辨识时，会导致辨识时间较长，且容易陷入局部最优值。本节基于一种解耦的参数辨识（decoupling parameter identification，DPI）方法，优化了模型的参数辨识过程，且使得辨识结果更符合电池的真实特性。基于电化学原理的一阶 RC 模型需要辨识的模型参数有欧姆内阻 R_0、极化电阻 R_p、极化环节时间常数 τ_p、固相扩散系数 k_{sd} 以及固相扩散时间常数 τ_{sd} 五个，通过解耦的方式可获取其中 R_0、R_p

以及 k_{sd} 三个参数，剩余的 τ_p 和 τ_{sd} 则通过粒子群算法进行辨识，减少了算法计算量，提高了参数辨识效率。

欧姆内阻：基于电池脉冲测试的数据，进行欧姆内阻 R_0 的提取。如图 15.4 所示，具体计算公式为[15]：

$$R_0 = \frac{U_2 - U_1}{I_{\text{pulse}}} \tag{15.13}$$

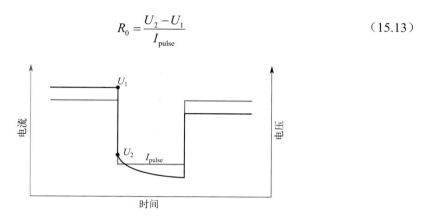

图 15.4　欧姆内阻计算方法

在传统的 ECM 中，随着 SOC 的降低，电池的欧姆内阻会增加。此种估算欧姆内阻的方法事实上融合了欧姆内阻和固态扩散两方面因素。当处于较低的 SOC 范围内，即便是最轻微的固态扩散效应也能引起明显的电位偏移。在低 SOC 范围内的区域，OCV 对 SOC 的响应速度增强，由于表层电位差的小幅变动能明显地影响到电池的终端电压。

总内阻与固相扩散系数：当放电倍率增加时，电池可放电量会减少，Doyle 等[17]说明这一现象由两个原因导致：一方面是电阻的分压；另一方面是固相扩散导致的电极电势偏移。通过消除对固体扩散及总体电阻两个因素的影响，能得出固体扩散速率及其总体电阻。根据 Han 等[18]的研究可知，由恒定电流充电曲线或者释放曲线测量的电荷增加曲线的峰值移动是由于电池整体电阻的变化导致的。而使用 IC 曲线可以展示电池在某一特定点下的储存电量情况，并且当电池内部处于稳定状态时，固体扩散并不会对其造成影响。因此，可以通过比较电池在不同负载条件下释放的 IC 曲线的峰值偏差来确定其总体电阻。

$$\begin{cases} R_{\text{Tol}} = R_0 + R_p \\ U_{\text{peak},i} = -R_{\text{Tol}} I_i + U_{\text{peak},0} \end{cases} \tag{15.14}$$

式中，R_{Tol} 为总内阻，由欧姆内阻和极化内阻构成；$U_{\text{peak},i}$ 为在 I_i 作用下 IC 曲线峰值电压；$U_{\text{peak},0}$ 为不同倍率电流下峰值电压直线截距。

得到总内阻后，加上端电压可以获得补偿电压：

$$\begin{cases} \Delta U_i = -I_i R_{\text{Tol}} \\ U_{\text{com},i} = U_i + \Delta U_i \end{cases} \tag{15.15}$$

进而可以获得补偿后的电池容量 Q_i：

$$Q_i = -\int_{t=t(U_{\text{up}})}^{t=t(U_{\text{low}})} I_i \mathrm{d}t \tag{15.16}$$

式中，$t(U_{low})$为上述补偿电压达到下限电压的时刻；U_{up}为上限电压，$t(U_{up})$为使用标准充电电流充满电池的时刻。

最后固相扩散系数可通过式（15.17）获得：

$$k_{sd} = \frac{Q_i - Q_0}{Q_{nom} I_i} \tag{15.17}$$

式中，Q_{nom}为标称容量；Q_0为不同倍率电流下电池可放容量直线斜率。

15.2 电池荷电状态估算

15.2.1 无迹卡尔曼滤波

对于任意一个非线性系统，可用式（15.18）进行描述：

$$\begin{cases} \bm{x}_k = f(\bm{x}_{k-1}, \bm{u}_k) + \bm{w}_k \\ \bm{y}_k = h(\bm{x}_k, \bm{u}_k) + \bm{v}_k \end{cases} \tag{15.18}$$

无迹卡尔曼滤波[19]是在扩展卡尔曼滤波的基础上提出的一种改进方法，主要通过无迹变换的方式实现。无迹变换是用来描述非线性变换后高斯变量的概率分布的一种方法。

以式（15.18）为非线性系统的通用代表，具体过程如下：
① 将系统状态向量$\bm{x}_0$和状态估计协方差矩阵$\bm{P}_0$初始化；
② 使用上一时刻的系统状态向量和状态估计协方差矩阵来选择样本点，计算权重；
③ 根据选择的样本点代入状态空间方程计算均值和协方差矩阵；
④ 根据选择的采样点，通过非线性的观测方程，计算观测更新；
⑤ 滤波更新。

选择样本点的过程如式（15.19）和式（15.20）所示：

$$\begin{cases} x_0 = \hat{x}_k \\ x_i = \hat{x}_k + (\sqrt{(n+\lambda)P_k})_i, i=1,2\cdots n \\ x_{i+n} = \hat{x}_k - (\sqrt{(n+\lambda)P_k})_i, i=1,2\cdots n \end{cases} \tag{15.19}$$

$$\begin{cases} W_0^m = \dfrac{\lambda}{\lambda + n} \\ W_i^m = \dfrac{1}{2(\lambda+n)}, i=1,2\cdots 2n \\ W_0^c = \dfrac{\lambda}{\lambda + n} + (1-\alpha^2+\beta) \\ W_i^c = \dfrac{1}{2(\lambda+n)}, i=1,2\cdots 2n \\ \lambda = \alpha^2(n+\kappa) - n \end{cases} \tag{15.20}$$

式中，n为状态向量的维数；α为样本粒子的分散程度，取值范围为[0.001,1]；κ通常为 0；β 为描述状态变量分布的量，高斯分布的情况下其值为 2；W_i^m 和 W_i^c 分别为求解第 i 个样本点均值和方程的权重。

时间更新递推公式：

$$\begin{cases} \varepsilon_i = f(x_i) \\ \hat{x}_{k+\frac{1}{k}} = \sum_{i=0}^{2n} W_i^m \varepsilon_i \\ P_{k+\frac{1}{k}} = \sum_{i=0}^{2n} W_i^c \left(\varepsilon_i - \hat{x}_{k+\frac{1}{k}} \right) \left(\varepsilon_i - \hat{x}_{k+\frac{1}{k}} \right)^T \end{cases} \tag{15.21}$$

观测更新递推公式：

$$\begin{cases} Z_i = h(x_i) \\ \hat{Z}_{k+\frac{1}{k}} = \sum_{i=0}^{2n} W_i^m Z_i \\ P_{zz} = \sum_{i=0}^{2n} W_i^c \left(Z_i - \hat{Z}_{k+\frac{1}{k}} \right) \left(Z_i - \hat{Z}_{k+\frac{1}{k}} \right)^T \end{cases} \tag{15.22}$$

滤波更新递推公式：

$$\begin{cases} K_{k+1} = P_{xz} P_{zz}^{-1} \\ \hat{x}_{k+1} = \hat{x}_{k+\frac{1}{k}} + K_{k+1} \left(y_{k+1} - \hat{z}_{k+\frac{1}{k}} \right) \end{cases} \tag{15.23}$$

本节基于 15.1.2 节中融合模型的辨识参数，通过无迹卡尔曼滤波以及加权滑动窗口的方式进行荷电状态估算。

15.2.2 基于加权滑动窗口的算法改进

卡尔曼滤波族算法的特点是基于当前观测值与估计值的误差更新状态，当某一时刻出现观测值偏差较大的情况时，估计结果也会受到一定的影响。为了减小这一情况所造成的误差，可以将该算法的误差考虑范围进行拓展，利用前一段时间内的误差来进行下一时刻的估计。

采用滑动窗口技术的关键理念在于：在每个卡尔曼过滤步骤中，需要把用以更新状态的观察误差扩展至包括了更大时间段内所有误差信息的多个误差矢量，以此增加错误信号的信息含量并提升对状态估计的准确性。这些误差矢量可以这样描述：

$$\begin{cases} e_k = y_k - z_k \\ \mathbf{E}_L = \begin{bmatrix} e_k & e_{k-1} & \cdots & e_{k-L+1} \end{bmatrix}^T \end{cases} \tag{15.24}$$

式中，y_k 为系统观测值；z_k 为滤波估计值；e_k 为估计误差；$k-L+1$ 中 k 为时刻，L 为窗口大小。将误差范围扩展后，卡尔曼滤波的增益矩阵也是需要扩展的。

$$\boldsymbol{K}_L = \begin{bmatrix} K_k & K_{k-1} & \cdots & K_{k-L+1} \end{bmatrix} \tag{15.25}$$

进而可以得到基于滑动窗口的状态更新公式：

$$x_k = x_k^- + \boldsymbol{K}_L \boldsymbol{E}_L \tag{15.26}$$

尽管如此，因为电池自身的强烈非线性特性，观察到的误差情况往往表现为无序的状态。所以，如果只是单纯地扩大新的信息矩阵，可能会引发过度的修正问题。因此，本章使用误差加权的方式进行改进。这种策略的核心观念在于依据选择的错误范围内的各个观察点误差的大小排列来做权重的评估和计算。当某个观察点的误差过大的时候，被视为模型移动幅度也相应增大，所以在这个状态更新过程中赋予其更大的权重；否则赋予较低的权重。同时，还需要考虑到这些误差的时间分布特征，即距离现在最近的那些观察点的误差应该有更高的参考意义，因此给予更高的权重。具体而言，每个权重矩阵的计算准则如下：

$$\begin{cases} w_{\mathrm{e},i} = \dfrac{e_i^2}{\sum\limits_{i=k-L+1}^{k} e_i^2} \\ w_{\mathrm{t},i} = \dfrac{\dfrac{1}{\sqrt{2\pi}}\exp[-(L-i)^2]}{\sum\limits_{i=k-L+1}^{k} \dfrac{1}{\sqrt{2\pi}}\exp[-(L-i)^2]} \\ \boldsymbol{W}_{\mathrm{e},L} = \mathrm{diag}[w_{\mathrm{e},k} \quad w_{\mathrm{e},k-1} \quad w_{\mathrm{e},k-2} \quad \cdots \quad w_{\mathrm{e},k-L+1}] \\ \boldsymbol{W}_{\mathrm{t},L} = \mathrm{diag}[w_{\mathrm{t},k} \quad w_{\mathrm{t},k-1} \quad w_{\mathrm{t},k-2} \quad \cdots \quad w_{\mathrm{t},k-L+1}] \end{cases} \tag{15.27}$$

式中，e_i 为多误差窗口各个时刻的观测误差；$w_{\mathrm{e},i}$ 为基于数值的各个时刻的观测误差权值；$w_{\mathrm{t},i}$ 为基于时间的各个时刻的观测误差权值；$\boldsymbol{W}_{\mathrm{e},L}$ 和 $\boldsymbol{W}_{\mathrm{t},L}$ 分别为两类权值构成的权值矩阵。

综合了时间与误差值后，状态更新公式变为：

$$x_k = x_k^- + \boldsymbol{K}_L \boldsymbol{W}_{\mathrm{e},L} \boldsymbol{W}_{\mathrm{t},L} \boldsymbol{E}_L \tag{15.28}$$

15.2.3 基于解耦参数及加权滑动窗口的荷电状态估算

基于 15.1.2.2 节中 DPI 方法得到的模型参数，结合无迹卡尔曼滤波方法以及加权滑动窗口的思想，对 UDDS 以及 DST 工况下的磷酸铁锂电池进行状态估计，由于数据采集都是一定步长的离散数据，所以首先需要将 SOC 的计算公式离散化：

$$\mathrm{SOC}_k = \mathrm{SOC}_{k-1} + \frac{\eta I_{\mathrm{t},k} \Delta t}{Q_{\mathrm{cap}}} \tag{15.29}$$

同时将一阶 RC 模型的特性式（15.1）离散化：

$$\begin{cases} U_{\mathrm{p},k} = U_{\mathrm{p},k-1}\exp\left(-\dfrac{\Delta t}{\tau_k}\right) + R_{\mathrm{p},k}\left[1-\exp\left(-\dfrac{\Delta t}{\tau_k}\right)\right]I_{\mathrm{t},k} \\ U_{\mathrm{t},k} = U_{\mathrm{P2D}}\left(\mathrm{SOC}_{\mathrm{surf},k}\right) + I_{\mathrm{t},k}R_{0,k} + U_{\mathrm{p},k} \end{cases} \tag{15.30}$$

式中，$U_{\text{P2D}}(\text{SOC}_{\text{surf},k})$ 代表 k 时刻 SOC 值得到的开路电压，且此处 SOC 指的是改进后一阶 RC 模型中以锂离子电池固相颗粒表面锂离子浓度为基准的 SOC，而非宏观上的 SOC，具体表达如式（15.10）和式（15.11）所示，关于 $\text{SOC}_{\text{surf},k}$ 与 U_{P2D} 的关系曲线和 OCV-SOC 关系是一致的[15]。$R_{0,k}$、$R_{\text{p},k}$ 以及 τ_k 是待辨识参数，此环节在 15.1.2.2 节中实现，且整个 SOC 区间内参数保持不变，Δt 代表采样间隔，在 UDDS 和 DST 数据中为 1 s。

使用卡尔曼滤波算法进行状态估计需要将系统方程转换为式（15.18）的形式，且待估计状态用 x_k 代表，因此这里将 SOC 以及无法测量的极化电压 U_{p} 作为状态量，电流作为输入，电压作为输出建立系统状态方程和观测方程：

$$\begin{cases} x_k = f(x_{k-1}, u_k) = \begin{bmatrix} 1 & 0 \\ 0 & \exp\left(-\dfrac{\Delta t}{\tau}\right) \end{bmatrix} x_{k-1} + \begin{bmatrix} \dfrac{\eta \Delta t}{Q_{\text{cap}}} \\ R_{\text{p}}\left[1 - \exp\left(-\dfrac{\Delta t}{\tau}\right)\right] \end{bmatrix} I_{t,k} \\ \\ y_k = h(x_k, u_k) = U_{\text{P2D}}(\text{SOC}_{\text{surf},k}) + I_{t,k} R_{0,k} + U_{\text{p},k} \end{cases}$$

（15.31）

基于上述内容，使用无迹卡尔曼滤波结合加权滑动窗口的思想进行锂离子电池的 SOC 估算，其中模型的各个参数由 15.1.2.2 节中基于解耦的参数辨识方法得到，具体流程如图 15.5 所示。

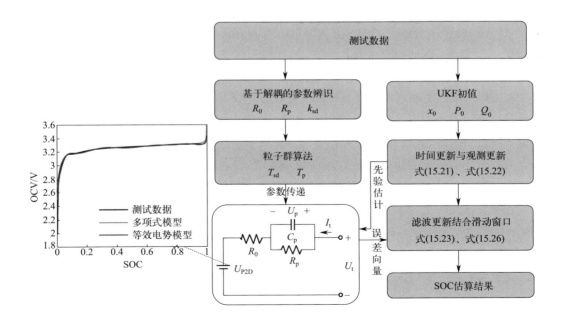

图 15.5 基于解耦参数及加权滑动窗口的荷电状态估算流程

15.3 实验验证及分析

15.3.1 测试实验

对力神 LFP 磷酸铁锂电池进行测试以验证算法效果,详细的参数见表 15.1。使用该电池进行了共计 129 h 的标定测试,包括 0.04C 倍率下持续 52 h 的小倍率测试来获取电池 OCV 特性、持续 26 h 的脉冲测试以获得电池极化特性、持续 7 h 的 DST 测试和持续 8 h 的 UDDS 测试以获取电池的动态特性以及在 0.5 ~ 2C 的倍率下持续 10 h 的倍率测试。本工作使用到的标定测试包括倍率测试、脉冲测试、动态工况测试。环境温度设置为室温 25 ℃。

表 15.1 力神 LFP 电池参数

参数	磷酸铁锂
标称容量 /Ah	20
标称电压 /V	3.2
内阻 /mΩ	≤ 6
充电上限电压 /V	3.65±0.05
放电下限电压 /V	2
连续充电最大电流 /C	2
连续放电最大电流 /C	2
充放电温度	25
标准充电制度	CCCV
循环次数 / 次	1500

15.3.2 模型参数精度验证

为模拟电池在电动汽车运行过程的实际状态,在 UDDS 和 DST 两种动态工况测试下对于直接使用粒子群算法辨识参数以及解耦算法参数辨识算法进行精度对比,其中粒子群算法算法采用等间隔辨识的策略,即将整个数据区间等分成 20 份,每隔一段时间进行一次参数辨识以提升参数的适应性,而解耦算法始终按照 15.1.2 节的方式进行,并使用 RMSE、MaE 以及 MAE 多种衡量参数对比两种算法的性能。

从图 15.6 和图 15.7 可以看出,无论是 UDDS 工况还是 DST 工况,解耦算法的模型精度都要优于直接使用粒子群算法,尤其是在 UDDS 工况下,见表 15.2,解耦算法的 RMSE 达到了粒子群算法的三分之一,在 DST 工况下也是接近一半的程度,而且在 MaE 上两者的差距更为显著,解耦算法在 DST 与 UDDS 工况下的 MaE 分别为 8.8 mV 和 6.0 mV,而粒子群算法达到了 48.7 mV 以及 34.8 mV,表明了解耦算法使用一套辨识参数即可显著优于常用的优化算法,尤其是在低 SOC 区间内尤其明显,且在整个 SOC 区间都保持比较稳定的辨识精度。

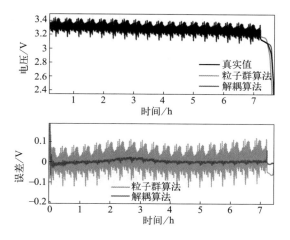

图 15.6　UDDS 工况下辨识精度比较

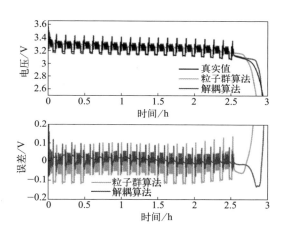

图 15.7　DST 工况下辨识精度比较

表 15.2　两种参数辨识方式误差对比

算法	工况	RMSE	MaE	MAE
粒子群算法	DST	0.0615	0.0487	0.1340
	UDDS	0.0478	0.0348	0.1260
解耦算法	DST	0.0391	0.0088	0.0750
	UDDS	0.0135	0.0348	0.0597

15.3.3　模型精度对比

在验证了改进模型在解耦算法上相较于粒子群算法的优势后,本节主要对改进模型与一阶 RC 模型进行比较,其中一阶 RC 模型的模型参数使用精度较高的遗忘因子最小二乘来辨识,同样采用等间隔辨识的策略,将整个数据区间等分成 20 份,每个时间节点进行一次参数辨识，使用 RMSE、MaE 以及 MAE 多种衡量参数对比两种算法的性能。

从图 15.8 和图 15.9 及表 15.3 可以看出，无论是 UDDS 工况还是 DST 工况，改进模型精度都要优于一阶 RC 模型，两种工况中改进模型和一阶 RC 模型的 RMSE 相差不大，而在 MaE 和 MAE 上两者的差距保持在 0.01 V，且由于改进模型的辨识参数要远小于一阶 RC 模型，表明了改进模型相较于一阶 RC 模型的优势所在。

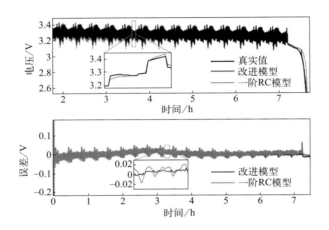

图 15.8　UDDS 工况下辨识精度比较

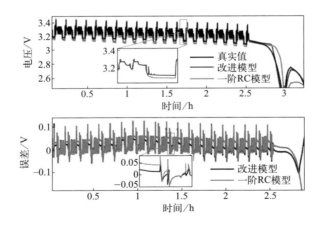

图 15.9　DST 工况下辨识精度比较

表 15.3　两种模型误差对比

模型	工况	RMSE	MaE	MAE
一阶 RC 模型	DST	0.0413	0.0124	0.1402
	UDDS	0.0186	0.0427	0.0735
改进模型	DST	0.0391	0.0088	0.0850
	UDDS	0.0135	0.0348	0.0597

15.3.4 SOC 估计效果

基于 UDDS 以及 DST 工况对比了常规 UKF 算法和基于加权滑动窗口的 UKF 算法的估算结果，在滑动窗口方法中窗口大小设置为 3。过程误差协方差矩阵 $\boldsymbol{Q}=\begin{bmatrix}3\times10^{-9} & 0 \\ 0 & 3\times10^{-9}\end{bmatrix}$，观测误差协方差矩阵 $\boldsymbol{R}=0.01$。

首先基于 UDDS 工况以及 DST 工况对两种方法进行了性能测试，从图 15.10、图 15.11 中可以看出基于加权滑动窗口的 UKF 是要比常规 UKF 误差大大减小，为综合比较两种算法的性能，使用 RMSE、MaE 以及 MAE 多种衡量参数对比，结果见表 15.4，可以看出在加权滑动窗口的作用下，由于将滤波器考虑的误差扩展到一段时间而非上一时刻，使得滤波误差明显下降，尤其是最大绝对误差项，在 DST 工况下下降为原来的 1/2，在 UDDS 工况下只有原来的 1/3。

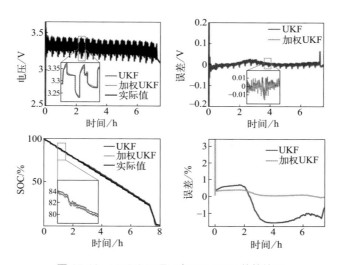

图 15.10 UDDS 工况下电压及 SOC 估算结果

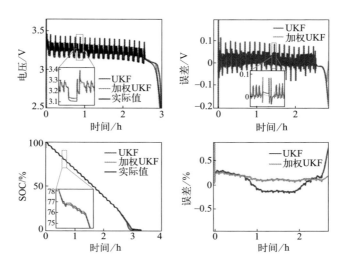

图 15.11 DST 工况下电压及 SOC 估算结果

表 15.4 两种工况下不同滤波方法的 SOC 估算结果

工况	算法	RMSE	MaE	MAE
DST	UKF	0.86%	0.52%	0.75%
	加权 UKF	0.45%	0.29%	0.39%
UDDS	UKF	1.26%	0.98%	1.53%
	加权 UKF	0.33%	0.27%	0.45%

除了验证两种滤波方法的估算性能外，基于加权滑动窗口的窗口大小也会对估计性能产生影响，因此继续比较不同滑动窗口大小时 SOC 的估计误差，并以 UDDS 和 DST 工况作为测试数据。分别设置窗口大小为 $L=1$、2、3、4；当滑动窗口≥1 时，意味着算法退化为原始的无迹卡尔曼滤波。

从图 15.12 与图 15.13 可以看出，当滑动窗口的大小不断扩大，其估计准确度的提升趋势明显，然而同时也伴随着计算难度的提高。所以，在实际运用这种技术的时候，需要结合具体的使用环境、精确要求等方面对移动窗口的大小做出适当的调整，以便更有效地满足任务需求。

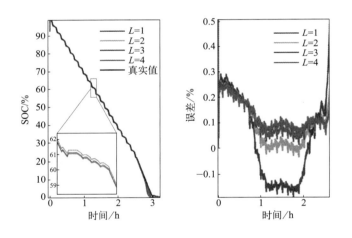

图 15.12 UDDS 工况下不同滑动窗口大小对估算精度的影响

由于在算法估计 SOC 的过程中，需要人为给定 SOC 的初值，在初值不准确的情况下是否能保持准确的估算结果是衡量算法估计性能的重要指标之一，因此将 SOC 为 100% 时的初值分别设置为 100%、80%、60%、40% 和 20% 以探究 SOC 初值干扰。

根据图 15.14、图 15.15 可知，初值偏差越大，误差以及收敛时间也会越大，但即使在 20% 的初值下，算法依旧能在 3 min 内收敛至准确的 SOC 值，最大偏差在 3% 以内。

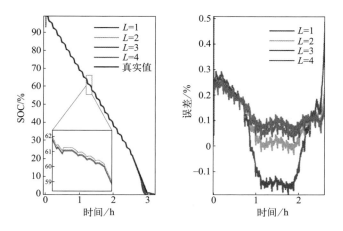

图 15.13 DST 工况下不同滑动窗口大小对估算精度的影响

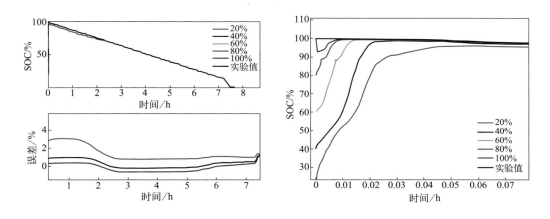

图 15.14 UDDS 工况下不同 SOC 初值情况下估算结果

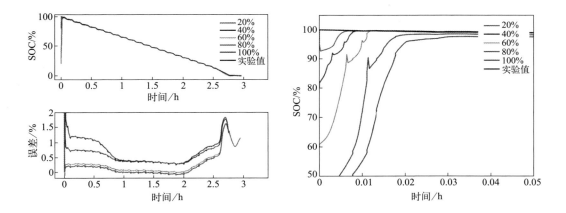

图 15.15 DST 工况下不同 SOC 初值情况下估算结果

15.4 小结

以一阶 RC 模型为基础,运用电化学原理对其进行优化,以提高模型在整个 SOC 区间的性能表现。基于倍率测试以及脉冲测试数据对电池进行参数辨识,以粒子群算法为基础通过参数解耦的方式降低了参数辨识的复杂度、提升参数辨识的准确度。针对常规卡尔曼滤波准确度不足的问题,在无迹卡尔曼滤波的基础上进行算法融合,使用加权滑动窗口的方式提升辨识精度以及算法鲁棒性,并基于动态工况测试数据进行 SOC 估计算法验证。最终估计效果呈现优异的精度,误差低于 0.5%,对比传统方法存在明显的性能提升。

目前本工作的研究还存在一些局限性:①本工作所提出的基于解耦的参数识别和状态预测算法仅在磷酸铁锂电池上进行了实验检验。未来的研究将对其他类型的电池进行更深入的验证和优化,②本工作的所有动态工况测试都是在 25 ℃ 环境中进行的。考虑到电池充放电过程容易受到温度变化的影响,这可能会使状态估算方法产生误差。未来的研究将深入探讨温度对电池参数识别和状态估计的作用,以增强方案的准确性。

参考文献

[1] WANG Y J, TIAN J Q, SUN Z D, et al. A comprehensive review of battery modeling and state estimation approaches for advanced battery management systems[J]. Renewable and Sustainable Energy Reviews,2020,131: 110015. DOI: 10.1016/j.rser.2020.110015.

[2] DENG Y, HU Y L, TENG H Q. Open-circuit voltage prediction and SOC estimation of Li-ion battery[J]. Instrumentation Technology,2015(2): 21-24. DOI: 10.19432/j.cnki.issn1006-2394.2015.02.007.

[3] ZHENG F D, XING Y J, JIANG J C, et al. Influence of different open circuit voltage tests on state of charge online estimation for lithium-ion batteries[J]. Applied Energy,2016,183: 513-525. DOI: 10.1016/j.apenergy.2016.09.010.

[4] SANTHANAGOPALAN S, WHITE R E. State of charge estimation using an unscented filter for high power lithium ion cells[J]. International Journal of Energy Research,2010,34(2): 152-163. DOI: 10.1002/er.1655.

[5] YANG N X, ZHANG X W, LI G J. State-of-charge estimation for lithium ion batteries via the simulation of lithium distribution in the electrode particles[J]. Journal of Power Sources,2014,272: 68-78. DOI: 10.1016/j.jpowsour.2014.08.054.

[6] SANTHANAGOPALAN S, WHITE R E. Online estimation of the state of charge of a lithium ion cell[J]. Journal of Power Sources,2006,161(2): 1346-1355. DOI: 10.1016/j.jpowsour.2006.04.146.

[7] DI DOMENICO D, FIENGO G, STEFANOPOULOU A. Lithium-ion battery state of charge estimation with a Kalman Filter based on a electrochemical model[C]// 2008 IEEE International Conference on Control Applications. IEEE,2008: 702-707. DOI: 10.1109/CCA.2008.4629639.

[8] TIAN Y, HUANG Z J, TIAN J D, et al. State of charge estimation of lithium-ion batteries based on cubature Kalman filters with different matrix decomposition strategies[J]. Energy,2022,238: 121917. DOI: 10.1016/j.energy.2021.121917.

[9] TANG X P, WANG Y J, CHEN Z H. A method for state-of-charge estimation of LiFePO$_4$ batteries based on a dual-circuit state observer[J]. Journal of Power Sources,2015,296: 23-29. DOI: 10.1016/j.jpowsour.2015.07.028.

[10] CHEN Q Y, JIANG J C, RUAN H J, et al. Simply designed and universal sliding mode observer for the SOC estimation of lithium-ion batteries[J]. IET Power Electronics,2017,10(6): 697-705. DOI: 10.1049/iet-pel.2016.0095.

[11] XIA B Z, ZHANG Z, LAO Z Z, et al. Strong tracking of a H-infinity filter in lithium-ion battery state of charge estimation[J]. Energies, 2018, 11 (6): 1481. DOI: 10.3390/en11061481.

[12] CHEN Z, FU Y H, MI C C. State of charge estimation of lithium-ion batteries in electric drive vehicles using extended Kalman filtering[J]. IEEE Transactions on Vehicular Technology, 2013, 62 (3): 1020-1030. DOI: 10.1109/TVT.2012.2235474.

[13] DOYLE M, FULLER T F, NEWMAN J. Modeling of galvanostatic charge and discharge of the lithium/polymer/insertion cell[J]. Journal of the Electrochemical Society, 1993, 140 (6): 1526. DOI: 10.1149/1.2221597.

[14] XIE Y Z, CHENG X M. A new solution to the spherical particle surface concentration of lithium-ion battery electrodes[J]. Electrochimica Acta, 2021, 399: 139391. DOI: 10.1016/j.electacta.2021.139391.

[15] 高文凯. 锂离子动力电池的短路故障诊断研究 [D]. 上海：上海理工大学，2020.

[16] ZHAN Z H, ZHANG J, LI Y, et al. Adaptive particle swarm optimization[J]. IEEE Transactions on Systems, Man, and Cybernetics, Part B (Cybernetics), 2009, 39 (6): 1362-1381. DOI: 10.1109/TSMCB.2009.2015956.

[17] DOYLE M, NEWMAN J, GOZDZ A S, et al. Comparison of modeling predictions with experimental data from plastic lithium ion cells[J]. Journal of the Electrochemical Society, 1996, 143 (6): 1890. DOI: 10.1149/1.1836921.

[18] HAN X B, OUYANG M G, LU L G, et al. A comparative study of commercial lithium ion battery cycle life in electrical vehicle: Aging mechanism identification[J]. Journal of Power Sources, 2014, 251: 38-54. DOI: 10.1016/j.jpowsour.2013.11.029.

[19] CAI Y F, WANG Q T, QI W. D-UKF based state of health estimation for 18650 type lithium battery[C]// 2016 IEEE International Conference on Mechatronics and Automation. IEEE, 2016: 754-758. DOI: 10.1109/ICMA.2016.7558657.